Thomas Ackermann

Energieeinsparverordnung

Thomas Ackermann

Energieeinspar-verordnung

Kommentar –
Anforderungsnachweise –
Berechnungsbeispiele –
Sonderprobleme – einschließlich der
Änderungen bis April 2003

Mit zahlreichen Tabellen und Abbildungen

Springer Fachmedien Wiesbaden GmbH

Bibliografische Information der Deutschen Bibliothek
Die Deutsche Bibliothek verzeichnet diese Publikation in der Deutschen Nationalbibliographie;
detaillierte bibliografische Daten sind im Internet über <http://dnb.ddb.de> abrufbar.

Professor Dipl.-Ing. Thomas Ackermann studierte Bauingenieurwesen an der Universität Karlsruhe. Anschließend arbeitete er als beratender Ingenieur in einem Büro für Bauphysik. Nach dem Wechsel zur Landesstelle für Bautechnik Baden-Württemberg war er dort für Fragen zur Bauphysik, der Energieeinsparung und baurechtlicher Belange des Wärmeschutzes zuständig. 1996 wurde er als Professor für Bauphysik und Baukonstruktion an die Fachhochschule Bielefeld berufen. Er wirkt außerdem in sechs nationalen und internationalen Normungsausschüssen zum Thema „Wärmeschutz und Energieeinsparung" mit.

1. Auflage April 2003

www.teubner.de

Umschlaggestaltung: Ulrike Weigel, www.CorporateDesignGroup.de

Gedruckt auf säurefreiem und chlorfrei gebleichtem Papier.

ISBN 978-3-519-00373-1   ISBN 978-3-663-09930-7 (eBook)
DOI 10.1007/978-3-663-09930-7

Vorwort

Der vorliegende Kommentar richtet sich an alle, die den Nachweis des baulichen Wärmeschutzes nach Energieeinsparverordnung (EnEV) erbringen müssen. Er soll Hinweise und Erläuterungen geben sowie Fragen beantworten, die sich im Zusammenhang mit dem Nachweis ergeben. **Neben den in der EnEV durch datierte Verweise angegebenen Normen wird in diesem Kommentar auch auf die Neuerungen aus den überarbeiteten, ab Frühjahr 2003 gültigen Normen verwiesen.**

Der Kommentar gliedert sich in zehn Kapitel:

1. Kapitel: In der **Einleitung** werden die Hintergründe erläutert, die zur Novellierung der Wärmeschutzverordnung 1995 (WSchV 95) führten.

2. Kapitel: Mit der Darstellung der **Struktur der EnEV** soll es möglich sein, sich einen Überblick über die erforderlichen Nachweise und die daraus resultierenden Anforderungen zu verschaffen. Ergänzt wird dies durch zwei Ablaufdiagramme, die sich am Ende des Buchs auf herausziehbaren Blättern befinden.

3. Kapitel: Der **Kommentar der EnEV** erläutert Unklarheiten im Verordnungstext und geht auf Fragen ein, die im Zusammenhang mit dem Nachweis des baulichen und anlagentechnischen Wärmeschutzes auftauchen können.

4. Kapitel: Die Erläuterung der **Randbedingungen** soll es dem Nachweisführenden ermöglichen, bei der Berechnung des Jahres-Heizwärmebedarfs Q_h nach dem Heizperiodenbilanzverfahren bzw. dem Monatsbilanzverfahren die nach EnEV maßgeblichen Parameter zu verwenden.

5. Kapitel: Anforderungen und Nachweise von **Bestandsbauten und Gebäuden mit geringem Volumen** werden in einem eigenen Kapitel vorgestellt.

6. Kapitel: Nachdem mit Einführung der EnEV auch der **sommerliche Wärmeschutz** nachzuweisen ist, werden die zugehörigen Berechnungen erläutert und in einem Formblatt zusammengefasst.

7. Kapitel: Bei der Behandlung der **Sonderprobleme** werden Hilfestellungen zur Lösung von Problemen wie z. B. die Berechnung von U-Werten oder die Betrachtung von Rollladenkästen gegeben.

8. Kapitel: Anhand der **Formblätter zum Nachweis nach EnEV** wird der Berechnungsgang von Wohngebäuden mit einem Fensterflächenanteil $f \leq 30\ \%$ und von Gebäuden mit niedrigen Innentemperaturen erläutert.

9. Kapitel: Da in den Nachweis der Anforderungen nach EnEV auch haustechnische Komponenten einfließen, werden die verschiedenen Möglichkeiten zur Ermittlung der **Anlagenaufwandszahl** dargestellt und die erforderlichen Diagramme und Formblätter aufgeführt.

10. Kapitel: Mit Hilfe von **Berechnungsbeispielen** sollen die verschiedenen Nachweisverfahren an realistischen Projekten dokumentiert werden.

Mein Dank gilt dem Architekturbüro Huppenbauer und Engel, Leinfelden-Echterdingen – und hier besonders Herrn Dipl.-Ing. Architekt C.-B. Scherer – für die Bereitstellung der in Kapitel 10 aufgeführten Planzeichnungen. ·
Besonderer Dank gilt meiner Frau, die mich bei meinen Bemühungen tatkräftig unterstützte.

Altlußheim, Februar 2003   Thomas Ackermann

Inhalt

1 Einleitung

1.1 Grundlagen für eine Novellierung der Wärmeschutzverordnung

Anlässlich seiner 661. Sitzung am 15. Oktober 1993 beschloss der Bundesrat, einerseits der Verordnung über einen energiesparenden Wärmeschutz bei Gebäuden (Wärmeschutzverordnung – WärmeschutzV) zuzustimmen, und verfasste andererseits eine Entschliessung hinsichtlich weiterer Anstrengungen zur Energieeinsparung und Emissionsreduzierung, deren letzter Absatz wie folgt lautet: „Der Bundesrat bittet die Bundesregierung, bis zum 1. Januar 1997 den Entwurf einer Novelle der Verordnung über einen energiesparenden Wärmeschutz bei Gebäuden mit dem Ziel vorzulegen, bei Neubauten den Heizwärmebedarf in einer zweiten Stufe um weitere 25% bis 35 % zu reduzieren" (Bundesrats Drucksache 345/93 vom 15. 10.1993).

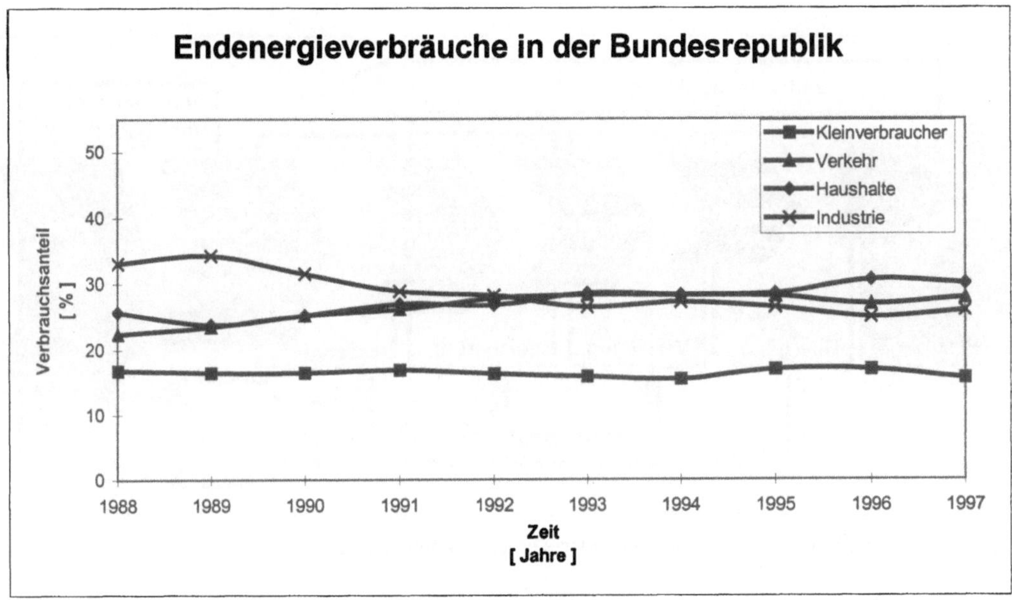

Bild 1.1: Endenergieverbräuche in der Bundesrepublik

Neben einer Verschärfung sollte außerdem angestrebt werden, den Rechengang zum Nachweis der baurechtlichen Anforderungen aus der Verordnung heraus in anerkannte Regeln der Technik zu transferieren.

Bis zur Wärmeschutzverordnung 1995 waren bauliche und anlagentechnische Festlegungen zur Energieeinsparung auf der Basis des Energieeinspargesetzes aus dem Jahr 1977 voneinander getrennt in unterschiedlichen Regelwerken erfasst: der bauliche Wärmeschutz in der Wärmeschutzverordnung, der anlagentechnische Wärmeschutz in der Heizungsanlagenverordnung in ihrer jeweils gültigen Form. Mit der Verabschiedung der Energieeinsparverordnung im Bundesrat und Veröffentlichung des Textes im Bundesgesetzblatt vom 16. November 2001 wurde festgelegt, dass die künftigen Anforderungen an die Energieeinsparung von Gebäuden die baulichen Maßnahmen und die anlagentechnischen Maßnahmen in einem gemeinsamen Konzept berücksichtigen.

Aus diesen Vorgaben heraus entstand bei der Entwicklung der Energieeinsparverordnung ein ganz neues Bild. Der Grenzwert des neuen Verordnungswerkes bezieht sich - im Gegensatz zur Wärmeschutzverordnung und der Heizungsanlagenverordnung - beim baulichen Wärmeschutz nicht mehr auf mehr auf den Jahres-Heizwärmebedarf und beim anlagentechnischen Wärmeschutz nicht mehr auf Dämmdicken, sondern auf ein gemeinsames Anforderungsniveau - den Jahres-Primärenergiebedarf Q_P. Während die Wärmeschutzverordnung nur Energieverbräuche in Verbindung mit der Raumwärmeerzeugung berücksichtigte, beinhaltet der Jahres-Primärenergiebedarf Q_P sowohl den Jahres-Heizenergiebedarf Q_H als auch den Trinkwasser-Wärmeenergiebedarf Q_W und in der Aufwandszahl e_P die energetische Bewertung verschiedener Heizungsanlagen und Formen von Energieträgern, wie beispielsweise Öl, Gas, Fern- / Nahwärme oder Strom. Dabei sind im Jahres-Heizenergiebedarf Q_H neben den Bestandteilen des Jahres-Heizwärmebedarfs Q_h (Transmissions- und Lüftungswärmeverluste sowie interne und solare Wärmegewinne) auch Verluste aus Erzeugung, Speicherung, Verteilung und Übergabe der Raumwärme enthalten. Das gleiche gilt für den Trinkwasser-Wärmeenergiebedarf Q_W. Auch hier werden neben der Energie, die zur Erwärmung des Brauchwassers erforderlich ist, die Verluste der Erzeugung, Speicherung, Verteilung und Übergabe einbezogen.

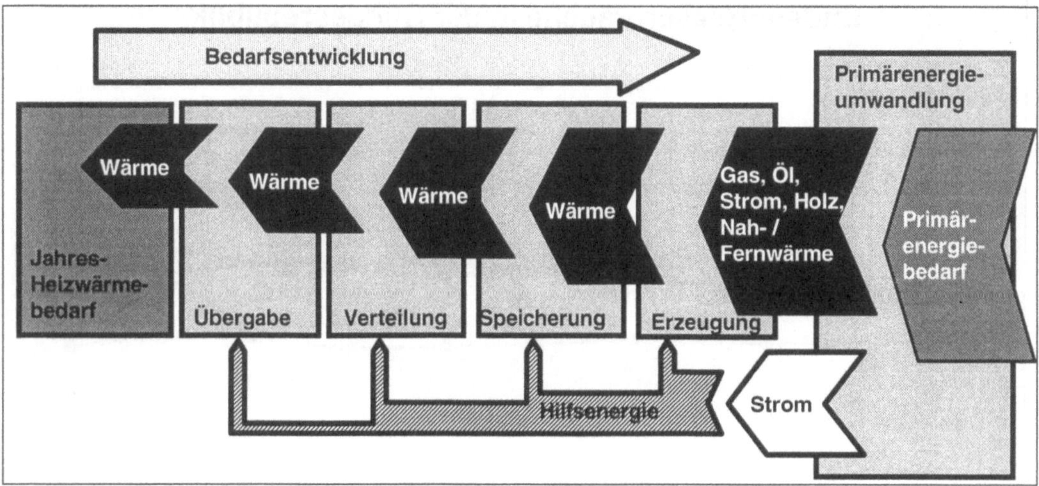

Bild 1.2: Entwicklung des Primärenergiebedarfs einer Heizungsanlage

Die Berechnungsalgorithmen sind gemäß Vorgabe nicht mehr in der Verordnung enthalten, sondern den zugehörigen Normen zu entnehmen. Der Jahres-Heizenergiebedarf wird nach DIN V 4108-6:2000-11 [1] mit DIN V 4108-6/A1:2001-08 [2] bestimmt, die anlagentechnischen Berechnungen und die Bestimmung der Aufwandszahl erfolgen nach DIN V 4701-10:2001-02 [3].

1.2 Rechtliche Belange

Die Energieeinsparverordnung basiert auf den Maßgaben des Energieeinsparungsgesetzes (EnEG) vom 27. Juli 1978 [4], dessen § 1 Absatz 1 wie folgt lautet:

„Wer ein Gebäude errichtet, das seiner Zweckbestimmung nach beheizt oder gekühlt werden muss, hat, um Energie einzusparen, den Wärmeschutz nach Maßgabe der nach Absatz 2 zu erlassenden Rechtsverordnung so zu entwerfen und auszubilden, dass beim Heizen und Kühlen vermeidbare Energieverluste unterbleiben."

Im gleichen Gesetz wird auch darauf hingewiesen, dass Maßnahmen zur Energieeinsparung wirtschaftlich sein müssen. § 5 Absatz 1 lautet:

„Die in den Rechtsverordnungen nach §§ 1 bis 4 aufgestellten Anforderungen müssen nach dem Stand der Technik erfüllbar und für Gebäude gleicher Art und Nutzung wirtschaftlich vertretbar sein. Anforderungen gelten als wirtschaftlich vertretbar, wenn generell die Aufwendungen innerhalb der üblichen Nutzungsdauer durch die eintretenden Einsparungen erwirtschaftet werden können. Bei bestehenden Gebäuden ist die noch zu erwartende Nutzungsdauer zu berücksichtigen."

Die Ausführungen von § 5 Absatz 1 EnEG weisen darauf hin, dass zur Erfüllung der in den Rechtsverordnungen nach den §§ 1 bis 4 aufgestellten Anforderungen der „Stand der Technik" zugrunde zu legen ist (Erläuterungen zu „Stand der Technik" siehe § 5 Abs. 1 EnEV, Kapitel 3).

Die in Kapitel 1.1 aufgelisteten Grundsatzforderungen des Bundesrates bestimmen in Verbindung mit dem Anspruch der Wirtschaftlichkeit entsprechend EnEG den Rahmen der Novellierung der Wärmeschutzverordnung 1995.

2 Struktur der Anforderungen und Nachweise an den energiesparenden Wärmeschutz nach EnEV

2.1 Einleitung

Mit Einführung der Energieeinsparverordnung (EnEV) ab 1. Februar 2002 kamen auf die Nachweisführenden neue Berechnungsgänge und Grenzwerte beim energiesparenden Wärmeschutz zu. Neben der Unterscheidung zwischen Gebäuden mit normalen und mit niedrigen Innentemperaturen, die bereits aus der Vergangenheit bekannt ist, wurden in die Verordnung erstmals Gebäude mit geringem Volumen aufgenommen. Aber nicht nur die Differenzierung bei der Gebäudetypologie, sondern auch der Bezug auf den Jahres-Primärenergiebedarf, die Einführung weiterer Anforderungen und die Berücksichtigung der Heizungsanlagen bedingen veränderte Berechnungsverfahren und ein Umdenken beim Nachweis der Anforderungen nach EnEV.

Um den Nachweisführenden einen Überblick und eine Hilfestellung zu geben, wird im vorliegenden Kapitel jeweils ein Ablaufdiagramm sowohl für die Anforderungen als auch für den Nachweis dargestellt und erläutert.

2.2 Gebäudetypen

Wie den Bildern 2.1 und 2.4 zu entnehmen ist, unterscheidet die Energieeinsparverordnung hinsichtlich der zu betrachtenden Gebäudetypen prinzipiell zwischen

- Neubauten und

- Bestandsbauten.

Bei Neubauten (§ 3 „Zu errichtende Gebäude") wird dann noch einmal zwischen

- Gebäuden mit normalen Innentemperaturen ($\theta_i \geq 19\ °C$) und

- Gebäuden mit niedrigen Innentemperaturen ($12\ °C \leq \theta_i < 19\ °C$)

differenziert.

Weiterhin erfolgt sowohl bei Gebäuden mit normalen als auch bei Gebäuden mit niedrigen Innentemperaturen eine Einteilung in Gebäude mit einem Volumen (über Außenmaße) $V_e > 100\ m^3$ bzw. Gebäude mit geringem Volumen $V_e \leq 100\ m^3$.

2.3 Anforderungen und Nachweise

Die folgenden Ausführungen beziehen sich vorrangig nicht auf zahlenmäßige Festlegungen beim Anforderungsniveau bzw. beim Nachweis nach EnEV, sondern beschreiben die prinzipiellen Vorgehensweisen und Unterteilungen. Die Struktur der Anforderungen wird in Bild 2.1 in ihrer Gesamtheit und zur besseren Übersichtlichkeit in den Bildern 2.2 und 2.3 noch einmal getrennt für Neubauten und Bestandsbauten dargestellt. Die gleiche Differenzierung gilt auch für die zu führenden Nachweise. Während in Bild 2.4 das Organigramm insgesamt wiedergegeben wird, enthalten die Bilder 2.5 und 2.6 die zu erbringenden Nachweise wiederum getrennt für Neu- und Bestandsbauten.

2.3.1 Anforderungen

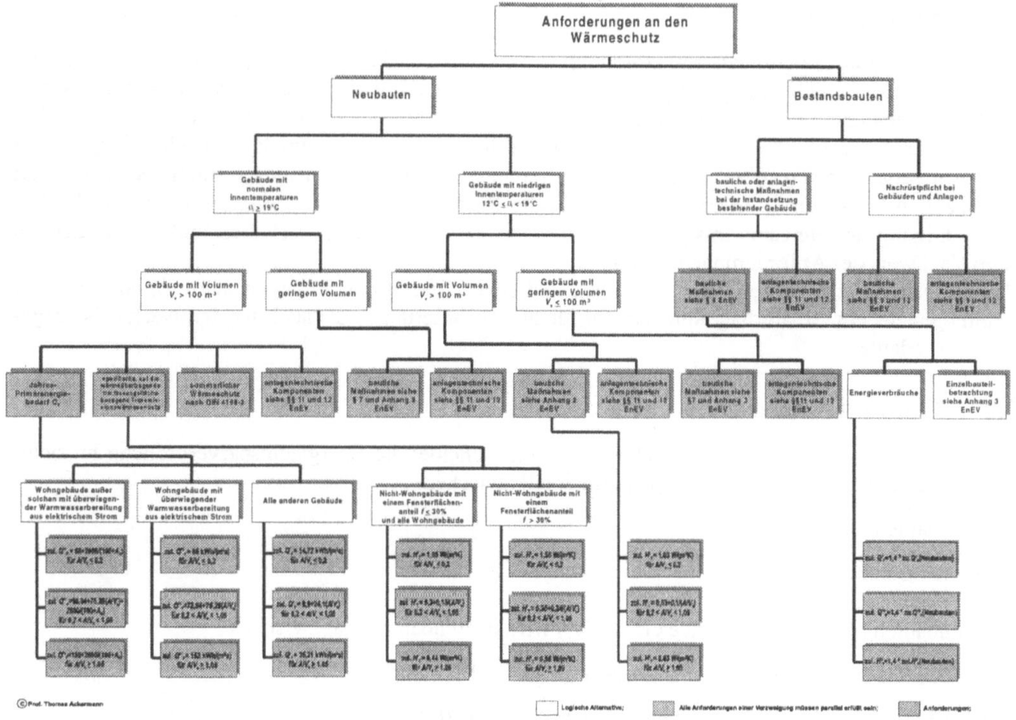

Bild 2.1: Anforderungen an den energiesparenden Wärmeschutz (s. a. Auszugsblatt in Anhang 3)

In der EnEV wird gefordert, dass bei den in Ziffer 2.2 aufgeführten Gebäudetypen hinsichtlich des baulichen Wärmeschutzes folgende Grenzwerte nicht überschritten werden dürfen:

a)   Bei zu errichtenden Gebäuden mit normalen Innentemperaturen und einem Volumen $V_e > 100$ m³

- der auf die beheizte Nutzfläche A_N bzw. das beheizte Volumen V_e bezogene Jahres-Primärenergiebedarf Q''_P bzw. Q'_P,

- die spezifischen, auf die wärmeübertragende Umfassungsfläche bezogenen Transmissionswärmeverluste H'_T,

- der Sonneneintragskennwert S und

- die anlagentechnischen Komponenten;

b)   bei zu errichtenden Gebäuden mit normalen Innentemperaturen und geringem Volumen $V_e \leq 100$ m³

- der U-Wert der wärmeübertragenden Bauteile,

- die anlagentechnischen Komponenten;

c)   bei zu errichtenden Gebäuden mit niedrigen Innentemperaturen und einem Volumen $V_e > 100$ m³

- die spezifischen, auf die wärmeübertragende Umfassungsfläche bezogenen Transmissionswärmeverluste H'_T,

- die anlagentechnischen Komponenten;

d) bei zu errichtenden Gebäuden mit niedrigen Innentemperaturen und geringem Volumen $V_e \leq 100$ m³

- der U-Wert der wärmeübertragenden Bauteile,
- die anlagentechnischen Komponenten;

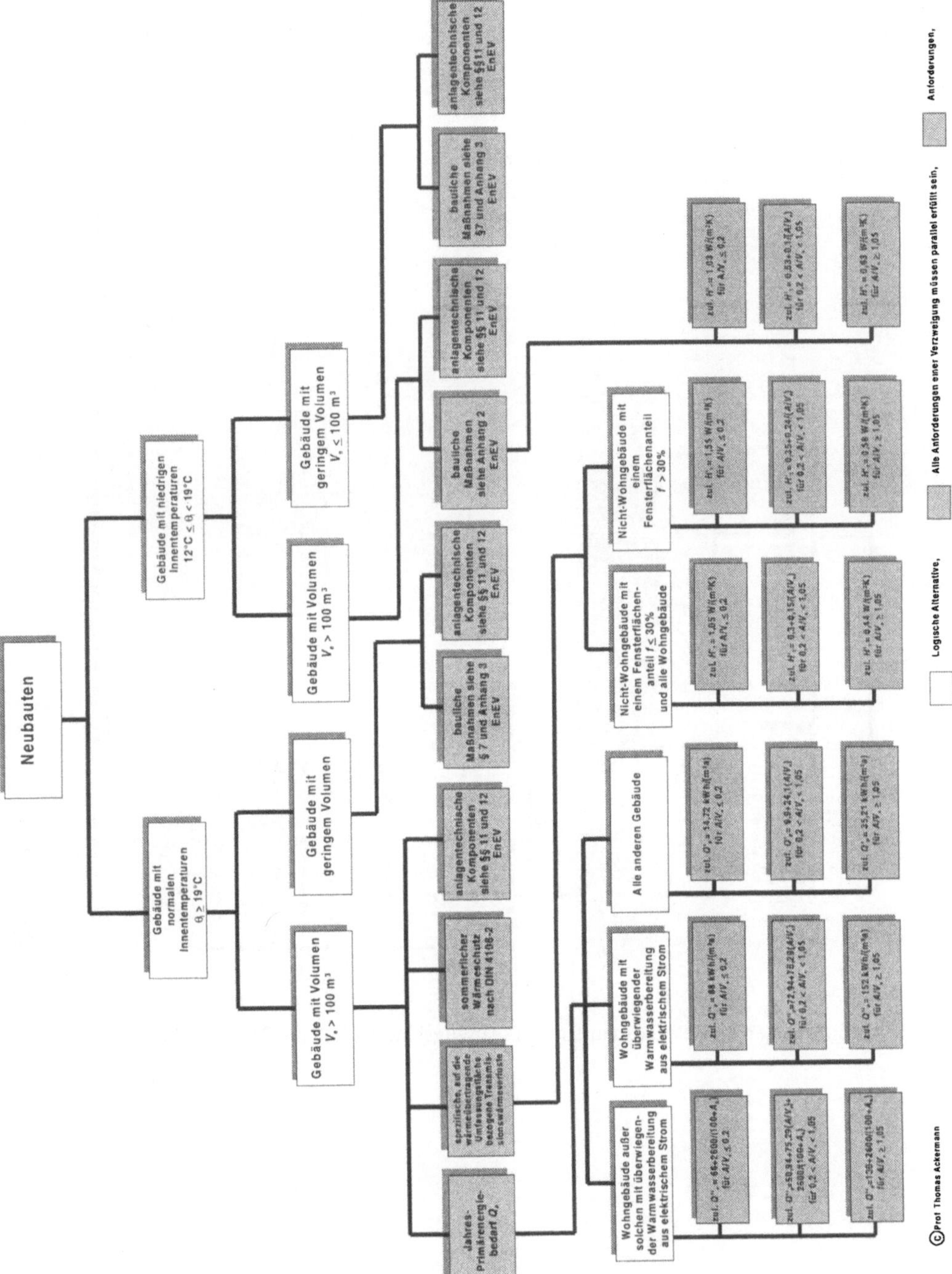

Bild 2.2: Anforderungen an Neubauten (s. a. Auszugsblatt in Anhang 3)

e) bei baulichen Maßnahmen zur Instandsetzung von Bestandsbauten

- der auf die beheizte Nutzfläche A_N bzw. das beheizte Volumen V_e bezogene Jahres-Primärenergiebedarf Q''_P bzw. Q'_P und

- die spezifischen, auf die wärmeübertragende Umfassungsfläche bezogenen Transmissionswärmeverluste H'_T

oder

- der U-Wert der wärmeübertragenden Bauteile

und

- die anlagentechnischen Komponenten.

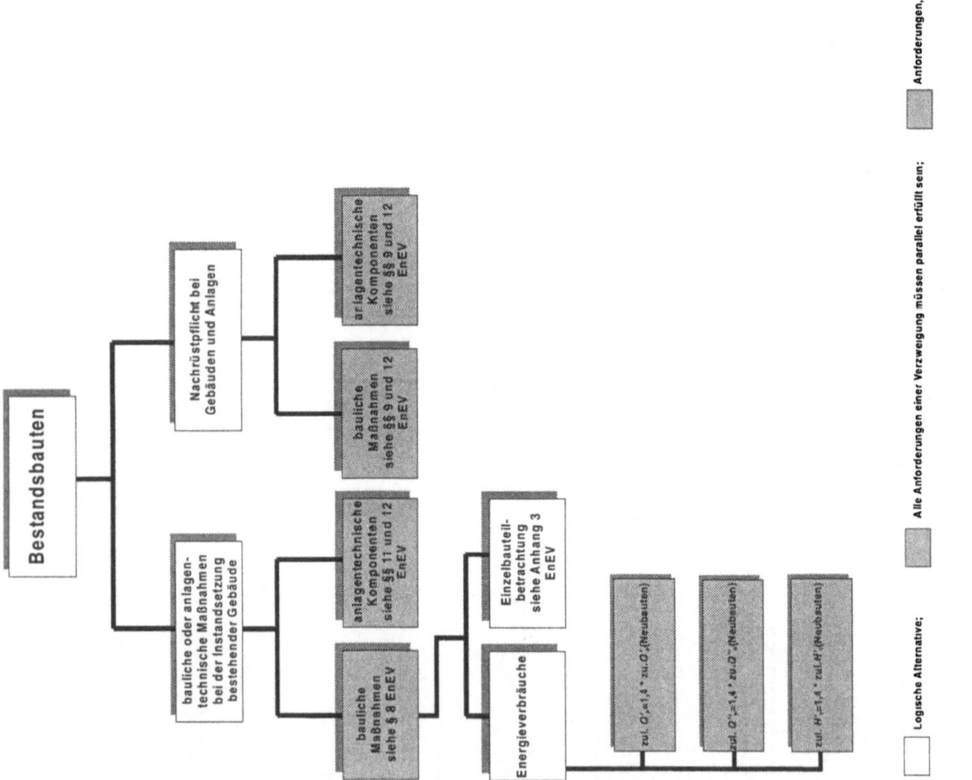

Bild 2.3: Anforderungen an Bestandsbauten (s. a. Auszugsblatt in Anhang 3)

2.3.2 Nachweise

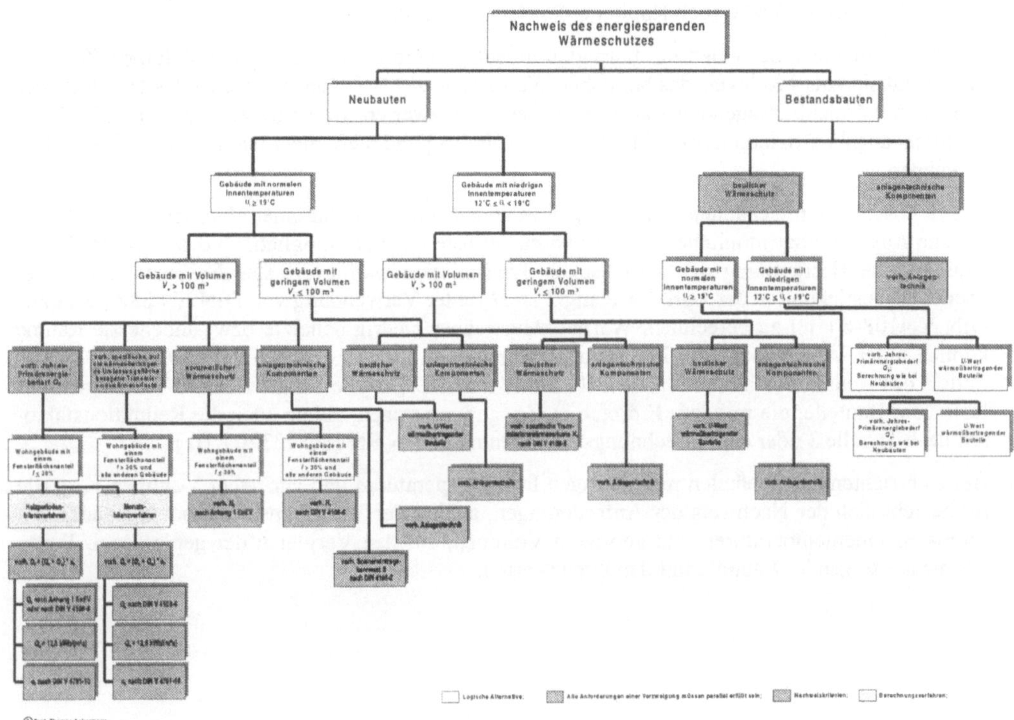

Bild 2.4: Nachweise des energiesparenden Wärmeschutzes (s. a. Auszugsblatt in Anhang 3)

Für den Nachweis der unter Ziffer 2.3.1 aufgeführten Anforderungen gelten nach EnEV folgende in Bild 2.4 dargestellte Festlegungen:

a) Bei zu errichtenden Gebäuden mit normalen Innentemperaturen und einem Volumen $V_e > 100$ m³ gilt:

- bei der Ermittlung des Jahres-Heizwärmebedarfs Q_h zum Nachweis des Jahres-Primärenergiebedarfs Q''_P bzw. Q'_P ist zu unterscheiden, ob es sich um ein Wohngebäude mit einem Fensterflächenanteil $f \leq 30$ % oder um ein Wohngebäude mit einem Fensterflächenanteil $f > 30$ % bzw. um ein Gebäude mit einer anderen Nutzung handelt.

  Für Wohngebäude mit einem Fensterflächenanteil $f \leq 30$ % kann der Nachweis geführt werden, indem der erforderliche Jahres-Heizwärmebedarf Q_h nach einem vereinfachten Verfahren, dem Heizperiodenbilanzverfahren, errechnet wird. Dabei gelten die Gleichungen und Randbedingungen nach EnEV Anhang 1 oder nach DIN V 4108-6 [1]. Es besteht bei diesem Gebäudetyp aber auch die Möglichkeit, den Jahres-Heizwärmebedarf Q_h nach dem Monatsbilanzverfahren zu bestimmen. In diesem Fall sind die Berechnung und die zu verwendenden Parameter DIN V 4108-6 [1] zu entnehmen. Bei Wohngebäuden mit einem Fensterflächenanteil $f > 30$ % und allen anderen Gebäuden ist das Monatsbilanzverfahren zur Berechnung von Q_h verpflichtend vorgeschrieben.

- Da die spezifischen Transmissionswärmeverluste H_T Bestandteil des Jahres-Heizwärmebedarfs sind, erfolgt deren Berechnung bereits bei der Bestimmung von Q_h. D. h. bei Wohngebäuden mit einem Fensterflächenanteil $f \leq 30$ % sind bei H_T die Randbedingungen des Heizperiodenbilanzverfahrens, bei allen anderen Gebäuden die Randbedingungen des Monatsbilanzverfahrens zu berücksichtigen.

- Die Ermittlung des Sonneneintragskennwertes S erfolgt nach den Maßgaben von DIN 4108-2 [5] (siehe auch Kapitel 6 des Kommentars).

b) Bei zu errichtenden Gebäuden mit normalen Innentemperaturen und geringem Volumen $V_e \leq 100$ m³ bezieht sich der Nachweis des baulichen Wärmeschutzes auf einen Vergleich des U-Wertes der geplanten wärmeübertragenden Bauteile mit den Grenzwerten nach EnEV. Dabei sind die Wärmedurchgangskoeffizienten nach DIN EN ISO 6946 [6] und nicht mehr nach DIN 4108-5 [7] zu berechnen.

c) Bei zu errichtenden Gebäuden mit niedrigen Innentemperaturen und einem Volumen $V_e > 100$ m³ ist eine Aussage über mögliche Lüftungswärmeverluste H_V nicht möglich, so dass sich der Nachweis auf die Bestimmung des spezifischen Transmissionswärmeverlustes H_T bezieht. Entsprechend der Festlegung in der EnEV Anhang 2 ist H_T unter Verwendung von DIN EN 832 [8] bzw. DIN V 4108-6 [1] zu berechnen. Wärmeverluste über niedrig beheizte bzw. unbeheizte Räume können unter Verwendung der Reduktionsfaktoren nach Tabelle 3 in DIN V 4108-6 [1] oder mittels des Reduktionsfaktors b nach DIN EN ISO 13789 [9] bestimmt werden. Für Wärmeverluste über Bauteile, die mit dem Erdreich in Verbindung stehen, gelten auch die Reduktionsfaktoren nach Tabelle 3 oder das Berechnungsverfahren nach DIN EN ISO 13370 [10].

d) Bei zu errichtenden Gebäuden mit niedrigen Innentemperaturen und geringem Volumen $V_e \leq 100$ m³ bezieht sich der Nachweis der Anforderungen, analog der Vorgehensweise bei Gebäuden mit normalen Innentemperaturen und geringem Volumen, auf den Vergleich der geplanten U-Werte wärmeübertragender Bauteile mit den Grenzwerten.

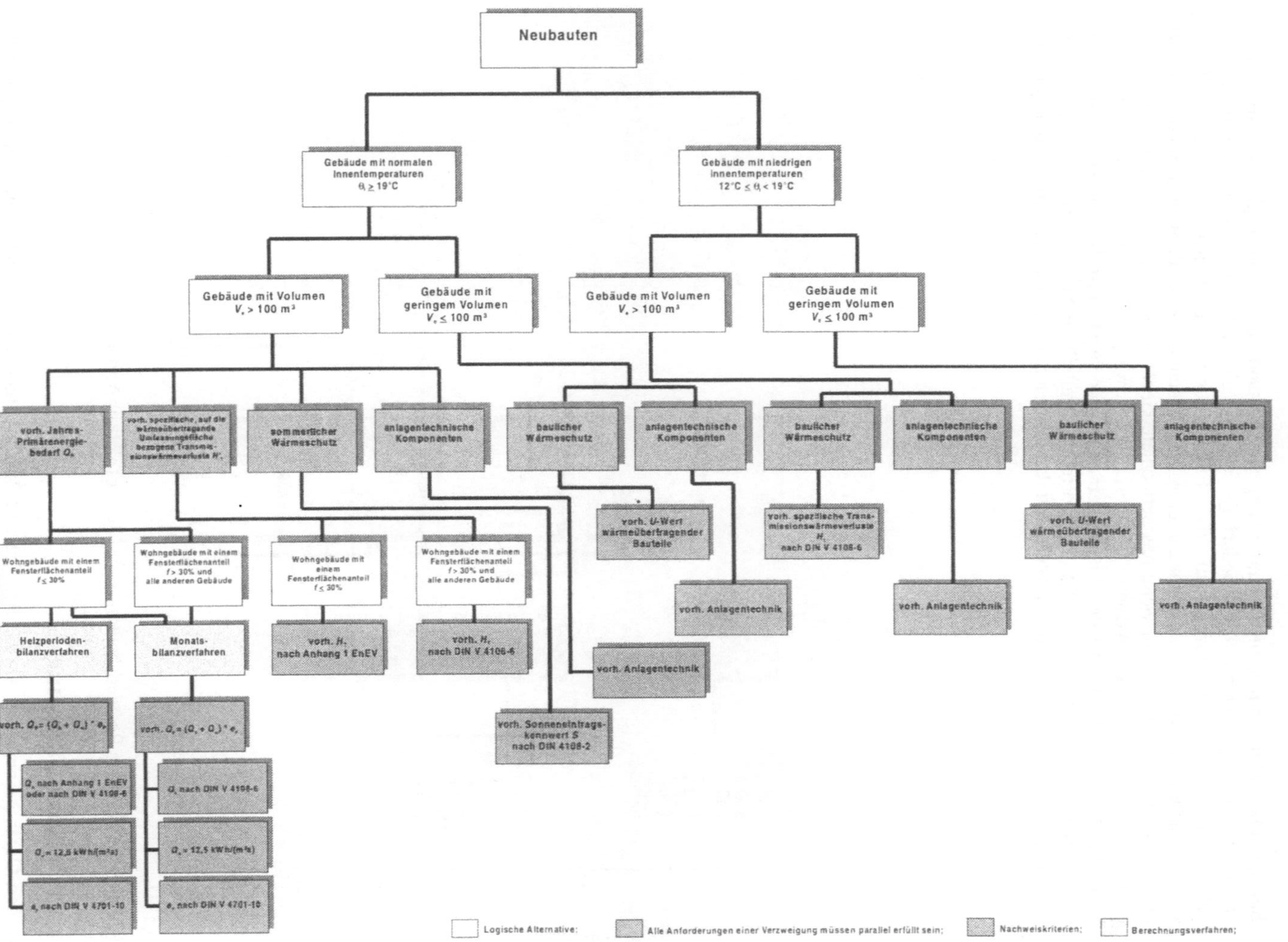

Bild 2.5: Nachweis bei Neubauten (s. a. Auszugsblatt in Anhang 3)

e) Bei baulichen Maßnahmen zur Instandsetzung von Bestandsbauten bietet sich die Möglichkeit, entweder den Jahres-Primärenergiebedarf Q_P wie bei einem Neubau nachzuweisen oder die geforderte Qualität in Bezug auf die EnEV durch die Einhaltung von U-Werten wärmeübertragender Bauteile zu dokumentieren. Die Berechnung des Jahres-Primärenergiebedarfs Q_P empfiehlt sich immer dann, wenn das betrachtete Gebäude jüngeren Datums ist, einen guten baulichen und anlagentechnischen Wärmeschutz aufweist und eine Dokumentation der verwendeten Baustoffe und haustechnischen Einrichtungen gegeben ist. Bei älteren Gebäuden, bei denen keine Aussage über verwendete Baustoffe und Bauteilschichtungen möglich ist, empfiehlt sich ein Abgleich der geforderten U-Werte mit den Werten der einzelnen zu sanierenden Bauteile.

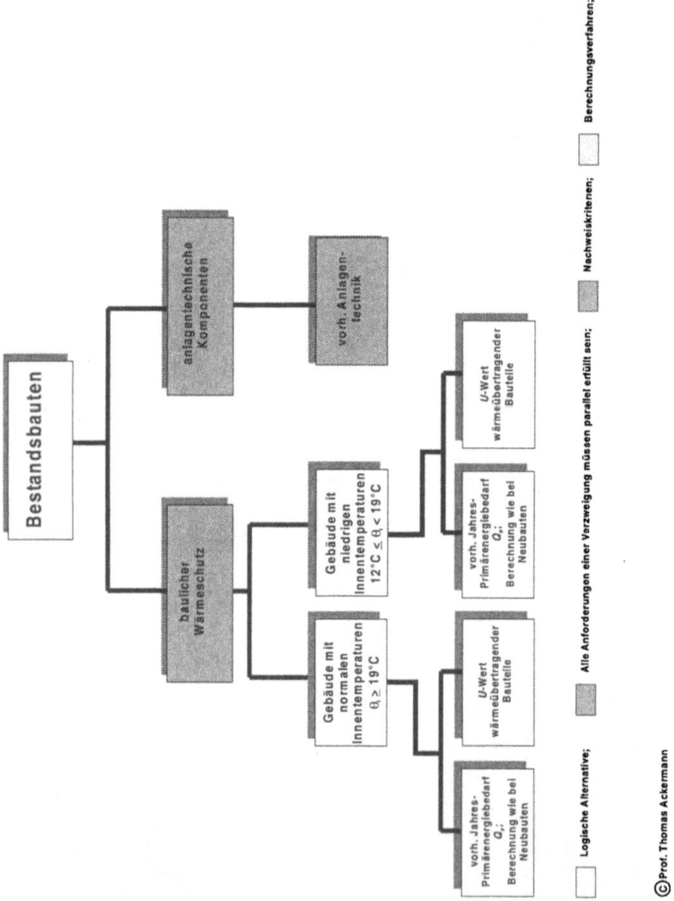

Bild 2.6: Nachweis für Bestandsbauten (s. a. Auszugsblatt in Anhang 3)

2.4 Zusammenfassung

Wie den Organigrammen in den Bildern 2.1 und 2.4 zu entnehmen ist, sind beim energiesparenden Wärmeschutz nach Energieeinsparverordnung neue Begriffe und Berechnungen zu beachten.

Falls an einer logischen Verzweigungsstelle des Ablaufdiagramms mehrere Anforderungen oder Nachweise (dargestellt durch grüne Felder) parallel nebeneinander stehen, gelten die Maßgaben nach EnEV nur dann als erfüllt, wenn alle Forderungen eingehalten werden. Dabei ist zu beachten, dass sich die verschiedenen Nachweise, wie z. B. der Jahres-Primärenergiebedarf, die Transmissionswärmeverluste und der Sonneneintragskennwert, gegenseitig beeinflussen.

3 Kommentierung der Energieeinsparverordnung

Verordnung
über energiesparenden Wärmeschutz
und energiesparende Anlagentechnik bei Gebäuden
(Energieeinsparverordnung – EnEV)[*]

vom 16. November 2001

Auf Grund des § 1 Abs. 2, des § 2 Abs. 2 und 3, des § 3 Abs. 2, der §§ 4 bis 6, des § 7 Abs. 3 bis 5 und des § 8 des Energieeinspargesetzes vom 22. Juli 1976 (BGBl. I S. 1873), von denen §§ 4 und 5 durch Artikel 1 des Gesetzes vom 20. Juni 1980 (BGBl. I S. 701) geändert worden sind, verordnet die Bundesregierung:

---

[*] Die §§ 3 bis 7 und 8 Abs. 3 und die Anhänge 1,2, und 4 dienen der Umsetzung des Artikels 5 der Richtlinie 93/76/EWG des Rates vom 13. September 1993 zur Begrenzung der Kohlendioxidemissionen durch eine effizientere Energienutzung – SAVE – (Abl. EG Nr. L 237 S. 28), § 13 dient der Umsetzung des Artikels 2 dieser Richtlinie. § 11 Abs. 1 bis 3 und § 18 Nr. 1 dienen der Umsetzung der Richtlinie 92/42/EWG des Rates vom 21. Mai 1992 über Wirkungsgrade von mit flüssigen oder gasförmigen Brennstoffen beschickten neuen Warmwasserkesseln (Abl. EG Nr. L 167, L 195 S. 32), geändert durch Artikel 12 der Richtlinie 93/68/EWG des Rates vom 22. Juli 1993 (Abl. EG Nr. L 220 S.1).
Die Verpflichtungen aus der Richtlinie 98/34/EG des Europäischen Parlaments und des Rates vom 22. Juli 1998 über ein Informationsverfahren auf dem Gebiet der Normen und technischen Vorschriften für die Dienste der Informationsgesellschaft (Abl. EG NR. L 204 S. 37), geändert durch die Richtlinie 98/48/EG des Europäischen Parlaments und des Rates vom 20. Juli 1998 (Abl. Nr. L 217 S. 18), sind zu beachten.

Inhaltsübersicht

Abschnitt 1

Allgemeine Vorschriften

Abschnitt 2

Zu errichtende Gebäude

Abschnitt 3

Bestehende Gebäude und Anlagen

Abschnitt 4

Heizungstechnische Anlagen, Warmwasseranlagen

Abschnitt 5

Gemeinsame Vorschriften, Ordnungswidrigkeiten

Abschnitt 6

Schlussbestimmungen

§ 19 Übergangsvorschrift
§ 20 Inkrafttreten, Außerkrafttreten

Anhänge

Anhang 1 Anforderungen an zu errichtende Gebäude mit normalen Innentemperaturen (zu § 3)

Anhang 2 Anforderungen an zu errichtende Gebäude mit niedrigen Innentemperaturen (zu § 4)

Anhang 3 Anforderungen bei Änderungen von Außenbauteilen bestehender Gebäude (zu § 8 Abs. 1) und bei Errichtung von Gebäuden mit geringem Volumen (zu § 7)

Anhang 4 Anforderungen an die Dichtheit und den Mindestluftwechsel (zu § 5)

Anhang 5 Anforderungen zur Begrenzung der Wärmeabgabe von Wärmeverteilungs- und Warmwasserleitungen sowie Armaturen (zu § 12 Abs. 5)

Abschnitt 1

Allgemeine Vorschriften

§ 1

Geltungsbereich

(1) Diese Verordnung stellt Anforderungen an

1. Gebäude mit normalen Innentemperaturen (§ 2 Nr. 1 und 2) und

Erläuterungen: In Anlehnung an andere Anforderungen - wie beispielsweise die Arbeitsstättenrichtlinien [11] und DIN 4108-2 Ziffer 1 [5] - wurde in der EnEV als Grenzwert für Gebäude mit normalen Innentemperaturen eine Sollinnentemperatur $\theta_i \geq$ 19 °C festgelegt. Die Sollinnentemperatur bedeutet, dass bei Gebäuden mit unterschiedlichen Temperaturzonen nicht eine über das Gebäude gemittelte Temperatur zur Einstufung herangezogen wird, sondern dass der Bereich mit normalen Innentemperaturen nur die Zonen beinhaltet, die auf $\theta_i \geq$ 19 °C beheizt werden.

2. Gebäude mit niedrigen Innentemperaturen (§ 2 Nr. 3)

Erläuterungen: Unter Gebäuden mit niedrigen Innentemperaturen sind solche zu verstehen, bei denen aufgrund der Tätigkeiten im Inneren eine Temperatur kleiner 19° C und größer 12° C ausreicht. Bei Gewerbebetrieben ist jeweils zu untersuchen, ob die sich ergebenden Arbeitsbedingungen mit den Anforderungen der Arbeitsstättenrichtlinien [11] vereinbar sind. Außerdem muss eine Heizdauer von mehr als 4 Monaten bei den oben genannten Innentemperaturen gegeben sein. Für Gebäude, die eine der beiden Anforderungen unterschreiten, gibt es nach dieser Verordnung keine Anforderungen an den baulichen Wärmeschutz.

einschließlich ihrer Heizungs-, raumlufttechnischen und zur Warmwasserbereitung dienenden Anlagen.

Erläuterungen: Im Gegensatz zu den früheren Anforderungen an die Energieeinsparung in Gebäuden nach WSchV 95, bei denen die Maßgaben an den baulichen Wärmeschutz in der Wärmeschutzverordnung und die Bestimmungen an Anlagen und Einrichtungen zur Erzeugung und Verteilung von warmem Wasser in der Heizungsanlagenverordnung geregelt waren, vereinigt die Energieeinsparverordnung den baulichen und den anlagentechnischen Wärmeschutz in einer Rechtsvorschrift.

(2) Diese Verordnung gilt mit Ausnahme des § 11 nicht für

Erläuterungen: § 11 bezieht sich auf die „Inbetriebnahme von Heizkesseln". D. h., der Wegfall von Anforderungen an den baulichen Wärmeschutz zieht nicht automatisch einen Wegfall der Anforderungen bei der Modernisierung von Heizungsanlagen nach sich, so dass bei einer Erneuerung von Heizkesseln auch bei Nutzungsarten nach diesem Absatz die Maßgaben aus § 11 zu erfüllen sind.

1. Betriebsgebäude, die überwiegend zur Aufzucht oder zur Haltung von Tieren genutzt werden,

Erläuterungen: Da bei Gebäuden, die zur Aufzucht und Haltung von Tieren dienen, z. B. bei Stallungen, die erforderliche Innentemperatur und die Heizzeit sowie die erforderliche Luftwechselrate von der Nutzungsart und Belegungsdichte abhängig sind, können keine Anforderungen an die Energieeinsparung dieser Nutzungseinheiten definiert werden.

2. Betriebsgebäude, soweit sie nach ihrem Verwendungszweck großflächig und lang anhaltend offengehalten werden müssen,

Erläuterungen: Als Betriebsgebäude gelten in diesem Zusammenhang Werkstätten, Werkhallen und Lagerhallen. Wenn es in diesen Bereichen betriebsbedingt notwendig ist, dass Türen, Tore oder sonstige großflächige Öffnungen lang anhaltend offen stehen und dementsprechend auch keine Heizenergie aufgewendet wird, um für eine bestimmte Innenraumtemperatur zu sorgen, sind Maßnahmen für einen baulichen Wärmeschutz nicht erforderlich.

Achtung: Die Ausnahme bezieht sich nur auf Gebäude oder Gebäudeteile, die großflächig oder lang anhaltend offen gehalten werden müssen. Sind in diesen Betriebsgebäuden Bereiche vorhanden, die zum dauernden Personenaufenthalt vorgesehen sind und eine Innenraumtemperatur $\theta_i \geq 19\ °C$ aufweisen (z. B. Pausenräume, Sozialräume oder Büros), ist für diese ein Nachweis nach EnEV zu führen. Als Ausnahmen gelten Einrichtungen mit einem Volumen $V \leq 100m^3$ nach § 7. Es ist jedoch zu beachten, dass auch bei einem Wegfall der Anforderungen nach Energieeinsparverordnung für diese Nutzungsbereiche die Vorschriften der Arbeitsstättenrichtlinien einzuhalten sind.

3. unterirdische Bauten,

Erläuterungen: Als unterirdische Bauten werden Tunnels und andere Räumlichkeiten unter Erdniveau eingestuft, die nicht für den dauernden Personenaufenthalt konzipiert werden.

Achtung: Gebäude oder Räume in Gebäuden, die der Landesverteidigung, dem Zivil- oder Katastrophenschutz dienen, sind aufgrund der für sie geltenden Rechtsverordnungen und Gesetze von den Anforderungen an den baulichen Wärmeschutz befreit. Für solche Gebäude oder Räume gilt vielmehr, dass Maßnahmen zur Wärmedämmung untersagt sind. Damit soll verhindert werden, dass es im Falle einer Nutzung (in der Regel sind diese Gebäude oder Räume im Bedarfsfall sehr dicht belegt) im Inneren nicht zu einer Überhitzung der Raumluft kommt, da beim Vorhandensein einer Wärmedämmung eine Abgabe der anfallenden Wärme an die umgebenden abgrenzenden Schichten wie Außenluft oder Erdreich nicht möglich ist.

4. Unterglasanlagen und Kulturräume für Aufzucht, Vermehrung und Verkauf von Pflanzen,

Erläuterungen: Hierunter sind nur solche Anlagen zu verstehen, die dem gewerblichen Anbau von Kulturgütern im Gartenbau dienen. Die Ausnahmeregelung hinsichtlich des Verkaufs von Pflanzen kann nur dann zur Anwendung kommen, wenn die Verkaufsfläche als Bestandteil der zur Aufzucht dienenden Unterglasanlage gesehen werden kann. Anlagen, die Demonstrationszwecken dienen - wie Tier- und Pflanzenschauhäuser -, sollten den Anforderungen an den

Wärmeschutz nach § 3 oder § 4 dieser Verordnung entsprechen. Bei Verglasungen sollte dabei mindestens Isolier- oder Doppelverglasung nach DIN 4108-2 Abschnitt 5.3.6 [5] eingesetzt werden.

5. Traglufthallen, Zelte und sonstige Gebäude, die dazu bestimmt sind, wiederholt aufgestellt und zerlegt zu werden.

Erläuterungen: Da es sich bei den beschriebenen Konstruktionen um leichte Bauweisen ohne starre Flächenstrukturen handelt, ist ein wirksamer Wärmeschutz nicht oder nur durch einen unzumutbaren Aufwand zu realisieren. Es sollte jedoch beachtet werden, dass dem Aspekt des wiederholten Aufstellens und Zerlegens Rechnung getragen wird. Falls eine Zeltkonstruktion als ortsfeste Einrichtung geplant oder ausgeführt ist, sollte nach den Festlegungen der Wärmeschutzverordnung 1995 nur eine Duldung von maximal 2 Jahren eingeräumt werden. Längere Verweildauern sind durch eine Konstruktion zu ersetzen, die die Anforderungen nach EnEV erfüllt.

Auf Bestandteile des Heizsystems, die sich nicht im räumlichen Zusammenhang mit Gebäuden nach Absatz 1 befinden, ist nur § 11 anzuwenden.

Erläuterungen: Die Verordnung definiert keine Anforderungen an die Unterbringungsstätten von Heizanlagen, wenn sich diese nicht im oder am (d. h. im räumlichen Zusammenhang) betrachteten Gebäude befinden. An Blockheizkraftwerke oder Heizzentralen, die zwar eine Nutzungseinheit mit Raumwärme oder warmem Brauchwasser versorgen, aber baulich getrennt stehen, werden keine Anforderungen an den baulichen Wärmeschutz nach EnEV gestellt.

§ 2

Begriffsbestimmungen

Im Sinne dieser Verordnung

1. sind Gebäude mit normalen Innentemperaturen solche Gebäude, die nach ihrem Verwendungszweck auf eine Innentemperatur von 19 Grad Celsius und mehr und jährlich mehr als vier Monate beheizt werden,

Erläuterungen: In Anlehnung an andere Anforderungen - wie beispielsweise die Arbeitsstättenrichtlinien [11] und DIN 4108-2 Ziffer 1 [5] - wurde in der EnEV als Grenzwert für Gebäude mit normalen Innentemperaturen eine Sollinnentemperatur $\theta_i \geq 19\ °C$ festgelegt. Die Sollinnentemperatur bedeutet, dass bei Gebäuden mit unterschiedlichen Temperaturzonen nicht eine über das Gebäude gemittelte Temperatur zur Einstufung herangezogen wird, sondern dass der Bereich mit normalen Innentemperaturen nur die Zonen beinhaltet, die auf $\theta_i \geq 19\ °C$ beheizt werden.

Die Festlegung einer Heizzeit von jährlich mehr als vier Monaten bedeutet nicht, dass es sich dabei um eine zusammenhängende Periode handelt. Auch für Gebäude mit intermittierendem Heizbetrieb, wie beispielsweise bei Kirchen oder Hallen, die dem Veranstaltungsbetrieb dienen und in der Summe die o. g. Dauer des Heizbetriebes überschreiten, gelten die Anforderungen nach EnEV. Für Gebäude, die weniger als vier Monate im Jahr beheizt werden, gibt es keine Anforderungen hinsichtlich des energiesparenden Wärmeschutzes.

2. sind Wohngebäude solche Gebäude im Sinne von Nummer 1, die ganz oder deutlich überwiegend zum Wohnen genutzt werden,

Erläuterungen: Entscheidend ist, dass die überwiegende Anzahl der Nutzeinheiten in einem Gebäude, das als Wohngebäude eingestuft werden soll, auch über einen Verbrauch an warmem Brauchwasser verfügt, der dem einer Wohnnutzung entspricht. Verfügt ein Wohngebäude beispielsweise über eine vergleichsweise kleine Nutzeinheit, die zu Bürozwecken verwendet wird, können die energetischen Aufwendungen des betrachteten Gebäudes zum Betrieb der Heizung und der Bereitstellung von warmem Brauchwasser als analog denen eines Gebäudes mit reiner Wohnnutzung gesehen werden. Andererseits können auch Seniorenwohnanlagen, bei denen die Bewohner in eigengenutzten und bewirtschafteten Apartments leben, als Wohngebäude eingestuft werden.

Liegt dagegen der umgekehrte Fall vor, d. h. in einem Büro- oder Verwaltungsgebäude befindet sich eine Wohnung, kann nach § 14 für jeden Nutzungsbereich ein getrennter Nachweis geführt werden.

3. sind Gebäude mit niedrigen Innentemperaturen solche Gebäude, die nach ihrem Verwendungszweck auf eine Innentemperatur von mehr als 12 Grad Celsius und weniger als 19 Grad Celsius und jährlich mehr als vier Monate beheizt werden,

Erläuterungen: Unter Gebäuden mit niedrigen Innentemperaturen sind solche zu verstehen, bei denen aufgrund der Tätigkeiten im Inneren eine Temperatur kleiner 19 °C und größer 12 °C ausreicht. Bei Gewerbebetrieben ist jeweils zu untersuchen, ob die sich ergebenden Arbeitsbedingungen mit den Anforderungen der Arbeitsstättenrichtlinien [11] vereinbar sind. Außerdem muss eine Heizdauer von mehr als 4 Monaten bei den oben genannten Innentemperaturen gegeben sein. Für Gebäude, die eine der beiden Anforderungen unterschreiten, gibt es nach dieser Verordnung keine Anforderungen an den baulichen Wärmeschutz.

Achtung: Befinden sich in Gebäuden mit niedrigen Innentemperaturen Bereiche mit normalen Innentemperaturen $\theta_i \geq 19$ °C, z. B. Pausenräume, Sozialräume oder Büros, ist für diese ein Nachweis nach § 3 und für das restliche Gebäude ein Nachweis nach § 4 zu führen.

4. sind beheizte Räume solche Räume, die auf Grund bestimmungsgemäßer Nutzung direkt oder durch Raumverbund beheizt werden,

Erläuterungen: Unter Direktbeheizung sind alle technischen Möglichkeiten, wie z. B. zentrale Heizungsanlagen, aber auch Einzelraumheizungen zu verstehen.

Als Räume, die nicht selbst beheizt werden, die aber im Verbund mit beheizten Räumen stehen, können beispielsweise interne Flure in beheizten Gebäuden, Lagerräume von Verkaufstätten, die an den beheizten Bereich direkt angrenzen, oder Zentraltreppenhäuser in Büro- und Verwaltungsbauten angesehen werden. Durch die Nutzung im direkten Einzugsbereich muss davon ausgegangen werden, dass die Verbindungen zwischen beheizten und unbeheizten Zonen nicht durch ständige geschlossene Abtrennungen - z. B. Türen - voneinander abgegrenzt werden. Es ist vielmehr zu erwarten, dass mögliche Verbindungen geöffnet sind und sich damit auch in den angrenzenden Bereichen eine Innentemperatur $\theta_i \geq 19\ °C$ einstellt. Mit dieser Einteilung steht die Energieeinsparverordnung auch im Einklang mit DIN 4108-2 Ziffer 1 [5], in der es heißt: "Belüftete Nebenräume, die durch angrenzende Aufenthaltsräume indirekt beheizt werden, sind wie Aufenthaltsräume zu behandeln."

In das beheizte Volumen nicht einbezogen werden dagegen unbeheizte Glasvorbauten, auch wenn sie direkt an das beheizte Kerngebäude angrenzen. Während bei Räumen und Bereichen, die in das beheizte Volumen einbezogen werden, aufgrund der dort vorliegenden Nutzung Anforderungen an die Innenraumtemperatur gegeben sind, bestehen keine Anforderungen an die Innenraumtemperatur unbeheizter Glasvorbauten. Unbeheizte Glasvorbauten sollen - bezüglich ihrer Energieeinsparwirkung - nur verhindern, dass über die angrenzenden Bereiche des beheizten Kernhauses Wärme nach außen abgeführt wird, d. h. die unbeheizten Glasvorbauten stellen einen Pufferbereich dar. Falls zu Zeiten niedriger Außentemperaturen Fenster oder Türen zu unbeheizten Glasvorbauten geöffnet wären, würde dies zu einem Wärmestrom vom beheizten Kernhaus in den unbeheizten Glasvorbau und damit zu erheblichen Heizwärmeverlusten führen. Da hierfür keine Notwendigkeit besteht und die vorliegende Verordnung bestrebt ist, Energie einzusparen, können unbeheizte Glasvorbauten nicht zum beheizten Volumen hinzugezählt werden.

5.   sind erneuerbare Energien zu Heizungszwecken, zur Warmwasserbereitung oder zur Lüftung von Gebäuden eingesetzte und im räumlichen Zusammenhang dazu gewonnene Solarenergie, Umweltwärme, Erdwärme und Biomasse,

Erläuterungen: Erneuerbare Energien sind solche Energieträger bzw. Energieformen, bei deren Gewinnung, Transport oder Einsatz kein zusätzliches CO_2 freigesetzt wird. Im Bereich der Solarenergie zählen hierzu u. a. solarthermische Anlagen zur Brauchwassererwärmung oder Photovoltaikanlagen, bei Umweltwärme Wärmepumpen, bei Erdwärme Erdwärmetauscher und Systeme der Geothermie und bei Biomasse Wärme aus Gärprozessen biologischer Stoffe, insbesondere von Abfällen.

Achtung: **Der unter o. g. Ziffer aufgeführte „räumliche Zusammenhang" ist nicht vergleichbar mit den Ausführungen in § 1 (letzter Satz).** Während dort auf die Einbausituation von Heizungsanlagen in den betreffenden Gebäuden abgehoben wird und somit eine funktionale und räumliche Verbindung besteht, **kann** dieser Sachverhalt bei oben genannter Ziffer vorliegen, es besteht jedoch keine zwingende Notwendigkeit. Es geht bei dem hier betrachteten „räumlichen Zusammenhang" vielmehr darum, dass die erneuerbaren Energien so gewonnen werden, dass sie dem nachzuweisenden Gebäude direkt zugute kommen und sich der Herstellungsort in einer Entfernung zum Gebäude befindet, bei der davon ausgegangen werden kann, dass der erforderliche Energietransport zum Abnehmer keine größeren Verluste verursacht.

6.   ist ein Heizkessel der aus Kessel und Brenner bestehende Wärmeerzeuger, der zur Übertragung der durch die Verbrennung freigesetzten Wärme an den Wärmeträger Wasser dient,

Erläuterungen: Wärmeverluste, bedingt durch den Betrieb von Heizsystemen, fallen bei der Verteilung und Übergabe der Wärme sowie dem Einsatz von Zusatz- und Peripheriegeräten, aber auch bei der Herstellung der Wärme an. Im Einzelnen sind dies Brennerverluste aus der teils unvollständigen Verbrennung des Energieträgers, Anlagenverluste, die in der Regel aus der Wärmeabstrahlung des Heizkessels resultieren, und Abgasverluste aus der Wärme, die in der Abluft enthalten ist und über den Kamin nach außen verloren geht. Die Energieverluste aus Verteilung und Übergabe der Wärme sowie den Peripheriegeräten werden in der Aufwandszahl e_P nach DIN V 4701-10 [3] berücksichtigt. Da Brenner und Kessel einer Heizungsanlage eine technische Einheit darstellen und sich insbesondere in Bezug auf die Effizienz in starkem Maße gegenseitig beeinflussen, werden die beiden Komponenten im Rahmen der Energieeinsparverordnung als ein anlagentechnisches Bauteil eingestuft und unter dem Begriff Heizkessel erfasst.

7.   sind Geräte der mit einem Brenner auszurüstende Kessel und der zur Ausrüstung eines Kessels bestimmte Brenner,

Erläuterungen: Wie bereits unter Ziffer 6 dargelegt, stellen der Brenner und der Kessel einer Heizungsanlage eine gerätetechnische Einheit dar. Das einzelne Element kann daher nur im Zusammenhang mit dem zugehörigen Gegenpart gesehen werden.

8.   ist die Nennwärmeleistung die höchste von dem Heizkessel im Dauerbetrieb nutzbar abgegebene Wärmemenge je Zeiteinheit; ist der Heizkessel für einen Nennwärmeleistungsbereich eingerichtet, so ist die Nennwärmeleistung die in den Grenzen des Nennwärmeleistungsbereichs fest eingestellte und auf einem Zusatzschild angegebene höchste nutzbare Wärmeleistung; ohne Zusatzschild gilt als Nennwärmeleistung der höchste Wert des Nennwärmeleistungsbereichs,

Erläuterungen: Die Nennwärmeleistung ist eine Gerätekenngröße. Sie dient u. a. der Gerätewahl bei einer Auslegung und Dimensionierung der Heizungsanlage nach DIN V 4701-10.

9.   ist ein Standardheizkessel ein Heizkessel, bei dem die durchschnittliche Betriebstemperatur durch seine Auslegung beschränkt sein kann,

Erläuterungen: Standardheizkessel sind Geräte für Wärmeverbraucher mit überwiegend konstantem Temperaturbedarf > 60 °C, z. B. Kessel für vorrangige Trinkwassererwärmung oder Spitzenlastkessel in Mehrkesselanlagen. Sie waren nach Einführung der Heizungsanlagenverordnung vom 31. Dezember 1997 nicht mehr zulässig, dürfen aufgrund europäischen Rechtes mit Einführung der EnEV wieder verwendet werden.

Achtung: Gemäß § 11 Abs. 2 dieser Verordnung sind bei Gebäuden, mit Ausnahme von zu errichtenden Gebäuden mit normalen Innentemperaturen, nur Niedertemperatur- und Brennwertanlagen zulässig. Von dieser Maßgabe sind jedoch nach § 11 Abs. 3 Ziffer 3 Anlagen zur ausschließlichen Trinkwarmwasserbereitung ausgenommen.

10.   ist ein Niedertemperatur-Heizkessel ein Heizkessel, der kontinuierlich mit einer Eintrittstemperatur von 35 bis 40 Grad Celsius betrieben werden kann und in dem es unter bestimmten Umständen zur Kondensation des in Abgasen enthaltenen Wasserdampfes kommen kann,

Erläuterungen: Aufgrund der europäischen Definition, dass bei Niedertemperaturkesseln die Betriebstemperatur bis 40 °C gehen soll, ist eine teilweise Kondensation der Heizgase während des temperaturgleitenden Betriebs nicht zu umgehen. Ein solcher Kondensatausfall ist in der Regel unschädlich, wenn das anfallende Kondensatwasser ein bestimmtes Maß nicht überschreitet und möglichst rasch wieder verdampft wird.

11.   ist ein Brennwertkessel ein Heizkessel, der für die Kondensation eines Großteils des in den Abgasen enthaltenen Wasserdampfes konstruiert ist.

Erläuterungen: Bei Brennwertkesseln wird durch die anlagentechnische Konstruktion versucht, eine Vollkondensation der Heizgase zu erreichen. Das ausfallende Kondensat darf dabei weder zu einem Betriebsausfall noch zu einer Schädigung führen.

Abschnitt 2

Zu errichtende Gebäude

§ 3

Gebäude mit normalen Innentemperaturen

(1) Zu errichtende Gebäude mit normalen Innentemperaturen sind so auszuführen, dass

1. bei Wohngebäuden der auf die Gebäudenutzfläche bezogene Jahres-Primärenergiebedarf und

Erläuterungen: Mit dem Bezug auf den Jahres-Primärenergiebedarf Q_P eines Gebäudes wird erstmals die Energiebilanz eines gesamten Gebäudes erstellt. Er setzt sich zusammen aus dem Jahres-Heizwärmebedarf Q_h, dem Jahres-Trinkwasserwärmebedarf Q_w (bei Wohngebäuden) sowie den Verlusten aus der Erzeugung, Speicherung, Verteilung und Übergabe der Wärme. Außerdem werden über die Anlagenaufwandszahl e_P die Energie, die zum Betrieb von Hilfseinrichtungen, wie beispielsweise Pumpen, erforderlich ist, und die Verluste, die bei der Umwandlung des Primärenergieträgers in eine nutzbare Form anfallen, erfasst. Die Aufwandszahlen können für die Systeme der Heizwärme- und der Trinkwasserwärmeerzeugung getrennt ermittelt (e_H und e_W) oder in einem pauschalisierten, auf den verwendeten Primärenergieträger bezogenen Wert e_P erfasst werden.

Achtung: Der Jahres-Primärenergiebedarf bezieht sich bei Wohngebäuden prinzipiell auf die Nutzfläche A_N des betrachteten Gebäudes. Zur Berechnung der Nutzfläche siehe Anhang 1 Ziffer 1.3.4. Mit dem Bezug auf die Gebäudenutzfläche A_N soll der im Wohnungsbau üblichen Vorgehensweise entsprochen werden.

2. bei anderen Gebäuden der auf das beheizte Gebäudevolumen bezogene Jahres-Primärenergiebedarf

Erläuterungen: Als Grenzwert zum Nachweis der Anforderungen nach EnEV ist damit immer der Jahres-Primärenergiebedarf Q_P zu verwenden. Im Unterschied zu Wohngebäuden wird bei allen anderen Nutzungstypen Bezug auf das beheizte Volumen V genommen.

Achtung: Bei der Bestimmung des Grenzwertes für die o. g. Nutzungstypen von Gebäuden wird auf das beheizte Volumen V_e, ermittelt über Außenmaße der wärmeübertragenden Bauteile, und nicht auf das Luftvolumen V eines Gebäudes verwiesen. Damit soll erreicht werden, dass der Jahres-Primärenergiebedarf Q_P, der tatsächlich zur Beheizung erforderlich ist, in die Berechnung einfließt. Zur Berechnung des Volumens über Außenmaße V_e siehe die Erläuterungen in Anhang 1 Ziffer 1.3.2.

sowie der spezifische, auf die wärmeübertragende Umfassungsfläche bezogene Transmissionswärmeverlust die Höchstwerte in Anhang 1 Tabelle nicht überschreiten.

Erläuterungen: Neben den Anforderungen an den Jahres-Primärenergiebedarf Q_P legt die EnEV auch Anforderungen an die spezifischen Transmissionswärmeverluste H_T fest, wobei H_T gleichbedeutend ist mit dem mittleren Wärmedurchgangskoeffizienten U aller wärmeübertragenden Bauteile.

Mit dieser zusätzlichen Anforderung soll ein Mindeststandard des baulichen Wärmeschutzes gewährleistet werden, eine Maßgabe, die bei alleiniger Betrachtung des Jahres-Primärenergiebedarfs nicht erfüllt werden kann. Zum Verständnis dieses Sachverhaltes muss man zunächst den Berechnungsalgorithmus des Jahres-Primärenergiebedarfs genauer betrachten. Nach Anhang 1 Ziffer 3 setzt sich der Jahres-Primärenergiebedarf Q_P aus den Bestandteilen des Jahres-Heizwärmebedarfs Q_h, des Jahres-Trinkwasserwärmebedarfs Q_w und der Anlagenaufwandszahl e_P wie folgt zusammen:

$$Q_P = (Q_h + Q_w) \cdot e_P \tag{3.1}$$

Während der zulässige Wert des Jahres-Primärenergiebedarfs nur durch das Verhältnis A/V_e bestimmt wird, setzt sich der vorhandene Jahres-Primärenergiebedarf aus den Bestandteilen nach Gleichung (3.1) zusammen. Da der Jahres-Trinkwasserbedarf nur bei Wohngebäuden anzusetzen ist und gemäß Anhang 1 Ziffer 2.2 auch dann nur ein Festwert ist, hängt vorhanden Q_P also vorrangig vom Produkt aus Q_h und e_P ab. Für hochwertige Haustechnikanlagen, d. h. Anlagen mit einem kleinen e_P-Wert, können somit die Anforderungen an den Jahres-Heizwärmebedarf auch unter Verwendung eines hohen Jahres-Heizwärmebedarfs erreicht werden. Ein hoher Wert für Q_h bedeutet große U-Werte der wärmeübertragenden Bauteile und damit einen schlechten baulichen Wärmeschutz. Um das bereits erreichte Niveau des baulichen Wärmeschutzes zu bewahren, wurde daher vom Gesetzgeber eine weitere Anforderung in Form der spezifischen Transmissionswärmeverluste eingeführt. Damit wird erreicht, dass unabhängig vom verwendeten Heizsystem immer ein baulicher Wärmeschutz ausgeführt wird, der mindestens dem Standard der Wärmeschutzverordnung von 1995 entspricht.

Achtung: Die Anforderungen nach EnEV gelten nur dann als erfüllt, wenn sowohl die Grenzwerte des Jahres-Primärenergiebedarfs Q_P als auch die Anforderungen an die spezifischen Transmissionswärmeverluste H_T eingehalten werden.

Achtung: Als Bezug gilt bei den spezifischen Transmissionswärmeverlusten die Fläche aller wärmeübertragenden Bauteile A. Im Gegensatz dazu ist die Bezugsfläche beim Jahres-Primärenergiebedarf Q_P die Nutzfläche A_N (siehe auch Ziffer 1 dieses Abschnittes).

(2)   Der Jahres-Primärenergiebedarf und der spezifische, auf die wärmeübertragende Umfassungsfläche bezogene Transmissionswärmeverlust sind zu berechnen

Erläuterungen: Da der Nachweis der auf die wärmeübertragende Umfassungsfläche bezogenen Transmissionswärmeverluste eine Zusatzanforderung darstellt (siehe vorheriger Absatz), muss sowohl der Berechnung von Q_P als auch der von H_T der gleiche rechnerische Ansatz zugrunde gelegt werden, da ansonsten trotz inhaltlicher und formaler Verknüpfung unterschiedliche Ergebnisse erzielt werden könnten.

1.   bei Wohngebäuden, deren Fensterflächenanteil 30 vom Hundert nicht überschreitet, nach dem vereinfachten Verfahren nach Anhang 1 Nr. 3 oder nach dem in Anhang 1 Nr. 2 festgelegten Nachweisverfahren,

Erläuterungen: Die Begrenzung auf Fensterflächenanteile $f \leq 30\ \%$ zielt auf kleine Wohngebäude ab.

Bei diesem Gebäudetyp soll einerseits der Zeitaufwand zur Erstellung des Nachweises nach EnEV vermindert und andererseits auch Personenkreisen mit geringeren bauphysikalischen Kenntnissen die Möglichkeit gegeben werden, die Berechnung nach Energieeinsparverordnung durchzuführen. Zu diesem Zweck wurde ein vereinfachtes Rechenverfahren, das „Heizperiodenbilanzverfahren" (HP-Verfahren), eingeführt.

Es steht dem Nachweisführenden jedoch frei, statt dem Heizperiodenbilanzverfahren auch bei Gebäuden mit einem Fensterflächenanteil $f \leq 30\ \%$ das Monatsbilanzverfahren zu wählen (Erläuterungen zum Heizperiodenbilanzverfahren siehe auch Anhang 1 Ziffer 3). Diese Erweiterung der Nachweismethoden ist erforderlich, da beim Heizperiodenbilanzverfahren aufgrund einer Vielzahl standardisierter Randbedingungen und Einschränkungen gegebenenfalls nicht alle gebäude- und anlagenspezifischen Aspekte in der Berechnung berücksichtigt werden können. Um eine Ungleichbehandlung dieser Gebäude auszuschließen, wurde auch eine Nachweisführung nach dem Monatsbilanzverfahren zugelassen.

Achtung: Der Fensterflächenanteil f bezieht sich auf das Verhältnis der Fensterflächen A_W zu den nichttransparenten Außenflächen A_{AW} des gesamten Gebäudes. Berücksichtigt werden nur die Flächen wärmeübertragender Wände, die beiderseits an die Luft grenzen. Erdberührte Bauteile bleiben unberücksichtigt.

Wird das Dachgeschoss eines Wohngebäudes beheizt (das HP-Verfahren ist nur bei Wohngebäuden zulässig), gehen in die Berechnung des Fensterflächenanteils f neben den Fenstern und den nichttransparenten Flächen der Fassaden auch die Fenster im Dachgeschoss (Dachflächenfenster und Fenster in Gauben) sowie die wärmeübertragenden Dachflächen in die Berechnung ein. Für eine genauere Definition der Dachflächen siehe auch Anhang 1 Nr. 1.3.1.

3.   bei anderen Gebäuden nach dem in Anhang 1 Nr. 2 festgelegten Nachweisverfahren.

Achtung: Für Wohngebäude mit einem Fensterflächenanteil $f > 30\ \%$ und alle Nichtwohngebäude ist die Verwendung des Monatsbilanzverfahrens beim Nachweis der Anforderungen nach EnEV zwingend vorgeschrieben. Hiermit soll im Rahmen der EnEV eine möglichst genaue Abbildung des betrachteten Gebäudes erreicht werden.

(3)   Die Begrenzung des Jahres-Primärenergiebedarfs nach Absatz 1 gilt nicht für Gebäude, die beheizt werden

1.   mindestens zu 70 vom Hundert durch Wärme aus Kraft-Wärme-Kopplung,

Erläuterungen: Da die Energieeinsparverordnung darauf abzielt, mit den Anforderungen an den Jahres-Primärenergiebedarf von Gebäuden den CO_2-Ausstoß zu vermindern, besteht keine Notwendigkeit an Heizungssystemen mit hohem Nutzungsgrad, d. h. niedriger Anlagenaufwandszahl, einen Grenzwert in Bezug auf Q_P festzulegen, da sie eine nur geringe Schadstoff-Emission aufweisen.

Achtung: Auch wenn keine Anforderungen an den Jahres-Primärenergiebedarf Q_P gestellt werden, sind zur Aufrechterhaltung des baulichen Wärmeschutzes die

Grenzwerte der spezifischen, auf die wärmeübertragende Umfassungsfläche bezogenen Transmissionswärmeverluste H'_T einzuhalten.

2. mindestens zu 70 vom Hundert durch erneuerbare Energien mittels selbsttätig arbeitender Wärmerzeuger,

Erläuterungen: Da beim Einsatz regenerativer Energien der CO_2-Ausstoß vermindert wird und die Anlagenaufwandszahlen entsprechend günstig ausfallen, können diese Anlagen nicht mit üblichen Heizungsanlagen verglichen werden. Mit der Festlegung, dass mindestens 70 % der verwendeten Energie durch regenerative Systeme abdeckt werden müssen, soll einerseits gewährleistet werden, dass der Schwerpunkt der Versorgung in diesem Bereich liegt, und andererseits will man erreichen, dass Anlagen der regenerativen Energiegewinnung, die jedoch für ihren Betrieb viel Hilfsenergie benötigen (z. B. ineffektiv arbeitende Wärmepumpen), von dieser Regelung nicht profitieren.

3. überwiegend durch Einzelfeuerstätten für einzelne Räume oder Raumgruppen sowie sonstige Wärmeerzeuger, für die keine Regeln der Technik vorliegen.

Erläuterungen: Als Einzelfeuerstätten gelten beispielsweise offene Kamine, Öfen zur Beheizung einzelner Räume oder Kachelöfen, wenn darüber hinaus keine weiteren zentral gesteuerten Anlagen oder Einrichtungen zur Raumwärmeerzeugung vorhanden sind.

Bei Gebäuden nach Satz 1 Nr. 3 darf der spezifische, auf die wärmeübertragende Umfassungsfläche bezogene Transmissionswärmeverlust 76 vom Hundert des jeweiligen Höchstwerts nach Anhang 1 Tabelle 1 Spalte 5 nicht überschreiten.

Erläuterungen: Bei den in den Ziffern 1 und 2 aufgeführten Einschränkungen an den Jahres-Primärenergiebedarf Q_P handelt es sich um haustechnische Systeme, deren herausragendes Merkmal eine vergleichsweise geringe CO_2-Emission ist. Eine solche Einstufung kann bei Einzelraumfeuerungen bzw. Feuerungsanlagen ohne Definition nach einer anerkannten Regel der Technik nicht vorgenommen werden. Da diese Wärmeerzeuger hinsichtlich ihres Wirkungsgrades und damit hinsichtlich der von ihnen ausgehenden CO_2-Emission nicht zu erfassen sind, wurde dem Aspekt der Energieeinsparung durch verschärfte Anforderungen an die spezifischen, auf die wärmeübertragende Umfassungsfläche bezogenen Transmissionswärmeverluste H'_T Rechnung getragen. Um die Schadstoff-Emission nicht oder nur unzureichend erfassbarer Heizungsanlagen zu vermindern, darf der Wert H'_T von Gebäuden mit solchen Einrichtungen nur 76 % des Grenzwertes nach Anhang 1 Tabelle 1 betragen.

Achtung: Die Ausnahmeregelung gilt nicht nur für die nach Ziffer 3 aufgeführten Heizungssysteme, sondern auch für Gebäude und Anlagen für die keine Regeln der Technik vorliegen. Den gesetzlichen Anforderungen an den Wärmeschutz wird in einem solchen Fall Genüge getan, wenn die Maßgaben an den baulichen Wärmeschutz um 24 % unterschritten werden.

4. Um einen energiesparenden sommerlichen Wärmeschutz sicherzustellen, sind bei Gebäuden, deren Fensterflächenanteil 30 vom Hundert über-

schreitet, die Anforderungen an die Sonneneintragskennwerte oder die Kühlleistung nach Anhang 1 Nr. 2.9 einzuhalten.

Erläuterungen: Mit der Einführung der Wärmeschutzverordnung 1995 wurde es erstmals möglich, auch solare Wärmegewinne in der Berechnung des Jahres-Heizwärmebedarfs zu berücksichtigen. Dies hatte zur Folge, dass Gebäude geplant und ausgeführt wurden, die insbesondere zu den Himmelrichtungen mit hoher solarer Einstrahlung große Fensterflächen aufwiesen. Dieser im Winter positive Effekt kehrte sich jedoch während der Sommermonate um, so dass die Nutzer oder Bewohner dieser Gebäude unter hohen Innenraumtemperaturen zu leiden hatten. Um diesem Mangel zu begegnen, wurden dann vielfach Geräte zur raumlufttechnischen Kühlung (Klimaanlagen) eingebaut. Da diese sehr viel Energie verbrauchen, der Energieverbrauch aber mit CO_2-Emissionen verbunden ist und diese Schadstoffe durch die Energieeinsparverordnung reduziert werden sollen, wurde vom Gesetzgeber zur weitgehenden Vermeidung von Kühlung in Gebäuden auch eine Anforderung an den sommerlichen Wärmeschutz festgelegt.

Achtung: In Anhang 1 Nr. 2.9 wird als Basis für den Nachweis des sommerlichen Wärmeschutzes auf DIN 4108-2:2001-03 [5] verwiesen. In Abschnitt 8 dieser Norm sind neben dem Rechengang und den Randbedingungen auch die einzuhaltenden Grenzwerte aufgeführt. Da nach Erscheinen von DIN 4108-2:2001-03 [5] jedoch deutlich wurde, dass dieser Nachweis des sommerlichen Wärmeschutzes teilweise zu Ergebnissen führt, die mit den praktischen Erfahrungen nicht übereinstimmen, wurde eine Modifizierung des Rechengangs ausgearbeitet. Diese Überarbeitung wurde in E DIN 4108-2/A1:2002-02 [12] veröffentlicht. Da auch dieser Entwurf einige gravierende Mängel enthielt, wurde vom zuständigen Normenausschuss eine weitere Überarbeitung vorgenommen. **Die endgültige Fassung zum Nachweis der Anforderungen an den sommerlichen Wärmeschutz soll im Frühjahr 2003 in einer Neuauflage von DIN 4108-2 veröffentlicht werden, die jedoch bereits in Kapitel 6.3.2 dieses Kommentars vorgestellt wird. Da diese Ausführungen den Stand der Technik widerspiegeln, kann der Nachweis des sommerlichen Wärmeschutzes entweder gemäß Kapitel 6.3.1 oder Kapitel 6.3.2 dieses Kommentars geführt werden.**

§ 4

Gebäude mit niedrigen Innentemperaturen

Bei zu errichtenden Gebäuden mit niedrigen Innentemperaturen darf der nach Anhang 2 Nr. 2 zu bestimmende spezifische, auf die wärmeübertragende Umfassungsfläche bezogene Transmissionswärmeverlust die Höchstwerte in Anhang 2 Nr. 1 nicht überschreiten.

Erläuterungen: Zur Definition von Gebäuden mit niedrigen Innentemperaturen siehe § 2 Ziffer 3.

Die Anforderungen bei zu errichtenden Gebäuden mit niedrigen Innentemperaturen beziehen sich nur auf die Transmissionswärmeverluste der umgebenden Bauteile, die an die Außenluft, das Erdreich oder Gebäudeteile mit wesentlich niedrigeren Innentemperaturen grenzen; d. h., analog zum Nachweis nach Wärmeschutzverordnung 1995 werden nur die Verluste über die Gebäudehülle betrachtet. Der Verzicht einer Berechnung des Jahres-Primärenergiebedarfs ist damit begründet, dass es bei Gebäuden mit niedrigen Innentemperaturen aufgrund der großen Bandbreite der Nutzungsarten nicht möglich war, eine sinnvolle, für alle Gebäude gültige Luftwechselrate zu definieren.

§ 5

Dichtheit, Mindestluftwechsel

Erläuterungen: Je mehr die Wärmeverluste über die Gebäudehülle und über das Lüftungsverhalten der Nutzer eingeschränkt werden, d. h. je höher der Standard der Gebäudedämmung wird, umso größer wird der Anteil der Wärme- und damit der Energieverluste, der durch Undichtheiten in der Gebäudehülle verloren geht. Außerdem führen derartige Undichtheiten durch den Ausfall von Tauwasser im Bauteil häufig zu Bauschäden. Es muss daher das erklärte Ziel sein, bei der Ausbildung der Anschlüsse und Fugen durch entsprechende Sorgfalt Wärmeverluste und Bauschäden zu vermeiden.

Musterbeispiele zur optimalen Gestaltung von Anschlüssen und Fugenausbildungen sind den Regeln der Technik und anderen Veröffentlichungen zu entnehmen. Als Regel der Technik gilt in diesem Zusammenhang DIN 4108-7:2001-08 [13].

(1) Zu errichtende Gebäude sind so auszuführen, dass die wärmeübertragende Umfassungsfläche einschließlich der Fugen dauerhaft undurchlässig entsprechend dem Stand der Technik abgedichtet ist. Dabei muss die Fugendurchlässigkeit außenliegender Fenster, Fenstertüren und Dachflächenfenster Anhang 4 Nr. 1 genügen. Wird die Dichtheit nach den Sätzen 1 und 2 überprüft, ist Anhang 4 Nr. 2 einzuhalten.

Erläuterungen: Neben der unter Ziffer 1 und 2 diskutierten Dichtheit raumabschließender Bauteile bzw. beweglicher Fensterteile sind auch die Anschlüsse verschiedener Bauteile, Durchdringungen sowie die Fugen zwischen den Rahmen transparenter bzw. leichter Außenwandbauteile und dem anschließenden massiven Baukörper luftundurchlässig auszubilden. Besondere Aufmerksamkeit ist hierbei der Dichtung von Anschlussfugen leichter Dachkonstruktionen an massive Bauteile zu schenken.

Achtung: Hier wird gefordert, dass die " Fugen ... entsprechend dem Stand der Technik dauerhaft luftundurchlässig abgedichtet sind". Diese Forderung legt als Maßstab den Stand der Technik und nicht die allgemein anerkannten Regeln der Technik zugrunde (zur Erläuterung der allgemein anerkannten Regeln der Technik s. a. § 10 Absatz 1). Als Maßstab dienen daher die neuesten Erkenntnisse und Technologien.

Achtung: **Da Absatz 1 Satz 1 mit den Worten beginnt: „Zu errichtende Gebäude sind so auszuführen, ...", hätte auch Absatz 1 Satz 3 für alle Neubauten Gültigkeit. D. h. auch Gebäude mit niedrigen Innentemperaturen müssten bei einer messtechnischer Überprüfung die Anforderungen nach Anhang 4 Nr. 2 einhalten.**
Eine solche Verallgemeinerung ist jedoch weder sinnvoll noch beabsichtigt. Die korrekte Formulierung dürfte sich hinsichtlich der Einhaltung der Anforderungen bei einer Luftdichtheitsprüfung nur auf Gebäude mit normalen Innentemperaturen $\theta_i > 19\ °C$ beziehen. Die in Anhang 4 Nr. 2 aufgeführten Grenzwerte sind DIN 4108-7:2001-08 [13] entnommen. Da sich diese Norm in Abschnitt 1 nur auf Gebäude mit normalen Innentempe-

raturen bezieht, können ihre Festlegungen nicht ohne weiteres auf andere Verhältnisse übertragen werden. Hinzu kommt, dass es bei Gebäuden mit niedrigen Innentemperaturen - bedingt durch die Nutzung - häufig nicht möglich ist, alle Bauteile so auszubilden, dass das Gebäude die geforderten Grenzwerte einhält. Flügel- oder Sektionaltore von Industriehallen können beispielsweise aufgrund ihrer Handhabbarkeit nicht so ausgeführt werden, dass eine Dichtheit analog der von Fenstern oder Fenstertüren erreicht wird.

Aus dem Nichteinhalten der Anforderungen von Luftdichtheitsmessungen kann aber nicht gefolgert werden, dass es für Gebäude mit niedrigen Innentemperaturen keine Maßgaben an die Luftdichtheit gibt. Auch für diese Gebäude gilt Satz 1: „..., dass die wärmeübertragende Umfassungsfläche einschließlich der Fugen dauerhaft undurchlässig entsprechend dem Stand der Technik abgedichtet ist". D. h. bei Bauteilen, Anschlüssen und Fugen ist dafür Sorge zu tragen, dass eine hinreichende Luftdichtheit in der Fläche und bei Übergängen erzielt wird.

(2)   Zu errichtende Gebäude sind so auszuführen, dass der zum Zwecke der Gesundheit und Beheizung erforderliche Mindestluftwechsel sichergestellt ist. Werden dazu andere Lüftungseinrichtungen als Fenster verwendet, müssen diese Anhang 4 Nr. 3 entsprechen.

Erläuterungen: Nachdem in der Vergangenheit immer wieder der Verdacht geäußert wurde, dass Anstrengungen zur Energieeinsparung in Gebäuden und die Schaffung immer dichterer Gebäudehüllen zu einer Unterschreitung des aus hygienischen Gründen erforderlichen Mindestluftwechsels führen könnte, wurde in der EnEV von Seiten des Gesetzgebers ein einzuhaltender Mindestluftwechsel festgeschrieben.

Planungswerte zum Thema Luftwechsel in Gebäuden sind DIN 1946-6 [14] zu entnehmen.

§ 6

Mindestwärmeschutz, Wärmebrücken

(1)   Bei zu errichtenden Gebäuden sind Bauteile, die gegen Außenluft, das Erdreich oder Gebäudeteile mit wesentlich niedrigeren Innentemperaturen abgrenzen, so auszuführen, dass die Anforderungen des Mindestwärmeschutzes nach den anerkannten Regeln der Technik eingehalten werden.

Erläuterungen: Bei den Anforderungen an den Wärmeschutz von Bauteilen ist zwischen den Aspekten der Hygiene und denen der Energieeinsparung zu unterscheiden. Mit den Anforderungen an den hygienischen Wärmeschutz soll erreicht werden, dass sich auf Bauteilinnenoberflächen keine Schimmelpilze bilden. Dies steht auch in Verbindung mit der Festlegung aus § 3 Musterbauordnung (MBO), wonach „Gebäude so zu planen und auszuführen sind, dass für die Bewohner keine Gefahr für Leben und Gesundheit besteht". Da sich der Nachweis des energiesparenden Wärmeschutzes nicht auf die Qualität der wärmeübertragenden Bauteile bezieht, wäre es im Rahmen des Bilanzierungsverfahrens durchaus möglich U-Werte zu konzipieren die so ungünstig sind, dass sich auf der Bauteilinnenoberfläche Tauwasser bildet. Um dies zu vermeiden und um die gesetzlichen Vorgaben einzuhalten, darf der Mindestwärmeschutz - dokumentiert in DIN 4108-2 [5] - nicht verfehlt werden.

(2) Zu errichtende Gebäude sind so auszuführen, dass der Einfluss konstruktiver Wärmebrücken auf den Jahres-Heizwärmebedarf nach den Regeln der Technik und den im Einzelfall wirtschaftlich vertretbaren Maßnahmen so gering wie möglich gehalten wird. Der verbleibende Einfluss der Wärmebrücken ist bei der Ermittlung des spezifischen, auf die wärmeübertragende Umfassungsfläche bezogenen Transmissionswärmeverlusts und des Jahres-Primärenergiebedarfs nach Anhang 1 Nr. 2.5 zu berücksichtigen.

Erläuterungen: Als Wärmebrücken sind solche Bereiche einzustufen, bei denen im Vergleich zu angrenzenden Bauteilen ein vermehrter Wärmestrom auftritt. Man unterscheidet geometrische, konstruktive und konvektive Wärmebrücken. Geometrische Wärmebrücken ergeben sich aus der Gestalt der Oberfläche eines Objektes. Die Außenecke eines Gebäudes stellt die einfachste Form einer geometrischen Wärmebrücke dar. Als konstruktive Wärmebrücke sind Bereiche einer Konstruktion oder eines Bauteils einzustufen, bei denen aus Gründen der Lastabtragung Materialien unterschiedlicher Wärmeleitfähigkeiten aneinander grenzen. So gesehen ist eine Stahlbetonstütze in einem ansonsten homogenen Mauerwerk oder ein Sparren neben dem Gefach eines Steildaches eine konstruktive Wärmebrücke. Konvektive Wärmebrücken liegen vor, wenn über Undichtheiten in der wärmeübertragenden Gebäudehülle warme Innenluft durch Konvektion nach außen strömt.

Die Wirkung geometrischer Wärmebrücken kann nur dadurch vermindert werden, dass bei der Gestaltung eines Gebäudes auf eine stärkere Gliederung verzichtet wird. Konvektive Wärmebrücken werden dadurch eingeschränkt, dass die Anforderungen an die Luftdichtheit eines Gebäudes erfüllt werden. Bei konstruktiven Wärmebrücken obliegt es dem Planer Bauteile, besonders aber Bauteilanschlüsse und Übergänge so zu planen, dass der vermehrte Wärmestrom in diesen Bereichen auf ein Minimum reduziert wird. Hierzu sind die Baukonstruktionen so zu optimieren, dass sie den Regeln der Technik entsprechen, gleichzeitig aber auch dem Anspruch möglichst geringer Wärmeverluste gerecht werden.

Da konstruktive Wärmebrücken nicht gänzlich ausgeschlossen werden können, sind die zusätzlichen Wärmeverluste in der Berechnung des Jahres-Heizwärmebedarfs Q_h zu berücksichtigen. Dies erfolgt im Rahmen der EnEV und der damit verbundenen DIN V 4108-6 [1] in zweifacher Weise:

- Bestimmung der wärmeübertragenden Bauteilflächen über Außenmaße

- Berücksichtigung von Wärmeverlusten im Bereich konstruktiver Wärmebrücken durch die spezifischen Transmissionswärmeverluste H_{WB}.

Zur Berücksichtigung von Wärmebrücken und der Berechnung der spezifischen Transmissionswärmeverluste H_{WB} siehe auch die Erläuterungen zu Anhang 1 Ziffer 2.

§ 7

Gebäude mit geringem Volumen

Übersteigt das beheizte Gebäudevolumen eines zu errichtenden Gebäudes 100 m^3 nicht und werden die Anforderungen des Abschnitts 4 eingehalten, gelten die übrigen Anforderungen dieser Verordnung als erfüllt, wenn die Wärmedurchgangskoeffizienten der Außenbauteile die in Anhang 3 Tabelle 1 genannten Werte nicht überschreiten.

Erläuterungen: Da die Berechnung des Jahres-Primärenergiebedarfs Q_P für Gebäude mit einem Volumen über Außenmaße $V_e \leq 100$ m³ einen unverhältnismäßig großen Aufwand darstellen würde, genügt es bei diesen Gebäuden zur Erfüllung der Anforderungen an den baulichen Wärmeschutz, wenn die U-Werte der wärmeübertragenden Bauteile gemäß Anhang 3 Tabelle 1 nicht überschritten werden. Bei der Planung heizungstechnischer Anlagen und Einrichtungen sind die Forderungen aus Abschnitt 4 umzusetzen. Damit sollen analog der Berechnung des Jahres-Primärenergiebedarfs auch die Energieverluste der Heizungsanlagen vermindert werden.

Als Gebäude mit geringem Volumen können Container für Wohn- oder Arbeitszwecke und Ähnliches eingestuft werden. Die obige Ausnahme gilt aber auch für eliminiert angeordnete Aufenthaltsräume in ansonsten gering ($\theta_i < 12$ °C) oder unbeheizten Bereichen wie z. B. Bürobereiche in unbeheizten Ausstellungs- oder Verkaufshallen, Büro- oder Sozialräume im Bereich von gering oder unbeheizten Fertigungsstätten.

Achtung: **Die in Anhang 3 Tabelle 1 aufgeführten U-Werte gelten gemäß der Überschrift dieses Abschnitts für Maßnahmen bei der Sanierung bestehender Gebäude und Bauteile.** Es ist daher bei der Wahl der relevanten U-Werte darauf zu achten, dass es sich bei den betreffenden Grenzwerten um Anforderungen an Gesamtbauteile und nicht um Anforderungen an Teile einer Konstruktion oder eines Konstruktionselementes handelt.
Zur übersichtlicheren Gestaltung wurden die einzuhaltenden Grenzwerte in Kapitel 5 in tabellarischer Form zusammengestellt.

Abschnitt 3

Bestehende Gebäude und Anlagen

§ 8

Änderung von Gebäuden

(1)   Soweit bei beheizten Räumen in Gebäuden nach § 1 Abs. 1 Änderungen gemäß Anhang 3 Nr. 1 bis 5 durchgeführt werden, dürfen die in Anhang 3 Tabelle 1 festgelegten Wärmedurchgangskoeffizienten der betroffenen Außenbauteile nicht überschritten werden. Dies gilt nicht für Änderungen, die

1.   bei Außenwänden, außenliegenden Fenstern, Fenstertüren und Dachflächenfenstern weniger als 20 vom Hundert der Bauteilflächen gleicher Orientierung im Sinne von Anhang 1 Tabelle 2 Zeile 4 Spalte 3 oder

2.   bei anderen Außenbauteilen weniger als 20 vom Hundert der jeweiligen Bauteilfläche betreffen.

Achtung: **Bei den in Absatz 1 Satz 1 aufgezählten Nummern wurde im Rahmen der redaktionellen Überarbeitung der EnEV eine Ziffer vergessen. Korrekt müsste der erste Satz lauten: „ ... in Gebäuden nach § 1 Abs. 1 Änderungen gemäß Anhang 3 Nr. 1 bis 6 durchgeführt werden ...“**

Erläuterungen: Anforderungen an die Verbesserung der energetischen Qualität werden nicht nur an Neubauten gestellt, sondern ergeben sich auch dann, wenn bauliche Maßnahmen an der wärmeübertragenden Hülle von Bestandsbauten vorgenommen werden. Dies gilt sowohl für Gebäude mit normalen Innentemperaturen als auch für Gebäude mit niedrigen Innentemperaturen. Die einzuhaltenden Grenzwerte nach Anhang 3 Tabelle 1 beziehen sich dabei auf die U-Werte der wärmeübertragenden Bauteile.

Im Rahmen von Absatz 1 Ziffer 1 und 2 wurde eine Differenzierung zwischen den Bauteilen Wand, Fenster und Dachflächenfenster auf der einen Seite und allen anderen wärmeübertragenden Bauteilen auf der anderen Seite vorgenommen, da Sanierungen bei den erstgenannten Konstruktionen häufig pointierter und damit nicht das gesamte Bauteil betreffend vorgenommen werden, wohingegen bei der Erneuerung von Dächern oder anderen Teilen der wärmeübertragenden Hülle eher die gesamte Konstruktion verbessert wird.

Achtung: Bei der Änderung von Außenbauteilen bestehender Gebäude sind die Anforderungen nach Anlage 3 Tabelle 1 bereits dann einzuhalten, wenn an Außenwänden oder außen liegenden Fenstern und Fenstertüren oder Dachflächenfenstern **einer Orientierung** eines Gebäudes mehr als 20 % der Fläche des betreffenden Bauteils saniert werden. Somit ist nicht die Gesamtheit der betreffenden Bauteilfläche eines Gebäudes, sondern nur der Flächenanteil einer bestimmten Orientierung zu untersuchen. **Wenn nach dieser Einstufung eine Erneuerung notwendig ist, bezieht sich diese dann aber auf die gesamte Bauteilfläche der zugehörigen Orientierung.**

Erläuterungen: Wenn beispielsweise bei einem Gebäude alle Fenster einer Fassadenfläche, z. B. der Vorderseite, erneuert werden, bei einer anderen Fassadenfläche, wie etwa der Rückseite, aber nur 10 % der zugehörigen Fensterflächen, dann gelten für die Vorderseite die Anforderungen nach Anlage 3 Tabelle 1 Zeile 2, während für die rückseitigen Fenster nur die Mindestanforderungen nach DIN 4108-2 Ziffer 5 [5] einzuhalten sind.

Mit der Begrenzung auf 20 % der Bauteilfläche einer Orientierung, ab der die Anforderungen nach Anlage 3 erfüllt sein müssen, soll verhindert werden, dass bereits bei kleinflächigen Reparaturmaßnahmen ein größerer Aufwand zu treiben und damit die Verhältnismäßigkeit nicht mehr gegeben ist. Falls die Aufwendungen, die zur Erfüllung der genannten Anforderungen notwendig sind, nicht mehr im Verhältnis zur daraus resultierenden Energieeinsparung stehen - d. h., wenn abzusehen ist, dass sich die Maßnahmen während der Nutzungsdauer eines Gebäudes oder eines Bauteils nicht mehr amortisieren (und damit im Widerspruch zu § 5 des Energieeinsparungsgesetzes [4] stehen), - gilt Absatz 1 nicht mehr. In diesem Fall ist bei der nach Landesrecht zuständigen Stelle entsprechend § 17 wegen unbilliger Härte eine Befreiung von den Anforderungen dieser Verordnung zu beantragen.

Achtung: Im Gegensatz zur WSchV 95 wurde der Katalog der Sanierungsmaßnahmen, die eine wärmetechnische Verbesserung zwingend erforderlich machen, in zwei Punkten wesentlich erweitert: Die Anforderungen nach Anhang 3 Tabelle 1 sind einzuhalten, wenn bei Außenwänden mit einem Wärmedurchgangskoeffizienten $U \geq 0{,}9$ W/(m²K) der Außenputz erneuert wird bzw. wenn bei Fachwerkwänden neue Ausfachungen eingebaut werden.

Achtung: Wird der Putz einer grenzständigen Wand erneuert, gelten die Anforderungen nach EnEV auch dann nicht, wenn der Wärmedurchgangskoeffizient des betrachteten Bauteils schlechter als 0,9 W/(m²K) ist. Dies ist damit zu begründen, dass eine Grenzüberschreitung in keinem Fall zulässig ist.

Achtung: Betoninstandhaltungen mit anschließender Beschichtung gelten nicht als eine Putzerneuerung im Sinne der EnEV.

Achtung: Die Putzerneuerung kann u. a. im Bereich von Fensterlaibungen, Dachanschlüssen, Zierelementen der Fassade zum Tatbestand der unbilligen Härte im Sinne von § 17 führen. Die Maßnahmen sind im Einzelfall zu untersuchen und hinsichtlich ihrer Auswirkungen zu gewichten.

(2) Absatz 1 Satz 1 gilt als erfüllt, wenn das geänderte Gebäude insgesamt den jeweiligen Höchstwert nach Anhang 1 Tabelle 1 oder Anhang 2 Tabelle 1 um nicht mehr als 40 vom Hundert überschreitet.

Erläuterungen: Da mit der Einführung der Energieeinsparverordnung nicht mehr der Jahres-Heizwärmebedarf Q_h im Vordergrund steht, sondern der Jahres-Primärenergiebedarf Q_P, soll dem Nachweisführenden auch die Möglichkeit eingeräumt werden, die Energiebilanz von Bestandsbauten mit normalen Innentemperaturen und mit niedrigen Innentemperaturen bzw. die spezifischen, auf die wärmeübertragende Umfassungsfläche bezogenen Transmissionswärmeverluste H'_T zu bestimmen.

Achtung: Obwohl die Ausführungen in Absatz 2 auf Absatz 1 Satz 1 verweisen, gilt der Nachweis nach EnEV als erbracht, wenn nicht die Anforderungen an die U-Werte der wärmeübertragenden Bauteile, sondern die Grenzwerte des Jahres-Primärenergiebedarfs Q_P eingehalten werden.

Achtung: Abweichend von den Festlegungen bei Neubauten bestehen beim Nachweis der Anforderungen an Bestandsbauten mit normalen Innentemperaturen keine Anforderungen an die spezifischen, auf die wärmeübertragende Umfassungsfläche bezogenen Transmissionswärmeverluste. Da es sich bei H'_T um einen mittleren U-Wert der wärmeübertragenden Bauteile handelt, beim Nachweis des Jahres-Primärenergiebedarfs Q_P aber nicht alle wärmeübertragenden Bauteile erneuert werden müssen, würde die Einhaltung dieser Anforderung eine unbillige Härte bedeuten, insbesondere im Vergleich zum Nachweis der U-Werte nach Absatz 1.

Achtung: Um bei der Sanierung von Bestandsbauten mit normalen Innentemperaturen den Nachweis auf der Basis des Jahres-Primärenergiebedarfs Q_P führen zu können, muss die Anlagenaufwandszahl e_P der Heizungsanlage bekannt sein, was wiederum voraussetzt, dass auch der Jahres-Heizwärmebedarf Q_h ermittelt wurde. Die Berechnung von Q_h bedingt jedoch die Kenntnis der wärmetechnischen Qualität aller wärmeübertragenden Bauteile. Da die Bestimmung dieser U-Werte häufig nur mit einem beträchtlichen untersuchungstechnischen Aufwand möglich ist, würde dies die Einsatzmöglichkeit des Absatzes 2 erheblich einschränken. Um den Bezug auf den Jahres-Primärenergiebedarf dennoch zu ermöglichen, kann alternativ statt der Berechnung des Jahres-Heizwärmebedarfs Q_h auch auf vorhandene Energieverbrauchszahlen zurückgegriffen werden. Liegen mehrjährige Aufzeichnungen des Energieverbrauchs eines Gebäudes vor (um eine statistische Sicherheit zu erlangen mindestens 5 Jahre), kann der Mittelwert gebildet werden und als Jahres-Heizwärmebedarf Q_h angesetzt werden. Beinhalten die Verbrauchszahlen die Energie zur Bereitung von warmem Wasser, werden zwar einerseits die Verbräuche überschätzt, gleichzeitig kann dafür die Hilfsenergie in Form von Strom vernachlässigt werden, wodurch eine Kompensation entsteht. Wird in die Erfassung der Energieverbräuche das warme Wasser nicht einbezogen, muss zur Schaffung eines sinnvollen Bildes auch der Stromverbrauch berücksichtigt werden.

(3) Bei der Erweiterung des beheizten Gebäudevolumens um zusammenhängend mindestens 30 Kubikmeter sind für den neuen Gebäudeteil die jeweiligen Vorschriften für zu errichtende Gebäude einzuhalten. Ein Energiebedarfsausweis ist nur unter den Voraussetzungen des § 13 Abs. 2 auszustellen.

Erläuterungen: Wird ein Gebäude um ein zusammenhängendes Volumen von mindestens 30 m³ erweitert, gelten für den neuen Bereich - je nach Innentemperatur - die Anforderungen an zu errichtende Gebäude mit normalen Innentemperaturen oder an zu errichtende Gebäude mit niedrigen Innentemperaturen.

In die Berechnung gehen nur die abgrenzenden Bauteile gegen die Außenluft, das Erdreich oder Bereiche mit wesentlich niedrigerer Innentemperatur ein.

Achtung: **Neben dem Nachweis des Jahres-Primärenergiebedarfs Q_P sind auch die Anforderungen an die spezifischen, auf die wärmeübertragende Umfassungsfläche bezogenen Transmissionswärmeverluste H'_T und an den sommerlichen Wärmeschutz einzuhalten.**

Wird das erweiterte Volumen von der Heizungsanlage des vorhandenen Gebäudes mit versorgt, ist es zur Bestimmung der Anlagenaufwandszahl e_P erforderlich, den Jahres-Heizwärmebedarf Q_h zu berechnen. Falls dies nicht möglich ist, kann analog zu den Ausführungen in Absatz 2 auch auf den Mittelwert des Energieverbrauchs aus einer mindestens fünfjährigen Periode des vorhandenen Gebäudeteils zurückgegriffen werden. Beinhalten diese Energieverbräuche neben der Heizwärme auch die Trinkwasserwärme, kann auf das Einbeziehen des elektrischen Stroms verzichtet werden. Falls kein warmes Wasser im Mittelwert der mehrjährigen Energieverbräuche enthalten ist, muss der Stromverbrauch berücksichtigt werden.

Um diese Schwierigkeiten, die sich aus der Ermittlung der Anlagenaufwandszahl bei einer Gebäudeerweiterung ergeben, zu vermeiden, bietet sich bei kleineren Baumaßnahmen die Möglichkeit § 7 anzuwenden. Darin wird ausgeführt, dass bei Gebäuden, deren Volumen 100 m³ nicht übersteigt, die Anforderungen nach EnEV als erfüllt gelten, wenn die in Anhang 3 Tabelle 1 genannten *U*-Werte der wärmeübertragenden Bauteile nicht überschritten werden. Es soll jedoch auch in diesem Zusammenhang ausdrücklich darauf hingewiesen werden, dass die Anforderungen an den sommerlichen Wärmeschutz einzuhalten sind.

Als bauliche Erweiterung wird z. B. auch der Ausbau des Dachgeschosses in einem vorhandenen Gebäude eingestuft, wenn die neu entstandenen Räume auf normale oder niedrige Innentemperaturen beheizt werden.

§ 9

Nachrüstung bei Anlagen und Gebäuden

(1) Eigentümer von Gebäuden müssen Heizkessel, die mit flüssigen oder gasförmigen Brennstoffen beschickt werden und vor dem 1. Oktober 1978 eingebaut oder aufgestellt worden sind, bis zum 31. Dezember 2006 außer Betrieb nehmen. Heizkessel nach Satz 1, die nach § 11 Abs. 1 in Verbindung mit § 23 der 1. BImSchV so ertüchtigt wurden, dass die zulässigen Abgasverlustgrenzwerte eingehalten sind, oder deren Brenner nach dem 1. November 1996 erneuert worden sind, müssen bis zum 31. Dezember 2008 außer Betrieb genommen werden. Die Sätze 1 und 2 sind nicht anzuwenden, wenn die vorhandenen Heizkessel Niedertemperatur-Heizkessel oder Brennwertkessel sind, sowie auf heizungstechnische Anlagen, deren Nennwärmeleistung weniger als 4 Kilowatt oder mehr als 400 Kilowatt beträgt, und auf Heizkessel nach §11 Abs. 3 Nr. 2 bis 4.

Erläuterungen: Im Vergleich zum baulichen Wärmeschutz ist der Verschleiß von Heizungsanlagen und deren Komponenten deutlich höher. Im Rahmen der Energieeinsparung und CO_2-Minderung sind die wesentlichen Bestandteile von Heizungsanlagen daher in kürzeren Intervallen zu ersetzen, als dies bei Elementen der wärmeübertragenden Hülle der Fall ist.

Im Blickfeld stehen dabei Heizungsanlagen, die vor dem Inkrafttreten der ersten Heizungsanlagenverordnung am 1. Oktober 1978 errichtet bzw. in Betrieb genommen wurden. Falls Heizkessel im Sinne der Anforderungen der 1. BImschV verbessert wurden oder der Brenner nach dem 1. November 1996 erneuert wurde, gilt aus Gründen der Wirtschaftlichkeit und Verhältnismäßigkeit eine um drei Jahre verlängerte Übergangsfrist. Das Gebot der Wirtschaftlichkeit gilt auch bei Niedertemperatur- oder Brennwertkesseln, auch wenn sie noch nicht mit dem CE-Zeichen versehen sind.

(2) Eigentümer von Gebäuden müssen bei heizungstechnischen Anlagen ungedämmte, zugängliche Wärmeverteilungs- und Warmwasserleitungen sowie

Armaturen, die sich nicht in beheizten Räumen befinden, bis zum 31. Dezember 2006 nach Anhang 5 zur Begrenzung der Wärmeabgabe dämmen.

Erläuterungen: Um die Wärmeverluste im Bereich der Heizwärme- und Trinkwarmwasserverteilung zu verringern, müssen alle Versorgungsleitungen, die nicht oder unzulänglich gedämmt sind und im nicht beheizten Bereich verlaufen, nachgerüstet werden. Diese Anforderung gilt auch dann, wenn keine Maßnahmen geplant sind.

(3) Eigentümer von Gebäuden mit normalen Innentemperaturen müssen nicht begehbare, aber zugängliche oberste Geschossdecken beheizter Räume bis zum 31. Dezember 2006 so dämmen, dass der Wärmedurchgangskoeffizient der Geschossdecke 0,30 Watt/(m²K) nicht überschreitet.

Erläuterungen: Mit Einführung der Energieeinsparverordnung wird erstmals für ein Bauteil eine wärmetechnische Verbesserung auch dann vorgeschrieben, wenn keine Maßnahmen geplant sind. Dieses Vorgehen zielt darauf ab, die Wärme- und damit die Energieverluste aus dem beheizten Bereich in unbeheizte Spitzböden zu vermindern.

Achtung: Die Anforderungen gelten nur für Decken, die den beheizten Bereich gegen nicht begehbare, aber zugängliche Dachräume abgrenzen. Diese Formulierung bedeutet, dass die Dachräume eine Zugangsmöglichkeit, beispielsweise über eine Einschubtreppe, besitzen, von der lichten Höhe her aber für eine weitergehende Nutzung ungeeignet sind.

Als begehbar gelten alle weitergehend genutzten Dachräume, also beispielsweise auch solche Bereiche, die als Wäschetrockenraum oder Ähnliches genutzt werden. Diese sind gemäß EnEV von einer Nachrüstpflicht ausgenommen.

Von den Anforderungen ausgenommen sind auch alle nicht zugänglichen obersten Geschossdecken. Besteht beispielsweise aus Gründen der Herstellung oder der Gewährleistung der Luftdichtheit bzw. Diffusionsdichtheit kein Zugang zum Raum über der obersten Geschossdecke, dann wäre der Aufwand einer nachträglichen Dämmung im Vergleich zum sich ergebenden Nutzen zu groß.

Achtung: **Bei der Ausführung zusätzlicher Dämm-Maßnahmen muss eine sorgfältige Betrachtung des zu sanierenden Bauteils und seiner Randbedingungen vorgenommen werden.** Eine nachträgliche Sanierung in Form einer zusätzlichen Dämmung auf der Deckenoberseite ist bei Massivdecken meist unkritisch. Bei Holzbalkendecken muss jedoch untersucht werden, ob die Decke bereits mit Wärmedämmung versehen wurde und ob eine Dampfbremse vorhanden ist bzw. welche Diffusionswiderstände die vorhandenen und die neuen Bauteilschichten aufweisen. Mit dieser Voruntersuchung soll vermieden werden, dass es durch die zusätzlichen Maßnahmen zu Tauwasserausfall im Bauteil und damit zu einer Schädigung kommt. Unter Abwägung und Berücksichtigung aller Fakten ist dann abzuschätzen, ob der erforderliche Aufwand technisch und wirtschaftlich vertretbar ist oder ob er eine unbillige Härte darstellt. Ist abzusehen, dass sich die Sanierung der obersten Geschossdecke nicht amortisiert, sollte für dieses Bauteil bei der nach Landesrecht zuständigen Baubehörde eine Befreiung von den Vorschriften der EnEV nach § 17 beantragt werden.

(4) Bei Wohngebäuden mit nicht mehr als zwei Wohnungen, von denen zum Zeitpunkt des Inkrafttretens dieser Verordnung eine der Eigentümer selbst bewohnt, sind die Anforderungen nach den Absätzen 1 bis 3 nur im Falle eines Ei-

gentümerwechsels zu erfüllen. Die Frist beträgt zwei Jahre ab dem Eigentums-übergang; sie läuft jedoch nicht vor dem 31. Dezember 2006, in den Fällen des Absatzes 1 Satz 2 nicht vor dem 31. Dezember 2008, ab.

Erläuterungen: Mit dem Verzicht auf eine Nachrüstung von Heizungsanlagen, Heizverteilleitungen und der Dämmung nicht begehbarer, aber zugänglicher oberster Geschossdecken beheizter Räume sollen zu erwartende soziale Härtefälle vermieden werden.

Die Beschränkung auf Wohngebäude mit maximal zwei Wohnungen, von denen der Gebäudeeigentümer zum Zeitpunkt des Inkrafttretens der Verordnung eine selbst bewohnt, erfolgt vor dem Hintergrund, dass die erforderlichen Investitionen im Vergleich zu den mögliche Mieteinnahmen als zu hoch eingestuft werden müssen. Wird dagegen ein Gebäude, das zunächst von der Nachrüstpflicht befreit war, verkauft, kann man davon ausgehen, dass neben der Kaufsumme auch Mittel zur Verfügung stehen, um die erforderlichen energiesparenden Anforderungen umzusetzen.

§ 10

Aufrechterhaltung der energetischen Qualität

(1) Außenbauteile dürfen nicht in einer Weise verändert werden, dass die energetische Qualität des Gebäudes verschlechtert wird. Das Gleiche gilt für Anlagen nach dem Abschnitt 4, soweit sie zum Nachweis der Anforderungen energieeinsparrechtlicher Vorschriften des Bundes zu berücksichtigen waren.

Erläuterungen: Werden im Rahmen von Reparatur- oder Sanierungsmaßnahmen Veränderungen an den Bauteilen der wärmeübertragenden Hülle vorgenommen, darf damit keine Erhöhung des Jahres-Heizwärmebedarfs Q_h und daraus folgend des Jahres-Primärenergiebedarfs Q_P verbunden sein. Da bei der Berechnung des Jahres-Primärenergiebedarfs Q_P auch die Verluste haustechnischer Anlagen und Einrichtungen in den Nachweis der energiesparrechtlichen Anforderungen eingehen, dürfen diese Gerätekomponenten im Falle eines Austausches oder einer Reparatur nur in der Weise verändert werden, dass die Energiebilanz des Gebäudes in seiner Gesamtheit erhalten bleibt.

(2) Energiebedarfssenkende Einrichtungen in Anlagen nach Absatz 1 sind betriebsbereit zu erhalten und bestimmungsgemäß zu nutzen. Satz 1 gilt als erfüllt, soweit der Einfluss einer energiebedarfssenkenden Einrichtung auf den Jahres-Primärenergiebedarf durch anlagentechnische oder bauliche Maßnahmen ausgeglichen wird.

Erläuterungen: Werden in Gebäuden neben den heizungstechnischen Anlagen und Einrichtungen weitere energiebedarfssenkende haustechnische Geräte wie z. B. Wärmetauscher oder Wärmepumpen verwendet, sind diese betriebsbereit zu halten und zu verwenden. Falls die Verwendung der ursprünglich vorhandenen Anlagen nicht mehr möglich ist, muss durch einen verstärkten baulichen Wärmeschutz oder den Einsatz weiterer haustechnischer Geräte und

Einrichtungen eine Kompensation im Hinblick auf den Jahres-Primärenergiebedarf Q_P herbeigeführt werden.

(3) Heizungs- und Warmwasseranlagen sowie raumlufttechnische Anlagen sind sachgerecht zu bedienen, zu warten und instand zu halten. Für die Wartung und Instandhaltung ist Fachkunde erforderlich. Fachkundig ist, wer die zur Wartung und Instandhaltung notwendigen Fachkenntnisse und Fertigkeiten besitzt.

Erläuterungen: Um die Qualität von heizungs- und raumlufttechnischen Anlagen auf Dauer zu gewährleisten, sind diese in regelmäßigen Abständen zu warten. Diese Arbeiten sollen von fachkundigem Personal durchgeführt werden.

Abschnitt 4

Heizungstechnische Anlagen, Warmwasseranlagen

§ 11

Inbetriebnahme von Heizkesseln

(1) Heizkessel, die mit flüssigen oder gasförmigen Brennstoffen beschickt werden und deren Nennwärmeleistung mindestens 4 Kilowatt und höchstens 400 Kilowatt beträgt, dürfen zum Zwecke der Inbetriebnahme von Gebäuden nur eingebaut oder aufgestellt werden, wenn sie mit der CE-Kennzeichnung nach § 5 Abs. 1 und 2 der Verordnung über das Inverkehrbringen von Heizkesseln und Geräten nach dem Bauproduktengesetz vom 28. April 1998 (BGBI. I S. 796) oder nach Artikel 7 Abs. 1 Satz 2 der Richtlinie 92/42/EWG des Rates vom 21. Mai 1992 über die Wirkungsgrade von mit flüssigen oder gasförmigen Brennstoffen beschickten neuen Warmwasserheizkesseln (ABI. EG Nr. L 167 S. 17, L 195 S.32), geändert durch Artikel 12 der Richtlinie 93/68/EWG des Rates vom 22. Juli 1993 (ABI. EG Nr. L 220 S. 1), versehen sind. Satz 1 gilt auch für Heizkessel, die aus Geräten zusammengefügt werden. Dabei sind die Parameter zu beachten, die sich aus der den Geräten beiliegenden EG-Konformitätserklärung ergeben.

Erläuterungen: Mit den Ausführungen dieses Abschnittes erfolgt die Umsetzung der EU-Heizkesselrichtlinie für die Inbetriebnahme von Heizkesseln; das stellt eine Fortführung der Heizungsanlagen-Verordnung dar. Die Grenzwerte der gültigen Nennwärmeleistung größer 4 Kilowatt bzw. kleiner 400 Kilowatt wurden dem europäischen Regelwerk entnommen.

Entsprechend den Festlegungen in Abschnitt 1 ist der Einsatz aller im Europäischen Binnenmarkt zulässigen Heizkessel, die mit flüssigen oder gasförmigen Brennstoffen beschickt werden, möglich. Diese sind:

- Standard-Heizkessel,

- Niedertemperatur-Heizkessel und

- Brennwertkessel.

Unabhängig von der Wahl eines der vorab aufgeführten Heizkessel ist die Vorgehensweise bei dessen Dimensionierung. Im Gegensatz zum baulichen Wärmeschutz, bei dem in den Betrachtungen eine **mittlere monatliche** Außenlufttemperatur zugrunde gelegt wird, geht man bei der Bestimmung der Nennwärmeleistung eines Heizkessels von den **minimalen** Außenlufttemperaturen aus. Damit soll erreicht werden, dass die geplante Anlage auch an extrem kalten Tagen ausreichend Wärme liefern kann. Über die Heizzeit hinweg gesehen bedeutet dies aber auch, dass der Wärmeerzeuger bis auf wenige Tage nicht mit Volllast, sondern nur im Teillastfall betrieben wird. Die Schaffung einer optimalen Heizungsanlage beschränkt sich daher nicht nur auf die Wahl eines Heizkessels, sondern muss auch bestrebt sein, bestmögliche Wirkungsgrade zu erreichen. Dies kann bei entsprechenden Randbedingungen beispielsweise dadurch erreicht werden, dass statt einer überdimensionierten Einkesselanlage eine Zweikesselanlage geplant wird, bei der der zweite Kessel nur im Fall von Spitzenlasten zum Einsatz kommt.

Die Effizienz einer Heizungsanlage geht im Rahmen der EnEV in die Berechnungen des Jahres-Primärenergiebedarfs Q_P über die anlagenspezifische Anlagenaufwandszahl e_P ein.

Achtung: In der EU-Heizkesselrichtlinie Artikel 1 wurden die Grenzfälle wie folgt präzisiert: „ ... deren Nennleistung gleich oder größer als 4 kW und gleich oder kleiner als 400 kW ist, [werden] im Folgenden als Heizkessel bezeichnet".

(2)   Soweit Gebäude, deren Jahres-Primärenergiebedarf nicht nach § 3 Abs. 1 begrenzt ist, mit Heizkesseln nach Absatz 1 ausgestattet werden, müssen diese Niedertemperatur-Heizkessel oder Brennwertkessel sein. Ausgenommen sind bestehende Gebäude mit normalen Innentemperaturen, wenn der Jahres-Primärenergiebedarf den jeweiligen Höchstwert nach Anhang 1 Tabelle 1 um nicht mehr als 40 vom Hundert überschreitet.

Erläuterungen: Bei Gebäuden, für die keine Bilanzierung des Jahres-Primärenergiebedarfs Q_P erstellt wird und bei denen dementsprechend die Heizungsanlage in die Berechnung nicht einfließt, ist die Verwendung von Standard-Heizkesseln nicht möglich. Damit soll erreicht werden, dass der vergleichsweise hohe Energieverbrauch dieser Anlagen ausgeschlossen wird, wenn durch die Bestimmung von Q_P keine anders geartete Kompensation stattfindet. Die hohen Energieverbräuche sind wiederum auf den schlechten Wirkungsgrad von Standard-Heizkesseln beim in der Bundesrepublik für den Betrieb von Heizungsanlagen meist vorhandenen Teillastfall zurückzuführen. Der Ausschluss von Standard-Heizkesseln erfolgt in Übereinstimmung mit der EU-Heizkesselrichtlinie, bei der es in Artikel 4 Absatz 2 heißt: „Die Mitgliedstaaten treffen die erforderlichen Maßnahmen, damit nur Heizkessel in Betrieb genommen werden können, ..., die sie entsprechend den örtlichen Gegebenheiten sowie den Energie- und Nutzungsmerkmalen der Gebäude festlegen."

Falls man bei der Änderung bestehender Gebäude mit normalen Innentemperaturen zum Nachweis der Anforderungen nach EnEV nicht die U-Werte nach § 8 Abs. 1 heranzieht, sondern gemäß § 8 Absatz 2 durch eine Berechnung des Jahres-Primärenergiebedarfs belegt, dass Q_P den Grenzwert für Neubauten um nicht mehr als 40 % überschreitet, sind in dieser speziellen Situation bei der Ermittlung der Anlagenaufwandszahl e_P auch Standard-Heizkessel zugelassen, ansonsten nicht.

(3)   Absatz 1 ist nicht anzuwenden auf

1.   einzeln produzierte Heizkessel,

2.   Heizkessel, die für den Betrieb mit Brennstoffen ausgelegt sind, deren Eigenschaften von den marktüblichen flüssigen und gasförmigen Brennstoffen erheblich abweichen,

3.   Anlagen zur ausschließlichen Wasserbereitung,

4.   Küchenherde und Geräte, die hauptsächlich zur Beheizung des Raums, in dem sie eingebaut oder aufgestellt sind, ausgelegt sind, daneben aber auch Warmwasser für die Zentralheizung und für sonstige Gebrauchszwecke liefern,

5.   Geräte mit einer Nennwärmeleistung von weniger als 6 Kilowatt zur Versorgung eines Warmwasserspeichersystems mit Schwerkraftumlauf.

Erläuterungen: Die Aufzählung von Geräten nach Abs. 3, die nicht in den Bereich von § 11 Abs. 1 fallen, wurde Artikel 3 Abs. 1 der EU-Heizkesselrichtlinie entnommen.

(4)   Heizkessel, deren Nennwärmeleistung kleiner als 4 Kilowatt oder größer als 400 Kilowatt ist, und Heizkessel nach Absatz 3 dürfen nur dann zum Zwecke der Inbetriebnahme in Gebäuden eingebaut oder aufgestellt werden, wenn sie nach anerkannten Regeln der Technik gegen Wärmeverluste gedämmt sind.

Erläuterungen: Falls in einem Gebäude Geräte nach Abs. 3, Geräte mit einer Nennwärmeleistung kleiner oder gleich 4 kW bzw. Geräte mit einer Nennwärmeleistung größer oder gleich 400 kW zum Zweck der Inbetriebnahme eingebaut oder aufgestellt werden, müssen sie zur Verringerung der Wärmeverluste und damit zur Verbesserung ihres Wirkungsgrades entsprechend den anerkannten Regeln der Technik gedämmt sein.

§ 12

Verteilungseinrichtungen und Warmwasseranlagen

(1)   Wer Zentralheizungen in Gebäude einbaut oder einbauen lässt, muss diese mit zentralen selbsttätig wirkenden Einrichtungen zur Verringerung und Abschaltung der Wärmezufuhr sowie zur Ein- und Abschaltung elektrischer Antriebe in Abhängigkeit von

1. der Außentemperatur oder einer anderen geeigneten Führungsgröße und

2. der Zeit

ausstatten. Soweit die in Satz 1 geforderten Ausstattungen bei bestehenden Gebäuden nicht vorhanden sind, muss der Eigentümer sie nachrüsten oder nachrüsten lassen. Bei Wasserheizungen, die ohne Wärmeüberträger an eine Nah- oder Fernwärmeversorgung angeschlossen sind, gilt die Vorschrift hinsichtlich der Verringerung und Abschaltung der Wärmezufuhr auch ohne entsprechende Einrichtungen in den Haus- und Kundenanlagen als erfüllt, wenn die Vorlauftemperatur des Nah- oder Fernheiznetzes in Abhängigkeit von der Außentemperatur und der Zeit durch entsprechende Einrichtungen in der zentralen Erzeugungsanlage geregelt wird.

Erläuterungen: Mit dieser Regelung will man erreichen, dass die Leistung von Zentralheizungen entsprechend einer bedarfsorientierten Führungsgröße gesteuert wird. Dies kann beispielsweise über eine außentemperaturgesteuerte Wahl der zutreffenden Leistungskennlinie erfolgen. Außerdem ist dafür Sorge zu tragen, dass elektrische Antriebe wie z. B. Umwälzpumpen entsprechend dem Bedarf arbeiten.

(2)   Wer heizungstechnische Anlagen mit Wasser als Wärmeträger in Gebäude einbaut oder einbauen lässt, muss diese mit selbsttätig wirkenden Einrichtungen zur raumweisen Regulierung der Raumtemperatur ausstatten. Dies gilt nicht für Einzelheizgeräte, die zum Betrieb mit festen oder flüssigen Brennstoffen eingerichtet sind. Mit Ausnahme von Wohngebäuden ist für Gruppen von Räumen gleicher Art und Nutzung eine Gruppenregelung zulässig. Fußbodenheizungen in Gebäuden, die vor dem Inkrafttreten dieser Verordnung errichtet worden sind, dürfen abweichend von Satz 1 mit Einrichtungen zur raumweisen Anpassung der Wärmeleistung an die Heizlast ausgestattet werden. Soweit die in Satz 1 bis 3 geforderten Ausstattungen bei bestehenden Gebäuden nicht vorhanden sind, muss der Eigentümer sie nachrüsten.

Erläuterungen: Satz 1 beinhaltet, dass bei heizungstechnischen Anlagen neben einer zentralen Steuerung der Heizung die Temperatur auch raumweise dem Bedarf angepasst wird. Damit soll erreicht werden, dass es in einem Raum nicht zu Übertemperaturen kommt, die dann durch einen verstärkten Luftwechsel abgeführt werden. Übertemperaturen können durch verstärkte solare Einstrahlung oder erhöhte interne Wärmegewinne hervorgerufen werden.

Als Geräte zur raumweisen Regulierung der Innentemperatur gelten Raumthermostate oder raumtemperaturgeführte Heizkörperventile.

Mit Satz 3 soll dem Umstand Rechnung getragen werden, dass es im Nichtwohnungsbau erforderlich oder sinnvoll sein kann, nicht die Innentemperatur einzelner Räume, sondern von Raumgruppen über ein System der Raumtemperaturregulierung zu steuern.

Den Einschränkungen in Satz 4 liegt die Erkenntnis zugrunde, dass die Nachrüstung von Einzelraumregelungen bei Fußbodenheizungen häufig eine erhebliche finanzielle Belastung nach sich ziehen.

(3)   Wer Umwälzpumpen in Heizkreisen von Zentralheizungen mit mehr als 25 Kilowatt Nennwärmeleistung erstmalig einbaut oder einbauen lässt oder vorhandene ersetzt oder ersetzen lässt, hat dafür Sorge zu tragen, dass diese so ausgestattet oder beschaffen sind, dass die elektrische Leistungsaufnahme dem betriebsbedingten Förderbedarf selbsttätig in mindestens drei Stufen angepasst wird, soweit sicherheitstechnische Belange des Heizkessels dem nicht entgegenstehen.

Erläuterungen: Mit der Herabsetzung der Leistungsgrenze von Umwälzpumpen soll dem fortgeschrittenen Stand der Technik Rechnung getragen werden. Die Maßgabe, dass sich die elektrische Leistungsaufnahme von Umwälzpumpen dem betriebsbedingten Förderbedarf anpasst, soll dazu führen, dass einerseits der Stromverbrauch dieser Geräte vermindert wird und sich andererseits die Förderung von warmem Wasser zur Heizung am Bedarf orientiert.

(4) Wer in Warmwasseranlagen Zirkulationspumpen einbaut oder einbauen lässt, muss diese mit selbsttätig wirkenden Einrichtungen zur Ein- und Ausschaltung ausstatten.

Erläuterungen: Auch bei Zirkulationspumpen soll über eine leistungsorientierte Steuerung der Stromverbrauch der Geräte reguliert werden. Außerdem lassen sich über einen intermittierenden Betrieb die Wärmeverluste der Verteilleitungen reduzieren.

(5) Wer Wärmeverteilungs- und Warmwasserleitungen sowie Armaturen in Gebäuden erstmalig einbaut oder vorhandene ersetzt, muss deren Wärmeabgabe nach Anhang 5 begrenzen.

Erläuterungen: Um die Rohrleitungsverluste von Wärmeverteilungs- und Warmwasserleitungen zu vermindern, sind diese entsprechend Anhang 5 zu dämmen.

(6) Wer Einrichtungen, in denen Heiz- oder Warmwasser gespeichert wird, erstmalig in Gebäude einbaut oder vorhandene ersetzt, muss deren Wärmeabgabe nach anerkannten Regeln der Technik begrenzen.

Erläuterungen: Neben den Wärmeerzeugungs- und Verteilungsverlusten spielen auch Speicherverluste eine nicht unwesentliche Rolle beim Wirkungsgrad eines Systems zur Heizung und Trinkwassererwärmung. Es ist daher dafür Sorge zu tragen, dass Trinkwasserspeicher, aber auch, sofern vorhanden, Pufferspeicher der Heizwärmeerzeugung entsprechend den Regeln der Technik gegen Wärmeverluste gedämmt werden. Zum Zweck der Raumwärmeerzeugung können Pufferspeicher beispielsweise bei bivalenten Systemen zum Einsatz kommen. Dabei wird die Heizwärmeerzeugung durch solare Systeme unterstützt und das so erzeugte warme Wasser in Pufferspeichern zwischengelagert.

Abschnitt 5

Gemeinsame Vorschriften, Ordnungswidrigkeiten

§ 13

Ausweise über Energie- und Wärmebedarf, Energieverbrauchskennwerte

(1) Für zu errichtende Gebäude mit normalen Innentemperaturen sind die wesentlichen Ergebnisse der nach dieser Verordnung erforderlichen Berechnungen, insbesondere die spezifischen Werte des Transmissionswärmeverlusts, der Anlagenaufwandszahl der Anlagen für Heizung, Warmwasserbereitung und Lüftung, des Endenergiebedarfs nach einzelnen Energieträgern und des Jahres-Primärenergiebedarfs in einem Energiebedarfsausweis zusammenzustellen. In dem Ausweis ist auf die normierten Bedingungen hinzuweisen. Einzelheiten über den Energiebedarfsausweis werden in einer Allgemeinen Verwaltungsvorschrift der Bundesregierung mit Zustimmung des Bundesrates bestimmt. Rechte Dritter werden durch den Ausweis nicht berührt.

Erläuterungen: Für Gebäude mit normalen Innentemperaturen sind die wesentlichen Ergebnisse des rechnerischen Nachweises in einem Energiebedarfsausweis zusammenzustellen (s. a. Anhang 2). Als wesentliche Ergebnisse werden die Daten eingestuft, die erforderlich sind, um den Nachweis der Anforderungen nach Energieeinsparverordnung nachvollziehen zu können. Es müssen daher alle relevanten Daten aufgeführt sein. Diese sind der auf die Nutzfläche oder das beheizte Volumen bezogene Jahres-Primärenergiebedarf Q_P, die spezifischen Transmissionswärmeverluste H'_T, die Aufwandszahl für Anlagen zur Heizung, Trinkwassererwärmung und Lüftung. Außerdem ist im Energiebedarfsausweis die Endenergie, jeweils getrennt nach den verschiedenen Energieformen, wie z. B. Öl, Gas oder Strom, auszuweisen.

Da die Berechnung der nach EnEV erforderlichen Nachweise auf der Basis normierter und standardisierter Randbedingungen erfolgt, z. B. mittlere Außenlufttemperatur, Heizgradtage, Luftwechselraten oder Kennwerte von Heizungsanlagen, können aus den Ergebnissen keine Rückschlüsse auf die tatsächlichen Verbrauchsdaten eines Gebäudes gezogen werden. Um Fehlinterpretationen und daraus resultierend rechtliche Auseinandersetzungen zu vermeiden, ist im Energiebedarfsausweis ausdrücklich darauf hinzuweisen, dass es sich bei dem ermittelten Bedarf um eine rein rechnerische Größe, nicht aber um einen mit Ableseergebnissen vergleichbaren Verbrauch handelt.

Hinsichtlich der Haftung der am Bau Beteiligten ändert sich auch mit Einführung eines Wärmebedarfsausweises nichts. Dies gilt insbesondere für die Beziehungen zwischen Nutzer / Ausführendem bzw. zwischen Nutzer / Bauüberwachendem. Hierfür gelten wie bisher auch die gesetzlichen oder privatrechtlichen Vereinbarungen.

Achtung: Im Energiebedarfsausweis muss auch die Endenergie ausgewiesen werden. Diese Größe taucht bei den einzuhaltenden Grenzwerten nach § 3 Absatz 1 nicht auf. Die Endenergie setzt sich aus dem Jahres-Heizwärmebedarf Q_h zuzüglich der Hilfsenergie der Heizung und dem Trinkwasserwärmebedarf Q_w einschließlich der erforderlichen Hilfsenergie zusammen, jedoch ohne den Primärenergiefaktor zur Berücksichtigung vorgelagerter Prozessketten bei der Herstellung, Umwandlung und Verteilung der jeweils verwendeten E-nergieform.

(2) Für Gebäude mit normalen Innentemperaturen, die wesentlich geändert werden, ist ein Energiebedarfsausweis entsprechend Absatz 1 auszustellen, wenn im Zusammenhang mit den wesentlichen Änderungen die erforderlichen Berechnungen in entsprechender Anwendung des Absatzes 1 durchgeführt worden sind. Einzelheiten, insbesondere bezüglich der erleichterten Feststellung der Eigenschaften von Gebäudeteilen, die von der Änderung nicht betroffen sind, werden in der Allgemeinen Verwaltungsvorschrift nach Absatz 1 Satz 3 geregelt. Eine wesentliche Änderung liegt vor, wenn

Erläuterungen: Wenn bei bestehenden Gebäuden Änderungen durchgeführt werden, die einen Nachweis nach EnEV erfordern, dürfen entsprechend den Festlegungen in § 8 Absatz 1 die *U*-Werte der zu ändernden Bauteile nach Anlage 3 Tabelle 1 nicht überschritten werden. Da in diesem Zusammenhang keine der in Absatz 1 geforderten Größen ermittelt werden, ist auch kein Energiebedarfsausweis zu erstellen.

Falls bei der Änderung von Gebäuden der Nachweis der Anforderungen nach EnEV gemäß § 8 Absatz 2 durch die Berechnung des Jahres-Primärenergiebedarfs geführt wird, sind im Energiebedarfsausweis die maßgeblichen Größen nach Absatz 1 zu dokumentieren.

Die Einschränkung, dass ein Energiebedarfsausweis nur dann erstellt werden muss, wenn ein Gebäude mit normalen Innentemperaturen wesentlich verändert wird, zielt darauf ab, den zeitlichen und damit finanziellen Aufwand, der damit verbunden ist, auf Baumaßnahmen zu beschränken, bei denen die Kosten der Ausarbeitung wirtschaftlich vertretbar sind.

1. innerhalb eines Jahres mindestens drei der in Anhang 3 Nr. 1 bis 5 genannten Änderungen in Verbindung mit dem Austausch eines Heizkessels oder der Umstellung einer Heizungsanlage auf einen anderen Energieträger durchgeführt werden oder

Erläuterungen: Um zu erreichen, dass die Erstellung eines Energiebedarfsausweises auf Gebäude oder Baumaßvorhaben beschränkt wird, die über Reparatur- oder Verschönerungsmaßnahmen hinausgehen und bei denen eine deutliche Energieverbrauchsminderung zu erwarten ist, wurden „Paketlösungen" aus baulichen und anlagentechnischen Maßnahmen festgeschrieben.

Die unter Ziffer 1 genannten Ausschlusskriterien für die Erstellung eines Energiebedarfsausweises gelten in gleicher Weise auch für die Änderung von Gebäuden nach § 8 Absatz 1, wenn nur singuläre Maßnahmen ergriffen werden.

Achtung: Falls Sanierungsmaßnahmen in dem oben aufgelisteten Umfang durchgeführt werden, ist ein Energiebedarfsausweis für das gesamte Gebäude auszustellen.

2. das beheizte Gebäudevolumen um mehr als 50 vom Hundert erweitert wird.

Erläuterungen: Während bei der Erweiterung eines Gebäudes um mindestens 30 m³ für den neu hinzugekommenen Gebäudeteil der Nachweis nach EnEV wie für zu errichtende Gebäude zu führen ist, muss ein Energiebedarfsausweis erst dann ausgestellt werden, wenn das Gebäude um mehr als 50 % vergrößert wird. Damit ist gewährleistet, dass die Kosten für einen Energiebedarfsausweis nur im Fall entsprechend hoher Aufwendungen für bauliche und / oder anlagentechnische Maßnahmen anfallen.

(3)   Für zu errichtende Gebäude mit niedrigen Innentemperaturen sind die wesentlichen Ergebnisse der Berechnungen nach dieser Verordnung, insbesondere der spezifische, auf die wärmeübertragende Umfassungsfläche bezogene Transmissionswärmeverlust, in einem Wärmebedarfsausweis zusammenzustellen. Absatz 1 Satz 2 bis 4 gilt entsprechend.

Erläuterungen: Bei Gebäuden mit niedrigen Innentemperaturen sind nach § 4 die spezifischen, auf die wärmeübertragende Umfassungsfläche bezogenen Transmissionswärmeverluste H'_T nachzuweisen. Es ist daher auch ein Wärmebedarfsausweis und **kein** Energiebedarfsausweis auszustellen.

(4)   Der Energiebedarfsausweis nach den Absätzen 1 und 2 oder der Wärmebedarfsausweis nach Absatz 3 ist den nach Landesrecht zuständigen Behörden auf Verlangen vorzulegen und Käufern, Mietern und sonstigen Nutzungsberechtigten der Gebäude auf Anforderung zur Einsichtnahme zugänglich zu machen.

Erläuterungen: Der Energiebedarfsausweis bzw. der Wärmebedarfsausweis ist Bestandteil der nach Landesrecht notwendigen Baueingabeunterlagen.

Um die Qualität eines Gebäudes zu belegen, ist der Energiebedarfsausweis bzw. der Wärmebedarfsausweis Käufern, Mietern oder sonstigen Nutzungsberechtigten auf Anforderung zur Einsichtnahme zugänglich zu machen. Damit soll eine höhere Transparenz der wärmetechnischen Konzeption eines Gebäudes erreicht werden.

(5)   Soweit ein Energiebedarfsausweis nach den Absätzen 1 und 2 nicht zu erstellen ist, können insbesondere die Eigentümer von Wohngebäuden, die zur verbrauchsabhängigen Abrechnung der Heizkosten nach der Verordnung über die Heizkosten verpflichtet sind, den Käufern, Mietern, sonstigen Nutzungsberechtigten und Miet- und Kaufinteressenten den Energieverbrauchskennwert zusammen mit den wesentlichen Gebäude- und Nutzungsmerkmalen gemäß Absatz 6 Satz 2 mitteilen. Energieverbrauchskennwerte im Sinne dieser Vorschrift sind die witterungsbereinigten Energieverbräuche für Raumheizung in Kilowattstunden pro Quadratmeter Wohnfläche des Gebäudes und Jahr. Für die Witterungsbereinigung des Energieverbrauchs ist das in VDI 3807 : Juni 1994[*] ange-

---

[*] Veröffentlicht im Beuth-Verlag GmbH, Berlin

gebene Verfahren anzuwenden. Die für die Witterungsbereinigung erforderlichen Daten sind den Bekanntmachungen nach Absatz 6 zu entnehmen.

Erläuterungen: Damit auch Käufern, Mietern oder anderen Nutzungsberechtigten von Gebäuden, für die kein Energiebedarf nach Abs. 1 oder 2 erstellt werden muss, ein Vergleichswert zur Beurteilung der energetischen Qualität des betrachteten Objektes an die Hand gegeben werden kann, besteht die Möglichkeit einen Energieverbrauchskennwert zu ermitteln.

Achtung: **Die Ermittlung eines Energieverbrauchskennwertes ist eine freiwillige Leistung.**

Achtung: Im Gegensatz zu den Angaben des Energiebedarfsausweises, der auf ein Referenzklima Bezug nimmt, sind die Energieverbrauchskennwerte witterungsbereinigt. Außerdem fließt in den Jahres-Primärenergiebedarf bei Wohngebäuden die Energie zur Erzeugung und Bereitstellung von Trinkwarmwasser ein, wohingegen sich der Energieverbrauchskennwert ausschließlich auf die Raumwärmeerzeugung bezieht.

(6)   Als Vergleichsmaßstab für Energieverbrauchskennwerte nach Absatz 5 gibt das Bundesministerium für Verkehr, Bau- und Wohnungswesen im Einvernehmen mit dem Bundesministerium für Wirtschaft und Technologie im Bundesanzeiger durchschnittliche Energieverbrauchskennwerte und deren Bandbreiten, die den topographischen Unterschieden in den einzelnen Klimazonen Rechnung tragen, sowie die für die Witterungsbereinigung erforderlichen Daten bekannt. Bei der Bekanntmachung durchschnittlicher Energieverbrauchskennwerte ist sachgerecht nach den wesentlichen Gebäude- und Nutzungsmerkmalen zu unterscheiden.

Erläuterungen: Um bei der Ermittlung der Energieverbrauchskennwerte auf neutrale Unterlagen zurückgreifen zu können, werden vom Bundesministerium für Verkehr, Bau- und Wohnungswesen neutrale und standardisierte Werte veröffentlicht.

Zur Vergleichbarkeit der gebäudespezifischen Daten werden außerdem Vergleichsangaben sowie eine entsprechende Bandbreite der Ergebnisse publiziert.

(7)   Die Ausweise nach den Absätzen 1 bis 3 und die Energieverbrauchskennwerte nach Absatz 5 sind energiebezogene Merkmale eines Gebäudes im Sinne der Richtlinie 93/76/EWG des Rates vom 13. September 1993 zur Begrenzung der Kohlendioxidemissionen durch eine effizientere Energienutzung (ABl. EG Nr. L 237 S. 28).

Erläuterungen: Aus der Richtlinie 93/76/EWG ergibt sich für die Mitgliedstaaten die grundsätzliche Verpflichtung, unter Berücksichtigung insbesondere des Kosten-Nutzen-Verhältnisses und der technischen Durchführbarkeit einen Energieausweis für Gebäude einzuführen. Der Energiebedarfsausweis und der Wärmebedarfsausweis beschreiben die energiebezogenen Merkmale eines Gebäudes und dienen der Information potentieller Nutzer.

§ 14

Getrennte Berechnungen für Teile eines Gebäudes

Teile eines Gebäudes dürfen wie eigenständige Gebäude behandelt werden, insbesondere wenn sie sich hinsichtlich der Nutzung, der Innentemperatur oder des Fensterflächenanteils unterscheiden. Für die Trennwände zwischen den Gebäudeteilen gelten Anhang 1 Nr. 2.7 und Anhang 2 Nr. 2 Satz 3 entsprechend. Soweit im Einzelfall nach Satz 1 verfahren wird, ist dies für diese Gebäude in den Ausweisen nach §13 Abs. 1 bis 3 deutlich zu machen.

Erläuterungen: Zur Vereinfachung des Nachweises nach EnEV wird bei der Berechnung des Jahres-Heizwärmebedarfs davon ausgegangen, dass es sich bei dem Gebäude um einen Bereich mit einer einheitlichen Temperatur handelt. Um jedoch gebäude- oder nutzungsspezifische Besonderheiten oder Besonderheiten der Gestaltung bei der Berechnung des Jahres-Primärenergiebedarfs Q_P bzw. des Jahres-Heizwärmebedarfs Q_h berücksichtigen zu können, besteht die Möglichkeit, das Gebäude in einzelne Teile zu gliedern und für jeden Teil einen eigenständigen Nachweis zu führen.

Eine solche Vorgehensweise ist dann sinnvoll, wenn

- in einem Gebäude Wohn- und Büronutzung gleichermaßen vorhanden ist.
  Bei einer Unterteilung besteht die Möglichkeit, im Bereich der Büronutzung die im Vergleich zur Wohnnutzung höheren internen Wärmegewinne in Ansatz zu bringen.

- nur Teile eines Gebäudes mit einer Abluftanlage bzw. einer Zu- und Abluftanlage mit oder ohne Wärmerückgewinnung ausgestattet werden.
  Für den Teil mit einer raumlufttechnischen Anlage können die Lüftungswärmeverluste entsprechend den Berechnungen nach DIN V 4108-6 [1] bzw. DIN V 4701-10 [3] vermindert werden.

- bei einem Gebäude in einzelnen Aufenthaltsbereichen aus Gründen der Gestaltung oder Nutzung höhere Fensterflächenanteile vorgesehen werden.
  Da sich die Anforderungen an den sommerlichen Wärmeschutz nach DIN 4108-2 [5] auf den ungünstigsten Raum beziehen, besteht die Notwendigkeit, die erforderlichen Maßnahmen auf das gesamte Gebäude zu beziehen. Dieses Vorgehen kann nur dadurch vermieden werden, dass ein Gebäude in einzelne Bereiche unterteilt wird und die Maßnahmen zum sommerlichen Wärmeschutz für exponierte Bereiche und für weniger belastete Bereiche getrennt dimensioniert und die Nachweise geführt werden.

- in einem Gebäude Bereiche unterschiedlicher Innentemperatur gegeben sind.
  Da die Nachweise für Gebäude mit normalen und Gebäude mit niedrigen Innentemperaturen nicht gleich sind, ist es erforderlich, die Berechnungen für jeden Temperaturbereich getrennt zu erstellen.

Bei der Unterteilung eines Gebäudes in verschiedene Sektoren ist bei den ersten drei Punkten der obigen Aufzählung davon auszugehen, dass durch die Trennwände zwischen den Bereichen kein Wärmestrom hindurchgeht (adiabatische Wände) und diese in die Ermittlung der wärmeübertragenden Flächen nicht eingehen. Grenzen in einem Gebäude Bereiche mit normalen und Bereiche mit niedrigen Innentemperaturen bzw. Bereiche mit normalen und Bereiche mit wesentlich niedrigeren Innentemperaturen aneinander, sind für den Wärmestrom durch die Trennbauteile (Wände oder Decken) Reduktionsfaktoren nach Anlage 1 Ziffer 2.7 anzusetzen.

§ 15

Regeln der Technik

(1) Das Bundesministerium für Verkehr, Bau- und Wohnungswesen kann im Einvernehmen mit dem Bundesministerium für Wirtschaft und Technologie durch Bekanntmachung im Bundesanzeiger auf Veröffentlichungen sachverständiger Stellen über anerkannte Regeln der Technik hinweisen, soweit in dieser Verordnung auf solche Regeln Bezug genommen wird.

Erläuterungen: Kennwerte für Baustoffe und Rechenmethoden, die als allgemein anerkannte Regeln der Technik gelten, werden vom Bundesministerium für Raumordnung, Bauwesen und Städtebau veröffentlicht.

Ein solches Vorgehen ist notwendig, damit sichergestellt werden kann, dass Stoffwerte oder anlagenspezifische Kennwerte, die der Berechnung nach Energieeinsparverordnung zugrunde liegen, auf der Basis eines einheitlichen Prüfverfahrens ermittelt wurden. Außerdem ist so gewährleistet, dass Berechnungsmethoden, auf die in dieser Verordnung Bezug genommen wird, auch als allgemein anerkannte Regeln der Technik eingestuft werden können.
Anerkannte Regeln der Technik können wie folgt definiert werden [15]: „Die allgemein anerkannten Regeln der Technik umfassen solche technischen Regeln für den Entwurf und die Ausführung baulicher Anlagen, die in der Wissenschaft als theoretisch richtig anerkannt sind und feststehen sowie in der Praxis, d. h. bei den für die Anwendung der betreffenden Regeln maßgeblichen, nach dem neuesten Erkenntnisstand vorgebildeten Technikern durchweg im Sinn eines Allgemeingutes bekannt und als richtig und notwendig anerkannt sind.“

(2) Zu den anerkannten Regeln der Technik gehören auch Normen, technische Vorschriften oder sonstige Bestimmungen anderer Mitgliedsstaaten der Europäischen Gemeinschaft oder sonstiger Vertragsstaaten des Abkommens über den Europäischen Wirtschaftsraum, wenn ihre Einhaltung das geforderte Schutzniveau in Bezug auf Energieeinsparung und Wärmeschutz gewährleistet.

Erläuterungen: Im Rahmen der Harmonisierung des europäischen Normungswerkes und der europaweiten Ausschreibung von Bauvorhaben ist es statthaft, auf die Regelwerke anderer EU-Mitgliedstaaten zurückzugreifen, wenn diese nach Absatz 1 den Status einer anerkannten Regel der Technik erfüllen.

(3) Soweit eine Bewertung von Baustoffen, Bauteilen und Anlagen im Hinblick auf die Anforderungen dieser Verordnung aufgrund anerkannter Regeln der Technik nicht möglich ist, weil solche Regeln nicht vorliegen oder wesentlich von ihnen abgewichen wird, sind gegenüber der nach Landesrecht zuständigen Behörde die für eine Bewertung erforderlichen Nachweise zu führen. Der Nachweis nach Satz 1 entfällt für Baustoffe, Bauteile und Anlagen,

1. die nach den Vorschriften des Bauproduktengesetzes oder anderer Rechtsvorschriften zur Umsetzung von Richtlinien der Europäischen Gemeinschaften, deren Regelungen auch Anforderungen zur Energieeinsparung umfassen, mit der CE-Kennzeichung versehen sind und nach diesen Vorschriften zulässige und von den Ländern bestimmte Klassen- und Leistungsstufen aufweisen, oder

2. bei denen nach bauordnungsrechtlichen Vorschriften über die Verwendung von Bauprodukten auch die Einhaltung dieser Verordnung sichergestellt wird.

Erläuterungen: Mit dem Bezug auf anerkannte Regeln der Technik soll, wie unter Absatz 1 erläutert, den Berechnungen nach Energieeinsparverordnung ein einheitliches Niveau zugrunde gelegt werden. Da jedoch nicht alle Baustoffe, Bauteile oder Anlagen in Regelwerken erfasst sind, muss deren Qualität entweder nachgewiesen oder durch andere allgemein anerkannte Qualifikationsverfahren dokumentiert werden.

Als Beleg der Güte für Baustoffe oder Bauteile, die nicht in allgemein anerkannten Regeln der Technik erfasst sind, gilt beispielsweise eine Zustimmung im Einzelfall der nach Landesrecht zuständigen Behörde.

Eine weitere Möglichkeit des Gütenachweises besteht dann, wenn ein Baustoff, ein Bauteil oder eine Anlage europäischen Anforderungen oder Klassifizierungen entspricht und mit dem CE-Zeichen versehen werden kann.

Werden Baustoffe, Bauteile oder Anlagen nicht normativ erfasst, kommen aber häufiger zum Einsatz, liegt nach Ziffer 2 die Möglichkeit einer bauaufsichtlichen Zulassung vor.

§ 16

Ausnahmen

(1) Soweit bei Baudenkmälern oder sonstiger besonders erhaltenswerter Bausubstanz die Erfüllung der Anforderungen dieser Verordnung die Substanz oder das Erscheinungsbild beeinträchtigen und andere Maßnahmen zu einem unverhältnismäßig hohen Aufwand führen würden, lassen die nach Landesrecht zuständigen Behörden auf Antrag Ausnahmen zu.

Erläuterungen: Bei Baudenkmälern, denkmalgeschützten Gebäuden oder bei erhaltenswerter Bausubstanz sind die Aufwendungen zur Erlangung eines sinnvollen und effizienten Wärmeschutzes häufig so hoch, dass sie sich nicht mehr mit der Verhältnismäßigkeit der Mittel nach § 5 des Energieeinsparungsgesetzes [4] vereinbaren lassen. § 5 Abs.1 Energieeinsparungsgesetz lautet wie folgt: „Die in den Rechtsverordnungen nach den §§ 1 bis 4 aufgestellten Anforderungen müssen nach dem Stand der Technik erfüllbar und für Gebäude gleicher Art und Nutzung wirtschaftlich vertretbar sein. Anforderungen gelten als wirtschaftlich vertretbar, wenn generell die erforderlichen Aufwendungen innerhalb der üblichen Nutzungsdauer durch die eintretenden Einsparungen erwirtschaftet werden können. Bei bestehenden Gebäuden ist die noch zu erwartende Nutzungsdauer zu berücksichtigen." In den o. g. Fällen sind die zuständigen Behörden gehalten, für das Einzelbauvorhaben eine Genehmigung zur Ausnahme von den Anforderungen an den baulichen Wärmeschutz zu gewähren. Außerdem werfen bestehende und schützenswerte Gebäude bei der Sanierung meist große technische Probleme auf. Da die äußere Gestalt solcher Gebäude in der Regel nicht verändert werden darf, sind häufig nur wenige Möglichkeiten des Wärmeschutzes auf der bauphysikalisch richtigen (Außen-) Seite gegeben. Innendämmungen bergen, insbesondere bei bestehenden Gebäuden, das große Risiko einer späteren Schädigung in sich. Die raumseitigen Dampfbremsen können meist nur sehr unzulänglich angebracht werden und stellen damit das gesamte System der Innendämmung in Frage. Weitere Problempunkte sind die Dämmung von Fensterlaibungen und der alleinige Austausch der Fenster. Es sollte daher bei der Sanierung denkmalgeschützter Gebäude und Bausubstanzen überlegt werden, ob es - nicht zuletzt auch zugunsten der gesundheitlichen Belange der Nutzer - ausreicht, wenn bei einer wärmetechnischen Sanierung nur den Mindestanforderungen nach DIN 4108-2 [5] entsprochen wird.

Unter besonders erhaltenswerter Bausubstanz werden stadtbildprägende Gebäude bzw. Gebäudezüge verstanden, die im Sinne des Denkmalschutzes für das Erscheinungsbild oder die Stadtgestaltung entscheidend sind.

(2)   Soweit die Ziele dieser Verordnung durch andere als in dieser Verordnung vorgesehene Maßnahmen im gleichen Umfang erreicht werden, lassen die nach Landesrecht zuständigen Behörden auf Antrag Ausnahmen zu. In einer Allgemeinen Verwaltungsvorschrift kann die Bundesregierung mit Zustimmung des Bundesrates bestimmen, unter welchen Bedingungen die Voraussetzungen nach Satz 1 als erfüllt gelten.

Erläuterungen: Das Ziel dieser Verordnung besteht darin, den Jahres-Primärenergiebedarf bzw. den Jahres-Heizwärmebedarf, der zur Aufrechterhaltung einer Innenraumtemperatur von $\theta_i \geq$ 19 °C bzw. $\theta_i \geq 12$ °C erforderlich ist, um mindestens 30 % zu senken. Die Verordnung enthält jedoch nicht alle derzeit verfügbaren technischen Möglichkeiten zur Realisierung eines solchen Anforderungsprofils. Falls vom Nachweisenden dargelegt werden kann, dass durch den Einsatz anderer technischer oder planerischer Möglichkeiten eine Verminderung des Jahres-Primärenergiebedarfs bzw. des Heizwärmebedarfs des vorliegenden Gebäudes um mindestens 30 % gegenüber der Wärmeschutzverordnung 1995 erreicht werden kann, sind die zuständigen Behörden befugt, eine Ausnahmegenehmigung vom Nachweis entsprechend dieser Verordnung zu erteilen. Einsparungen lassen sich beispielsweise durch den Einsatz regenerativer Energien oder anderer innovativer Techniken erreichen, bei denen gewährleistet ist, dass sie zu keinem vermehrten CO_2-Ausstoß führen.

Alternative Technologien müssen eine ausreichende Lebensdauer aufweisen und garantieren, dass das energetische Konzept während der „Lebensdauer" des Gebäudes erhalten bleibt. Es muss sich daher bei den verwendeten - vom Berechnungsmodus der Verordnung abweichenden - technischen Möglichkeiten um Alternativen handeln, für die bereits ausreichende Langzeiterfahrungen vorhanden sind. Ausgeschlossen sind Technologien, bei denen nach dem Stand der zum Planungszeitpunkt vorliegenden Erkenntnisse nicht garantiert werden kann, dass die maßgebenden technischen Werte der eingesetzten Geräte während der Lebensdauer des Gebäudes oder während einer unter wirtschaftlichen Aspekten ermittelten Frist gegeben sind.

§ 17

Befreiungen

Die nach Landesrecht zuständigen Behörden können auf Antrag von den Anforderungen dieser Verordnung befreien, soweit die Anforderungen im Einzelfall wegen besonderer Umstände durch einen unangemessenen Aufwand oder in sonstiger Weise zu einer unbilligen Härte führen. Eine unbillige Härte liegt insbesondere vor, wenn die erforderlichen Aufwendungen innerhalb der üblichen Nutzungsdauer, bei Anforderungen an bestehende Gebäude innerhalb angemessener Frist durch die eintretenden Einsparungen nicht erwirtschaftet werden können.

Erläuterungen: Als Härtefälle können insbesondere Widersprüche zu folgenden § 5 Absatz 1 des Energieeinsparungsgesetzes [4] entnommenen Voraussetzungen auftreten:

- Die Anforderungen müssen nach dem Stand der Technik erfüllbar und für Gebäude gleicher Art und Nutzung wirtschaftlich vertretbar sein. Anforderungen gelten als wirtschaftlich vertretbar, wenn generell die erforderlichen Aufwendungen innerhalb der üblichen Nutzungsdauer durch die eintretenden Einsparungen erwirtschaftet werden können.

- Bei bestehenden Gebäuden ist die noch zu erwartende Nutzungsdauer zu berücksichtigen.

Da bei zu errichtenden Gebäuden nach dem Ersten oder Zweiten Abschnitt die Wirtschaftlichkeit meist gegeben ist, muss bei Härtefällen untersucht werden, ob die Nutzungsdauer eines Gebäudes mit den erforderlichen Aufwendungen in Einklang steht.

§ 18

Ordnungswidrigkeiten

Ordnungswidrig im Sinne des § 8 Abs. 1 Nr. 1 des Energieeinsparungsgesetzes handelt, wer vorsätzlich oder fahrlässig

1. entgegen § 11 Abs. 1 Satz 1, auch in Verbindung mit Satz 2, einen Heizkessel einbaut oder aufstellt,

2. entgegen § 12 Abs. 1 Satz 1 oder Abs. 2 Satz 1 eine Zentralheizung oder eine heizungstechnische Anlage nicht oder nicht rechtzeitig ausstattet,

3. entgegen § 12 Abs. 3 nicht dafür Sorge trät, dass Umwälzpumpen in der dort genannten Weise ausgestattet oder beschaffen sind oder

4. entgegen § 12 Abs. 5 die Wärmeabgabe von Wärmeverteilungs- und Warmwasserleitungen sowie Armaturen nicht oder nicht rechtzeitig begrenzt.

Abschnitt 6

Schlussbestimmungen

§ 19

Übergangsvorschrift

Diese Verordnung ist nicht anzuwenden auf die Errichtung und die Änderung von Gebäuden, wenn für das Vorhaben vor dem Inkrafttreten dieser Verordnung der Bauantrag gestellt oder die Bauanzeige erstattet ist. Auf genehmigungs- und anzeigenfreie Bauvorhaben ist diese Verordnung nicht anzuwenden, wenn mit der Bauausführung vor dem Inkrafttreten dieser Verordnung begonnen worden ist. Auf Bauvorhaben nach den Sätzen 1 und 2 sind die bis zum 31. Januar 2002 geltenden Vorschriften der Wärmeschutzverordnung vom 16. August 1994 (BGBl. I S. 2121) und der Heizungsanlagen-Verordnung in der Fassung der Bekanntmachung vom 4. Mai 1998 (BGBl. I S. 851) weiter anzuwenden.

Erläuterungen: Mit dieser Regelung soll verhindert werden, dass bei Bauvorhaben, für die der Bauantrag gestellt oder die Bauanzeige vor dem Inkrafttreten der Verordnung erstattet wurde, die Bauausführung aber erst nach dem Inkrafttreten dieser Verordnung erfolgt, Umplanungen erforderlich werden.

Eine Zusammenstellung genehmigungsfreier Bauvorhaben ist in der Musterbauordnung für die Länder der Bundesrepublik Deutschland oder der jeweiligen Landesbauordnung enthalten.

§ 20

Inkrafttreten, Außerkrafttreten

(1)   § 13 Abs. 1 Satz 3, § 15 und § 16 Abs. 2 dieser Verordnung treten am Tage nach der Verkündung in Kraft. Im Übrigen tritt diese Verordnung am 1. Februar 2002 in Kraft.

(2)   Am 1. Februar 2002 treten die Wärmeschutzverordnung vom 16. August 1994 (BGBI. I S. 2121), geändert durch Artikel 350 der Verordnung vom 29. Oktober 2001 (BGBl. I S. 2785) und die Heizungsanlagen-Verordnung in der Fassung der Bekanntmachung vom 4. Mai 1998 (BGBl. I S. 851) geändert durch Artikel 349 der Verordnung vom 29. Oktober 2001 (BGBl I S. 2785) außer Kraft.

Der Bundesrat hat zugestimmt.

Anhang 1

Anforderungen an zu errichtende Gebäude mit normalen Innentemperaturen (zu § 3)

Erläuterungen: Im Zuge der Novellierung der Wärmeschutzverordnung 1995 wurde von gesetzgeberischer Seite festgelegt, dass die bisher verwendete Energiekenngröße des Jahres-Heizwärmebedarfs Q_h erweitert werden soll. Das Ziel lag darin, möglichst viele Energieverbrauchsgrößen eines Gebäudes in die Bilanzierung einzubeziehen. Als Anforderungsgröße des Energieverbrauchs eines Gebäudes entstand so der Jahres-Primärenergiebedarf Q_P. In diesem sind folgende Einzelkomponenten enthalten:

- Jahres-Heizwärmebedarf Q_h: Die Wärmemenge, die erforderlich ist, um in einem Gebäude die gewünschte Innenraumtemperatur aufrechtzuerhalten.

- Jahres-Trinkwasser-Wärmebedarf Q_w: Die Wärmemenge, die benötigt wird, um warmes Trinkwasser zu erzeugen. Da der Bedarf innerhalb verschiedener Nutzungsarten starken Schwankungen unterworfen ist, wird Q_w nur bei Wohngebäuden in Ansatz gebracht.

- Hilfsenergie der Heizung: Hierin enthalten ist die Wärme, die bei der Erzeugung, Speicherung, Verteilung und Übergabe der Heizwärme verloren geht und dem System somit zugeführt werden muss. Außerdem beinhaltet der Wert die Menge an Energie, die für sekundäre Energieverbräuche wie z. B. den Betrieb von Umwälzpumpen erforderlich ist.

- Hilfsenergie für Trinkwarmwasser: Analog zur Hilfsenergie der Heizung ist darin die Wärmemenge enthalten, die zur Herstellung, Speicherung und Verteilung des warmen Trinkwassers aufgeboten werden muss. Außerdem wird die Energiemenge erfasst, die beispielsweise für Zirkulationspumpen benötigt wird.

- Primärenergiefaktor: Mit diesem Faktor wird die Energie berücksichtigt, die bei der Herstellung, Umwandlung und dem Transport verschiedener Energieformen wie Öl, Gas, Strom oder Fern- / Nahwärme benötigt wird.

Zur Vereinfachung des Berechnungsgangs werden die Hilfsenergie für Heizung und warmes Trinkwasser sowie der Primärenergiegewichtungsfaktor in einem multiplikativen Glied, der Anlagenaufwandszahl e_P, zusammengefasst.

Um zu vermeiden, dass sich beim Nachweis der Anforderungen nach EnEV durch den Einsatz hochwertiger haustechnischer Geräte und Anlagen der bauliche Wärmeschutz geringer ausfällt als in der Wärmeschutzverordnung 1995, wurde neben dem Jahres-Primärenergiebedarf Q_P als zusätzlicher Grenzwert der spezifische, auf die wärmeübertragende Umfassungsfläche bezogene Transmissionswärmeverlust H'_T eingeführt.

Die Struktur des Nachweises und der Anforderungen ist den Ausführungen in Kapitel 2 zu entnehmen.

Wie bereits in der Wärmeschutzverordnung 1995 stellen die Ergebnisse nach Energieeinsparverordnung jedoch nur einen Bedarfswert dar, d. h. der Jahres-Primärenergiebedarf nach dieser Verordnung ist ein Rechenwert auf der Basis normierter und standardisierter Randbedingungen. Die Ergebnisse können nicht als Vergleich mit tatsächlichen Verbräuchen herangezogen werden, da die Verbräuche nutzerspezifischen Gewohnheiten, wie der tatsächlichen Innenraumtemperatur, dem Lüftungsverhalten und vielem mehr unterworfen sind.

Als Bezugsgröße des Jahres-Primärenergiebedarfs wurde bei Wohngebäuden die Nutzfläche A_N und bei allen Nichtwohngebäuden das beheizte Volumen V_e angesetzt.

1. Höchstwerte des Jahres-Primärenergiebedarfs und des spezifischen Transmissionswärmeverlusts (zu § 3 Abs. 1)

1.1 Tabelle der Höchstwerte

Tabelle 1: Höchstwerte des auf die Gebäudenutzfläche und des auf das beheizte Gebäudevolumen bezogenen Jahres-Primärenergiebedarfs und des spezifischen, auf die wärmeübertragende Umfassungsfläche bezogenen Transmissionswärmeverlusts in Abhängigkeit vom Verhältnis A/V_e

Verhält-nis A/V_e	Jahres-Primärenergiebedarf		Q'_P in kWh/(m³a) bezogen auf das beheizte Gebäude-volumen	Spezifischer, auf die wärmeübertragende Umfassungsfläche bezogener Transmissionswärmeverlust H'_T in W/(m²K)	
	Q''_P in kWh/(m²a) bezogen auf die Gebäudenutzfläche				
	Wohngebäude außer solche nach Spalte 3	Wohngebäude mit überwiegender Warmwasserbereitung aus elektrischem Strom	andere Gebäude	Nicht-Wohngebäude mit einem Fensterflächenanteil $\leq$ 30 % und Wohngebäude	Nicht-Wohngebäude mit einem Fensterflächenanteil > 30 %
1	2	3	4	5	6
$\leq 0,2$	$66,00 + 2600/(100 + A_N)$	88,00	14,72	1,05	1,55
0,3	$73,53 + 2600/(100 + A_N)$	95,53	17,13	0,80	1,15
0,4	$81,06 + 2600/(100 + A_N)$	103,06	19,54	0,68	0,95
0,5	$88,58 + 2600/(100 + A_N)$	110,58	21,95	0,60	0,83
0,6	$96,11 + 2600/(100 + A_N)$	118,11	24,36	0,55	0,75
0,7	$103,64 + 2600/(100 + A_N)$	125,64	26,77	0,51	0,69
0,8	$111,17 + 2600/(100 + A_N)$	133,17	29,18	0,49	0,65
0,9	$118,70 + 2600/(100 + A_N)$	140,70	31,59	0,47	0,62
1,0	$126,23 + 2600/(100 + A_N)$	148,23	34,00	0,45	0,59
$\geq 1,05$	$130,00 + 2600/(100 + A_N)$	152,00	35,21	0,44	0,58

1.2 Zwischenwerte zu Tabelle 1

Zwischenwerte zu den in Tabelle 1 festgelegten Höchstwerten sind nach folgenden Gleichungen zu ermitteln:

Spalte 2 $Q''_P = 50,94 + 75,29 \cdot A/V_e + 2600/(100 + A_N)$ in kWh/(m² · a)

Spalte 3 $Q''_P = 72,94 + 75,29 \cdot A/V_e$ in kWh/(m² · a)

Spalte 4 $Q'_P = 9,90 + 24,10 \cdot A/V_e$ in kWh/(m³ · a)

Spalte 5 $H'_T = 0,3 + 0,15 / A/V_e$ in W/(m² · K)

Spalte 6 $H'_T = 0,35 + 0,24 / A/V_e$ in W/(m² · K)

Achtung: Es muss in diesem Zusammenhang noch einmal darauf hingewiesen werden, dass bei der Bezugnahme auf den Fensterflächenanteil f zu unterscheiden ist, ob damit auf Nachweise oder Anforderungen abgezielt wird (s. a. Kapitel 2 und Organigramme im Anhang).

1.3   Definition der Bezugsgrößen

1.3.1 Die wärmeübertragende Umfassungsfläche A eines Gebäudes in m² ist nach Anhang B der DIN EN ISO 13789 : 1999-10, Fall "Außenabmessung"[*], zu ermitteln. Die zu berücksichtigenden Flächen sind die äußere Begrenzung einer abgeschlossenen beheizten Zone. Außerdem ist die wärmeübertragende Umfassungsfläche A so festzulegen, dass ein in DIN EN 832 : 1998-12 beschriebenes Ein-Zonen-Modell entsteht, das mindestens die beheizten Räume einschließt.

Erläuterungen: Nachdem der Bezug der wärmeübertragenden Umfassungsflächen in der Vergangenheit häufig zu Unsicherheiten führte, wurde mit der EnEV auf die europäisch harmonisierte Norm DIN EN ISO 13789:1999 [9] verwiesen, in der diese Definition enthalten ist.

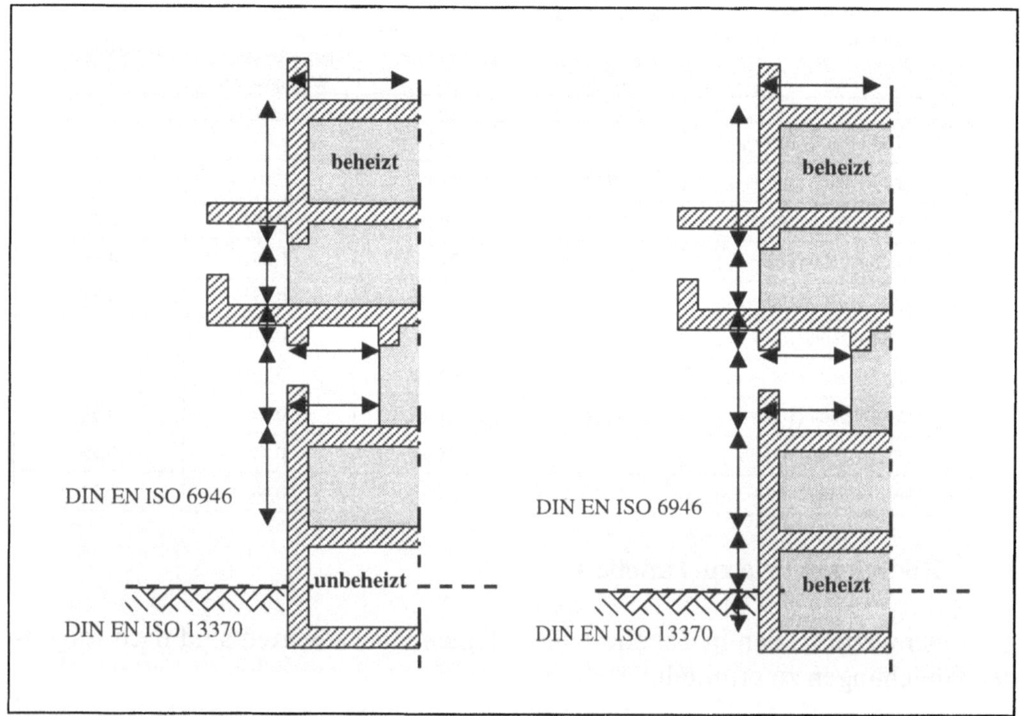

Bild 3.1:   Darstellung der wärmeübertragenden Bauteilflächen bei einem Bezug auf Außenmaße nach DIN EN ISO 13789:1999 [9], ergänzt um beheizte Kellerräume

---

[*] Alle zitierten DIN-Normen sind im Beuth-Verlag GmbH, Berlin, veröffentlicht.

Außerdem sind hinsichtlich der Einteilung der wärmeübertragenden Bauteilflächen noch folgende Punkte zu berücksichtigen:

- Falls Wärmebrücken nicht durch pauschale Zuschlagswerte berücksichtigt werden (siehe Erläuterungen zu Anhang 1 Ziffer 2.5), sondern für alle Wärmebrücken eines Gebäudes die längenbezogenen Wärmebrückenverlustkoeffizienten Ψ ermittelt werden, ist sowohl bei der Berechnung der Ψ-Werte als auch bei der Festlegung der wärmeübertragenden Bauteilflächen ein einheitlicher Bezug zu wählen. Da in Ziffer 1.3.1 festgelegt wurde, dass die maßgeblichen Bauteilflächen über Außenmaße zu ermitteln sind, muss auch bei der Berechnung der längenbezogenen Wärmebrückenverlustkoeffizienten im Rahmen der E-nEV der Außenmaßbezug angewendet werden.

- Aufgrund der sehr pauschalen Darstellung der außenmaßbezogenen Abmessungen in DIN EN ISO 13789:1999 [9] muss bei Detailproblemen eine genauere Betrachtung vorgenommen werden. Diese erfolgt analog den Überlegungen des Außenmaßbezugs der WSchV und sieht wie folgt aus:

1 Decken

Da bei Decken, die beheizte Zonen gegen unbeheizte Kellerräume abgrenzen, nicht immer festgelegt werden kann, wo die wärmetechnisch wirksame Dämmschicht liegt - wenn beispielsweise in Bereichen mit Abdichtungen von einer deckenoberseitigen auf eine deckenunterseitige Wärmedämmung übergegangen wird oder bei einer Aufteilung der Wärmedämmschicht in deckenober- und deckenunterseitig -, wird im Sinne einer Vereinheitlichung festgelegt, dass bei diesen Decken die Oberkante der (Roh-) Decke als untere Begrenzung für die Berechnung der wärmeübertragenden Außenwand anzusetzen ist, unabhängig davon, ob die Decke unter- oder oberseitig gedämmt wird.

Zur unteren Begrenzung der anrechenbaren wärmeübertragenden Außenwandfläche muss hinsichtlich der Lage der untersten Geschossdecke gegenüber der Geländeoberkante zwischen drei Fällen unterschieden werden:

a) Die Oberkante der Geschossdecke liegt unter der Oberkante des Geländes:
   Die Wandfläche unter der Oberkante Gelände ist zu den erdberührten Bauteilen (A_G) zu zählen; die wärmeübertragende Außenwandfläche (A_AW) beginnt ab Oberkante Gelände.

b) Die Oberkante der Geschossdecke ist niveaugleich mit der Oberkante des Geländes:
   Die wärmeübertragende Wandfläche (A_AW) wird ab Oberkante Decke gerechnet.

c) Die Oberkante der Geschossdecke liegt über der Oberkante des Geländes:
   Die wärmeübertragende Wandfläche (A_AW) beginnt mit der Oberkante der Decke. Der Außenwandbereich der unbeheizten Kellerräume bleibt unberücksichtigt, da es sich hierbei nicht um ein wärmeübertragendes Bauteil handelt.
   Bei der obersten Geschossdecke ist zur Erfassung des gesamten beheizten Volumens die Höhe der wärmeübertragenden Außenwand bis zur Deckenoberkante bzw. bei einer aufliegenden Wärmedämmung bis zur Oberkante der Wärmedämmschicht anzusetzen. Dies gilt sowohl für Dachaufbauten, bei denen die Wärmedämmschicht raumseitig der Abdichtung liegt (siehe auch Berechnung des Wärmedurchlasswiderstandes bei Bauteilen mit Abdichtung nach DIN 4108-2 Ziffer 5.2.4 [5]) - z. B. beim Warmdach -, als auch für Dachaufbauten, bei denen die Wärmedämmschicht auf der Außenseite der Abdichtung liegt - z. B. beim Umkehrdach.

2 Fenster, Fenstertüren und Türen

Eine getrennte Berücksichtigung der Flächenanteile von Verglasung und Rahmen ist bei dem aus beiden Einzelwerten gemittelten U_F-Wert nicht erforderlich, so dass als wärmeübertragende Fläche bei Fenstern, Fenstertüren, Türen und Dachfenstern die in den Planunterlagen dargestellte lichte Rohbauöffnung anzusetzen ist.

Bei unterschiedlichen Außenwandkonstruktionen gelten folgende Begrenzungen des lichten Rohbaumaßes:

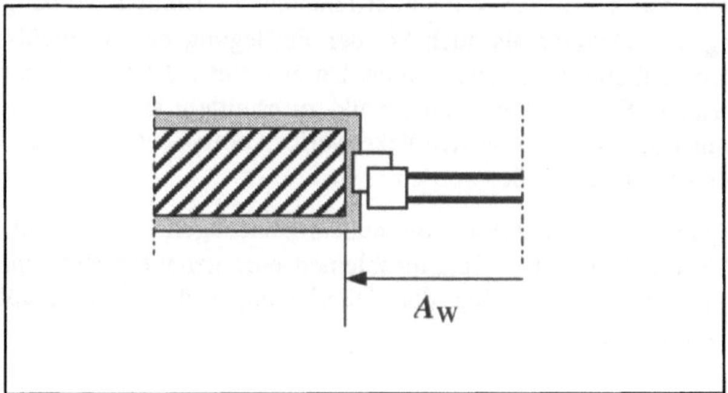

Bild 3.2:   Lichtes Rohbaumaß bei Fenstern in monolithischem Mauerwerk

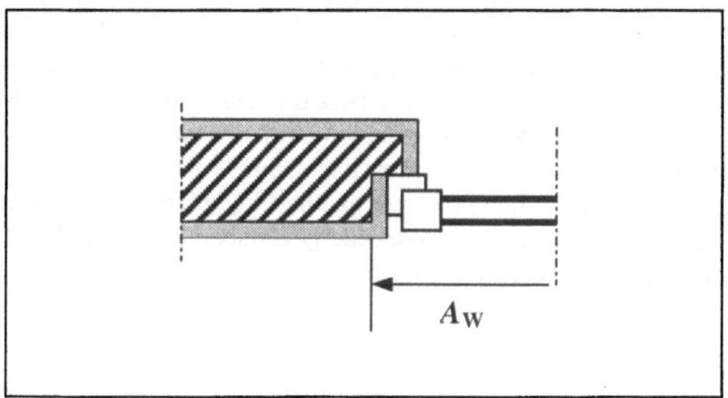

Bild 3.3:   Lichtes Rohbaumaß bei Fenstern mit Anschlag

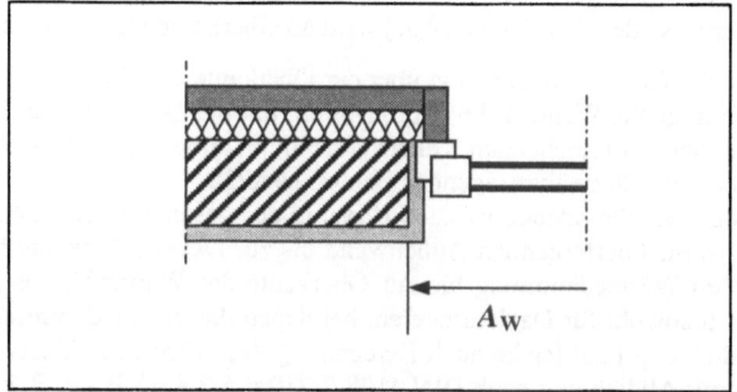

Bild 3.4:   Lichtes Rohbaumaß bei Fenstern in Außenwänden mit Kerndämmung

3 Dach- und Dachdeckenflächen

Auch bei Dach- und Dachdeckenflächen wird als äußere Begrenzung generell die in den Planunterlagen angegebene Außenkante der aufgehenden Wand verwendet, unabhängig von der jeweiligen Wandkonstruktion. Dies kann dazu führen, dass auch Bereiche, die außerhalb der beheizten Konstruktion liegen - beispielsweise die Luftschicht und Außenverkleidung einer hinterlüfteten, nicht gemauerten Vorsatzschale -, in den beheizten Bereich eingerechnet werden. Da solche Flächenanteile - im Vergleich zur restlichen wärmeübertragenden Dachdecke - unbedeutend sind und außerdem bei jeder Außenwandkonstruktion geprüft werden müsste, wo der beheizte Bereich endet, wird - wie bereits oben dargelegt - die in den Planunterlagen dargestellte Außenkante der vor der Dachfläche aufgehenden Konstruktion als Bezugspunkt festgelegt.

Bei geneigten Dächern, bei denen die Wärmedämmschicht bis zur Traufe fortgesetzt wird, endet die anzurechnende Dachfläche mit der Außenkante der aufgehenden Außenwand. Generell ist darauf zu achten, dass bei geneigten Dächern die Wärmedämmung des Dachs lückenlos in die Dämmebene der Außenwand übergeht und dass bei Flachdächern im Bereich aufgehender Bauteile - z. B. Attiken oder Oberlichtaufkantungen - die Ausbildung von Wärmebrücken vermieden wird.

4 Grundfläche

Bei der Ermittlung der wärmeübertragenden Flächen von Böden gegen Erdreich beheizter Kellerräume und bei Decken gegen unbeheizte Keller sind jeweils die Gebäudeaußenmaße anzusetzen, d. h. die Flächen der aufgehenden Wände sind in die anzurechnenden Bodenflächen einzubeziehen.

Die Höhe der erdberührten Wandflächen bei beheizten Kellerräumen wird auf der einen Seite von der Oberkante des Geländes, auf der anderen Seite von der Oberkante der Abdichtung nach DIN 18195-4 [16] auf der Bodenplatte gegen Erdreich bzw. - bei Vernachlässigung der Dicke der Abdichtung - von der Oberkante der Bodenplatte begrenzt. Diese einheitliche Regelung gilt sowohl für eine Schichtenfolge, bei der die Wärmedämmung raumseitig der Abdichtung liegt, als auch für eine Perimeterdämmung, bei der die Wärmedämmschicht außerhalb der Abdichtung unter der Bodenplatte angeordnet wird.

5 Decke gegen Außenluft nach unten

Bei der Ermittlung der wärmeübertragenden Deckenflächen, die das Gebäude nach unten gegen die Außenluft abgrenzen, sind die Gebäudeaußenmaße anzusetzen. Dabei gilt jeweils die in den Plänen vermaßte Vorderkante der begrenzenden aufgehenden Konstruktion als Bezugsgröße.

Bei der Berechnung der wärmeübertragenden Außenwand werden als untere Begrenzung die Unterkante der (Roh-)Decke und - bei einer außen liegenden Wärmedämmschicht - die Unterkante der wärmetechnisch wirksamen Dämmschicht angesetzt.

Achtung: **Hinsichtlich der Ermittlung von Flächen wärmeübertragender Bauteile gilt gemäß DIN V 4108-6 Anhang D Tabelle D.3 Zeile 4: „Vorsprünge in den Bauteilen bis zu 20 cm können vernachlässigt werden." Mit dieser Regelung soll ausgeschlossen werden, dass vernachlässigbar kleine Flächenanteile in der Gesamtfläche A berücksichtigt werden müssen.**

Erläuterungen: Entgegen der Formulierung in Nr. 1.3.1 Satz 3 ist der Begriff des Ein-Zonen-Modells in DIN EN 832 nicht enthalten. Er wird jedoch sinnverwandt in Abschnitt 4.3.2 dieser Norm wie folgt erläutert: „Wenn der beheizte Raum insgesamt auf dieselbe Temperatur gebracht wird und wenn innere und solare Wärmegewinne relativ klein oder über das gesamte Gebäude gleichmäßig verteilt sind, wird das Berechnungsverfahren für eine einzelne Zone angewendet.

Die Unterteilung in Wärmezonen ist nicht erforderlich, wenn:

a) die Solltemperaturen der Wärmezonen nicht um mehr als 4 K voneinander abweichen und angenommen werden kann, dass die Wärmegewinn- / -verlustbeträge um weniger als 0,4 voneinander abweichen (z. B. zwischen Süd- und Nordzonen) oder

b) Türen zwischen den Wärmezonen wahrscheinlich offen sind oder

c) eine Zone klein ist und angenommen werden kann, dass der gesamte Heizenergiebedarf des Gebäudes sich um nicht mehr als 5 % ändert, wenn sie mit der angrenzenden größeren Zone zusammen veranschlagt wird."

Achtung: **Mit Satz 3 in Nr. 1.3.1 legt die EnEV fest, dass es sich bei dem zu betrachtenden Bereich um ein Ein-Zonen-Modell handelt. Beim Nachweis der baurechtlichen Anforderungen muss daher davon ausgegangen werden, dass eine Unterteilung in verschiedene Wärmezonen nicht erforderlich ist. Es darf in diesem Zusammenhang kein Modell mit mehreren Temperaturzonen verwendet werden.**

Erläuterungen: Die Formulierung in Satz 3 Nr. 1.3.1 „ ..., das mindestens die beheizten Räume umschließt" zielt auf die Festlegungen des Begriffs „beheizte Räume" nach § 2 Ziffer 4 ab. Danach gelten als beheizte Räume neben solchen, die aufgrund ihrer bestimmungsgemäßen Nutzung direkt beheizt werden, auch solche, die durch Raumverbund beheizt werden (Erläuterungen siehe § 2 Ziffer 4). D. h. auch Räume, die nur indirekt beheizt werden, sind im Ein-Zonen-Modell zu berücksichtigen.

1.3.2 Das beheizte Gebäudevolumen V_e in m³ ist das Volumen, das von der nach Nr. 1.3.1 ermittelten wärmeübertragenden Umfassungsfläche A umschlossen wird.

Erläuterungen: Das beheizte Volumen umschließt den Bereich eines Gebäudes, der bei Gebäuden mit normaler Innenlufttemperatur auf $\theta_i \geq 19$ °C und bei Gebäuden mit niedriger Innenraumtemperatur auf 12 °C $\leq \theta_i < 19$ °C beheizt wird. Man ermittelt es über die Außenmaße der wärmeübertragenden Bauteile nach Ziffer 1.3.1, d. h., die Abmessungen, die in Ziffer 1.3.1 zur Ermittlung der wärmeübertragenden Außenfläche A angesetzt werden, sind auch bei der Berechnung des "Brutto-Volumens" zu verwenden. In diesem Volumen sind auch alle innen liegenden Bauteile - wie Innenwände und Geschossdecken - zwischen normal beheizten Zonen eingeschlossen sowie der Anteil des Volumens, der sich aus der Einbeziehung der Außenwände und der Dachdecke ergibt.

Das "Brutto-Volumen" eines Gebäudes wird zur Ermittlung des A/V_e-Werts und zur Überprüfung der volumenbezogenen Anforderungen an den baulichen Wärmeschutz nach Anlage 1 Tabelle 1 benötigt. Zu diesem Zweck wird der nach Ziffer 2.1 berechnete Jahres-Primärenergiebedarf Q_P des Gebäudes durch das beheizte Gebäudevolumen V_e dividiert.

1.3.3 Das Verhältnis A/V_e in m⁻¹ ist die errechnete wärmeübertragende Umfassungsfläche nach Nr. 1.3.1 bezogen auf das beheizte Gebäudevolumen nach Nr. 1.3.2.

Erläuterungen: Mit dem A/V_e-Wert, d. h. dem Quotienten aus der wärmeübertragenden Gebäudefläche und dem beheizten Bauwerksvolumen, lässt sich eine Aussage über die Kompaktheit eines Gebäudes machen. Je kleiner die Fläche der Außenbauteile nach Ziffer 1.3.1 gegenüber dem Volumen nach Ziffer 1.3.2, desto kompakter ist das Gebäude und desto geringer ist der Betrag an Heizwärme, der - in Bezug auf das Volumen - verloren geht.

Aus Gründen der Heizwärmeeinsparung ist daher anzustreben, möglichst kompakte Gebäude - d. h. solche mit einem niedrigen A/V_e-Wert - zu planen und zu bauen.

1.3.4 Die Gebäudenutzfläche A_N in m² wird bei Wohngebäuden wie folgt ermittelt: $A_N = 0,32 \cdot V_e$

Erläuterungen: Da es im Wohnungsbau gebräuchlich ist, Verbrauchsgrößen auf eine Grundfläche zu beziehen, wurde für die Anforderungen an den Jahres-Primärenergiebedarf Q_P von Wohngebäuden die Nutzfläche A_N gewählt. Bei einer mittleren Geschosshöhe von $h = 2,6$ m kann man die Nutzfläche bestimmen, indem man das beheizte Gebäudevolumen V_e nach Nr. 1.3.2 durch diese Höhe dividiert oder indem man das Volumen mit dem Kehrwert der Höhe, dem Faktor 0,32, multipliziert.

Gebäude anderer Nutzung weisen hinsichtlich der Geschosshöhe größere Abweichungen auf, so dass kein repräsentativer Quotient bzw. Faktor angegeben werden kann und der Jahres-Primärenergiebedarf Q_P auf die allgemein gültigere Größe des beheizten Gebäudevolumens V_e nach Nr. 1.3.2 bezogen wird.

Achtung: Der Wert der Gebäudenutzfläche A_N ist nicht vergleichbar mit der Wohnfläche nach § 44 Abs.1 der II. Berechnungsverordnung [17], da hierin auch Balkonflächen und Flächen von unbeheizte Glasvorbauten bzw. Terrassen enthalten sein können. Auch der nach DIN 277 [18] berechnete Wert der Hauptnutzfläche stimmt nicht mit A_N überein.

2.   Rechenverfahren zur Ermittlung der Werte des zu errichtenden Gebäudes (zu § 3 Abs. 2 und 4)

Erläuterungen: Während nach Wärmeschutzverordnung 1995 nur der Jahres-Heizwärmebedarf Q_h zum Nachweis der energiesparrechtlichen Anforderungen zu ermitteln war, sieht die Energieeinsparverordnung, bedingt durch ihren ganzheitlichen Ansatz, eine ganze Reihe unterschiedlicher Grenzwerte vor (siehe auch Kapitel 2).

Bei der Nachweisführung von Gebäuden mit normalen Innentemperaturen $\theta_i \geq 19$ °C ist zu differenzieren, ob es sich um ein Gebäude mit einem beheizten Volumen nach Nr. 1.3.2 von $V_e > 100$ m³ oder mit einem kleinen Volumen $V_e \leq 100$ m³ handelt. Für Gebäude mit einem Volumen $V_e > 100$ m³ ist neben dem Jahres-Primärenergiebedarf Q_P, der das rechnerische Ergebnis des in einem Gebäude anfallenden Bedarfs darstellt, auch der spezifische, auf die wärmeübertragende Umfassungsfläche bezogene Transmissionswärmeverlust H'_T und der sommerliche Wärmeschutz nachzuweisen. Mit der Berücksichtigung des spezifischen, auf die wärmeübertragende Umfassungsfläche bezogenen Transmissionswärmeverlusts H'_T soll erreicht werden, dass auch beim Einsatz bestmöglicher Haustechnik der bauliche Wärmeschutz nicht unter das Niveau der WSchV 95 sinkt. Der Nachweis des sommerlichen Wärmeschutzes verfolgt das Ziel, Gebäude nach Möglichkeit ohne raumlufttechnische Anlagen zur Kühlung, d. h. Klimaanlagen, zu erstellen. Bei kleinen Gebäuden, d. h. solchen mit einem beheizten Volumen $V_e \leq 100$ m³, ist der Nachweis der U-Werte nach Anhang 3 Tabelle 1 zu führen, auf den Nachweis des sommerlichen Wärmeschutz kann verzichtet werden.

2.1   Berechnung des Jahres-Primärenergiebedarfs

2.1.1 Der Jahres-Primärenergiebedarf Q_P für Gebäude ist nach DIN EN 832 : 1998-12 in Verbindung mit DIN V 4108-6 : 2000-11 und DIN V 4701-10 :

2001-02 zu ermitteln. Der in diesem Rechengang zu bestimmende Jahres-Heizwärmebedarf Q_h ist nach dem Monatsbilanzverfahren nach DIN EN 832 : 1998-12 mit den in DIN V 4108-6 : 2000-11 Anhang D genannten Randbedingungen zu ermitteln. In DIN V 4108-6 : 2000-11 angegebene Vereinfachungen für den Berechnungsgang nach DIN EN 832 : 1998-12 dürfen angewandt werden. Zur Berücksichtigung von Lüftungsanlagen mit Wärmerückgewinnung sind die methodischen Hinweise unter Nr. 4.1 der DIN V 4701-10 : 2001-02 zu beachten.

Erläuterungen: Bereits bei den Ausarbeitungen zur Wärmeschutzverordnung 1995 wurde von gesetzgeberischer Seite der Wunsch geäußert, dass in der Verordnung nur Anforderungen und deren Randbedingungen enthalten sein sollten. Da zu diesem Zeitpunkt jedoch ein Regelwerk zur Berechnung des Jahres-Heizwärmebedarfs Q_h noch nicht abschließend vorlag, wurde der Berechnungsmodus analog zu den Vorgängerversionen in die Verordnung aufgenommen. Im Rahmen der Vorbereitungen der EnEV wurden Normen geschaffen, die es erlauben, sowohl die Belange des baulichen Wärmeschutzes als auch die der anlagentechnischen Seite zu erfassen. Für den baulichen Wärmeschutz ist dies DIN EN 832:1998-12 [8] und für die anlagentechnischen Belange DIN V 4701-10:2001-02 [3]. Da DIN EN 832 als harmonisierte europäische Norm bei einzelnen Berechnungsgrößen häufig auf weitere harmonisierte europäische Normen verweist und sich die Anwendung damit sehr komplex gestaltet, wurde zur besseren Nutzbarkeit mit DIN V 4108-6:2000-11 [1] ein Exzerpt der im Rahmen von DIN EN 832 mitwirkenden Normen geschaffen. In DIN V 4108-6 Anhang D wurden die Randbedingungen festgelegt, die bei einer Berechnung des Jahres-Primärenergiebedarfs Q_P und des Jahres-Heizwärmebedarfs anzusetzen sind.

Zur Bestimmung des Jahres-Heizwärmebedarfs Q_h stehen prinzipiell zwei Verfahren zur Verfügung:

- das Monatsbilanzverfahren (MB) und

- das Heizperiodenbilanzverfahren (HP).

Die Ermittlung der Anlagenaufwandszahl e_P kann wie folgt durchgeführt werden:

- Diagrammverfahren

- Tabellenverfahren

- Genaues Verfahren

Die beiden Berechnungsverfahren zum baulichen Wärmeschutz unterscheiden sich im Wesentlichen hinsichtlich der Komplexität und Detailgenauigkeit. Während mit dem Monatsbilanzverfahren versucht wird, eine möglichst allumfassende Beschreibung des Gebäudes und seiner Randbedingungen vorzunehmen, beschränkt sich das Heizperiodenbilanzverfahren vornehmlich darauf, über pauschalisierte Parameter zu einem Ergebnis zu kommen.

Beim MB-Verfahren wird beispielsweise die Bilanz aus Wärmeverlusten und Wärmegewinnen eines Gebäudes für jeden einzelnen Monat der Heizzeit berechnet. Dabei ist die Heizzeit die Phase, in der einem Gebäude über das Heizsystem Wärme zugeführt werden muss, um die gewünschte Innenraumtemperatur aufrechtzuerhalten. Hieraus folgt, dass beim Monatsbilanzverfahren die Heizzeit eines Gebäudes auch von dessen Dämmstandard bestimmt wird. Beim Monatsbilanzverfahren lassen sich außerdem gebäudespezifische Gegebenheiten wie unbeheizte Glasvorbauten, transparente Wärmedämmung oder eine detaillierte Berechnung der Wärmeübertragung über das Erdreich und anlagenspezifische Einrichtungen wie Zu- und Abluftanlagen mit und ohne Wärmerückgewinnung in der Wärmebilanz eines Gebäudes berücksichtigen, so dass das tatsächliche Verhalten des Gebäudes recht genau abgebildet werden kann. Beim HP-Verfahren wurde demgegenüber, unabhängig vom baulichen Wärmeschutz, die Heizzeit pauschal auf 185 Tage festgesetzt. Außerdem dürfen beim Nachweis der Anforderungen nach EnEV beim HP-Verfahren sowohl die oben genannten baulichen als auch die anlagentechnischen Besonderheiten nicht berücksichtigt werden. Die Resultate für Q_h nach dem Monatsbilanzverfahren spiegeln dementsprechend, abgesehen von den Auswirkungen des Standardklimas und den fixierten Angaben zum Nutzerverhalten, das tatsächliche Verhalten eines Gebäudes wesentlich genauer wider, als dies nach dem Heizperiodenbilanzverfahren möglich ist. Hinsichtlich der Methodik ähnelt der Rechengang des HP-Verfahrens sehr stark dem der WSchV 95.

Die Verfahren zur Bestimmung der Anlagenaufwandszahl e_P nach DIN V 4701-10 [3] weisen im Gegensatz zu den Verfahren des baulichen Wärmeschutzes keine unterschiedlichen Rechenalgorithmen auf. Die Unterschiede liegen hier in der Vereinfachung der Ergebnisermittlung und der Standardisierung der verwendeten Anlagenkonfigurationen. Allen drei Varianten nach DIN V 4701-10 liegt der gleiche Berechnungsmodus zugrunde. Jedoch wurden beim Diagrammverfahren einzelne Typen von Heizungsanlagen mit entsprechenden Randbedingungen ausgewählt und für diese „Musterfälle" wurde die Anlagenaufwandszahl e_P in Abhängigkeit des Jahres-Heizwärmebedarfs Q_h und der Nutzfläche A_N ermittelt. Beim Tabellenverfahren können sowohl die Heizungssysteme als auch die Randbedingungen frei definiert werden. Dieser Berechnung liegen jedoch im Rahmen der Verallgemeinerung Mittelwerte der Gerätekenngrößen zugrunde. Beim genauen Verfahren wiederum können Heizungssysteme und Randbedingungen wie nach dem Tabellenverfahren frei bestimmt werden, zur weiteren Präzisierung der Anlagenaufwandszahl werden jedoch Anlagenkenngrößen nach Angaben der Gerätehersteller verwendet.

Nach dem Wunsch des Gesetzgebers soll im Rahmen der EnEV für die Berechnung des Jahres-Heizwärmebedarfs Q_h nach Möglichkeit das Monatsbilanzverfahren angewendet werden.

Achtung: **Die Randbedingungen nach DIN V 4108-6 Anhang D [1] sind verbindliche Festlegungen zur Berechnung des Jahres-Primärenergiebedarfs Q_P bzw. des Jahres-Heizwärmebedarfs Q_h. Mit diesen Angaben soll ermöglicht werden, Gebäude gleicher Art und Nutzung unabhängig vom Aufstellungsort miteinander zu vergleichen. Wie bereits ausgeführt, lassen sich aus diesem rechnerischen „Bedarf" in kWh/(m²a) bzw. kWh/(m³a) der Energie keine Angaben über den tatsächlichen Energie-„Verbrauch" eines Gebäudes in Liter Öl oder m³ Gas ableiten.**

Für die rechnerische Ermittlung der einzelnen Komponenten des Jahres-Heizwärmebedarfs Q_h bzw. des Jahres-Primärenergiebedarfs Q_P nach dem Monatsbilanzverfahren können alle in DIN V 4108-6 und DIN V 4701-10 aufgeführten Varianten verwendet werden. D. h. beim baulichen Wärmeschutz können neben vereinfachenden Methoden wie z. B. der Verwendung von Reduktionsfaktoren $F_{x,i}$ auch genauere Berechnungen angewandt werden. Bei der Ermittlung der Anlagenaufwandszahl stehen alle drei Berechnungsverfahren nach DIN V 4701-10 zur Verfügung. Es ist somit möglich, für das gleiche Gebäude und unter Verwendung der standardisierten Randbedingungen nach DIN V 4108-6 Anhang D durch unterschiedliche Rechengänge unterschiedliche Ergebnisse zu erzielen (siehe auch Kapitel 4).

Erläuterungen: Die methodische Berücksichtigung der verminderten Lüftungswärmeverluste beim Einsatz mechanischer Be- und Entlüftungsanlagen mit und ohne Wärmerückgewinnung kann aufgrund historischer Gegebenheiten sowohl in DIN V 4108-6 als auch in DIN V 4701-10 erfolgen. Aus diesem Grund sind in beiden Normen entsprechende Algorithmen enthalten. Da die Lüftungswärmeverluste einerseits Bestandteil des Jahres-Heizwärmebedarfs Q_h nach DIN V 4108-6 sind, andererseits aber auch die Anlagenaufwandszahl nach DIN V 4701-10 beeinflussen, musste die Möglichkeit geschaffen werden, mit den Lüftungswärmeverlusten nach DIN V 4108-6 in die Berechnung der anlagentechnischen Kennwerte einzusteigen oder die nach DIN V 4701-10 bestimmten Lüftungswärmeverluste in die Berechnung des Jahres-Heizwärmebedarfs zu übernehmen. Da beide Berechnungen des gleichen Sachverhaltes aber nicht kongruent sind, müssen, je nachdem nach welcher Norm gerechnet wurde, unterschiedliche Korrekturfaktoren in Ansatz gebracht werden. Die methodische Vorgehensweise zur Berücksichtigung der verminderten Lüftungswärmeverluste aus Zu- und Abluftanlagen sind in DIN V 4701-10 dargestellt und müssen beachtet werden.

2.1.2 Bei Gebäuden, die zu 80 vom Hundert oder mehr durch elektrische Speicherheizsysteme beheizt werden, darf der Primärenergiefaktor bei den Nachweisen nach § 3 Abs. 2 für den für Heizung und Lüftung bezogenen Strom für die Dauer von acht Jahren ab dem Inkrafttreten dieser Verordnung abweichend von der DIN V 4701-10 : 2001-02 mit 2,0 angesetzt werden. Soweit bei diesen Gebäuden eine dezentrale elektrische Warmwasserbereitung vorgesehen wird, darf die Regelung nach Satz 1 auch auf den von diesem System bezogenen Strom angewandt werden. Die Regelungen nach Satz 1 und 2 erstrecken sich nicht auf die Angaben nach § 13 Abs. 1. Elektrische Speicherheizsysteme im Sinne des Satzes 1 sind Heizsysteme mit unterbrechbarem Strombezug in Verbindung einer lufttechnischen Anlage mit einer Wärmerückgewinnung, die nur in den Zeiten außerhalb des unterbrochenen Betriebes durch eine Widerstandsheizung Wärme in einem geeigneten Speichermedium speichern.

Erläuterungen: In die Berechnung des Jahres-Primärenergiebedarfs Q_P gehen neben dem Jahres-Heizwärmebedarf Q_h und der Anlagenaufwandszahl e_P auch die primärenergetische Gewichtung des verwendeten Energieträgers, Öl, Gas, Strom, Nah- oder Fernwärme, ein. Damit wird bei den verschiedenen Energien berücksichtigt, mit welchem Faktor die im Gebäude verbrauchte Endenergie (Summe aus Heizwärmebedarf, Trinkwasser-Wärmebedarf und Hilfsenergien) multipliziert werden muss, um eine Aussage über die benötigte Menge an Primärenergie machen zu können.

Durch die hohen Verluste bei der Herstellung und Verteilung von Strom (1kWh Strom benötigt 3 kWh zur Herstellung) wird Strom nach DIN V 4701-10 Anhang C.4 Tabelle C.4-1 [3] mit einem Gewichtungsfaktor 3,0 beaufschlagt. Damit wären die Anforderungen gemäß EnEV beim Einsatz elektrischer Speicherheizsysteme entweder nicht oder nur mit einem Aufwand an baulichem Wärmeschutz zu erfüllen, der dem Wirtschaftlichkeitsgebot nach § 5 des Energieeinsparungsgesetzes [4] nicht entspräche. Um innovativen Technologien der Gebäudebeheizung mit Strom eine Entwicklungsmöglichkeit einzuräumen, wurde für elektrische Speicherheizsysteme mit unterbrechbarem Strombezug, die nur in den Zeiten außerhalb des unterbrochenen Betriebs durch eine Widerstandsheizung Wärme in einem geeigneten Speichermedium speichern **und die darüber hinaus in Verbindung mit einer raumlufttechnischen Anlage mit Wärmerückgewinnung stehen,** eine Ausnahmegenehmigung erteilt. Diese bezieht sich bei den vorab genannten Heizsystemen auch auf eine damit in Zusammenhang stehende dezentrale elektrische Warmwasserbereitung und definiert einen Primärenergiefaktor von 2,0 für eine Übergangsfrist von acht Jahren ab dem Inkrafttreten der Verordnung.

2.1.3 Werden Ein- und Zweifamilienhäuser mit Niedertemperaturkesseln ausgestattet, deren Systemtemperatur 55/45°C überschreitet, erhöht sich bei monolithischer Außenwandkonstruktion der Höchstwert des zulässigen Jahres-Primärenergiebedarfs Q_P'' in Tabelle 1 jeweils um drei vom Hundert. Diese Regelung gilt für die Dauer von fünf Jahren ab dem ersten Tag des dritten auf die Verordnung folgenden Monats.

Erläuterungen: Bei monolithischen Außenwandkonstruktionen ist eine Verbesserung der wärmetechnischen Qualität nur bei der Wahl eines Steines anderer Wärmeleitfähigkeit und damit in der Regel eines anderen Lochbildes möglich. Im Gegensatz zu anderen Wandkonstruktionen wie z. B. der einschaligen Außenwand mit Wärmedämmverbundsystem, bei der die verschiedenen Bauteilschichten unterschiedliche Funktionen übernehmen, konzentrieren sich bei einer monolithischen Außenwand alle Aufgaben ausschließlich auf die Mauerschale. Die muss neben statischen Belangen auch die Bereiche Wärme-, Feuchte-, Schall- und Brandschutz abdecken. Um im Ein- und Zweifamilienwohnungsbau kostengünstige Kombinationen aus monolithischem Mauerwerk mit Heizungsanlagen geringer Effizienz, die zwar nach EnEV zulässig sind, die Anforderungen aber ohne Zusatzmaßnahmen nicht erfüllen können, trotzdem möglich zu machen, dürfen während einer Übergangsphase von fünf Jahren monolithischen Außenwandkonstruktionen in Kombination mit Niedertemperaturanlagen einer Systemtemperatur über 55/45°C den Höchstwert des flächenbezogenen Jahres-Primärenergiebedarfs Q''_P um 3 % überschreiten.

Achtung: Die zulässige Überschreitung der Anforderungen bezieht sich nur auf den Grenzwert des Jahres-Primärenergiebedarfs als Kombination aus baulichem und anlagentechnischem Wärmeschutz. Der zulässige spezifische, auf die wärmeübertragende Umfassungsfläche bezogene Transmissionswärmeverlust H'_T ist von dieser Regelung ausgenommen. Dies umso mehr, als sich die Begrenzung von H'_T auf das Niveau der Wärmschutzverordnung 1995 bezieht und an wärmeübertragende Bauteile somit keine schärferen Anforderungen gestellt werden als in der Vergangenheit.

2.2 Berücksichtigung der Warmwasserbereitung bei Wohngebäuden

Bei Wohngebäuden ist der Energiebedarf für Warmwasser in der Berechnung des Jahres-Primärenergiebedarfs zu berücksichtigen. Als Nutz-Wärmebedarf für die Warmwasserbereitung Q_w im Sinne von DIN V 4701-10 : 2001-02 sind 12,5 kWh/(m^{2}a) anzusetzen.

Erläuterungen: Da die EnEV den Energieverbrauch von Gebäuden begrenzt und zur Aufbereitung und Bereitstellung von warmem Brauchwasser Energie benötigt wird, muss dieser Anteil ebenfalls in die Bilanzierung von Q_P eingehen. Ein abgesicherter Standardwert für den Verbrauch an Trinkwasser ist jedoch nur im Wohnungsbau vorhanden. Bei allen anderen Nutzungsarten ist die Schwankungsbreite so groß, dass keine Festlegungen getroffen werden konnten. Unter diesem Aspekt wurde die Berücksichtigung von warmem Brauchwasser vom Gesetzgeber auf Wohnnutzungen beschränkt und hierfür ein flächenbezogener Grenzwert des Trinkwasser-Wärmebedarfs von Q_w = 12,5 kWh/m^{2}a festgeschrieben.

Der oben genannte Wert von Q_w basiert auf der Annahme eines täglichen Pro-Kopf-Verbrauchs von 23 Liter warmen Wassers bei einer Wassertemperatur von 50 °C und einem Betrachtungszeitraum von 350 Tagen. Als Bezugsgröße gilt die Nutzfläche A_N.

2.3   Berechnung des spezifischen Transmissionswärmeverlusts

Der spezifische Transmissionswärmeverlust H'_{T} ist nach DIN EN 832 : 1998-12 mit den in DIN V 4108-6 : 2000-11 Anhang D genannten Randbedingungen zu ermitteln. In DIN V 4108-6 : 2000-11 angegebene Vereinfachungen für den Berechnungsgang nach DIN EN 832 : 1998-12 dürfen angewandt werden.

Erläuterungen: Um den Gesamtenergiebedarf eines Gebäudes bestimmen zu können, ist eine Bilanzierung der Einzelkomponenten, bestehend aus dem Jahres-Heizwärmebedarf Q_{h}, Trinkwasser-Wärmebedarf Q_{w} und Anlagenaufwandszahl e_{P}, nach folgender Gleichung vorzunehmen:

$$Q_{\mathrm{P}} = (Q_{\mathrm{h}} + Q_{\mathrm{w}}) \cdot e_{\mathrm{P}}$$

Wie in Nr. 2.2 dargelegt wurde, ist der Trinkwasser-Wärmebedarf Q_{w} eine Einzahlangabe, so dass der Jahres-Primärenergiebedarf Q_{P} im Wesentlichen vom Jahres-Heizwärmebedarf Q_{h} und der Anlagenaufwandszahl e_{P} abhängt. Je nach Wahl von Q_{h} und e_{P} können die Anforderungen nach EnEV auch dann erfüllt werden, wenn eine energetisch hocheffiziente Heizungsanlage, d. h. mit einer niedrigen Anlagenaufwandszahl, und ein schlechter baulicher Wärmeschutz miteinander gekoppelt werden. Um jedoch zu vermeiden, dass das Niveau des baulichen Wärmeschutzes unter eine tolerierbare Grenze absinkt, wurde von Seiten des Gesetzgebers neben dem Jahres-Primärenergiebedarf Q_{P} ein weiterer Grenzwert, der spezifische, auf die wärmeübertragende Umfassungsfläche bezogene Transmissionswärmeverlust H'_{T} eingeführt.

Achtung: Der Nachweis von H'_{T} ist sowohl beim Monatsbilanzverfahren als auch beim Heizperiodenbilanzverfahren zu führen. Die Berechnungsgänge sind jedoch nicht identisch (siehe die folgenden Ausführungen).

Achtung: Es liegt sowohl in der Nomenklatur der DIN V 4108-6 als auch in der der EnEV eine falsche Bezeichnung vor. Nach DIN EN 832 und DIN EN ISO 13789 wird die gesuchte Größe als spezifischer Transmissionswärmeverlustkoeffizient H_{T} bezeichnet. Dieser Begriff wird in den weiteren Ausführungen verwendet.

Erläuterungen: Zur Berechnung von H_{T} verweist die EnEV beim Monatsbilanzverfahren auf DIN EN 832, während beim Heizperiodenbilanzverfahren auf die Gleichung in Anhang 1 Nr. 3 Tabelle 2 Zeile 2 abgehoben wird. Damit ist die Vorgehensweise beim HP-Verfahren eindeutig bestimmt, wohingegen nach EnEV beim MB-Verfahren zunächst auf DIN EN 832 verwiesen wird, die wiederum zur spezielleren Norm DIN EN ISO 13789 weiterleitet. Gleichzeitig ist zu berücksichtigen, dass gemäß EnEV auch die Vereinfachungen nach DIN V 4108-6 zulässig sind. Somit ist beim Monatsbilanzverfahren kein eindeutiger Rechengang zur Ermittlung von H_{T} vorgegeben. Die wesentlichen Unterschiede bei der Berechnung von H_{T} nach DIN V 4108-6 und DIN EN ISO 13789 sehen wie folgt aus:

- Gemäß DIN V 4108-6 sind die verminderten Wärmeverluste aus der beheizten Kernzone in Bereiche mit niedrigen Innentemperaturen, in Bereiche mit wesentlich niedrigeren Innentemperaturen oder über das Erdreich an die Außenluft durch die Reduktionsfaktoren $F_{\mathrm{x,i}}$ nach DIN V 4108-6 Tabelle 3 zu berücksichtigen. Bei diesen Reduktionsfaktoren handelt es sich um Ergebnisse exemplarischer Vergleichsrechnungen, die im Vergleich mit genaueren Untersuchungen zu günstigeren oder ungünstigeren Resultaten von H_{T} führen können. Als kritisch ist in diesem Zusammenhang insbesondere die Betrachtung der Wärmeverluste über das Erdreich und über eingeschnittene unbeheizte Glasvorbauten einzustufen.

- Nach DIN EN ISO 13789:1999-10 [9] werden die Wärmeverluste an die Außenluft über Bereiche mit niedrigeren Innentemperaturen als die der beheizten Kernzone durch einen Reduktionsfaktor b erfasst. Diesen Reduktionsfaktor bestimmt man aus dem Verhältnis der spezifischen Transmissionswärmeverlustkoeffizienten H_{iu} aus der beheizten Zone in den unbeheizten bzw. niedrig beheizten Bereich und den spezifischen Transmissionswärmeverlustkoeffizienten aus diesem Bereich an die Außenluft H_{ue}. Weist ein Pufferraum, der zwischen der beheizten Zone und der Außenluft liegt, große, schlecht gedämmte wärmeübertragende Außenbauteile auf, wird der Wärmestrom bei Verwendung der pauschalen Reduktionsfaktoren nach DIN 4108-6 Tabelle 3 unterschätzt. Weist der niedriger beheizte Bereich kleine wärmeübertragende Außenflächen oder große gut gedämmte Außenflächen auf, werden die Wärmeströme über diesen Bereich deutlich überschätzt. Dieser Effekt wird noch gesteigert, wenn die Bauteilflächen zwischen beheizter Zone und niedrig oder unbeheiztem Bereich wesentlich größer sind als die wärmeübertragenden Außenflächen der Pufferzone.

- Bei der Festlegung des Reduktionsfaktors von Bauteilen, die an das Erdreich grenzen, lag der WSchV 95 die Überlegung zugrunde, dass die Wärme aus der beheizten Zone in das angrenzende Erdreich fließt. Mit dem Bezug auf die europäisch harmonisierten Normen änderte sich diese Sichtweise. Man geht nunmehr davon aus, dass die Wärme aus dem beheizten Bereich über die abgrenzenden Bauteile und das Erdreich an die Außenluft abfließt. Dementsprechend ist der Betrag des Wärmestroms über erdberührte Bauteile und damit implizit auch deren U-Wert vom Dämmstandard, der Größe der Flächen, die an das Erdreich grenzen, und gegebenenfalls von der Einbautiefe abhängig. Die Berechnung des U-Wertes und des Wärmestroms gemäß dieser Betrachtungsweise erfolgt nach DIN EN ISO 13370. Analog den Ausführungen zum b-Faktor zeigt sich auch beim Vergleich der Reduktionsfaktoren nach DIN V 4108-6 Tabelle 3 mit den genauen Ergebnissen nach der dafür zuständigen Norm DIN EN ISO 13370, dass deutliche Abweichungen zu verzeichnen sind.
Obwohl alle sonstigen Berechnungen nach DIN V 4108-6 auf der Basis stationärer Temperaturrandbedingungen erfolgen, legt Anhang E dieser Norm fest, dass die Wärmeübertragung über das Erdreich unter der Annahme instationärer Außentemperaturen zu erfolgen hat. Dies bedeutet aber auch, dass für jeden Monat des Berechnungszeitraums ein anderer Wert des spezifischen Transmissionswärmeverlustkoeffizienten H_T berechnet wird.

Achtung: **Erfolgt bei der Ermittlung des spezifischen Transmissionswärmeverlustkoeffizienten H_T die Berechnung der Wärmeverluste über das Erdreich nach DIN EN ISO 13370, erhält man für jeden Monat der Heizzeit einen gesonderten Wert für H_T. Da das Anforderungsniveau an den flächenbezogenen spezifischen Transmissionswärmeverlustkoeffizienten H'_T aber nur vom Verhältnis A/V_e abhängt, kann kein eindeutiger Vergleich zwischen dem Ist- und dem Sollwert gezogen werden. Um dennoch einen Abgleich der Anforderung mit dem vorhandenen Wert vornehmen zu können, ist zunächst der Mittelwert des spezifischen Transmissionswärmeverlustkoeffizienten aus allen zur Heizzeit zählenden Monaten zu bilden und mit dem Grenzwert nach EnEV zu vergleichen.**

2.4   Beheiztes Luftvolumen

Bei den Berechnungen gemäß Nr. 2.1 ist das beheizte Luftvolumen V nach DIN EN 832 : 1998-12 zu ermitteln. Vereinfacht darf es wie folgt berechnet werden:

$$V = 0{,}76 \, V_e \qquad \text{bei Gebäuden bis zu drei Vollgeschossen}$$
$$V = 0{,}80 \, V_e \qquad \text{in den übrigen Fällen}$$

Erläuterungen: Gemäß DIN EN 832 Ziffer 4.4.2 ist V das „innere Volumen des beheizten Raumes" und nach Ziffer 5.2.1 „auf der Basis der inneren Abmessungen" zu berechnen. Obwohl physikalisch korrekt, wäre die Berechnung des Luftvolumens eines Gebäudes über Innenmaße mit einem großen zeitlichen Aufwand und daraus folgend mit einer erheblichen Kostenbelastung verbunden. Zur Vereinfachung wurde über Vergleichsrechnungen ein Faktor entwickelt, der es ermöglicht, aus dem Volumen, ermittelt über Außenmaße V_e, den Anteil des eingeschlossenen Volumens von Wand- und Deckenbauteilen auszugrenzen, um so das Innenluftvolumen V zu erhalten.

Eine Unterscheidung bei der Berechnung des Luftvolumens ist nur beim Monatsbilanzverfahren nach Nr. 2.1 zulässig. Beim Heizperiodenbilanzverfahren ist der Faktor 0,8 zur Umrechnung des Volumens über Außenmaße ins Innenluftvolumen vom Gesetzgeber fest vorgegeben.

Achtung: Bei der Definition kleiner Gebäude liegt ein Widerspruch zum Text nach DIN V 4108-6 vor. Dort heißt es in dem für die Randbedingungen des Nachweises der EnEV maßgeblichen Anhang D: „$V = 0,76\ V_e$ bei Gebäuden bis drei Vollgeschosse mit nicht mehr als zwei Wohnungen, Ein- und Zweifamilienhäusern bis 2 Vollgeschosse und nicht mehr als 3 Wohneinheiten."

Gemäß der Definition aus Anhang D zu DIN V 4108-6 ist der Faktor 0,76 auf Wohngebäude beschränkt. Da der Gesetzgeber in der EnEV jedoch eine allgemeingültigere Formulierung wählte, kann die Berechnung des Innenluftvolumens mit dem Faktor 0,76 auf alle Nutzungstypen von Gebäuden - unabhängig von ihrer flächenmäßigen Ausdehnung - übertragen werden, sofern sie nicht mehr als drei Vollgeschosse aufweisen. Mit dieser Pauschalisierung ist nach EnEV dementsprechend auch eine Verminderung der Lüftungswärmeverluste bei allen Nichtwohngebäuden mit geringer Geschosszahl verbunden.

Erläuterungen: Bei Gebäuden mit mehr als drei Vollgeschossen, die eher im Nichtwohnungsbau angesiedelt sind, muss man davon ausgehen, dass die Geschosshöhe einen Wert von 2,6 m übersteigt. Dementsprechend wurde ein Umrechnungsfaktor vom außenmaßbezogenen Volumen V_e zum Innenluftvolumen V von 0,80 festgelegt.

2.5 Wärmebrücken

Wärmebrücken sind bei der Ermittlung des Jahres-Heizwärmebedarfs auf eine der folgenden Arten zu berücksichtigen:

Erläuterungen: Die Berücksichtigung von Wärmebrücken erfolgt im Rahmen der EnEV auf zwei Arten:

- Ermittlung der wärmeübertragenden Umfassungsflächen über Außenmaße

- Berücksichtigung eines Wärmebrückenzuschlags

Der physikalisch richtige Ansatz bei der Bestimmung der wärmeübertragenden Bauteilflächen liegt im Bezug auf Innenmaße. Nur die Flächen, die mit der Innenluft in Kontakt stehen, können Wärme übertragen. Da diese Vorgehensweise, ähnlich wie bei der Berechnung des Luftvolumens, mit einem erheblichen Zeit- und Kostenaufwand verbunden wäre und außerdem alle in einem Gebäude anfallenden Wärmebrücken explizit ermittelt werden müssten, wurde die Wirkung konstruktiver und geometrischer Wärmebrücken üblicher Prägung bereits in der WSchV 95 dadurch erfasst, dass die Flächen wärmeübertragender Bauteile über Außenmaße berechnet wurden. Nach Nr. 1.3.1 gilt diese Vorgehensweise auch für die EnEV.

Da mit der Einführung der EnEV gegenüber der WSchV 95 eine Verschärfung der Anforderungen an die Energieeinsparung im Gebäudebereich und damit ein höherer Wärmeschutz verbunden ist, vermindern sich auch die Wärmeverluste über Außenbauteile. Im Gegensatz zum flächigen, ungestörten Bereich eines Bauteils nehmen dabei jedoch die Wärmeströme im Bereich von Wärmebrücken nicht in gleichem Maße ab. Wie Vergleichsrechnungen zeigten, war es im Rahmen der EnEV daher erforderlich, diesen Verlustanteil stärker als bisher zu berücksichtigen. Dies kann entweder durch den pauschalen Wärmebrückenzuschlag ΔU_{WB} oder durch die Berechnung der längenbezogenen Wärmebrückenverlustkoeffizienten Ψ nach DIN EN ISO 10211 erfolgen. Eine Mischung beider Varianten ist weder möglich noch zulässig.

Achtung: Im Zusammenhang mit Wärmebrücken nach § 6 Abs. 2 und dem Mindestwärmeschutz nach § 6 Abs. 1 muss auf die Festlegungen zur „Vermeidung erhöhter Transmissionswärmeverluste" nach DIN 4108-2 Abschnitt 6.3.3 hingewiesen werden. Dort wird ausgeführt: „Ohne zusätzliche Wärmedämm-Maßnahmen sind auskragende Balkonplatten, Attiken, freistehende Stützen und Wände mit $\lambda > 0{,}5$ W/(mK), die in den ungedämmten Dachbereich oder ins Freie ragen, unzulässig."

a)   Berücksichtigung durch Erhöhung der Wärmedurchgangskoeffizienten um $\Delta U_{WB} = 0{,}10$ W/(m²K) für die gesamte wärmeübertragende Umfassungsfläche,

Erläuterungen: Werden bei Bauteilanschlüssen und Übergängen keine wärmebrückenreduzierten Konstruktionen nach den anerkannten Regeln der Technik, in diesem Fall nach Beiblatt 2 zu DIN 4108:1998-08 [19], berücksichtigt, ist mit vermehrten Wärmeverlusten in diesen Bereichen zu rechnen und ein pauschaler Wärmebrückenzuschlag von ΔU_{WB} in Ansatz zu bringen. Da geometrische und konstruktive Wärmebrücken praktisch in allen Bereichen des Bauwerks auftreten, wird der Wärmebrückenzuschlag dadurch auf die Gesamtheit aller wärmeübertragenden Bauteile bezogen, dass ΔU_{WB} mit der Fläche aller wärmeübertragenden Bauteile A nach Nr. 1.3.1 multipliziert wird. Faktisch heißt dies, dass durch den Wärmebrückenzuschlag ΔU_{WB} die U-Werte aller an einem Gebäude vorhandenen Bauteile um $\Delta U_{WB} = 0{,}10$ W/(m²K) erhöht werden.

b)   bei Anwendung von Planungsbeispielen nach DIN 4108 Bbl 2 : 1998-08 Berücksichtigung durch Erhöhung der Wärmedurchgangskoeffizienten um $\Delta U_{WB} = 0{,}05$ W/(m²K) für die gesamte wärmeübertragende Umfassungsfläche,

Erläuterungen: Werden bei Bauteilanschlüssen und Übergängen die wärmebrückenreduzierten Konstruktionen nach Beiblatt 2 zu DIN 4108 :1998-08 berücksichtigt, kann man von verminderten Wärmeströmen im Bereich der Wärmebrücken ausgehen. Es genügt daher ein im Vergleich zum Buchstaben a) kleinerer pauschaler Wärmebrückenzuschlag von $\Delta U_{WB} = 0{,}05$ W/(m²K). Auch dieser Zuschlag wird dadurch auf die Gesamtheit aller wärmeübertragenden Bauteile bezogen, dass die Fläche aller wärmeübertragenden Bauteile A nach Nr. 1.3.1 mit dem Wärmebrückenzuschlag multipliziert wird. Die U-Werte aller an einem Gebäude vorhandenen Bauteile werden damit um $\Delta U_{WB} = 0{,}05$ W/(m²K) erhöht.

Um auch bei wärmebrückenreduzierten Konstruktionen, die nicht in Bbl. 2 zu DIN 4108 dargestellt wurden, die Möglichkeit einzuräumen, den verminderten Wärmebrückenzuschlag zu verwenden, enthält DIN V 4108-6 unter Ziffer 5.5.2.2 Buchstabe b) folgende Festlegung: „Werden wärmetechnisch vergleichbare Konstruktionen nach DIN 4108 Bbl. 2 ausgeführt, kann der pauschale spezifische Wärmebrückenzuschlag (ΔU_{WB} = 0,10 W/(m²K) - Anmerkung des Autors) halbiert werden." Zur Vergleichbarkeit von Konstruktionen legt Beiblatt 2 zu DIN 4108 unter Ziffer 3.4 Folgendes fest: „Bei Einhaltung des dargestellten Konstruktionsprinzips und der Wärmedurchgangskoeffizienten der Außenbauteile gelten andere Ausführungen als gleichwertig."

Für Konstruktionen, die von den Darstellungen im Beiblatt 2 zu DIN 4108 abweichen, ist somit entweder der pauschale spezifische Wärmebrückenzuschlag ΔU_{WB} = 0,10 W/(m²K) zu verwenden, oder der Ψ-Wert der vorhandenen Konstruktion ist mit dem einer Beiblattlösung zu vergleichen. Da Beiblatt 2 zu DIN 4108 aber keine zahlenmäßigen Angaben über den längenbezogenen Wärmebrückenverlustkoeffizienten Ψ macht, ist ein direkter Vergleich nur bedingt möglich. Dies umso mehr, als zur Vergleichbarkeit auch jeweils identische Randbedingungen anzusetzen sind.

Achtung: **Aus Gründen der Rechtssicherheit wird empfohlen, generell den pauschalen spezifischen Wärmebrückenzuschlag ΔU_{WB} = 0,10 W/(m²K) zu verwenden.**

c)   durch genauen Nachweis der Wärmebrücken nach DIN V 4108-6 : 2000-11 in Verbindung mit weiteren anerkannten Regeln der Technik

Erläuterungen: Neben der Erfassung von Wärmeverlusten im Bereich von Wärmebrücken mittels eines pauschalen spezifischen Wärmebrückenzuschlags ΔU_{WB} besteht auch die Möglichkeit, den längenbezogenen Wärmebrückenverlustkoeffizienten Ψ des jeweiligen Bauteilübergangs oder Anschlussdetails zu berechnen. Die Methode zur Bestimmung des Ψ-Wertes ist in DIN EN ISO 10211-1 [20] bzw. DIN EN ISO 10211-2 [21] enthalten. Da die EnEV in Nr. 1.3.1 festlegt, dass die Berechnung der wärmeübertragenden Bauteilflächen über Außenmaße zu erfolgen hat, ist auch bei der Ermittlung des Ψ-Wertes der Außenmaßbezug zu wählen.

Soweit der Wärmebrückeneinfluss bei Außenbauteilen bereits bei der Bestimmung des Wärmedurchlasskoeffizienten U berücksichtigt worden ist, darf die wärmeübertragende Umfassungsfläche A bei der Berücksichtigung des Wärmebrückeneinflusses nach Buchstabe a), b) oder c) um die entsprechende Bauteilfläche vermindert werden.

Erläuterungen: Bei Vorhangfassaden als Pfosten-Riegel-Konstruktionen wird die Wirkung von Wärmebrücken in der Konstruktion bereits bei der Ermittlung des U-Wert nach E DIN EN ISO 13947 berücksichtigt und ist damit in den Herstellerangaben des jeweiligen Produktes enthalten. Für die Berechnung der Wärmeverluste eines Gebäudes mit einem solchen Fassadensystem bedeutet dies, dass die zugehörigen Flächen A_{cw} (cw = curtain walling) bzw. die Bauteile bei der Betrachtung von Wärmebrücken nicht zu berücksichtigen sind.

Bei einer Erfassung der Wärmebrücken nach Buchstabe a) und b) sind die zugehörigen Fassadenflächen aus der Berechnung der spezifischen Transmissionswärmeverluste aufgrund von Wärmebrücken wie folgt herauszunehmen: $H_{WB} = \Delta U_{WB} (A - A_{cw})$.

Bei einer Berechnung der längenbezogenen Wärmebrückenverlustkoeffizienten können alle Bauteile, die in direktem Zusammenhang mit dem Bauteil Vorhangfassade stehen, ausgenommen werden.

2.6. Ermittlung der solaren Wärmegewinne bei Fertighäusern und vergleichbaren Gebäuden

Werden Gebäude nach Plänen errichtet, die für mehrere Gebäude an verschiedenen Standorten erstellt worden sind, dürfen bei der Berechnung die solaren Gewinne so ermittelt werden, als wären alle Fenster nach Osten oder Westen orientiert.

Erläuterungen: Da beim Nachweis der Anforderungen nach Energieeinsparverordnung von Fertighäusern noch nicht abzusehen ist, wie die spätere Ausrichtung des Gebäudes und damit die der Fenster erfolgen wird, wurde ein mittlerer Wert bzw. eine durchschnittliche Richtungsbestimmung vorgenommen. Als solche wurde festgelegt, dass alle Fenster-, Wand- und Dachflächen wie west- bzw. ostorientiert anzusehen sind.

Bei der Berechnung des Jahres-Heizwärmebedarfs Q_h nach dem Monatsbilanzverfahren können gemäß DIN V 4108-6 neben solaren Wärmegewinnen über transparente Bauteile wie Fenster, Fenstertüren und Türen auch solare Wärmegewinne über opake Bauteile, z. B. Außenwände und Dächer, eingehen (DIN V 4108-6 Anhang D Tabelle D.3 Zeile 17). Beim Heizperiodenbilanzverfahren ist die Berücksichtigung solarer Wärmegewinne über opake Bauteile nicht erlaubt.

Achtung: Die Regelung der Fenster-, Wand- und Dachorientierung West/Ost bei Fertighäusern gilt nicht, wenn aufgrund der Konstruktion eindeutig feststeht, dass Fenster oder Fenstertüren überwiegend verschattet sind. In diesem Fall ist bei einer Berechnung nach dem Heizperiodenbilanzverfahren für die jeweiligen Flächen nach DIN V 4108-6 Anhang D Tabelle D.3 Zeile 10 ein entsprechender Verschattungsfaktor zu ermitteln. **Da beim Heizperiodenbilanzverfahren hinsichtlich der Strahlungsintensität bei überwiegender Verschattung in der EnEV und in DIN V 4108-6 keine Ausführungen enthalten sind, sollte analog zur WSchV 95 mit einer Nordorientierung gerechnet werden.** D. h., bei Rücksprüngen der Fassade oder bei auskragenden Decken oder Balkonen ist zunächst zu untersuchen, ob eine überwiegende Verschattung der Fenster vorliegt.

Achtung: Die obige Textformulierung ist unvollständig. Die Festlegung, dass bei „Gebäuden, die nach Plänen errichtet werden, die für mehrere Gebäude an verschiedenen Standorten erstellt worden sind" transparente Bauteile generell als west- bzw. ostorientiert einzustufen sind, ist in gleicher Weise auch auf opake Bauteile zu übertragen.

2.7 Aneinander gereihte Bebauung

Erläuterungen: Die folgenden Ausführungen beziehen sich vornehmlich auf aneinander gereihte Gebäude. Festlegungen zu Trennbauteilen zwischen Bereichen unterschiedlicher Innentemperaturen bzw. Nutzungen sind beim Monatsbilanzverfahren DIN V 4108-6 Tabelle 3 und beim Heizperiodenbilanzverfahren der EnEV Anhang 1 Nr. 3 Tabelle 3 zu entnehmen.

Ergänzend ist aber auch zu berücksichtigen, dass die Festlegungen neben den Trennbauteilen zwischen ganzen Gebäuden auch für Trennbauteile zwischen unterschiedlich beheizten Räumen und Bereichen innerhalb und zwischen Gebäuden gilt.

Bei der Berechnung von aneinander gereihten Gebäuden werden Gebäudetrennwände

a)   zwischen Gebäuden mit normalen Innentemperaturen als nicht wärme-
      durchlässig angenommen und bei der Ermittlung der Werte A und A/V_e
      nicht berücksichtigt,

Erläuterungen: Herrscht auf beiden Seiten eines Trennbauteils die gleiche Temperatur vor,
dann gibt es zwischen den beiden Bereichen kein Temperaturgefälle und dementsprechend
keinen Wärmestrom. Es liegt ein adiabatisches Bauteil vor, d. h., es geht keine Wärme hindurch. Man kann diesen Sachverhalt auch so umschreiben, als wenn das Bauteil wärmeundurchlässig wäre. Da es sich damit nicht um ein Bauteil der wärmeübertragenden Hülle handelt, darf es auch nicht bei der Summe dieser Flächen berücksichtigt werden.

b)   zwischen Gebäuden mit normalen Innentemperaturen und Gebäuden mit
      niedrigen Innentemperaturen bei der Berechnung des Wärmedurchgangs-
      koeffizienten mit einem Temperatur-Korrekturfaktor F_u nach DIN V
      4108-6 : 2000-11 gewichtet und

Erläuterungen: Durch Bauteile, die Gebäude mit normalen Innentemperaturen nach § 2 Ziffer 1
($\theta_i \geq 19$ °C) von Gebäuden mit niedrigen Innentemperaturen nach § 2 Ziffer 3 (12 °C $\leq \theta_i <$
19 °C) abgrenzen, fließt aufgrund der Temperaturdifferenz auch ein Wärmestrom. Da die
Transmissionswärmeverluste H_T unter der Annahme eines Wärmestroms aus der beheizten
Kernzone an die Außenluft berechnet werden, würde dies bei Bauteilen, die die Kernzone von
Bereichen mit einer höheren als der Außenlufttemperatur abgrenzen, zu überhöhten Verlusten
führen. Um die verminderte Wärmeabgabe aus diesen Bereichen zu berücksichtigen, sind Reduktionsfaktoren anzusetzen, die das Verhältnis des Wärmestroms in den niedrig beheizten
Bereich im Vergleich zum Wärmestrom an die Außenluft wiedergeben. Der zugehörige Faktor
wird wie folgt berechnet:

$$F_{nb} = \frac{\theta_i - \theta_{nb}}{\theta_i - \theta_e}$$

Dabei bedeutet:

θ_i = Innenlufttemperatur normal beheizt $\Rightarrow \theta_i$ =   19 °C

θ_{nb} = Innenlufttemperatur niedrig beheizt $\Rightarrow \theta_{nb}$ =   12 °C

θ_e = Außenlufttemperatur $\Rightarrow \theta_e$ =   0 °C

Die Berechnung ergibt den in DIN V 4108-6 Tabelle 3 aufgelisteten Reduktionsfaktor F_{nb} =
0,35.

c)   zwischen Gebäuden mit normalen Innentemperaturen und Gebäuden mit
      wesentlich niedrigeren Innentemperaturen im Sinne von DIN 4108-2 :
      2001-03 bei der Berechnung des Wärmedurchgangskoeffizienten mit ei-
      nem Temperatur-Korrekturfaktor $F_u = 0,5$ gewichtet.

Erläuterungen: Als Gebäude mit wesentlich niedrigeren Innentemperaturen werden Zonen eingestuft, die auf eine Innentemperatur $\theta_i \leq 10$ °C, mindestens aber frostfrei (+ 5 °C nach DIN
4701-2 Tabelle 2) gehalten werden. Dies gilt nach DIN 4701-2 Tabelle 2 und Tabelle 6 für
Treppenräume von Wohngebäuden und Nebentreppenräume von Verwaltungsgebäuden, Ge-

schäftshäusern, Hotels, Gaststätten und Kirchen sowie für Lagerräume, die nicht unmittelbar an das beheizte Volumen grenzen (für die Einstufung von Haupttreppenräumen in Verwaltungsgebäuden und für Lagerräume, die unmittelbar an das beheizte Volumen grenzen, siehe Erläuterungen zu § 2 Absatz 1).

Da die Bauteile, die das beheizte Volumen gegen Zonen mit wesentlich niedrigeren Raumtemperaturen abgrenzen, nicht mit der Außenluft bzw. der Außenlufttemperatur in Verbindung stehen, ist mit einem verminderten Wärmestrom und damit mit verminderten Transmissionswärmeverlusten zu rechnen, die einen Reduktionsfaktor von F_u = 0,5 rechtfertigen.

Achtung: Nicht aufgeführt, aber weiterhin gültig ist die Formulierung aus der WSchV 95, in deren Ziffer 1.5.2.3 aufgeführt war, welche Flächen bei niedrig beheizten Bereichen in die Summe der wärmeübertragenden Bauteile eingehen. Dort hieß es: „Hierbei werden für die Ermittlung der wärmeübertragenden Umfassungsflächen A und des beheizten Volumens V (nach DIN V 4108-6 nun V_e - Anmerkung des Autors) die abgrenzenden Bauteilflächen A_{AB} berücksichtigt. Die angrenzenden Gebäudeteile bleiben für die Ermittlung der Verhältnisse A/V unberücksichtigt."

Werden beheizte Teile eines Gebäudes getrennt berechnet, gilt Satz 1 Buchstabe a) sinngemäß für die Trennflächen zwischen den Gebäudeteilen. Werden aneinander gereihte Gebäude gleichzeitig erstellt, dürfen sie hinsichtlich der Anforderungen des § 3 wie ein Gebäude behandelt werden. § 13 bleibt unberührt.

Erläuterungen: Da es sich in diesem Fall um Trennflächen handelt, die auf beiden Seiten die gleiche Temperatur aufweisen, gibt es keinen Wärmestrom. Sie sind daher auch nicht bei der Summe der wärmeübertragenden Bauteile zu berücksichtigen.

Falls mehrere Einheiten eines Gebäudes gleichzeitig erstellt werden, dürfen sie nach Aussage des Gesetzgebers als eine Einheit eingestuft werden. Die Anforderungen an den baulichen Wärmeschutz nach EnEV sind auf die Summe aller wärmeübertragenden Bauteile dieses Gebäudes und das darin eingeschlossene Volumen zu beziehen.

Achtung: Die Einschätzung, dass nach EnEV Reihenhäuser oder andere Gebäude, die gleichzeitig erstellt werden, wie **ein** Gebäude einzustufen sind, kann nur für solche Gebäudekomplexe gelten, die hinsichtlich der logischen Verknüpfung, insbesondere aber der energetischen Versorgung, autark sind. Diese Unterteilung ist nicht nur in Hinblick darauf wichtig, für welche Gebäude oder Teile eines Gebäudes ein Wärmebedarfsausweis zu erstellen ist, sondern auch bei der Einschätzung, ob es sich hinsichtlich der Anforderungen an den Schallschutz von Bauteilen um eine Wohnungstrennwand oder eine Haustrennwand handelt. Wird eine Reihenbebauung nur durch einen Strang Ver- und Entsorgungsleitungen erschlossen, dann liegt ein einziger Baukörper vor. Für den Nachweis nach EnEV bedeutet dies, dass es sich um ein einziges Gebäude handelt und sich der Wärmebedarfsausweis auf den Gesamtkomplex bezieht. Hinsichtlich des Schallschutzes sind die Trennbauteile zwischen den einzelnen Gebäudeteilen als Wohnungstrennwände einzustufen. Wird bei einer Reihenbebauung aber jeder Teil durch eine eigene Ver- und Entsorgungsleitung erschlossen, handelt es sich um eigenständige Gebäude, die hinsichtlich der wärmeübertragenden Bauteilflächen, des beheizten Volumens V_e und des Wärmebedarfsausweises auch als eigenständig zu betrachten sind. Bezüglich des Schallschutzes gelten für die Trennbauteile die Anforderungen an Haustrennwände.

Ist die Nachbarbebauung bei aneinander gereihter Bebauung nicht gesichert, müssen die Trennwände mindestens den Mindestwärmeschutz nach § 6 Abs. 1 aufweisen.

Erläuterungen: Ist bei aneinander gereihten Gebäuden die Nachbarbebauung noch nicht gesichert, ist zum Schutz der Bewohner oder Nutzer der zu untersuchenden Bebauung für die Trennbauteile der Mindestwärmeschutz nach § 6 Abs. 1 einzuhalten. Damit soll der hygienische Wärmeschutz gewährleistet und die Bildung von Schimmelpilzen vermieden werden.

2.8 Fensterflächenanteil (zu § 3 Abs. 2 und 4 und zu Anhang 1 Nr. 1)

Der Fensterflächenanteil des gesamten Gebäudes f nach § 3 Abs. 2 und 4 ist wie folgt zu ermitteln:

mit
$$f = \frac{A_W}{A_W + A_{AW}}$$

A_W Fläche der Fenster
A_{AW} Fläche der Außenwände

Erläuterungen: Der Fensterflächenanteil f bezieht sich auf das Verhältnis der Fensterflächen zu den Flächen der opaken Bauteile des gesamten Gebäudes. Mit dem Bezug auf die Fensterfläche $f \leq 30\ \%$ nach § 3 Abs. 2 soll nur eine Festlegung für kleine Wohngebäude getroffen werde. § 3 Abs. 4 definiert dagegen den Fensterflächenanteil f eines Gebäudes, ab dem der Nachweis des sommerlichen Wärmeschutzes zu führen ist.

Achtung: Die Festlegungen nach Nr. 2.8 beziehen sich nur auf die Frage, ab welchem Fensterflächenanteil eines Gebäudes ein Nachweis des sommerlichen Wärmeschutzes im Rahmen der EnEV zu führen ist. Die dem Nachweis zugrunde liegende Norm, DIN 4108-2, weist demgegenüber ganz andere Grenzwerte auf. In DIN 4108-2 ist der Nachweis des sommerlichen Wärmeschutzes nicht für ein Gebäude, sondern für den ungünstigsten Raum zu führen. Nur unter diesem Aspekt ist beispielsweise ein getrennter Nachweis nach § 14 möglich. Außerdem muss nach dieser anerkannten Regel der Technik der Nachweis des sommerlichen Wärmeschutzes teilweise bereits bei einem Fensterflächenanteil f des ungünstigsten Raumes von 15 % geführt werden. **Es ist daher sehr wohl möglich, dass nach DIN 4108-2 für den ungünstigsten Raum eines Gebäudes der Nachweis des sommerlichen Wärmeschutzes geführt werden muss, obwohl der Fensterflächenanteil des Gesamtgebäudes kleiner als 30 % ist und damit nach EnEV der sommerliche Wärmeschutz nicht nachgewiesen werden müsste. Auch in diesem Fall gilt § 6 Abs. 1, wonach die Mindestanforderungen nach den anerkannten Regeln der Technik einzuhalten sind, auch wenn nach EnEV geringere Anforderungen zulässig wären.**

Wird ein Dachgeschoss beheizt, so sind bei der Ermittlung des Fensterflächenanteils die Fläche aller Fenster des beheizten Dachgeschosses in die Fläche A_W und die Fläche der zur wärmeübertragenden Umfassungsfläche gehörenden Dachschrägen in die Fläche A_{AW} einzubeziehen.

Erläuterungen: Um dem fälschlichen Eindruck zu begegnen, der sich aus der Gleichung zur Bestimmung des Fensterflächenanteils f ergeben könnte, dass nämlich nur Außenwände und Fassadenfenster in die Berechnung eingehen, wurde ergänzend ausgeführt, dass auch die wärmeübertragenden nichttransparenten Dachflächen und die darin enthaltenen Fenster in die Ermittlung von f eingehen.

Mit dieser Regelung kann nach EnEV häufig auf den Nachweis des sommerlichen Wärmeschutzes verzichtet werden, nicht jedoch, wenn die Anforderungen nach DIN 4108-2 berührt werden.

2.9 Sommerlicher Wärmeschutz (zu § 3 Abs. 4)

Erläuterungen: Mit den Anforderungen an den sommerlichen Wärmeschutz soll verhindert werden, dass es in Gebäuden oder Räumen zu einer Überhitzung kommt, die den Einbau und Betrieb einer raumlufttechnischen Anlage zur Kühlung, einer Klimaanlage, nach sich zieht. Da mit den Festlegungen der EnEV Energieverbräuche möglichst reduziert werden sollen, wird auch eine Reglementierung hinsichtlich zu hoher solarer Wärmegewinne vorgenommen.

2.9.1 Als höchstzulässige Sonneneintragskennwerte nach § 3 Abs. 4 sind die in DIN 4108-2 : 2001-03 Abschnitt 8 festgelegten Werte einzuhalten. Der Sonneneintragskennwert des zu errichtenden Gebäudes ist nach dem dort genannten Verfahren zu bestimmen.

Erläuterungen: Wie bereits bei den Erläuterungen zu § 3 Abs. 4 dargelegt, weist das Verfahren zum sommerlichen Wärmeschutz nach DIN 4108-2 : 2001-03 Abschnitt 8 einige wesentliche Unzulänglichkeiten auf. Dementsprechend erfolgt eine Überarbeitung von DIN 4108-2 Abschnitt 8. Solange keine Präzisierung erfolgt, sind die Nachweise des sommerlichen Wärmeschutzes nach den Regeln zu führen, die dem Stand der Technik entsprechen. Wird DIN 4108-2 Abschnitt 8 in überarbeiteter Fassung als Weißdruck veröffentlicht, sind die Nachweise nach den darin enthaltenen Modalitäten zu führen.

2.9.2 Werden Gebäude mit Ausnahme von Wohngebäuden nutzungsbedingt mit Anlagen ausgestattet, die Raumluft unter Einsatz von Energie kühlen, so dürfen diese Gebäude abweichend von Nr. 2.9.1 auch so ausgeführt werden, dass die Kühlleistung bezogen auf das gekühlte Gebäudevolumen nach dem Stand der Technik und den im Einzelfall wirtschaftlich vertretbaren Maßnahmen so gering wie möglich gehalten wird. Dabei sind insbesondere Maßnahmen zu berücksichtigen, die das unter Nr. 2.9.1 angegebene Berechnungsverfahren zur Verminderung des Sonneneintragskennwertes vorsieht.

Erläuterungen: Wohngebäude werden in die oben genannte Ausnahmeregelung nicht einbezogen, da man davon ausgehen kann, dass eine Überhitzung im Inneren auch ohne raumlufttechnische Anlagen zur Kühlung erreicht werden kann. Für alle anderen Gebäude kann von den Anforderungen an den sommerlichen Wärmeschutz nach DIN 4108-2 Abschnitt 8 abgewichen werden, wenn Klimaanlagen eingebaut werden. Es ist jedoch dafür Sorge zu tragen, dass die Kühlleistung nach dem Stand der Technik und den im Einzelfall wirtschaftlich vertretbaren

Maßnahmen so gering wie möglich gehalten wird. Dazu sind Maßnahmen des baulichen Sonnenschutzes, wie in DIN 4108-2 Abschnitt 8 dargelegt, zu verwenden.

2.10 Voraussetzungen für die Anrechnung mechanisch betriebener Lüftungsanlagen (zu § 3 Abs. 2)

Im Rahmen der Berechnung nach Nr. 2 ist bei mechanischen Lüftungsanlagen die Anrechnung der Wärmerückgewinnung oder einer reglungstechnisch verminderten Luftwechselrate nur zulässig, wenn

Erläuterungen: Mit der Einschränkung der einsetzbaren Systeme soll erreicht werden, dass dem Grundgedanken der EnEV, der Energieeinsparung, durch die Verwendung entsprechend effektiver Systeme auch Folge geleistet wird.

a)   die Dichtheit des Gebäudes nach Anhang 4 Nr. 2 nachgewiesen wird,

Erläuterungen: Ein sinnvoller Nutzungsgrad von Lüftungsanlagen ist unter anderem daran gebunden, dass die Gebäudehülle eine ausreichende Luftdichtheit aufweist. Bei stark undichten Außenbauteilen sind die Luftvolumenströme, die, hervorgerufen durch den Unter- bzw. Überdruck des Lüftungsgerätes, unkontrolliert in das Gebäude einströmen, beträchtlich. Der Zustrom kalter Außenluft führt zu einem zusätzlichen Energieaufkommen und entspricht damit nicht der Absicht der EnEV.

b)   in der Lüftungsanlage die Zuluft nicht unter Einsatz elektrischer oder aus fossilen Brennstoffen gewonnener Energie gekühlt wird und

Erläuterungen: Zu den energiesparenden Maßnahmen zählt der Einsatz von Geräten, die insbesondere während der Heizzeit zu einer Verminderung der Lüftungswärmeverluste beitragen. Raumlufttechnische Anlagen zur Kühlung sind energieverbrauchssteigernde Komponenten und können daher in diesem Zusammenhang nicht in Ansatz gebracht werden.

Achtung: Klimaanlagen, bei denen die Zuluft unter Verwendung von elektrischer oder aus fossilen Brennstoffen gewonnener Energie gekühlt wird, dürfen bei der Berechnung der Lüftungswärmeverluste nicht berücksichtigt werden.

c)   der mit Hilfe der Anlage erreichte Luftwechsel § 5 Abs. 2 genügt.

Erläuterungen: Auch bei raumlufttechnischen Anlagen ist dafür Sorge zu tragen, dass nach § 2 Abs. 2 der „zum Zweck der Gesundheit und Beheizung erforderliche Mindestluftwechsel sichergestellt wird". Da es sich hierbei um eine Belüftung handelt, deren Luftwechselrate n im Gegensatz zur Fensterlüftung nicht durch thermischen Auftrieb bzw. Druckdifferenzen zwischen Luv und Lee zustande kommt, sondern mechanisch hergestellt wird, kann ein geringerer Wert für n als Mindestmaß angesetzt werden. Während bei Fensterlüftung eine Luftwechselrate von $n = 0,5$ h^{-1} als hygienisches Mindestmaß erforderlich ist, kann nach den Maßgaben der WSchV 95 bei anlagengesteuerter Lüftung eine Luftwechselrate $n = 0,3$ h^{-1} als ausreichend eingestuft werden.

Die bei der Anrechnung der Wärmerückgewinnung anzusetzenden Kennwerte der Lüftungsanlagen sind nach anerkannten Regeln der Technik zu bestimmen oder den allgemeinen bauaufsichtlichen Zulassungen der verwendeten Produkte zu entnehmen. Lüftungsanlagen müssen mit Einrichtungen ausgestattet sein, die eine Beeinflussung der Luftvolumenströme jeder Nutzeinheit durch den Nutzer erlauben. Es muss sichergestellt sein, dass die aus der Abluft gewonnene Wärme vorrangig vor der vom Heizsystem bereitgestellten Wärme genutzt wird.

Erläuterungen: Da für Lüftungsgeräte mit Wärmerückgewinnung sowie für selbsttätige Einzellüfter und Systeme aus selbsttätig regelnden Einzellüftern bislang noch keine allumfassenden Regeln der Technik vorliegen, müssen die zu verwendenden Kennwerte den allgemeinen bauaufsichtlichen Zulassungen nach dem Bauproduktengesetz entnommen werden. Wie bereits im Rahmen der WSchV 95 werden diese Kennwerte in Veröffentlichungen des Deutschen Instituts für Bautechnik bzw. im Bundesanzeiger publiziert.

Jeder Nutzer muss in der Lage sein, die Luftvolumenströme, d. h. die Luftwechselzahl, in seiner Einheit entsprechend seinen persönlichen Bedürfnissen zu regeln. Ist dies nicht der Fall, muss bei zu geringer Dimensionierung der Luftwechselrate damit gerechnet werden, dass neben der mechanisch betriebenen Lüftungsanlage auch freie Lüftung über Fenster eingesetzt und damit der Lüftungswärmeverlust vergrößert wird. Überdimensionierte Luftwechselraten führen zu Zugerscheinungen in den Räumen und zu einem unbehaglichen Raumklima. Mit o. g. Maßnahme soll erreicht werden, dass der Einsatz mechanisch betriebener Lüftungsanlagen mit Wärmerückgewinnung auch tatsächlich zu einer Verringerung des Heizwärmeverbrauchs führt.

Damit die aus der Fortluft rückgewonnene Wärme im Verhältnis zu der von der Heizungsanlage bereitgestellten Wärme vorrangig genutzt wird, muss die Heizungsanlage bzw. müssen die einzelnen Heizkörper mit Fühlern und Reglern ausgestattet sein, die bei einer gewünschten Raumlufttemperatur die Wärmezufuhr durch die Heizungsanlage drosseln oder unterbrechen.

3.　Vereinfachtes Verfahren für Wohngebäude (zu § 3 Abs. 2 Nr. 1)

Erläuterungen: Um den zeitlichen und finanziellen Aufwand zum Nachweis der Anforderungen nach EnEV bei kleinen Wohngebäuden zu vermindern, wurde analog der Vorgehensweise der WSchV 95 auch in der EnEV ein vereinfachtes Verfahren aufgenommen.

Der Jahres-Primärenergiebedarf ist vereinfacht wie folgt zu ermitteln:

$$Q_P = (Q_h + Q_w) \cdot e_P$$

Dabei bedeuten

Q_h　der Jahres-Heizwärmebedarf

Q_w　der Zuschlag für Warmwasser nach Nr. 2.2

e_P　die Anlagenaufwandszahl nach DIN V 4701-10 : 2001-02 Nr. 4.2.6 in Verbindung mit Anhang C.5 (grafisches Verfahren); auch die ausführlicheren Rechengänge nach DIN V 4701-10 : 2001-02 dürfen zur Ermittlung von e_P angewandt werden.

Erläuterungen: Der Jahres-Heizwärmebedarf Q_h beim vereinfachten Verfahren wird nach dem Heizperiodenbilanzverfahren der DIN V 4108-6 ermittelt.

Der Einfluss der Wärmebrücken ist durch Anwendung der Planungsbeispiele nach DIN 4108 Bbl 2 : 1998-08 zu begrenzen.

Erläuterungen: Im Gegensatz zum Monatsbilanzverfahren dürfen beim Heizperiodenbilanzverfahren nach EnEV nur Konstruktionen und Anschlussdetails verwendet werden, die den Darstellungen aus Beiblatt 2 zu DIN 4108:1998-08 entsprechen. Es ist daher prinzipiell ein pauschaler spezifischer Wärmebrückenzuschlag von $\Delta U_{WB} = 0{,}05$ W/(m²K) anzusetzen.

Um auch bei wärmebrückenreduzierten Konstruktionen, die nicht im Bbl. 2 zu DIN 4108 dargestellt sind, den verminderten Wärmebrückenzuschlag zu verwenden, enthält DIN V 4108-6 unter Ziffer 5.5.2.2 Buchstabe b) folgende Festlegung: „Werden wärmetechnisch vergleichbare Konstruktionen nach DIN 4108 Bbl 2 ausgeführt, kann der pauschale spezifische Wärmebrückenzuschlag ($\Delta U_{WB} = 0{,}10$ W/(m²K) - Anmerkung des Autors) halbiert werden." Zur Vergleichbarkeit von Konstruktionen legt Beiblatt 2 zu DIN 4108 unter Ziffer 3.4 Folgendes fest: „Bei Einhaltung des dargestellten Konstruktionsprinzips und der Wärmedurchgangskoeffizienten der Außenbauteile gelten andere Ausführungen als gleichwertig."

Für Konstruktionen, die von den Darstellungen in Beiblatt 2 zu DIN 4108 abweichen, ist beim HP-Verfahren somit der Ψ-Wert der vorhandenen Konstruktion mit dem einer Beiblattlösung zu vergleichen. Da Beiblatt 2 zu DIN 4108 aber keine zahlenmäßigen Angaben über den längenbezogenen Wärmebrückenverlustkoeffizienten Ψ macht, ist ein direkter Vergleich äußerst schwierig. Dies umso mehr, als zur Vergleichbarkeit auch jeweils identische Randbedingungen anzusetzen sind.

Die Nr. 2.1.2, 2.6 und 2.7 gelten entsprechend.

Erläuterungen: Auch bei der Berechnung des Jahres-Primärenergiebedarfs Q_P für kleine Wohngebäude unter Verwendung des Heizperiodenbilanzverfahrens gilt, dass bei elektrischen Speicherheizsystemen nach Nr. 2.1.2 der Primärenergiefaktor für eine Dauer von acht Jahren mit 2,0 angesetzt werden darf. Auch die Festlegungen zur Ermittlung der solaren Wärmegewinne bei Fertighäusern und vergleichbaren Gebäuden nach Nr. 2.6 und die zu aneinander gereihten Gebäuden nach Nr. 2.7 gelten in diesem Rahmen.

Achtung: **Ausführliche Erläuterungen der Randbedingungen und Reduktionsfaktoren zur Berechnung des Jahres-Primärenergiebedarfs Q_P unter Verwendung des Monatsbilanzverfahrens nach DIN V 4108-6 Anhang D Tabelle D.3 sowie der Randbedingungen und Reduktionsfaktoren zur Berechnung des Jahres-Primärenergiebedarfs Q_P unter Verwendung des Heizperiodenbilanzverfahrens nach Tabelle 2 bzw. DIN V 4108-6 Anhang D Tabelle D.2 erfolgen im Kapitel 4 dieses Kommentars.**

Der Jahres-Heizwärmebedarf ist nach Tabelle 2 und 3 zu ermitteln:

Tabelle 2

Vereinfachtes Verfahren zur Ermittlung des Jahres-Heizwärmebedarfs

Zeile	Zu ermittelnde Größe	Gleichung	Zu verwendende Randbedingung
	1	2	3
1	Jahres-Heizwärmebedarf Q_h	$Q_h = 66 \cdot (H_T + H_V) - 0{,}95 \cdot (Q_S + Q_i)$	
2	Spezifischer Transmissionswärmeverlust H_T	$H_T = \sum (F_{x,i} \cdot U_i \cdot A_i) + 0{,}05 \cdot A$ [1]	Tabellen-Korrekturfaktoren $F_{x,i}$ nach Tabelle 3
	Bezogen auf die wärmeübertragende Umfassungsfläche	$H'_T = \dfrac{H_T}{A}$	
3	Spezifischer Lüftungswärmeverlust H_V	$H_V = 0{,}19 \cdot V_e$ $H_V = 0{,}163 \cdot V_e$	ohne Dichtheitsprüfung nach Anhang 4 Nr 2 mit Dichtheitsprüfung nach Anhang 4 Nr. 2
4	Solare Gewinne Q_S	$Q_S = \sum (I_S)_{j,HP} \cdot \sum 0{,}567 \cdot g_i \cdot A_i$ [2]	Solare Einstrahlung: Orientierung — $\Sigma (I_S)_{j,HP}$ Südost bis Südwest — 270 kWh/(m²a) Nordwest bis Nordost — 100 kWh/(m²a) Übrige Richtungen — 155 kWh/(m²a) Dachflächenfenster mit Neigung < 30° [3] — 255 kWh/(m²a) Die Flächen der Fenster A_i mit der Orientierung j (Süd, West, Ost, Nord und horizontal) ist nach den lichten Fassadenöffnungsmaßen zu ermitteln.
5	Interne Gewinne Q_i	$Q_i = 22 \cdot A_N$	A_N: Gebäudenutzfläche nach Nr. 1.3.4

[1]   Die Wärmedurchgangskoeffizienten der Bauteile U_i sind nach DIN EN ISO 6946 : 1996-11 und nach DIN EN ISO 10077-1 : 2000-11 zu ermitteln oder sind technischen Produkt-Spezifikationen (z. B. für Dachflächenfenster) zu entnehmen. Bei an das Erdreich grenzenden Bauteilen ist der äußere Wärmeübergangswiderstand gleich null zu setzen.

[2]   Der Gesamtenergiedurchlassgrad g_i (für senkrechte Einstrahlung) ist technischen Produkt-Spezifikationen zu entnehmen oder nach DIN EN 410 : 1998-12 zu ermitteln. Besondere energiegewinnende Systeme, wie z. B. Wintergärten oder transparente Wärmedämmung, können im vereinfachten Verfahren keine Berücksichtigung finden.

[3]   Dachflächenfenster mit Neigungen ≥ 30° sind hinsichtlich der Orientierung wie senkrechte Fenster zu behandeln.

Tabelle 3:   Temperatur-Korrekturfaktoren $F_{x,i}$

Wärmestrom nach außen über Bauteil i	Temperatur-Korrekturfaktor $F_{x,i}$
Außenwand, Fenster	1
Dach (als Systemgrenze)	1
Oberste Geschossdecke (Dachraum nicht ausgebaut)	0,8
Abseitenwand (Drempelwand)	0,8
Wände und Decken zu unbeheizten Räumen	0,5
Unterer Gebäudeabschluss: - Kellerdecke/-wände zu unbeheiztem Keller - Fußboden auf Erdreich - Flächen des beheizten Kellers gegen Erdreich	0,6

Anhang 2

Anforderungen an zu errichtende Gebäude mit niedrigen Innentemperaturen (zu § 4)

1.   Höchstwerte des spezifischen, auf die wärmeübertragende Umfassungsfläche bezogenen Transmissionswärmeverlusts

Erläuterungen: Da bei Gebäuden mit niedrigen Innentemperaturen keine eindeutige Aussage über Lüftungswärmeverluste und interne Wärmegewinne gemacht werden kann, wurden von gesetzgeberischer Seite als Anforderungsgrenze die spezifischen, auf die wärmeübertragende Umfassungsfläche bezogenen Transmissionswärmeverluste H'_T festgelegt. Damit wurde der Grenzwert im Gegensatz zur Methode der WSchV 95 wieder auf einen mittleren U-Wert zurückgeführt, allerdings ergänzt um das zusätzliche Berechnungsglied des pauschalen spezifischen Wärmebrückenzuschlags ΔU_{WB} bzw. der längenbezogenen Wärmebrückenverlustkoeffizienten Ψ.

Tabelle 1:

Höchstwerte in Abhängigkeit vom Verhältnis A/V_e

A/V_e [1] in m⁻¹	Höchstwerte H'_T in W/(m²K) [2]
$\leq 0{,}20$	1,03
0,30	0,86
0,40	0,78
0,50	0,73
0,60	0,70
0,70	0,67
0,80	0,66
0,90	0,64
$\geq 1{,}00$	0,63

[1] Die A/V_e-Werte sind nach Anhang 1 Nr. 1.3 zu ermitteln

[2] Zwischenwerte sind nach folgender Gleichung zu ermitteln:

$$H'_T = 0{,}53 + 0{,}1\, V_e/A \qquad \text{in W/(m²K)}$$

2. Berechnung des spezifischen, auf die wärmeübertragende Umfassungsfläche bezogenen Transmissionswärmeverlusts H'_T

Der spezifische, auf die wärmeübertragende Umfassungsfläche bezogene Transmissionswärmeverlust H'_T ist aus dem spezifischen Transmissionswärmeverlust H_T zu bestimmen, der nach DIN EN 832 : 1998-12 in Verbindung mit DIN V 4108-6 : 2000-11 zu berechnen ist. Bei der Berechnung von H_T dürfen die Temperatur-Reduktionsfaktoren nach DIN V 4108-6 : 2000-11 verwendet werden. Bei aneinander gereihten Gebäuden dürfen die Gebäudetrennwände als wärmeundurchlässig angenommen werden.

Erläuterungen: Da in DIN EN 832 nur die ausführlichen Rechenverfahren zur Bestimmung der spezifischen Transmissionswärmeverluste H_T enthalten sind, folgt aus der obigen Formulierung, dass auch beim Nachweis der spezifischen, auf die wärmeübertragende Umfassungsfläche bezogenen Transmissionswärmeverluste zum Nachweis der Anforderungen an Gebäude mit niedrigen Innentemperaturen die gesamte Bandbreite der Berechnungsmöglichkeiten zur Verfügung steht. Die Vorgehensweise entspricht damit der bei der Ermittlung der spezifischen Transmissionswärmeverluste im Rahmen des Monatsbilanzverfahrens. Neben den Reduktionsfaktoren nach DIN V 4108-6 Tabelle 3 besteht bei der Berechnung von Wärmeströmen über unbeheizte Bereiche an die Außenluft auch die Möglichkeit, b-Faktoren nach DIN EN ISO 13789 zu bestimmen und bei Wärmeströmen über das Erdreich an die Außenluft das genaue Berechnungsverfahren nach DIN EN ISO 13370 anzuwenden. Eine genaue Beschreibung der sich ergebenden Probleme ist den Kommentaren zu Anhang 1 Nr. 2.3 zu entnehmen. Die Vielfalt der Möglichkeiten bezieht sich bei niedrig beheizten Gebäuden aber nicht nur auf die Berechnung der Wärmeströme durch flächige ungestörte Bauteile, sondern auch auf die Verfahren zur Berücksichtigung der Verluste über Wärmebrücken. Auch in diesem Fall können alle Verfahren des Monatsbilanzverfahrens in Ansatz gebracht werden. Es steht dem Nachweisführenden damit frei, den pauschalen spezifischen Wärmebrückenzuschlag $\Delta U_{WB} = 0,10$ W/(m²K) zu verwenden, wenn wärmebrückenreduzierte Konstruktionen unberücksichtigt bleiben, oder den Wert $\Delta U_{WB} = 0,05$ W/(m²K) anzusetzen, wenn Anschlüsse und Übergänge analog Beiblatt 2 zu DIN 4108 zum Einsatz kommen, oder die längenbezogenen Wärmebrückenverlustkoeffizienten Ψ aller Wärmebrücken zu ermitteln und bei der Berechnung der spezifischen Transmissionswärmeverluste H_T zu verwenden.

Achtung: **Bei Trennwänden die Bereiche mit unterschiedlichen Innentemperaturen gegeneinander abgrenzen, sind die Reduktionsfaktoren nach EnEV Anhang 1 Ziffer 2.7 zu beachten.** Erläuterungen hierzu siehe S. 79 dieses Kommentars

Anhang 3

Anforderungen bei Änderung von Außenbauteilen bestehender Gebäude (zu § 8 Abs. 1) und
bei Errichtung von Gebäuden mit geringem Volumen (§ 7)

Achtung: Die Begrenzung des Wärmedurchgangs bei erstmaligem Einbau, Ersatz oder Erneuerung von Bauteilen gilt nicht, wenn nach § 8 Absatz 1 von den Ersatz- oder Erneuerungsmaßnahmen bei Außenwänden, außen liegenden Fenstern, Fenstertüren und Dachflächenfenstern weniger als 20 % der Bauteilfläche gleicher Orientierung im Sinne von Anhang 1 Tabelle 2 Zeile 4 Spalte 3 betroffen sind oder wenn nach § 8 Absatz 2 die Anforderungen für zu errichtende Gebäude erfüllt werden.

Mit dieser Regelung soll verhindert werden, dass kleinere Reparaturarbeiten sich auf das gesamte Bauteil erstrecken müssen und eine Verhältnismäßigkeit nicht mehr gegeben ist. Außerdem lässt diese Regelung beispielsweise die raumseitige Dämmung von Außenwänden zu, ohne dass sich die Sanierung auf die gesamte Fläche erstreckt. So können einzelne Wohnungen mit einer innen liegenden Wärmedämmung versehen werden; es müssen jedoch nicht alle Außenwände wärmetechnisch nachgerüstet werden.

1.   Außenwände

Soweit bei beheizten Räumen Außenwände

a)   ersetzt, erstmalig eingebaut

oder in der Weise erneuert werden, dass

b)   Bekleidungen in Form von Platten oder plattenartigen Bauteilen oder Verschalungen sowie Mauerwerks-Vorsatzschalen angebracht werden,

c)   auf der Innenseite Bekleidungen oder Verschalungen aufgebracht werden,

d)   Dämmschichten eingebaut werden,

e)   bei einer bestehenden Wand mit einem Wärmedurchgangskoeffizienten größer 0,9 W/(m²K) der Außenputz erneuert wird oder

f)   neue Ausfachungen in Fachwerkwände eingesetzt werden,

Erläuterungen: Wenn bei bestehenden Gebäuden bauliche Maßnahmen vorgenommen werden, soll im Rahmen der EnEV auch eine wärmetechnische Verbesserung der Bauteile erfolgen. Dementsprechend sind beim Ersatz oder dem erstmaligen Einbau von Außenwänden die Anforderungen an den U-Wert nach Tabelle 1 Zeile 1 a einzuhalten.

Außerdem gelten die Höchstwerte an den Wärmedurchgangskoeffizienten, wenn an Außenwänden Maßnahmen nach Tabelle 1 Zeile 1 durchgeführt werden. Da bei Sanierungen nach den Buchstaben b) und d) Dämmschichten aufgebracht werden, gilt der verbesserte, d. h. niedrigere U-Wert nach Tabelle 1 Zeile 1 b. Dieser Grenzwert ist auch dann einzuhalten, wenn bei bestehenden Außenwänden mit einem Wert $U > 0{,}90$ W/(m²K) der Außenputz erneuert wird.

Da der Einbau von Dämmschichten auf der Wandinnenseite bauphysikalisch äußerst riskant ist, sollte eine solche Konstruktion nur in Ausnahmefällen realisiert werden. Ein solcher Fall kann beispielsweise bei Fassaden auftreten, die aufgrund der Vorgaben des Denkmalschutzes außenseitig nicht verändert werden dürfen. Der Einbau und Anschluss der raumseitigen Dampfbremsen ist jedoch sorgfältig zu planen und zu überwachen. Für den U-Wert gelten die Werte nach Tabelle 1 Zeile 1 a.

Achtung: Im Gegensatz zur WSchV 95 bestehen mit der Einführung der EnEV auch Anforderungen, wenn bei Außenwänden großflächig der Putz erneuert wird. Wie bereits bei den Erläuterungen zu § 8 Absatz 1 dargelegt, sind von den Sanierungsmaßnahmen Grenzbebauungen ausgeschlossen, da damit das Eigentumsrecht verletzt werden würde.
Als kritisch gelten außerdem die Maßgaben bei der Erneuerung der Ausfachung von Fachwerkwänden. Bei der Sanierung historischer Gebäude liegt sehr häufig eine große Sensibilität bezüglich der vorhandenen Konstruktion vor. Sollte in diesem Fall die Einhaltung der Grenzwerte nach Tabelle 1 Zeile 1 a Probleme bereiten, kann nach § 16 bei der dafür zuständigen Landesbehörde eine Ausnahme von der EnEV beantragt werden.

sind die jeweiligen Höchstwerte der Wärmedurchgangskoeffizienten nach Tabelle 1 Zeile 1 einzuhalten. Bei einer Kerndämmung von mehrschaligem Mauerwerk gemäß Buchstabe d) gilt die Anforderung als erfüllt, wenn der bestehende Hohlraum zwischen den Schalen vollständig mit Dämmstoff ausgefüllt wird.

Achtung: Das Verfüllen des Hinterlüftungsquerschnittes bei zweischaligem Mauerwerk ist eine problematische Technik. Bedingt durch Mauerwerksanker und Mörtelstücke im Bereich zwischen den beiden Mauerwerksschalen kann eine lückenlose Verfüllung kaum garantiert werden. Die Lunker sind eine erhebliche Schwachstelle in der wärmedämmenden Hülle und stellen damit das ganze Verfahren in Frage.

2. Fenster, Fenstertüren und Dachflächenfenster

Soweit bei beheizten Räumen außenliegende Fenster, Fenstertüren oder Dachflächenfenster in der Weise erneuert werden, dass

a)   das gesamte Bauteil ersetzt oder erstmalig eingebaut wird,

b)   zusätzliche Vor- oder Innenfenster eingebaut werden oder

c)   die Verglasung ersetzt wird,

sind die Anforderungen nach Tabelle 1 Zeile 2 einzuhalten. Satz 1 gilt nicht für Schaufenster und Türanlagen aus Glas. Bei Maßnahmen gemäß Buchstabe c) gilt Satz 1 nicht, wenn der vorhandene Rahmen zur Aufnahme der vorgeschriebenen Verglasung ungeeignet ist. Werden Maßnahmen nach Buchstabe c) an Kasten- oder Verbundfenstern durchgeführt, so gelten die Anforderungen als erfüllt, wenn eine Glastafel mit einer infrarot-reflektierenden Beschichtung mit einer Emissivität $e_n \leq 0{,}20$ eingebaut wird. Werden bei Maßnahmen nach Satz 1

1. Schallschutzverglasungen mit einem bewerteten Schalldämmmaß der Verglasung von $R_{w,R} \geq 40$ dB nach DIN EN ISO 717-1 : 1997-01 oder einer vergleichbaren Anforderung oder

2. Isolierglas-Sonderaufbauten zur Durchschusshemmung, Durchbruchhemmung oder Sprengwirkungshemmung nach den Regeln der Technik oder

3. Isolierglas-Sonderaufbauten als Brandschutzglas mit einer Einzelelementdicke von mindestens 18 mm nach DIN 4102-13 : 1990-05 oder mit einer vergleichbaren Anforderung

verwendet, sind abweichend von Satz 1 die Anforderungen nach Tabelle 1 Zeile 3 einzuhalten.

Erläuterungen: Von dieser Regelung sind Schaufenster und Türanlagen, d. h. großflächige Verglasungen, ausgenommen, bei denen aufgrund ihrer Nutzung der Einbau einer Doppelverglasung nicht möglich ist. Der Verzicht lässt sich bei Schaufenstern damit begründen, dass der Einbau von Doppelverglasungen zu Reflextionserscheinungen führen würde, die eine erhebliche Nutzungsbeeinträchtigung - und damit eine Minderung der Funktionalität einer solchen Verglasung - darstellen. In diesem Fall wird die Funktion der Verglasung nicht mehr gewährleistet, so dass die vorliegende Regelung nicht zur Anwendung kommt.

Die Ausnahmeregelung sollte jedoch auf den Sachverhalt eines nutzungsbedingten Erfordernisses beschränkt werden. Es muss daher sichergestellt werden, dass diese Ausnahmeregelung nur im Fall einer Beeinträchtigung der Nutzung, nicht aber im Fall sonstiger Beeinträchtigungen angewendet wird.

Werden im Rahmen von Sanierungsmaßnahmen nur die Verglasungen, nicht aber die ganzen Fenster ausgetauscht, ist eine dem vorhandenen Rahmen entsprechende Verglasung zu wählen. Der Zwang, auch beim Ersatz der Verglasung das gesamte Fenster einschließlich Rahmen auszutauschen, würde eine unbillige Härte darstellen und entspricht damit nicht dem Wirtschaftlichkeitsgebot nach § 5 des Energieeinsparungsgesetzes.

Für Sondergläser aus dem Bereich des Schall-, Personen- oder Objekt- bzw. des Brandschutzes gelten verminderte Anforderungen. Dies resultiert aus dem Umstand, dass bei Gläsern mit mehreren Funktionen die Anforderungen an die Einzelbereiche im Sinne des Gesamtergebnisses vermindert werden müssen.

3. Außentüren

Bei der Erneuerung von Außentüren dürfen nur Außentüren eingebaut werden, deren Türfläche einen Wärmedurchgangskoeffizienten von 2,9 W/m²K nicht überschreitet. Nr. 2 Satz 2 bleibt unberührt.

Achtung: **Im Gegensatz zur WSchV 95 werden bei der Änderung von Außenbauteilen bestehender Gebäude erstmals Anforderungen an Außentüren gestellt.**

Erläuterungen: Die Anforderungen an den Wärmedurchgangskoeffizienten von Türen beziehen sich nur auf das Türblatt. Wärmeverluste über die Zarge und die Anbindung der Zarge an den Baukörper werden nicht berücksichtigt. Für das Bauteil Türblatt folgt aus dem Grenzwert

$U_W \leq 2,9$ W/(m²K) und den Festlegungen der DIN 4108-2, bei der es in Abschnitt 5.3.6 heißt: „Außen liegende Fenster und Türen von beheizten Räumen sind mindestens mit Isolier- oder Doppelverglasung auszuführen" außerdem, dass nach DIN V 4108-4:1998-10 Rahmen der Rahmenmaterialgruppe 2.1 oder besser zu verwenden sind. Mit der Einführung von DIN 4108-4:2002-02 [22] ergibt sich, dass bei einer Verglasung (g = glasing) mit einem U_g-Wert von 3,0 W/(m²K) ein Rahmen (f = frame) mit einem maximalen Bemessungswert $U_{f,BW} = 2,2$ W/(m²K) zum Einsatz kommen darf. Für die Einzelprofile des Rahmens bedeutet dies 2,0 W/(m²K) $\leq U_f < 2,4$ W/(m²K). Zu- oder Abschläge gemäß DIN V 4108-4 Tabelle 8 zur Bestimmung des Bemessungswertes des Wärmedurchgangskoeffizienten U_W sind dabei noch nicht berücksichtigt, müssen aber gegebenenfalls bei der Bestimmung des endgültigen Bemessungswertes noch in die Berechnung einfließen. Für Außentüren bedeutet dies, dass nur Produkte mit einem rechnerischen oder messtechnischen Nachweis des U-Wertes verwendet werden dürfen.

Analog zu großflächigen Verglasungselementen gilt auch bei Türanlagen aus Glas, dass keine Anforderungen an den U-Wert gestellt werden, wenn damit die Funktionalität nicht mehr gegeben ist.

Bezüglich des U-Wertes von Lichtkuppeln wurde in DIN 4108-4 Abschnitt 6 festgelegt: „Für zweischalige und dreischalige Lichtkuppeln mit wärmegedämmten Aufsatzkränzen dürfen, ohne dass ein Nachweis über den Wärmedurchgang geführt werden braucht, die nachstehenden Bemessungswerte der Wärmedurchgangskoeffizienten nach Tabelle 12 angenommen werden."   Es gilt   zweischalige Lichtkuppeln $U = 3,5$ W/(m²K)
                          dreischalige Lichtkuppeln $U = 2,5$ W/(m²K)

4.   Decken, Dächer und Dachschrägen

Achtung: Bei der Aufzählung der Bauteile, die in den Zuständigkeitsbereich von Anhang 3 fallen, wurden Decken, die den beheizten Bereich nach unten gegen die Außenluft abgrenzen, im Gegensatz zur WSchV 95 vergessen. In Analogie zur letzten Wärmeschutzverordnung sollten sie in Nummer 4 aufgenommen werden. Da es bei diesen Konstruktionen in der Regel keine Einschränkungen für eine zusätzliche außen liegende Dämmschicht gibt, können auch die Anforderungen nach Nr. 7 Tabelle 1 herangezogen werden. Diese Eingruppierung folgt dann auch dem Leitmotiv einer ca. 30 %-igen Verschärfung der Anforderungen nach EnEV im Gegensatz zur WSchV 95.

4.1   Steildächer

Soweit bei Steildächern Decken unter nicht ausgebauten Dachräumen sowie Decken und Wände (einschließlich Dachschrägen), die beheizte Räume nach oben gegen die Außenluft abgrenzen,

a)   ersetzt, erstmalig eingebaut

oder in der Weise erneuert werden, dass

b)   die Dachhaut bzw. außenseitige Bekleidungen oder Verschalungen ersetzt

        oder neu aufgebaut werden,

c)   innenseitige Bekleidungen oder Verschalungen aufgebracht oder erneuert werden,

d)   Dämmschichten eingebaut werden,

e)   zusätzliche Bekleidungen oder Dämmschichten an Wänden zum unbeheizten Dachraum eingebaut werden,

sind für die betroffenen Bauteile die Anforderungen nach Tabelle 1 Zeile 4 a) einzuhalten. Wird bei Maßnahmen nach Buchstabe b) oder d) der Wärmeschutz als Zwischensparrendämmung ausgeführt und ist die Dämmschichtdicke wegen einer innenseitigen Bekleidung und der Sparrenhöhe begrenzt, so gilt die Anforderung als erfüllt, wenn die nach den Regeln der Technik höchstmögliche Dämmschichtdicke eingebaut wird.

Achtung: Im ersten Satz fehlt ein Komma. Er müsste korrekt lauten: Soweit bei Steildächern, Decken unter nicht ausgebauten Dachräumen ....

Achtung: Die Berechnung der U-Werte erfolgt nach DIN EN 6946. Luftschichten im Dachaufbau bzw. die Verhältnisse im nicht ausgebauten Dachraum sind entsprechend den dortigen Festlegungen zu erfassen. Zur Übersicht und als Arbeitshilfe siehe Kapitel 7.3 dieses Kommentars.

Erläuterungen: Im Geltungsbereich dieser Nummer werden steil geneigte Dächer, Decken, die das beizte Volumen gegen unbeheizte Dachräume abgrenzen, Abseitenwände, Wände, die den beheizten Bereich gegen unbeheizte Dachräume abgrenzen, sowie Wände und Decken im Bereich von Gauben behandelt.

Werden Bauteile nach Buchstabe a) erstmalig eingebaut oder ersetzt, steht der Umsetzung der geforderten Wärmedurchgangskoeffizienten in der Regel nichts im Wege. Falls aufgrund der vorhanden Situation eine Realisierung der Anforderungen an den U-Wert nicht oder nur mit einem erheblichen Aufwand möglich ist, sind die technisch möglichen Maßnahmen umzusetzen. Ist eine Vollsparrendämmung möglich, gilt die Einschränkung an die U-Werte nach Satz 2 dieser Nummer. Ansonsten kann man hinsichtlich der nach EnEV gestellten Anforderungen eine Ausnahme entsprechend § 16 oder eine Befreiung nach § 17 erwirken.

Der Buchstabe b) setzt wiederum die umfassende Sanierung eines Daches voraus. Dabei wird die Dachhaut oder bei keramischen bzw. mineralischen Deckstoffen die Eindeckung (z. B. Ziegel) oder die Metalleindeckung soweit erneuert, dass eine zusätzliche Dämmschicht eingebaut werden kann. Bei Dächern mit Unterdach bzw. bei Dächern auf Schalung ist es in diesem Zusammenhang erforderlich, dass neben der Dachhaut bzw. der Eindeckung auch die genannten Unterdächer bzw. Verschalungen erneuert werden. Ist dies nicht der Fall, ist die Wirtschaftlichkeit in Frage gestellt.

Bei Buchstabe c) erfolgt eine zusätzliche raumseitige Veränderung, in deren Rahmen dann auch der Dämmstandard des Bauteils verbessert werden kann. Falls die zusätzlichen Dämmstoffe raumseitig einer vorhandenen Dampfbremse eingebaut werden, darf ihr Anteil am gesamten U-Wert des Bauteils 20 % nicht übersteigen, da ansonsten die Anforderungen an den Tauwasserschutz nach DIN 4108-3 [23] nicht mehr gegeben sind.

Neben der Frage der Tauwasserfreiheit im Bauteil nach DIN 4108-3 [23] ist bei zusätzlichen Dämm-Maßnahmen nach den Buchstaben b) und c) auch zu prüfen, ob andere bauphysikalische Belange betroffen werden. In diesem Zusammenhang sei auf Fragen der ausreichenden Hinterlüftung bzw. der Verwendung diffusionsoffener Bahnen über der Wärmedämmung bei nicht hinterlüfteten Dächern hingewiesen. Genaueres regelt DIN 4108-3 [23].

Achtung: Werden Dämm-Maßnahmen gemäß den Buchstaben b) und d) durchgeführt, die raumseitige Bekleidung aber nicht erneuert, gelten die Anforderungen nach EnEV als erfüllt, wenn eine Vollsparrendämmung zur Ausführung gelangt, d. h. wenn der gesamte Sparrenzwischenraum mit Dämmstoffen verfüllt wird. Es wird jedoch noch einmal ausdrücklich darauf hingewiesen, dass, wenn eine Unterspannbahn ohne Hinterlüftung eingebaut wird und direkt auf dem Dämmstoff aufliegt, die Bahn die Kriterien an die Diffusionsoffenheit nach DIN 4108-3 erfüllen muss. Der s_d-Wert muss in diesem Fall weniger als 0,5 m betragen.

4.2   Flachdächer

Soweit bei beheizten Räumen Flachdächer

a)   ersetzt, erstmalig eingebaut

oder in der Weise erneuert werden, dass

b)   die Dachhaut bzw. außenseitige Bekleidungen oder Verschalungen ersetzt

oder neu aufgebaut werden,

c)   innenseitige Bekleidungen oder Verschalungen aufgebracht oder erneuert

werden,

d)   Dämmschichten eingebaut werden,

sind die Anforderungen nach Tabelle 1 Zeile 4 b) einzuhalten. Werden bei der Flachdacherneuerung Gefälledächer durch die keilförmige Anordnung einer Dämmschicht aufgebaut, so ist der Wärmedurchgangskoeffizient nach DIN EN ISO 6946 : 1996-11, Anhang C zu ermitteln. Der Bemessungswert des Wärmedurchgangswiderstandes am tiefsten Punkt der neuen Dämmschicht muss den Mindestwärmeschutz nach § 6 Abs. 1 gewährleisten.

Erläuterungen: Auch bei flach geneigten Dächern gilt, dass, wenn im Rahmen von Sanierungen Bauteilschichten ersetzt werden, die es ermöglichen, nachträglich Dämmstoffe einzubauen, die U-Werte nach Nr. 1 Tabelle 1 Zeile 4 einzuhalten sind.

Die Festlegung, dass bei Gefälledämmungen der U-Wert nach DIN EN ISO 6946 berechnet werden muss, bedeutet, dass zum Nachweis der Anforderungen kein mittlerer U-Wert zulässig ist, sondern eine genaue Berechnung durchzuführen ist.

Mit der Maßgabe, dass der Mindestwärmeschutz nach § 6 Abs. 1 und den damit verbundenen Regeln der Technik eingehalten werden muss, sind die Anforderungen nach DIN 4108-2 Tabelle 3 zu erfüllen. Es soll so die Bildung von Schimmelpilzen auf Bauteil-Innenoberflächen vermieden werden. Der kritische Punkt, d. h. der Punkt der geringsten Dämmstoffdicke, ist in diesem Fall der Gefälletiefpunkt.

Da bei flach geneigten Dächern in der Regel keine Einschränkungen der Aufbauhöhe zu erwarten sind, können im Vergleich zu steil geneigten Dächern auch schärfere Anforderungen angesetzt werden.

Achtung: Bei den Bestimmungen dieser Nummer wurde in der EnEV ein falscher Begriff verwendet. Die Mindestanforderungen an den baulichen Wärmeschutz beziehen sich nach DIN 4108-2 Tabelle 3 auf den Wärmedurchlasswiderstand R des Bauteils und nicht auf den Wärmedurchgangswiderstand R_T. Er setzt sich aus den Wärmedurchlasswiderständen der einzelnen Bauteilschichten wie folgt zusammen:

$$R = \sum_{i=1}^{n} \frac{d_i}{\lambda_{R,i}}$$

Im Wärmedurchlasswiderstand R sind im Gegensatz zum Wärmedurchgangswiderstand R_T keine Wärmeübergangswiderstände R_{si} und R_{se} enthalten.

5. Wände und Decken gegen unbeheizte Räume und gegen Erdreich

Soweit bei beheizten Räumen Decken und Wände, die an unbeheizte Räume oder an Erdreich grenzen,

a)   ersetzt, erstmalig eingebaut

oder in der Weise erneuert werden, dass

b)   außenseitige Bekleidungen oder Verschalungen, Feuchtigkeitssperren oder Drainagen angebracht oder erneuert,

c)   innenseitige Bekleidungen oder Verschalungen an Wände angebracht,

d)   Fußbodenaufbauten auf der beheizten Seite aufgebaut oder erneuert,

e)   Deckenbekleidungen auf der Kaltseite angebracht oder

f)   Dämmschichten eingebaut werden,

sind die Anforderungen nach Tabelle 1 Zeile 5 einzuhalten. Die Anforderungen nach Buchstabe d) gelten als erfüllt, wenn ein Fußbodenaufbau mit der ohne Anpassung der Türhöhen höchstmöglichen Dämmschichtdicke (bei einem Bemessungswert der Wärmeleitfähigkeit $\lambda = 0{,}04$ W/(mK) ausgeführt wird.

Achtung: Die Angabe der Wärmeleitfähigkeit ist unzureichend. Als Wärmeleitfähigkeit muss der mittels Zulassung oder Prüfzeugnis festgelegte Rechenwert λ_R, aber nicht der Laborwert λ verwendet werden.

Erläuterungen: In den Einsatzbereich dieser Nummer fallen Decken und Wände, die beheizte Kellerräume und beheizte Treppenräume gegen unbeheizte Kellerräume abgrenzen sowie erdberührte Wände und Böden beheizter Kellerräume.

Auch in diesem Fall sind die Grenzwerte nach Nr. 7 Tabelle 1 einzuhalten, wenn im Rahmen von Sanierungsmaßnahmen zusätzliche Dämmschichten eingebaut werden können.

Werden bei erdberührten Wänden nachträglich Abdichtungen nach DIN 18195 oder Drainagen nach DIN 4095 [24] eingebaut, müssen die Bauteilflächen zu diesem Zweck freigelegt werden. Mittels einer Perimeterdämmung können dann auch die erforderlichen U-Werte erreicht werden.

Bei erdberührten Bodenflächen ist eine nachträgliche außenseitige Wärmedämmung aus Gründen der Wirtschaftlichkeit in der Regel nicht möglich. Zur wärmetechnischen Aufrüstung steht somit nur die Bauteilinnenseite, d. h. der raumseitige Fußboden, zur Verfügung. Aber auch hier gilt, wie bei allen anderen Sanierungsmaßnahmen, dass die Anforderungen nach Nr. 7 Tabelle 1 nur dann einzuhalten sind, wenn einerseits Arbeiten am Bauteil durchgeführt und andererseits mindestens 20 % der betrachteten Fläche ausgetauscht werden müssen. Im Zusammenhang mit der wärmetechnischen Nachbesserung erdberührter Böden in Bestandsbauten kann es zu Problemen kommen, wenn beispielsweise die lichten Türmaße einzuhalten sind und die Dämmdicke damit begrenzt wird. Um in diesem Zusammenhang unbillige Härten zu vermeiden, können Dämm-Maßnahmen als ausreichend eingestuft werden, wenn ein optimaler Wärmeschutz auch ohne Anpassung von Türhöhen erreicht wird.

Bei raumseitigen Dämmungen ist analog zu den vorherigen Punkten zu überprüfen, ob beim Einbau einer zusätzlichen Dämmung die Bildung von Tauwasserausfall im Bauteil vermieden wird.

Da bei Dämm-Maßnahmen nach den Buchstaben b) und e) keine Begrenzungen der Dämmdicken durch die Einbausituation des Bauteils zu erwarten sind, werden höhere Anforderungen als bei den Buchstaben a), c), d) und f) angesetzt.

6. Vorhangfassaden

Soweit bei beheizten Räumen Vorhangfassaden in der Weise erneuert werden, dass

a)   das gesamte Bauteil ersetzt oder erstmalig eingebaut wird,

b)   die Füllung (Verglasung oder Paneele) ersetzt wird,

sind die Anforderungen nach Tabelle 1 Zeile 2 c) einzuhalten. Werden bei Maßnahmen nach Satz 1 Sonderverglasungen entsprechend Nr. 2 Satz 2 verwendet, sind abweichend von Satz 1 die Anforderungen nach Tabelle 1 Zeile 3 c) einzuhalten.

Erläuterungen: Um zu dokumentieren, dass es sich bei Vorhangfassaden um Bauteile handelt, die nicht in den Bereich von Fenstern und Fenstertüren fallen und die dementsprechend eigenen Berechnungsmodalitäten unterliegen, wurden sie in einer getrennten Nummerierung zusammengefasst.

Achtung: Die Berechnung des Wärmedurchgangskoeffizienten von Vorhangfassaden erfolgt nach DIN EN 13947 [25]. Im U-Wert dieser Bauteile ist der Einfluss von Wärmebrücken bereits berücksichtigt. Dementsprechend sind nach Nr. 7 Tabelle 1 im Vergleich zu Fenstern höhere Grenzwerte zulässig. Eine Berechnung des U-Wertes im Bereich der Paneele, die sich nur auf das flächige Bauteil bezieht, würde daher zu günstige Ergebnisse liefern und ist nicht statthaft.

7.   Anforderungen

Tabelle 1

Höchstwerte der Wärmedurchgangskoeffizienten bei erstmaligem Einbau, Ersatz und Erneuerung von Bauteilen

Zeile	Bauteil	Maßnahme nach	Gebäude nach § 1 Abs.1 Nr. 1	Gebäude nach § 1 Abs. 1 Nr. 2
			maximaler Wärmedurchgangskoeffizient U_{max} [1] in W/(m²K)	
	1	2	3	4
1 a	Außenwände	allgemein	0,35	0,75
		Nr. 1 b, d und e	0,45	0,75
2 a	außenliegende Fenster, Fenstertüren, Dachflächenfenster	Nr. 2 a und b	1,7 [2]	2,8 [2]
b	Verglasungen	Nr. 2 c	1,5 [3]	keine Anforderung
c	Vorhangfassaden	Allgemein	1,9 [4]	3,0 [4]
3 a	außenliegende Fenster, Fenstertüren, Dachflächenfenster mit Sonderverglasungen	Nr. 2 a und b	2,0 [2]	2,8 [2]
b	Sonderverglasungen	Nr. 2 c	1,6 [3]	keine Anforderung
c	Vorhangfassaden mit Sonderverglasungen	Nr. 6 Satz 2	2,3 [4]	3,0 [4]
4 a	Decken, Dächer und Dachschrägen	Nr. 4.1	0,30	0,40
b	Dächer	Nr. 4.2	0,25	0,40
5 a	Decken und Wände gegen unbeheizte Räume	Nr. 5 b und e	0,40	keine Anforderung
b	oder Erdreich	Nr. 5 a, c, d und f	0,5	keine Anforderung

[1]   Wärmedurchgangskoeffizient des Bauteils unter Berücksichtigung der neuen und der vorhandenen Bauteilschichten; für die Berechnung opaker Bauteile ist DIN EN ISO 6946:1996-11 zu verwenden.

[2]   Wärmedurchgangskoeffizient des Fensters; er ist technischen Produkt-Spezifikationen zu entnehmen oder nach DIN EN ISO 10077-1:2000-11 zu ermitteln.

[3]   Wärmedurchgangskoeffizient der Verglasung; er ist technischen Produkt-Spezifikationen zu entnehmen oder nach DIN EN 673:2000-1 zu ermitteln.

[4]   Wärmedurchgangskoeffizient der Vorhangfassade; er ist nach anerkannten Regeln der Technik zu ermitteln.

Anhang 4

Anforderungen an die Dichtheit und den Mindestluftwechsel (zu § 5)

1.   Anforderungen an außenliegende Fenster, Fenstertüren und Dachflächenfenster

Außenliegende Fenster, Fenstertüren und Dachflächenfenster müssen den Klassen nach Tabelle 1 entsprechen.

Tabelle 1

Klassen der Fugendurchlässigkeit von außenliegenden Fenstern, Fenstertüren und Dachflächenfenstern

Zeile	Anzahl der Vollgeschosse des Gebäudes	Klasse der Fugendurchlässigkeit nach DIN EN 12207:2000-06
1	bis zu 2	2
2	mehr als 2	3

Achtung: Im Gegensatz zur WSchV 95 gibt es in der EnEV keine Anforderungen mehr an die Fugendurchlässigkeit von Außentüren.

Erläuterungen: Die Anforderungen an die Fugendurchlässigkeit beziehen sich auf die Fuge zwischen Blend- und Flügelrahmen von Fenstern, Fenstertüren und Dachflächenfenstern. Hinsichtlich der Luftdichtheit der Fuge zwischen Blendrahmen und Baukörper gelten die Festlegungen nach § 5 Abs. 1 Satz 1. Danach gilt: „Zu errichtende Gebäude sind so auszuführen, dass die wärmeübertragende Umfassungsfläche einschließlich der Fugen dauerhaft luftundurchlässig entsprechend dem Stand der Technik abgedichtet ist." Als Regel der Technik, die damit auch den Stand der Technik widerspiegelt, gilt DIN 4108-7:2000-02 [13]. In dieser Norm werden Aussagen über Dichtstoffe gemacht und Musterbeispiele für Anschlüsse dargestellt.

Eine Definition des Begriffs „Vollgeschoss" kann der Musterbauordnung oder einer Landesbauordnung entnommen werden.

2.   Nachweis der Dichtheit des gesamten Gebäudes

Wird eine Überprüfung der Anforderungen nach § 5 Abs. 1 durchgeführt, so darf der nach DIN EN 13829:2001-02 bei einer Druckdifferenz zwischen Innen und Außen von 50 Pa gemessene Volumenstrom - bezogen auf das beheizte Luftvolumen - bei Gebäuden

- ohne raumlufttechnische Anlagen $3 \, h^{-1}$ und
- mit raumlufttechnischen Anlagen $1,5 \, h^{-1}$

nicht überschreiten.

Erläuterungen: Die EnEV schreibt eine Prüfung der Luftdichtheit nicht zwingend vor. Falls der Anspruch der Luftdichtheit nach § 5 Abs. 1 Satz 1 von einem Eigentümer angezweifelt wird, besteht die Möglichkeit, die Luftdichtheit messtechnisch zu überprüfen. Die Durchführung einer solchen Messung ist in DIN EN 13829 [26] geregelt. Da diese Norm jedoch nur die Methode einer solchen Prüfung festlegt, definiert die EnEV die Grenzwerte des Luftwechsels, die nicht überschritten werden dürfen. Die Anforderungen der Luftdichtheit eines Gebäudes nach EnEV stimmen mit den entsprechenden Maßgaben aus DIN 4108-7 [13] überein. Die Grenzwerte sind bei Gebäuden mit raumlufttechnischer Anlage schärfer, da mit diesen Geräten und Anlage im betrachteten Gebäude Über- oder Unterdruck erzeugt wird und damit im Bereich von Leckagestellen ein vermehrter Lüftungswärmeverlust auftritt.

3. Anforderungen an Lüftungseinrichtungen

Lüftungseinrichtungen in der Gebäudehülle müssen einstellbar und leicht regulierbar sein. Im geschlossenen Zustand müssen sie der Tabelle 1 genügen. Soweit in anderen Rechtsvorschriften Anforderungen an die Lüftung gestellt werden, bleiben diese Vorschriften unberührt. Satz 1 ist nicht anzuwenden, wenn als Lüftungseinrichtungen selbsttätig regelnde Außenluftdurchlässe unter Verwendung einer geeigneten Führungsgröße eingesetzt werden.

Erläuterungen: Falls in einem Gebäude oder Raum abzusehen ist, dass der nach § 5 Abs. 2 Satz 1 aus Gründen der Gesundheit erforderliche Luftwechsel nicht durch Undichtheiten in der Gebäudehülle und / oder Fensterlüftung erzielt werden kann - z. B. bei Schallschutzfenstern, bei denen mehrere Dichtungsebenen hintereinander angeordnet werden und die nicht geöffnet werden sollen -, sind einstellbare und leicht regulierbare Lüftungseinrichtungen zulässig. Als solche können beispielsweise Außenwandlüfter, Dachaufsatzlüfter, Lüftungsschlitze bei Fenstern sowie Be- und Entlüftungseinrichtungen in Küchen und Bädern angesehen werden.

Zusätzliche Lüftungsmöglichkeiten werden beispielsweise erforderlich, um einen ausreichenden Außenluftwechsel bei offenen Feuerungsstätten sicherzustellen. Die Anforderungen an die Lüftung solcher Räume regelt die Feuerungsstättenverordnung der Länder.

Anhang 5

Anforderungen zur
Begrenzung der Wärmeabgabe von
Wärmeverteilungs- und Warmwasserleitungen sowie Armaturen (zu § 12 Abs. 5)

1. Die Wärmeabgabe von Wärmeverteilungs- und Warmwasserleitungen sowie Armaturen ist durch Wärmedämmung nach Maßgabe der Tabelle 1 zu begrenzen.

Tabelle 1

Wärmedämmung von Wärmeverteilungs- und Warmwasserleitungen
sowie Armaturen

Zeile	Art der Leitungen / Armaturen	Mindestdicke der Dämmschicht, bezogen auf eine Wärmeleitfähigkeit von 0,035 W/(mK)
1	Innendurchmesser bis 22 mm	20 mm
2	Innendurchmesser über 22 mm bis 35 mm	30 mm
3	Innendurchmesser über 35 mm bis 100 mm	gleich Innendurchmesser
4	Innendurchmesser über 100 mm	100 mm
5	Leitungen und Armaturen nach den Zeilen 1 bis 4 in Wand- und Deckendurchbrüchen, im Kreuzungsbereich von Leitungen, an Leitungsverbindungsstellen, bei zentralen Leitungsnetzverteilern	½ der Anforderungen der Zeilen 1 bis 4
6	Leitungen von Zentralheizungen nach den Zeilen 1 bis 4, die nach Inkrafttreten dieser Verordnung in Bauteilen zwischen beheizten Räumen verschiedener Nutzer verlegt werden	½ der Anforderungen der Zeilen 1 bis 4
7	Leitungen nach Zeile 6 im Fußbodenaufbau	6 mm

Soweit sich Leitungen von Zentralheizungen nach den Zeilen 1 bis 4 in beheizten Räumen oder Bauteilen zwischen beheizten Räumen eines Nutzers befinden und ihre Wärmeabgabe durch freiliegende Absperreinrichtungen beeinflusst werden kann, werden keine Anforderungen an die Mindestdicke der Dämmschicht gestellt. Dies gilt auch für Warmwasserleitungen in Wohnungen bis zum Innendurchmesser 22 mm, die weder in den Zirkulationskreislauf einbezogen noch mit elektrischer Begleitheizung ausgestattet sind.

Erläuterungen: Wärmeverluste, die im eigenen Bereich entstehen, kommen auch der Beheizung dieses Bereiches zugute. Eine Überhitzung der Räume, hervorgerufen durch die Wärmeeinträge der Leitungen der Zentralheizung, ist auszuschließen, da nach § 12 Abs. 2 Satz 1 heizungstechnische Anlagen mit Wasser als Wärmeträger mit selbsttätig wirkenden Einrichtungen zur raumweisen Regelung der Raumtemperatur versehen sein müssen. Da vermehrte

Wärmeverluste damit ausgeschlossen werden können, ist eine Dämmung der Heizverteilleitungen nicht erforderlich. Gleiches gilt auch für die Warmwasserleitungen des Trinkwassersystems.

Eine Dämmung der Warmwasserleitungen ist jedoch erforderlich, wenn sie in einen Zirkulationskreislauf eingebunden sind. Zur ständigen Wiederaufheizung ist ein zu hoher Energiebedarf erforderlich.

Außerdem ist zu prüfen, ob Heizungs- und Warmwasserverteilleitungen in den gleichen Schächten wie Leitungen zur Versorgung mit kaltem Trinkwasser verzogen werden. Ist dies der Fall, sollten die Warmwasserleitungen mit einer Dämmung versehen werden, da ansonsten die Wärmeverluste zu hoch werden.

2.   Bei Materialien mit anderen Wärmeleitfähigkeiten als 0,035 W/(mK) sind die Mindestdicken der Dämmschichten entsprechend umzurechnen. Für die Umrechnung und die Wärmeleitfähigkeit des Dämmmaterials sind die in den Regeln der Technik enthaltenen Rechenverfahren und Rechenwerte zu verwenden.

Erläuterungen: Die in Tabelle 1 aufgeführten Mindestdicken der Wärmedämmung beziehen sich auf Dämmstoffe mit einer Wärmeleitfähigkeit λ_R = 0,035 W/(mK). Bei Dämmstoffen mit einer davon abweichenden Wärmeleitfähigkeit sind die Dicken entsprechend anzupassen. Da es sich bei Rohrleitungen nicht um ebene, sondern um kreisförmige Querschnitte handelt, sind auch die Algorithmen zur Bestimmung von U-Werten solcher Formen zu verwenden.

3.   Bei Wärmeverteilungs- und Warmwasserleitungen dürfen die Mindestdicken der Dämmschichten nach Tabelle 1 insoweit vermindert werden, als eine gleichwertige Begrenzung der Wärmeabgabe auch bei anderen Rohrdämmstoffanordnungen und unter Berücksichtigung der Dämmwirkung der Leitungswände sichergestellt ist.

Erläuterungen: Falls bei Rohrleitungen durch Prüfzeugnisse belegt werden kann, dass das Leitungsmaterial selbst zu einer verminderten Wärmeabgabe führt, darf die nach Tabelle 1 erforderliche Dämmstoffdicke um den Betrag der Dämmwirkung vermindert werden.

Die Dämmdicke nach Tabelle 1 kann auch verringert werden, wenn statt einer reinen Ummantelung der Wärmeverteilrohre durch anderen Einbau von Dämmstoffen die Wärmeverluste begrenzt werden. Als solche Maßnahme kann beispielsweise die Dämmung des Steig- oder Verteilungsschachtes eingestuft werden.

4 Randbedingungen der Energieeinsparverordnung

Bereits bei der Novellierung der Wärmeschutzverordnung 1984 wurde von Seiten des Gesetzgebers beschlossen, dass die überarbeitete Verordnung nur die Anforderungen an den Wärmeschutz enthalten sollte, der Rechengang des Nachweises aber den Regeln der Technik zu entnehmen ist. Da zum Zeitpunkt des Beschlusses der WSchV 95 die erforderlichen Regeln der Technik noch nicht vollständig vorlagen, wurden die Algorithmen zur Berechnung des Jahres-Heizwärmebedarfs in den Verordnungstext aufgenommen.

Um die Trennung von Anforderungen und Berechnungsgang vollziehen zu können, wurden im Zuge der Novellierung der WSchV 95 Regeln der Technik geschaffen, die es ermöglichen, sowohl die Belange des baulichen Wärmeschutzes als auch die der erforderlichen Anlagentechnik rechnerisch zu erfassen.

Zur Bestimmung der erforderlichen Größen, die die Verluste der wärmeübertragenden Hülle wiedergeben, wurde DIN V 4108-6 [1] als Exzerpt zahlreicher europäisch harmonisierter Normen geschaffen. Mit dieser Norm soll es dem Nachweisführenden ermöglicht werden, Wärmeverluste über die Gebäudehülle zu erfassen. Gleichzeitig bestand das Bestreben, die relevanten Teile der europäischen Normen so zusammenzufassen, dass es für den Anwender nur in Ausnahmefällen erforderlich ist, selbst die harmonisierten Normen heranzuziehen.

Die Trennung von Anforderungs- und Berechnungsteil hatte jedoch zur Folge, dass die Randbedingungen zum Nachweis der Anforderungen an den baulichen Wärmeschutz nach EnEV vom Gesetzgeber festgeschrieben werden mussten. Diese Fixierung wurde einerseits in DIN V 4108-6 Anhang D und andererseits in EnEV Anhang 1 vollzogen.

Dabei mussten sowohl die Angaben zur Berechnung des Jahres-Heizwärme- und des Jahres-Heizenergiebedarfs nach dem Monatsbilanzverfahren als auch die entsprechenden Werte zum Heizperiodenbilanzverfahren festgelegt werden.

Das Monatsbilanzverfahren soll eine möglichst umfassende und detailgenaue Erfassung der Gebäudesituation gestatten. Da es sich, wie im Folgenden dargestellt, bei den Randbedingungen - z. B. zum Klima, zur Luftwechselrate oder zur Innentemperatur - um Standardwerte handelt, kann der nach EnEV berechnete Wärme- oder Energiebedarf keine Aussage über den tatsächlichen Verbrauch machen. Dieser Sachverhalt wird auch im Energie- und im Wärmebedarfsausweis deutlich hervorgehoben.

Neben dem ausführlichen Monatsbilanzverfahren stellte der Gesetzgeber den Nachweisführenden als Alternative das Heizperiodenbilanzverfahren zur Verfügung. Damit soll unter dem Eindruck der Wirtschaftlichkeit bei kleinen Wohngebäuden die Möglichkeit eingeräumt werden, den zeitlichen und damit den finanziellen Aufwand zur Erstellung eines Nachweises zu vermindern. Während das Monatsbilanzverfahren neben einer genaueren Erfassung der Gebäudespezifikationen auch bei den Randbedingungen eine größere Bandbreite aufweist, wurden beim Heizperiodenbilanzverfahren pauschale Werte verwendet, die außerdem jeweils den ungünstigeren Fall des Monatsbilanzverfahrens beinhalten.

Im Folgenden sollen die Hintergründe der Randbedingungen erläutert werden, um so eine bessere Anwendung zu ermöglichen.

Wie die Erfahrungen bei der Anwendung von DIN V 4108-6:2000-11 zeigten, enthält die Norm einige Fehler und unklare Punkte. Im Rahmen einer Überarbeitung wurde versucht, diese Probleme zu beseitigen. Das Ergebnis der Bemühungen wird als Neuauflage von DIN V 4108-6 im Frühjahr 2003 veröffentlicht. Die Abweichungen zur Version vom November 2000 werden im folgenden Kapitel kursiv und fett gedruckt markiert und sind am Seitenrand mit *NEU* gekennzeichnet. Nach Einführung der überarbeiteten Norm stellen sie den Regelfall dar. Da die Änderungen den Stand der Technik widerspiegeln, können sie für den Nachweis nach EnEV jedoch bereits verwendet werden.

4.1   Monatsbilanzverfahren

4.1.1 Randbedingungen zur Berechnung des Heizwärmebedarfs Q_h

Im Folgenden werden die Randbedingungen zur Berechnung des Jahres-Heizwärmebedarfs Q_h nach dem Monatsbilanzverfahren erläutert. Die Festlegungen zum Monatsbilanzverfahren sind DIN V 4108-6 Anhang D.3, die Reduktionsfaktoren Tabelle 3 dieser Norm zu entnehmen.

Spalte	1	2	3
Zeile	**Kenngröße**	**Abschnitt bzw. Gleichung im Text**	**Randbedingungen für den Nachweis**
1	Jahres-Heizwärme-Primärenergie- und Heizenergiebedarf	5.4, 5.5, 5.6; Abschnitt 6	Heizwärmebedarf: $\quad Q_h$ nach 5.6 und Abschnitt 6 Primärenergiebedarf: $\quad Q_P = e_P\,(Q_h + Q_w)$ $\quad$ (D.9) e_P nach Verfahren a), b) oder c) nach 5.4 Heizenergiebedarf Q nach 5.4, Gleichung (5)

Erläuterung: Der Jahres-Heizwärmebedarf Q_h wird gemäß DIN V 4108-6 Abschnitt 5.6 und Abschnitt 6 bestimmt.

Achtung: Der korrekte Verweis bezieht sich nicht auf Abschnitt 5.6, sondern auf Abschnitt 5.5.3.

Erläuterung: Die Grundgleichung lautet:

$$Q_{h,M} = Q_{l,M} + \eta_M \cdot Q_{g,M}$$

Dabei bedeutet:

$Q_{h,M}$:   Heizwärmebedarf eines jeden Monats
$Q_{l,M}$:   Wärmeverluste eines jeden Monats
$Q_{g,M}$:   Wärmegewinne eines jeden Monats
η_M: Ausnutzungsgrad der Wärmegewinne eines jeden Monats

Der Jahres-Heizwärmebedarf Q_h wird aus der Summe aller Monate mit einer positiven Bilanz ermittelt, d. h. aus den Monaten, in denen einem Gebäude über das Heizsystem Wärme zugeführt werden muss. Es gilt:

$$Q_h = \sum Q_{h,M\,|\,positiv}$$

Spalte	1	2	3
Zeile	**Kenngröße**	**Abschnitt bzw. Gleichung im Text**	**Randbedingungen für den Nachweis**
2	mittlere Gebäude-innentemperatur θ_i		$\theta_i = 19\ ^\circ\mathrm{C}$ für Gebäude mit normalen Innentemperaturen

Erläuterungen: Nach EnEV Anhang 1 Nr. 1.3.1 wird das betrachtete Gebäude als Einzonen-Modell eingestuft. Dabei ist davon auszugehen, dass in den gesamten den Betrachtungen zugrunde liegenden Räumen eine standardisierte Innentemperatur von $\theta_i = 19\ ^\circ\mathrm{C}$ herrscht.

Davon abweichende Temperaturrandbedingungen werden durch Reduktionsfaktoren nach DIN V 4108-6 Tabelle 3 berücksichtigt.

Spalte	1	2	3
Zeile	**Kenngröße**	**Abschnitt bzw. Gleichung im Text**	**Randbedingungen für den Nachweis**
3	Referenzklima	Tabelle D.5	monatliche Strahlungsintensitäten und Außenlufttemperaturen nach Tabelle D.5

Erläuterungen: Wie bereits bei der WSchV 95 wurde auch den Berechnungen der EnEV ein Referenzklima mit dem Referenzort Würzburg zugrunde gelegt. Mit dem Bezug auf einen Vergleichsort soll erreicht werden, dass für alle zu errichtenden Gebäude – unabhängig vom Aufstellungsort - der gleiche Dämmstandard realisiert wird. Ein Vergleich des berechneten Bedarfs mit dem tatsächlichen Verbrauch wäre damit mehr als zufällig. Da beim Monatsbilanzverfahren die Berechnung des Heizwärmebedarfs eines jeden Monats erfolgt, ist es erforderlich, für alle Monate normierte Daten der Außenlufttemperatur und der Strahlungsintensitäten anzugeben.

Spalte	1	2	3
Zeile	**Kenngröße**	**Abschnitt bzw. Gleichung im Text**	**Randbedingungen für den Nachweis**
4	wärmeübertragende Umfassungsfläche A_x	Tabelle D.5	Vorsprünge in den Bauteilen bis 20 cm können vernachlässigt werden.

Erläuterungen: Darstellungen der wärmeübertragenden Bauteilflächen sind den Erläuterungen zu EnEV Anhang 1 Nr.1.3 zu entnehmen.

Mit der Einschränkung, dass Vorsprünge von Bauteilen bis 20 cm vernachlässigt werden können, will man erreichen, dass der rechnerische Aufwand bei der Ermittlung der wärmeübertragenden Flächen auf ein wirtschaftlich verträgliches Maß reduziert wird.

Spalte	1	2	3
Zeile	**Kenngröße**	**Abschnitt bzw. Gleichung im Text**	**Randbedingungen für den Nachweis**
5	Reduktionsfaktoren	Tabelle 3	siehe Tabelle 3 in DIN V 4108-6

Erläuterungen: Erklärungen zu Reduktionsfaktoren $F_{x,i}$ wärmeübertragender Bauteile sind den weiteren Abschnitten dieses Kapitels zu entnehmen.

Spalte	1	2	3
Zeile	**Kenngröße**	**Abschnitt bzw. Gleichung im Text**	**Randbedingungen für den Nachweis**
6	Wärmeleitfähigkeit des Erdreiches λ	Anhang E	$\lambda = 2{,}0$ W/(mK)

Erläuterungen: Spezifische Klima- oder Materialkennwerte können im Rahmen europäisch harmonisierter Normen nicht festgelegt werden, da sie in den Zuständigkeitsbereich der Mitgliedsländer fallen. In diesem Zusammenhang spricht DIN EN ISO 13370 auch nur eine Empfehlung für die Wärmeleitfähigkeit des Erdreiches aus. DIN V 4108-6 wandelt diese Empfehlung in eine normative Maßgabe um.

Mit der Angabe der Wärmeleitfähigkeit von Erdreich kann der U-Wert wärmeübertragender Bauteile nach DIN EN ISO 13370 berechnet werden, die im Kontakt mit dem Erdreich stehen. Im Rahmen des Monatsbilanzverfahrens empfiehlt es sich, bei erdberührten Bauteilen statt der Reduktionsfaktoren nach DIN V 4108-6 Tabelle 3 eine genaue Berechnung nach DIN EN ISO 13370 vorzunehmen.

Spalte	1	2	3
Zeile	**Kenngröße**	**Abschnitt bzw. Gleichung im Text**	**Randbedingungen für den Nachweis**
7	mittlere interne Wärmegewinne Q_i	Gleichung (24)	$\Phi_i = q_i \cdot A_N$; dabei ist: $A_B = A_N = 0{,}32\ V_e$ (D.*10*)
		Tabelle 2	bei Wohngebäuden ist $q_I = 5$ W/m² bei Büro- und Verwaltungsgebäuden ist $q_I = 6$ W/m² bei allen weiteren Gebäuden ist $q_I = 5$ W/m², soweit hierfür in anderen Regeln der Technik keine anderen Werte festgelegt sind

Erläuterungen: Durch den Betrieb elektrischer Geräte, künstlicher Beleuchtung, durch die Körperwärme von Menschen und Tieren sowie durch Verluste des Heizungssystems - z. B. Verluste durch die Heizungsverteilung - wird im Bereich der beheizten Zone Wärme freigesetzt, die der Erwärmung der Raumluft zugute kommt.

Bei "zu errichtenden Gebäuden mit normalen Innentemperaturen" nach § 2 Abs. 1 kann davon ausgegangen werden, dass ein Wert der internen Gewinne von mindestens $q_I = 5{,}0$ W/m² vorhanden ist. Bei Gebäuden für Sport- und Versammlungszwecke, bei denen bereits eine Heizzeit von mehr als 4 Monaten genügt, um sie als normal beheizte Gebäude einzustufen, setzt man voraus, dass aufgrund der intensiveren Nutzung in der Kürze der Zeit ein Betrag an internen Wärmegewinnen anfällt, der mit den internen Wärmegewinnen anderer Nutzungsarten nach § 2 Abs. 1 vergleichbar ist.

Bedingt durch die höhere Ausstattung mit elektrischen Einrichtungen und die höhere Nutzungsdichte entstehen in Büro- und Verwaltungsgebäuden höhere interne Wärmegewinne, so dass in diesen Gebäuden - gegenüber Gebäuden mit Wohnnutzung - höhere interne Wärmegewinne in Ansatz gebracht werden können.

Standardisierte Festlegungen zu internen Wärmegewinnen q_I auf der Basis gesicherter Erkenntnisse konnten im Rahmen der EnEV nur für Gebäude mit Wohnnutzung und solche mit einer Nutzung für Büro- oder Verwaltungstätigkeiten gemacht werden. Falls jedoch andere anerkannte Regeln der Technik Festlegungen zu nutzungsspezifischen internen Wärmegewinnen enthalten, können diese auch im Rahmen der Nachweisführung verwendet werden. Es ist jedoch sowohl bei der Berechnung als auch im Energie- oder Wärmebedarfsausweis auf die abweichenden Werte hinzuweisen und die Fundstelle anzugeben.

Als Bezugsgröße zur Berechnung der internen Wärmegewinne q_I gilt die Nutzfläche A_N, die sich über den Umrechnungsfaktor 0,32 aus dem beheizten Brutto-Volumen V_e eines Gebäudes, d. h. über das nach Anlage 1 Ziffer 1.3.2 ermittelte Volumen, ergibt.

Spalte	1	2	3
Zeile	**Kenngröße**	**Abschnitt bzw. Gleichung im Text**	**Randbedingungen für den Nachweis**
8			ohne Nachweis der Luftdichtheit: $n = 0,7\ \mathrm{h}^{-1}$
8.1[a)]			mit Nachweis der Luftdichtheit: bei freier Lüftung / Fensterlüftung: $n = 0,6\ \mathrm{h}^{-1}$
8.2[a)]	Luftwechselrate n	Gleichung (46), (47), (48)	mit Nachweis der Luftdichtheit bei raumlufttechnischen Anlagen ist: $n = n_A (1-n_V) + n_x$ *(D.11)* $n_A = 0,4\ \mathrm{h}^{-1}$ nach DIN V 4701-10; $n_V =$ Nutzungsfaktor des Luft / Luft-Wärmerückgewinnungssystems nach DIN V 4701-10; $n_x = 0,2\ \mathrm{h}^{-1}$ für Zu- und Abluftanlagen; $n_x = 0,15\ \mathrm{h}^{-1}$ für Abluftanlagen;
		siehe 5.4	Korrekturen des Jahres-Primärenergiebedarfs: $Q_P = (Q_h + Q_w + Q_{WR}) \cdot e_P$, wobei Q_{WR} nach Gleichung (49) zu bestimmen ist.
		siehe 5.4	Korrekturen des Jahres-Primärenergiebedarfs *sofern dies nicht bei DIN V 4701-10 geschehen ist*: $Q_P = (Q_h + Q_w) \cdot e^*_P$, *(D.12)* *wobei e^*_P nach Gleichung (6) zu bestimmen ist.*

[a)] Die Anlagenluftwechselraten nach den Zeilen 8.1 und 8.2 sind als zeitlicher und räumlicher Mittelwert angegeben. Betriebsweisen, die Abluft kurzzeitig für erhöhte Luftbelastungen einstellbar sind, bleiben unberücksichtigt.

Erläuterungen: Durch die Verminderung der Transmissionswärmeverluste, d. h. der Verluste über die wärmeübertragenden Bauteile, gewinnen Lüftungswärmeverluste immer mehr an Bedeutung. Um auch in diesem Bereich eine Verbesserung zu erreichen, wurde vom Gesetzgeber die freiwillige Überprüfung der Luftdichtheit der Gebäudehülle in die EnEV aufgenommen. Bei erfolgreicher Prüfung kann man mit einer verminderten Luftwechselrate über Undichtheiten in der Gebäudehülle rechnen. Wird auf diese verzichtet, muss man davon ausgehen, dass hier ein größeres Verlustpotential vorhanden ist.

Der Unterschied zwischen den Zeilen 8 und 8.1 liegt nur in der Luftdichtheitsprüfung. Bei beiden Fällen wird davon ausgegangen, dass es sich im Gebäude um eine freie, d. h. eine Fensterlüftung handelt.

Erläuterungen: Mechanische Anlagen zur Be- und Entlüftung von Gebäuden sind in Zeile 8.2 erfasst. Ähnlich wie bei freier Lüftung erfolgt auch beim Betrieb von Lüftungsanlagen die Festlegung der Luftwechselrate n_A. Damit soll die Vergleichbarkeit der Ergebnisse gewährleistet werden. Falls in Gebäuden aufgrund der spezifischen Gegebenheiten höhere Luftwechselraten gefordert werden, bleiben diese von den Festlegungen der EnEV unberührt. Für den baurechtlichen Nachweis ist aber auch dann die Anlagenluftwechselrate nach Zeile 8.2 zu verwenden.

Bedingt durch den Unter- bzw. Überdruck aus dem Betrieb lüftungstechnischer Anlagen ergibt sich neben dem kontrollierten Luftwechsel auch ein Austausch der warmen Innenluft gegen kalte Außenluft über Undichtheiten in der Gebäudehülle. Diese Leck-Luftwechselraten werden mit n_x erfasst. Da bei Zu- und Abluftanlagen die Druckdifferenz zur Außenluft im Gegensatz zu reinen Abluftanlagen höher ist, muss auch eine größere Verlustrate, d. h. eine höhere Luftwechselrate über Undichtheiten angesetzt werden.

Achtung: Mechanische Be- und Entlüftungsanlagen dürfen bei der Berechnung der Lüftungswärmeverluste nur erfasst werden, wenn die Dichtheit des Gebäudes nach EnEV Anhang 1 Nr. 2.10 nachgewiesen wurde.

Achtung: Da nach EnEV kein Zwang für eine Luftdichtheitsprüfung besteht, ist diese freiwillige Leistung vor Beginn der Nachweisführung zwischen Auftragnehmer und Auftraggeber vertraglich zu regeln. Alternativ bleibt nur die Annahme, dass keine Blower-Door-Messung durchgeführt wird.

Spalte	1	2	3
Zeile	**Kenngröße**	**Abschnitt bzw. Gleichung im Text**	**Randbedingungen für den Nachweis**
9	Luftwechselrate zwischen unbeheizten Räumen und der Außenumgebung n_{ue}	nach Gleichung (7) von DIN EN ISO 13789	$n_{ue} = 0{,}5\ \mathrm{h^{-1}}$

Erläuterungen: Auch bei unbeheizten Räumen stellt sich über Fenster oder Undichtheiten in der Gebäudehülle ein Luftwechsel ein. Zur Berechnung der Lüftungswärmeverluste aus diesen Bereichen und zur Bestimmung des Reduktionsfaktors b nach DIN EN ISO 13789 wird als Standardwert die oben genannte Luftwechselrate definiert. Werden nicht die pauschalen Reduktionsfaktoren nach DIN V 4108-6 Tabelle 3 verwendet, sondern die U-Werte nach DIN EN ISO 6946 oder die Reduktionsfaktoren DIN EN ISO 13789, ist die oben genannte Luftwechselrate n_{ue} für Lüftungswärmeverluste aus unbeheizten Bereichen anzusetzen.

Spalte	1	2	3
Zeile	**Kenngröße**	**Abschnitt bzw. Gleichung im Text**	**Randbedingungen für den Nachweis**
10	Verschattungsfaktor F_S	6.4.2	$F_\mathrm{S} = 0{,}9$ für übliche Anwendungsfälle. Soweit mit baulichen Bedingungen Verschattung vorliegt, können abweichende Werte verwendet werden.
10	Verschattungsfaktor F_S	6.4.2	$F_\mathrm{S} = 0{,}9$ für übliche Anwendungsfälle. ***Soweit überwiegend baulichen Verschattung vorliegt, ist Nordorientierung anzunehmen.***

NEU (linker Rand, Zeile 10 unten)

Erläuterungen: Bei der Berechnung der solaren Wärmegewinne werden Beeinträchtigungen der solaren Einstrahlung in die beheizte Kernzone durch permanente Verschattungen - wie beispielsweise Geländeeinflüsse, Bäume oder Gebäudeteile (auskragende Balkonplatten) - nicht berücksichtigt. Da solche Einflüsse jedoch sehr häufig gegeben sind, wurde die Wirkung von permanenten Verschattungen mit einer pauschalen Verminderung der solaren Wärmegewinne um 10% erfasst. Der zugehörige Reduktionsfaktor ist damit $F_\mathrm{S} = 0{,}90$.

Falls Erkenntnisse einer permanenten baulichen Verschattung vorliegen, können - abweichend von den Festlegungen des pauschalen Verschattungsfaktors F_S nach Zeile 10 - die tatsächlichen Reduktionsfaktoren aus Verschattung nach DIN V 4108-6 Abschnitt 6.4.2 unter Zuhilfenahme der Tabellen 9 bis 11 bestimmt werden. Der Verschattungsfaktor wird danach wie folgt berechnet:

$$F_\mathrm{C} = F_\mathrm{o} \cdot F_\mathrm{f} \cdot F_\mathrm{h}$$

Dabei bedeutet:

F_C = Verschattungsfaktor
F_o = Teilbestrahlungsfaktor für horizontale Überhänge
F_f = Teilbestrahlungsfaktor für seitliche Abschattungsflächen
F_h = Teilbestrahlungsfaktor für Horizontwinkel der Verbauung

Zur Abschätzung der Wirkung von Verschattungen wurden die beiden Extremfälle regionaler Zuordnung der Bundesrepublik, der südliche Punkt bei 45° nördlicher Breite und der nördliche Punkt bei 55° nördlicher Breite, ausgewertet und tabellarisch dokumentiert. Es gelten folgende Winkeldefinitionen und Teilbestrahlungsfaktoren:

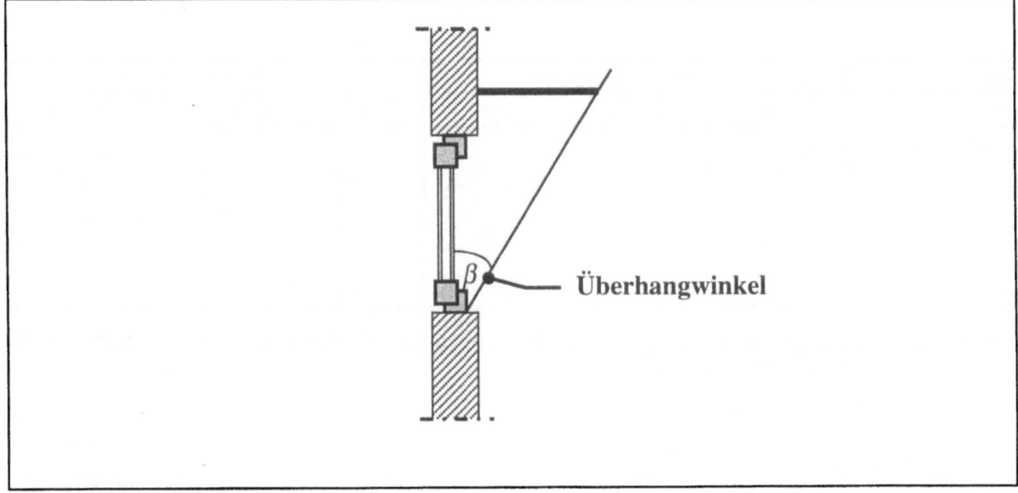

Bild 4.1: Darstellung des Überhangwinkels β

Lage	45° nördliche Breite			55° nördliche Breite		
Himmelsrichtung	Süd	Ost / West	Nord	Süd	Ost / West	Nord
Überhangwinkel						
0°	1,00	1,00	1,00	1,00	1,00	1,00
30°	0,90	0,89	0,91	0,93	0,91	0,91
45°	0,74	0,76	0,80	0,80	0,79	0,80
60°	0,50	0,58	0,66	0,60	0,61	0,65

Tabelle 4.1: Teilbestrahlungsfaktoren F_o für Überhangwinkel β aufgrund horizontaler Überhänge nach DIN V 4108-6 Tabelle 10

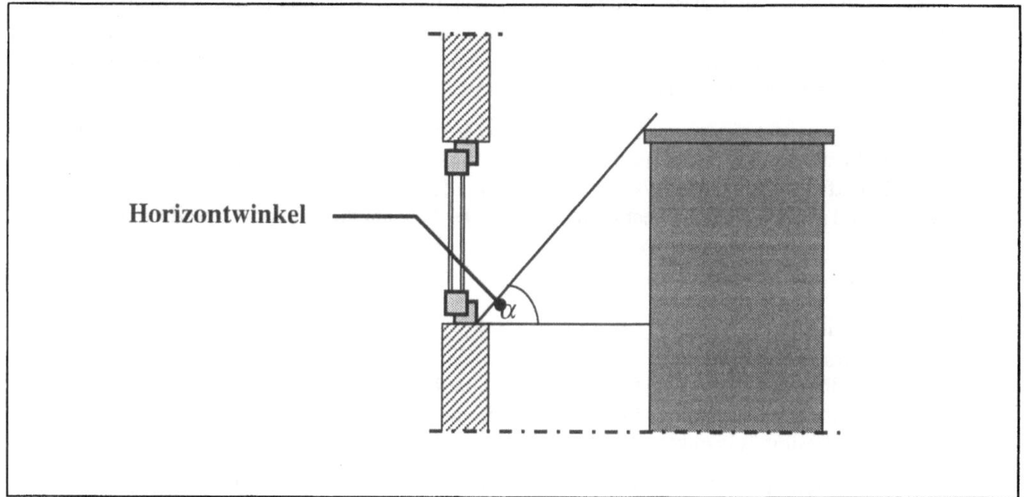

Bild 4.2: Darstellung des Horizontwinkels α

Lage	45° nördliche Breite			55° nördliche Breite		
Himmelsrichtung	Süd	Ost / West	Nord	Süd	Ost / West	Nord
Überhangwinkel						
0°	1,00	1,00	1,00	1,00	1,00	1,00
10°	0,97	0,95	1,00	0,94	0,92	0,99
20°	0,85	0,82	0,98	0,68	0,75	0,95
30	0,62	0,70	0,94	0,49	0,62	0,92
40°	0,46	0,61	0,90	0,40	0,56	0,89

Tabelle 4.2: Teilbestrahlungsfaktoren F_h für Horizontwinkel α aus Bebauung oder Landschaft nach DIN V 4108-6 Tabelle 9

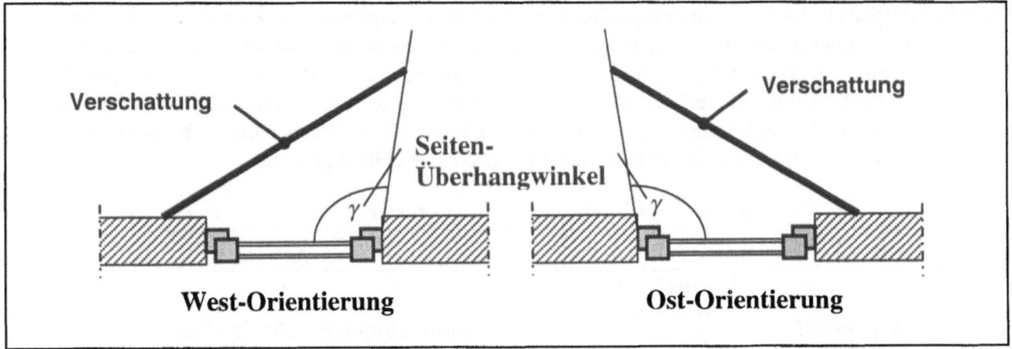

Bild 4.2: Darstellung des Seiten-Überhangwinkels γ

Lage	45° nördliche Breite			55° nördliche Breite		
Himmelsrichtung	Süd	Ost / West	Nord	Süd	Ost / West	Nord
Seiten-Überhangwinkel						
0°	1,00	1,00	1,00	1,00	1,00	1,00
30°	0,94	0,92	1,00	0,94	0,91	0,99
45°	0,84	0,84	1,00	0,86	0,83	0,99
60°	0,72	0,75	1,00	0,74	0,75	0,99

Tabelle 4.3: Teilbestrahlungsfaktoren F_f für Seiten-Überhangwinkel γ aufgrund seitlicher Abschattung nach DIN V 4108-6 Tabelle 11

Spalte	1	2	3
Zeile	Kenngröße	Abschnitt bzw. Gleichung im Text	Randbedingungen für den Nachweis
11	Abminderungsfaktor für Sonnenschutzeinrichtungen F_C	Tabelle 7	$F_C = 1,0$

Erläuterungen: Da bei Sonnenschutzeinrichtungen der permanente Einsatz nicht gewährleistet ist, wird im Rahmen der Nachweise nach EnEV davon ausgegangen, dass keine Sonnenschutzeinrichtungen vorhanden sind.

Spalte	1	2	3
Zeile	Kenngröße	Abschnitt bzw. Gleichung im Text	Randbedingungen für den Nachweis
12	Abminderungsfaktor infolge nicht senkrechter Einstrahlung F_w	Gleichung (55)	$F_w = 0,9$

Erläuterungen: Der Gesamtenergiedurchlassgrad von Verglasungen wird nach DIN EN 410 ermittelt, indem der Probekörper einer senkrechten Strahlung ausgesetzt wird. Da im praktischen Fall Verglasungen jedoch unter einem Winkel zur Sonne stehen, kann im Vergleich zur Laborsituation nur ein Teil der auftreffenden Strahlung in den dahinter liegenden Raum eindringen. Der Reflektionsanteil beträgt nach EnEV ca. 10 %. Daher wird im Rahmen des baurechtlichen Nachweises ein Reduktionsfaktor von $F_w = 0,90$ angesetzt.

Spalte	1	2	3
Zeile	**Kenngröße**	**Abschnitt bzw. Gleichung im Text**	**Randbedingungen für den Nachweis**
13	beheiztes Luftvolumen	6.2.2	$V = 0,76\,V_e$ bei Gebäuden mit bis drei Vollgeschossen mit nicht mehr als zwei Wohnungen, Ein- und Zweifamilienhäusern mit bis 2 Vollgeschossen und drei Wohneinheiten; $V = 0,80\,V_e$ in den übrigen Fällen
13	beheiztes Luftvolumen	6.2.2	$V = 0,76\,V_e$ bei Gebäuden mit bis drei Vollgeschossen mit nicht mehr als zwei Wohnungen, Ein- und Zweifamilienhäusern mit bis 2 Vollgeschossen und drei Wohneinheiten; $V = 0,80\,V_e$ in den übrigen Fällen ***Eine genaue Ermittlung nach DIN EN 832 ist zulässig***

NEU

Erläuterungen: Das Luftvolumen V eines Gebäudes wird zur Berechnung der Lüftungswärmeverluste benötigt. Um den zeitlichen und damit wirtschaftlichen Aufwand zur Bestimmung des Innenluftvolumens V in einem überschaubaren Rahmen zu halten, wurde vom Volumen V_e, ermittelt über Außenmaße, rückgerechnet. Hierzu müssen die Volumina von Wänden und Decken aus der außenmaßbezogenen Größe wieder herausgerechnet werden. Die Umrechnungsfaktoren zur Bestimmung des Innenluftvolumens V aus dem Volumen V_e wurden durch Vergleichsrechnungen ermittelt.

Achtung: Die Definition zur Einteilung in kleine Wohngebäude und in alle übrigen Fälle nach Zeile 13 entspricht nicht der der EnEV. Die Formulierung in Anhang Nr. 2.4 der Energieeinsparverordnung spricht nicht von Wohnungen oder Wohngebäuden, sondern erfasst nur den ersten Teil der Festlegungen nach Zeile 13, der da lautet: „bei Gebäuden mit bis zu 3 Vollgeschossen". Damit ist die EnEV zwar allgemeingültiger, jedoch als Verordnung und damit als Umsetzung eines Gesetzes bestimmend.

Spalte	1	2	3
Zeile	**Kenngröße**	**Abschnitt bzw. Gleichung im Text**	**Randbedingungen für den Nachweis**
14	*Flächenheizung*	*6.1.4*	***Bei einer Wärmedämmung von mindestens 8 cm ($\lambda \leq$ 0,04 W/(mK)) zwischen Heizfläche und außen liegenden konstruktiven Bauteilen sind ohne gesonderte Ermittlung des zusätzlichen spezifischen Transmissionswärmeverlustes $\Delta H_{T,FH}$ die Nachweise zur Energieeinsparverordnung ausreichend geführt.***

NEU

Erläuterungen: Da die EnEV im Gegensatz zur WSchV 95 keine Anforderungen an Bauteile mit Flächenheizungen definiert, müssen die zusätzlichen Wärmeverluste über diese Bauteile, die dadurch entstehen, dass das Heizelement direkt auf dem Trennbauteil liegt, durch die Berechnung von $\Delta H_{\text{T,FH}}$ erfasst werden. Falls jedoch zwischen der Flächenheizung und dem Außenbauteil eine Schicht mit einem Wärmedurchlasswiderstand von $R \geq 2{,}0$ m²K/W vorhanden ist, können die zusätzlichen Wärmeverluste über die Flächenheizung nach außen vernachlässigt werden. D. h. für das Trennbauteil werden nur die „normalen" Verluste aus Wärmeleitung, Konvektion und Strahlung in Ansatz gebracht.

NEU

Spalte	1	2	3
Zeile	**Kenngröße**	**Abschnitt bzw. Gleichung im Text**	**Randbedingungen für den Nachweis**
15	Wärmebrückeneinfluss	6.1.2	Folgende Möglichkeiten können in Ansatz gebracht werden: 1. Berechnung nach DIN EN ISO 10211-2 mit Hilfe der Ψ-Werte für Wärmebrücken an: - Gebäudekanten - Fenster und Türen: Laibungen (umlaufend) - Wand- und Deckeneinbindungen - Deckenauflagern - wärmetechnisch entkoppelten Balkonplatten 2. pauschale Berücksichtigung unter Berücksichtigung von DIN 4108 Bbl. 2 $\Delta U_{\text{WB}} = 0{,}05$ W/(m²K) 3. ohne Berücksichtigung von DIN 4108 Bbl. 2: $\Delta U_{\text{WB}} = 0{,}10$ W/(m²K) Verglaste Fassaden (Vorhangfassaden als Pfosten-Riegel-Konstruktion) sind bei der Berücksichtigung des Wärmebrückeneinflusses auszunehmen, einschließlich Paneele: $$\Delta H_{\text{WB}} = \Delta U_{\text{WB}} \, (A - A_{\text{cw}}) \qquad (D.13)$$ Dabei ist: A_{cw} die Fläche der verglasten Fassade

Erläuterungen: Neben der Erfassung von Wärmeverlusten im Bereich von Wärmebrücken mittels eines pauschalen spezifischen Wärmebrückenzuschlags ΔU_{WB} besteht auch die Möglichkeit, den längenbezogenen Wärmebrückenverlustkoeffizienten Ψ des jeweiligen Bauteilübergangs oder Anschlussdetails zu berechnen. Die Methodik zur Bestimmung des Ψ-Wertes ist in DIN EN ISO 10211-1 bzw. DIN EN ISO 10211-2 festgelegt. Da die EnEV in Nr. 1.3.1 festlegt, dass die Berechnung der wärmeübertragenden Bauteilflächen über Außenmaße zu erfolgen hat, ist auch bei der Ermittlung des Ψ-Wertes der Außenmaßbezug zu wählen.

Die einfachsten Arten von Wärmebrücken stellen dabei die in Zeile 14 aufgeführten Konstruktionen dar, d. h.:
- Gebäudekanten
- umlaufende Laibungen von Fenstern und Türen; dabei ist zu berücksichtigen, dass die Rollläden bei Fenstern und Fenstertüren eine wesentliche Wärmebrücke darstellen. Nachdem in der EnEV im Gegensatz zur WSchV 95 keine Anforderungen an Rollladenkästen mehr getroffen wurden, gelten in diesem Zusammenhang die Mindestanforderungen an den baulichen Wärmeschutz nach DIN 4108-2. Dort wird in Abschnitt 5.2.2 ausgeführt:

„In diesen Fällen ist für das gesamte Bauteil zusätzlich im Mittel R = 1,0 m²K/W einzuhalten. Gleiches gilt für Rollladenkästen. Für den Deckel von Rollladenkästen ist der Wert R = 0,55 m²K/W einzuhalten." Diese Ausführungen betreffen jedoch nur die einzelnen Teile eines Rollladenkastens, nicht jedoch die wärmetechnische Wirkung des gesamten Elementes. Zu diesem Zweck ist der U-Wert der Konstruktion entweder durch eine Messung zu ermitteln oder es ist, wie bereits oben ausgeführt, der Ψ-Wert durch die Abbildung in einem Wärmebrückenprogramm analog DIN EN 10211-1 oder DIN EN ISO 10211-2 mit den ergänzenden Randbedingungen nach DIN 4108-2 Abschnitt 6.2 zu berechnen. Aufgrund der Komplexität erfolgen Erläuterungen zur Berechnung von Wärmebrücken in einer eigenständigen Veröffentlichung.
- Wand- und Deckeneinbindung
- Deckenauflager
- wärmetechnisch entkoppelte Balkonplatten

Achtung: Auch in diesem Zusammenhang ist auf die Festlegungen zur „Vermeidung erhöhter Transmissionswärmeverluste" nach DIN 4108-2 Abschnitt 6.3.3 hinzuweisen. Dort wird ausgeführt: „Ohne zusätzliche Wärmedämm-Maßnahmen sind auskragende Balkonplatten, Attiken, freistehende Stützen und Wände mit λ > 0,5 W/(mK), die in den ungedämmten Dachbereich oder ins Freie ragen, unzulässig."

Erläuterungen: Werden bei Bauteilanschlüssen und Übergängen die wärmebrückenreduzierten Konstruktionen nach Beiblatt 2 zu DIN 4108 :1998-08 berücksichtigt, kann man von verminderten Wärmeströmen im Bereich der Wärmebrücken ausgehen. Es genügt daher ein im Vergleich zum Buchstaben a) kleinerer pauschaler Wärmebrückenzuschlag von ΔU_{WB} = 0,05 W/(m²K). Auch dieser Zuschlag wird dadurch auf die Gesamtheit aller wärmeübertragenden Bauteile bezogen, dass die Fläche aller wärmeübertragenden Bauteile A nach Nr. 1.3.1 mit dem Wärmebrückenzuschlag multipliziert wird. Der U-Wert aller an einem Gebäude vorhandenen Bauteile wird damit um ΔU_{WB} = 0,05 W/(m²K) erhöht.

Um auch bei wärmebrückenreduzierten Konstruktionen, die nicht im Bbl. 2 zu DIN 4108 dargestellt wurden, die Möglichkeit einzuräumen, den verminderten Wärmebrückenzuschlag zu verwenden, enthält DIN V 4108-6 unter der Ziffer 5.5.2.2 Buchstabe b) folgende Festlegung: „Werden wärmetechnisch vergleichbare Konstruktionen nach DIN 4108 Bbl. 2 ausgeführt, kann der pauschale spezifische Wärmebrückenzuschlag (ΔU_{WB} = 0,10 W/(m²K) - Anmerkung des Autors) halbiert werden." Zur Vergleichbarkeit von Konstruktionen legt Beiblatt 2 zu DIN 4108 unter Ziffer 3.4 Folgendes fest: „Bei Einhaltung des dargestellten Konstruktionsprinzips und der Wärmedurchgangskoeffizienten der Außenbauteile gelten andere Ausführungen als gleichwertig."

Für Konstruktionen, die von den Darstellungen in Beiblatt 2 zu DIN 4108 abweichen, ist somit entweder der pauschale spezifische Wärmebrückenzuschlag ΔU_{WB} = 0,10 W/(m²K) zu verwenden oder der Ψ-Wert der vorhandenen Konstruktion ist mit dem einer Beiblattlösung zu vergleichen. Da Beiblatt 2 zu DIN 4108 aber keine zahlenmäßigen Angaben über den längenbezogenen Wärmebrückenverlustkoeffizienten Ψ macht, ist ein direkter Vergleich nur bedingt möglich. Dies umso mehr, als zur Vergleichbarkeit auch jeweils identische Randbedingungen anzusetzen sind.

Erläuterungen: Bei Vorhangfassaden als Pfosten-Riegel-Konstruktionen wird die Wirkung von Wärmebrücken in der Konstruktion bereits bei der Ermittlung des U-Wert nach E DIN EN ISO 13947 berücksichtigt und ist damit in den Herstellerangaben des jeweiligen Produktes enthalten. Für die Berechnung der Wärmeverluste eines Gebäudes mit einem solchen Fassadensystem bedeutet dies, dass die zugehörigen Flächen A_{cw} (cw = curtain walling) bzw. die Bauteile bei der Betrachtung von Wärmebrücken nicht zu berücksichtigen sind.

Bei einer Erfassung der Wärmebrücken nach den Ziffern 2 und 3 sind die zugehörigen Fassadenflächen aus der Berechnung der spezifischen Transmissionswärmeverluste aufgrund von Wärmebrücken wie folgt herauszunehmen: $H_{WB} = \Delta U_{WB} (A - A_{cw})$.

Bei einer Berechnung der längenbezogenen Wärmebrückenverlustkoeffizienten können alle Bauteile, die in direktem Zusammenhang mit dem Bauteil Vorhangfassade stehen, ausgenommen werden.

Spalte	1	2	3
Zeile	Kenngröße	Abschnitt bzw. Gleichung im Text	Randbedingungen für den Nachweis
NEU *16*	wirksame Wärmespeicherfähigkeit zur Bestimmung des Ausnutzungsgrades	Definitionen: 6.5.2 Gleichungen (71) und (72)	Zur Ermittlung des Ausnutzungsgrades η_M: für leichte Gebäude: $C_{wirk,\eta} = 15$ Wh/(m³K) · V_e **(D.14)** für schwere Gebäude: $C_{wirk,\eta} = 50$ Wh/(m³K) · V_e **(D.15)** Sind alle Innen- und Außenbauteile festgelegt, ist auch eine genaue Ermittlung von $C_{wirk,\eta}$ statthaft.

Erläuterungen: Bei der Berechnung des Jahres-Heizwärmebedarfs Q_h eines Gebäudes wird die Bilanz eines jeden Monats der Heizzeit errechnet. Dabei gehen sowohl die monatliche mittlere Außenlufttemperatur als auch die mittlere Strahlungsintensität in die Betrachtungen ein. Aus der monatsweisen Ermittlung der Wärmeverluste und Wärmegewinne folgt, dass auch der Ausnutzungsgrad η_M der Wärmegewinne für jeden Monat bestimmt werden muss. Einer der wesentlichen Parameter ist in diesem Zusammenhang die Frage, welchen Wärmeeintrag die der warmen Raumluft zugekehrten Bauteile eines Gebäudes im Bereich oberflächennaher Schichten speichern können, um sie zeitverzögert im Bedarfsfall wieder abzugeben. Als gebäudespezifische Größe ist dabei die wirksame Wärmespeicherkapazität $C_{wirk,\eta}$ nach DIN V 4108-6 Gleichung (69) aus der Summe aller mit der Innenraumluft in Kontakt befindlichen Bauteile zu berechnen. Da dies einen erheblichen zeitlichen und damit wirtschaftlichen Aufwand bedeutet, wurde durch Vergleichsrechnungen unter der Annahme üblicher Bauteile und Gebäude ein Algorithmus entwickelt, mit dessen Hilfe die wirksame Speicherfähigkeit eines Gebäudes über einen Umrechnungsfaktor aus dem Volumen über Außenmaße abgeleitet werden kann. Zu unterscheiden ist in diesem Zusammenhang zwischen leichten und schweren Gebäuden, da die Speicherfähigkeit einer Konstruktion auch von der Rohdichte oberflächennaher Schichten abhängt.

Merkmale zur Charakterisierung von leichten bzw. schweren Gebäuden sind DIN 4108-2 Abschnitt 8 Tabelle 8 zu entnehmen.

Spalte	1	2	3
Zeile	**Kenngröße**	**Abschnitt bzw. Gleichung im Text**	**Randbedingungen für den Nachweis**
17	Heizunterbrechung (Nachtabschaltung)	Anhang C	Für die Zeit des Abschaltbetriebs ist anzunehmen: - bei Wohngebäuden : 7 h - bei Büro- und Verwaltungsgebäuden: 10 h. Längere Abschaltzeiten sind nicht vorgesehen. Wirksame Speicherfähigkeit bei Nachtabschaltung: für leichte Gebäude: $C_{\mathrm{wirk},\eta} = 15\ \mathrm{Wh/(m^3 K)} \cdot V_\mathrm{e}$ **(D.16)** für schwere Gebäude: $C_{\mathrm{wirk},\eta} = 50\ \mathrm{Wh/(m^3 K)} \cdot V_\mathrm{e}$ **(D.17)** Sind alle Innen- und Außenbauteile festgelegt, ist auch eine genaue Ermittlung von $C_{\mathrm{wirk},\eta}$ statthaft. Für die Normheizlast des Wärmeerzeugers gilt: (Randbedingung: $n = 0{,}5\ \mathrm{h^{-1}}$) $\Phi_{\mathrm{pp}} = 1{,}5 \cdot (H_\mathrm{T} + H_\mathrm{V}) \cdot 31\mathrm{K}$ **(D.18)** (K = Kelvin – Anmerkung des Autors)

NEU

Erläuterungen: Die Zeiten mit abgeschaltetem Heizbetrieb wurden zur Vergleichbarkeit der Ergebnisse vom Gesetzgeber festgelegt. In den Zeiten nach Zeile 16 wurden bei Büro- und Verwaltungsgebäuden neben dem Nachtfall auch Heizunterbrechungen an Wochenenden eingerechnet.

Da von den oben genannten Zeiten der Nachtabschaltung im Rahmen der EnEV nicht abgewichen werden darf, ist für andere als die vorab aufgeführten Nutzungsarten im Einzelfall zu entscheiden, ob es sich hinsichtlich der Nachtabschaltung um ein Gebäude mit Aufenthaltsdauern wie bei einer Wohn- oder einer Büronutzung handelt. Entscheidend sind in diesem Fall insbesondere Wochenend- oder Ferienabschaltungen.

Unter diesem Aspekt können folgende Nutzungsarten als Wohngebäude eingestuft werden:

- Krankenhäuser, Altenwohnheime, Altenheime, Pflegeheime, Entbindungs- und Säuglingsheime sowie Aufenthaltsgebäude in Justizvollzugsanstalten und Kasernen.

Wie Bürogebäude können in diesem Zusammenhang eingestuft werden:

- Schulen, Bibliotheken, Gebäude des Gaststättengewerbes, Waren- und sonstige Geschäftshäuser, Gebäude für Sport- und Versammlungszwecke.

Die Nutzungsdauer eines Gebäudes ist jedoch im Einzelfall noch einmal mit dem Betreiber bzw. Auftraggeber festzulegen.

Spalte	1	2	3
Zeile	**Kenngröße**	**Abschnitt bzw. Gleichung im Text**	**Randbedingungen für den Nachweis**
18	solare Wärmegewinne über opake Bauteile	Gleichung (60)	Solare Wärmegewinne über opake Bauteile brauchen nicht berücksichtigt werden. Werden die Effekte dennoch berechnet, sind folgende Annahmen zu treffen: Emissionsgrad der Außenfläche bei Wärmestrahlung $\varepsilon = 0{,}8$ Strahlungsabsorptionsgrad an opaken Oberflächen $\alpha = 0{,}5$ (für dunkle Dächer kann abweichend $\alpha = 0{,}8$ angenommen werden)

NEU (neben Zeile 18)

Erläuterungen: Die solare Einstrahlung auf opake Oberflächen führt zu einer Erhöhung der Oberflächentemperatur und damit zu einer Verminderung der Wärmeströme nach außen. Da die Bandbreite der Emissions- und Strahlungsabsorptionsgrade in Abhängigkeit der Farbgebung großen Schwankungen unterworfen ist, wurden im Rahmen der baurechtlichen Nachweise jeweils signifikante Werte angegeben. Die Berücksichtigung dieser solaren Wärmegewinne ist jedoch optional.

Achtung: Werden solare Wärmegewinne über opake Bauteile berücksichtigt, dann gehen sie nicht in die Summe der übrigen solaren und internen Wärmegewinne ein. Da die Sonneneinstrahlung zu einer Erhöhung der Temperatur auf der Bauteilaußenoberfläche führt, werden nur die Wärmeströme nach außen vermindert. Speicherungsprozesse finden jedoch nicht statt. Solare Wärmegewinne über opake Bauteile sind daher von den Wärmeverlusten direkt abgezogen und nicht mit dem Nutzungsgrad η_M beaufschlagt.

4.1.2 Reduktionsfaktoren nach DIN V 4108-6 Tabelle 3

Spalte / Zeile	1	2	3					
	Wärmestrom nach außen über	F_x	**Temperatur-Korrekturfaktor** F_x[f]					
1	Außenwand, *Fenster, Decke über Außenluft*	F_e	1,0						*NEU*
2	Dach (als Systemgrenze)	F_D	1,0					
3	Dachgeschossdecke (Dachraum nicht ausgebaut)	F_D	0,8					
4	*Wände und Decken zu Abseiten* (Drempel)	F_u	0,8						*NEU*
5	Wände und Decken zu unbeheizten Räumen	F_u	0,5					
6	Wände und Decken zu niedrig beheizten Räumen	F_u	0,35					
7	Wände und Fenster zu un- - Einfachverglasung	F_u	0,8					
8	beheiztem Glasvorbau bei - Zweischeibenverglasung	F_u	0,7					
9	einer Verglasung des Glas-vorbaus mit - Wärmeschutzverglasung	F_u	0,5					

Die folgenden Zeilen betreffen *Bauteile des unteren Gebäudeabschlusses*:

Zeile			B'[a] [m]					
			≤ 5		5 bis 10		≥ 10	
			R_f bzw. R_w[b]		R_f bzw. R_w[b]		R_f bzw. R_w[b]	
	Flächen des beheizten Kellers		≤ 1	> 1	≤ 1	> 1	≤ 1	> 1
10	- Fußboden des beheizten Kellers	$F_G = F_{bf}$	0,30	0,45	0,25	0,40	0,20	0,35
11	- Wand des beheizten Kellers	$F_G = F_{bw}$	0,40	0,60	0,40	0,60	0,40	0,60
			R_f		R_f		R_f	
			≤ 1	> 1	≤ 1	> 1	≤ 1	> 1
12	Fußboden[c] auf dem Erdreich ohne Randdämmung	$F_G = F_{bf}$	0,45	0,6	0,4	0,5	0,25	0,35
	Fußboden[c] auf dem Erdreich mit Randdämmung[d]:							
13	- *5,0 m* breit, waagrecht	$F_G = F_{bf}$	0,30		0,25		0,20		*NEU*
14	- 2,0 m *tief*, senkrecht	$F_G = F_{bf}$	0,25		0,20		0,15		*NEU*
	Kellerdecke und *Kellerinnenwand:*								*NEU*
15	- zum unbeheiztem Keller mit Perimeterdämmung	F_G	0,55		0,50		0,45	
16	- zum unbeheiztem Keller ohne Perimeterdämmung	F_G	0,70		0,65		0,55	
17	Aufgeständerter Fußboden	F_G	0,90					
18	Bodenplatte von niedrig beheizten Räumen:[e]	F_G	0,20	0,55	0,15	0,50	0,10	0,35

[a] $B' = A_G/(0,5*P)$ nach Gleichung (E.3);
[b] R_f: Wärmedurchlasswiderstand der Bodenplatte (betrifft Zeile 10, 12, 18) bzw.
    R_w: Wärmedurchlasswiderstand der Kellerwand (betrifft Zeile 11)
      ggf. flächengewichtete Mittelung von R_f und R_w (betrifft Zeile 10, 11)
[c]   bei fließendem Grundwasser erhöhen sich die Temperatur-Korrekturfaktoren um 15 %
[d]   bei einem Wärmedurchlasswiderstand der Randdämmung $R > 2,0$ m²K/W; Bodenplatte in der Fläche nicht
    gedämmt; siehe auch Bild 2 und 3 in DIN EN ISO 13370:1998-12
[e]   Räume mit einer Innentemperatur 12 °C $\leq \theta_i < 19$ °C
[f]   Die Werte (außer Zeile 6 und 12 – 14) gelten analog auch für Flächen niedrig beheizter Räume.

Tabelle 4.4: Übersicht von Reduktionsfaktoren nach DIN V 4108-6 Tabelle 3

4.1.2.1 Reduktionsfaktoren von Bauteilen, die an die Luft grenzen

Spalte / Zeile	Wärmestrom über folgende Bauteile, die an die Außenluft bzw. an unbeheizte Räume grenzen		Symbol F_x [ ]	Temperatur-Korrekturfaktor F_x [ ]
1	Außenwand		F_{AW}	1,0
1	Außenwand, *Fenster, Decke über Außenluft*		F_e	1,0
2	Dach (als Systemgrenze)		F_D	1,0
3	Dachgeschossdecke (Dachraum nicht ausgebaut)		F_D	0,8
4	Abseitenwand (Drempel)		F_u	0,8
4	*Wände und Decken zu Abseiten* (Drempel)		F_u	0,8
5	Wände und Decken zu unbeheizten Räumen		F_u	0,5
6	Wände und Decken zu niedrig beheizten Räumen		F_u	0,35
7	Wände und Fenster zu unbeheiztem Glasvorbau bei einer Verglasung des Glasvorbaus mit	- Einfachverglasung	F_u	0,8
8		- Zweischeibenverglasung	F_u	0,7
9		- Wärmeschutzverglasung	F_u	0,5

NEU markiert Zeile 1 (Außenwand, Fenster, Decke über Außenluft) und Zeile 4 (Wände und Decken zu Abseiten).

Tabelle 4.5: Reduktionsfaktoren von Bauteilen, die beidseitig an die Luft grenzen

1) Reduktionsfaktoren F_{AW} von Außenwänden

Als Außenwände gelten Bauteile, die das beheizte Volumen von der Außenluft trennen. Durch das Bauteil hindurch fließt eine auf einen Quadratmeter Bauteilfläche bezogene Wärmestromdichte q, die von der Differenz aus Innenlufttemperatur θ_i und Außenlufttemperatur θ_e und dem Wärmedurchgangskoeffizient U des Bauteils abhängt. Es gilt:

$$q = U \cdot (\theta_i - \theta_e)$$

Im Gegensatz zum Heizperiodenbilanzverfahren ist beim Monatsbilanzverfahren für jeden Monat eine andere mittlere tägliche Außenlufttemperatur anzusetzen, so dass auch die Wärmestromdichte von Monat zu Monat unterschiedlich ist.

Die gleichen Randbedingungen gelten auch für Fenster und Decken, die das beheizte Volumen nach unten gegen die Außenluft abgrenzen. Auch für diese Bauteile ist daher der Reduktionsfaktor F_{AW} anzusetzen.

2) Reduktionsfaktoren F_D von Dächern als Systemgrenze

Als Dächer, die die Systemgrenze bilden, gelten Bauteile, die das beheizte Volumen von der Außenluft trennen. Die U-Wert Berechnung dieser Bauteile erfolgt nach DIN EN ISO 6946:1996-11. Dabei ist besonders auf das Vorhandensein und die Lage von Luftschichten zu achten. Ausführliche Erläuterungen sind Kapitel 7 dieses Kommentars zu entnehmen.

3) Reduktionsfaktoren F_D von Dachgeschossdecken

Bevor der Frage des Reduktionsfaktors nachgegangen werden kann, ist für den Nachweisführenden zu klären, wo im Dachbereich die Systemgrenze angesetzt werden muss, die die beheizte Kernzone vom Außenbereich abgrenzt. Dabei sind drei Fälle zu unterscheiden:

- Wird bei Dächern die Wärmedämmung über den nicht ausgebauten Dachraum hinweggeführt, d. h. ist die gesamte Dachfläche bis zum First gleichmäßig gedämmt und wird im Bereich der Kehlbalkenlage keine zusätzliche Dämmung eingebaut, dann gilt auch das Dach im Bereich des Spitzbodens als wärmeübertragendes Bauteil. Als solches geht es ebenso wie das Volumen des nicht genutzten Dachraumes in die entsprechenden Berechnungen ein.

- Falls die Wärmedämmung des flächigen Daches bis zum First durchgezogen wird, im Bereich der Kehlbalkenlage jedoch auch eine Dämmung eingebaut wird, sollte statt des pauschalen

Reduktionsfaktors F_D nach DIN V 4108-6 der Reduktionsfaktor b nach DIN EN ISO 13789 ermittelt werden. Dieser berücksichtigt die tatsächlichen Wärmeströme aus dem beheizten Volumen über den nicht genutzten Dachraum nach außen. Die Reduktionsfaktoren nach DIN V 4108-6 wären für den beschriebenen Fall zu ungünstig und würden die Wärmeverluste überschätzen. Eine Erläuterung der Berechnung nach DIN EN ISO 13789 kann Kapitel 7 dieses Kommentars entnommen werden. Bei einer Berechnung des b-Faktors gilt die Dachgeschossdecke zum nicht genutzten Dachraum als Systemgrenze und geht damit in die Summe der wärmeübertragenden Bauteilflächen ein. Das Volumen des nicht genutzten Dachraums bleibt unberücksichtigt.

- Wenn das Dach im Bereich des nicht genutzten Dachraums ungedämmt bleibt, bietet sich dem Nachweisführenden die Möglichkeit, den Reduktionsfaktor F_D entsprechend DIN V 4108-6 Tabelle 3 zu verwenden oder nach DIN EN ISO 6946 einen U-Wert des Trennbauteils zwischen beheiztem Volumen und unbeheiztem Dachraum zu berechnen, in den die Ausbildung des Daches im Bereich des Spitzbodens eingeht. Erläuterungen zu diesem Ansatz sind ebenfalls in Kapitel 7 dieses Kommentars enthalten. Als wärmeübertragende Fläche gilt in jedem Fall die Trenndecke. Das Volumen des Spitzbodens wird in die Berechnungen nicht einbezogen.

Der Reduktionsfaktor F_D nach DIN V 4108-6 basiert auf der Annahme verminderter Wärmeverluste aus der beheizten Kernzone über die Dachgeschossdecke, da sich im Bereich des nicht genutzten Dachraums eine im Vergleich zur Außenlufttemperatur höhere Temperatur einstellt und damit auch ein geringerer Wärmestrom nach außen zu verzeichnen ist. Die pauschalisierten Annahmen führen bei gedämmten Dachflächen oder bei Dachflächen mit einer verminderten Durchlüftung des Spitzbodens durch entsprechende Unterdeckbahnen meist zu ungünstigeren Ergebnissen im Vergleich zu einer Berechnung des U-Wertes nach DIN EN ISO 6946 oder DIN EN ISO 13789.

4) Reduktionsfaktoren F_u von Wänden und Decken zu Abseiten (Drempel)

Auch für die Wärmeströme aus dem beheizten Innenraum über Wände oder Decken zu Abseiten, für den dahinterliegenden Luftraum und das steil geneigte Dach an die Außenluft gelten die Aussagen nach Ziffer 3, und analog dazu muss der Nachweisführende zunächst festlegen, wo die Systemgrenze verläuft, die die Trennung zwischen Innen- und Außenklima darstellt. Auch hier ist zwischen drei Fällen zu unterscheiden:

- Wenn die Dämmung in der Ebene des flächigen Daches ohne Unterbrechung in die Dämmebene der Wand übergeht, d. h. wenn die Dämmung vom First bis zur Fußpfette oder einer anderen Auflagerung auf der Geschossdecke fortgeführt wird und im Bereich der Abseitenwand keine Dämmung zum Einsatz kommt, dann gilt als Systemgrenze die Dachfläche. Als solche geht sie in ihrer gesamten Ausdehnung in die Berechnung der wärmeübertragenden Fläche A ein. Der Hohlraum zwischen Abseitenwand und Dachfläche ist in diesem Fall dem beheizten Volumen V_e zuzurechnen.

- Wird sowohl im Bereich des Daches als auch im Bereich der Abseitenwand eine Wärmedämmung eingebaut, sollte statt des pauschalen Reduktionsfaktors F_u nach DIN V 4108-6 der Reduktionsfaktor b nach DIN EN ISO 13789 ermittelt werden. Dieser berücksichtigt die tatsächlichen Wärmeströme aus dem beheizten Volumen über den nicht genutzten Dachraum nach außen. Die Reduktionsfaktoren nach DIN V 4108-6 wären für den beschriebenen Fall zu ungünstig und würden die Wärmeverluste überschätzen. Eine Erläuterung der Berechnung nach DIN EN ISO 13789 kann Kapitel 7 dieses Kommentars entnommen werden. Bei einer Berechnung des b-Faktors gilt die Abseitenwand als Systemgrenze und geht damit in die Summe der wärmeübertragenden Bauteilflächen ein. Das Volumen des nicht genutzten Dachraums bleibt unberücksichtigt. Im Gegensatz zur Berechnung nach Ziffer 3 sind bei der Bestimmung des U-Wertes aber Wärmeübergangswiderstände für einen horizontalen Wärmestrom anzusetzen.

- Falls die Abseitenwand als Dämmebene ausgebildet und im Bereich der zugehörigen Dachfläche auf eine Wärmedämmung verzichtet wird, bietet sich dem Nachweisführenden die Möglichkeit, den Reduktionsfaktor F_D entsprechend DIN V 4108-6 Tabelle 3 zu verwenden oder nach DIN EN ISO 6946 einen U-Wert des Trennbauteils zwischen beheiztem Volumen und unbeheiztem Dachraum zu berechnen, in den die Ausbildung des Daches im Bereich des Spitzbodens eingeht. Erläuterungen zu diesem Ansatz sind ebenfalls in Kapitel 7 dieses Kommentars enthalten. Als wärmeübertragende Fläche gilt in jedem Fall die Abseitenwand. Das Volumen des nicht genutzten Dachraums wird in die Berechnungen nicht einbezogen.

Achtung: Falls auf eine Wärmedämmung des Daches im Bereich der Abseitenwand verzichtet wird, ist unbedingt darauf zu achten, dass eine Dämmung der Geschossdecke zwischen Abseitenwand und Dach erfolgt. Da sich die verschiedenen Gewerke häufig nicht über die Zuständigkeit in diesem Bereich einigen können (Dachdecker / Trockenbauer), wird keine Dämmung eingebaut. Die daraus resultierende Auskühlung führt zur Schimmelpilzbildung an der darunter liegenden Geschossdecke und damit zu einem Bauschaden.

5) Reduktionsfaktoren F_u von Wänden und Decken zu unbeheizten Räumen

Als Wände und Decken gelten Bauteile, die das beheizte Volumen von unbeheizten Räumen trennen. Der Wärmestrom fließt über das Trennbauteil in den unbeheizten Bereich und über diesen an die Außenluft. Wie bei den Ziffern 3 und 4 stellen die Reduktionsfaktoren F_u nur einen Mittelwert dar. Auch bei der Wärmeübertragung über unbeheizte Räume an die Außenluft gilt somit: Werden die Außenbauteile dieser Räume gut gedämmt, dann ergeben sich bei der Verwendung der pauschalen Werte nach Tabelle 3 der DIN V 4108-6 zu hohe Wärmeströme und damit zu ungünstige Abminderungsfaktoren. Es kann auch hier der tatsächliche Sachverhalt durch eine Berechnung des U-Wertes des Trennbauteils nach DIN EN ISO 13789 abgebildet werden. Als wärmeübertragendes Bauteil gilt die Wand oder Decke. Die Bauteile, die den unbeheizten Raum gegen die Außenluft abgrenzen, gehen in die Berechnung nicht ein. Ebenso bleibt das Volumen des unbeheizten Raumes unberücksichtigt. Die Definition von ab- und angrenzenden Bauteilen entspricht der Einteilung gemäß WSchV 95.

Achtung: Der Reduktionsfaktor F_u gilt nicht für Trennwände und -decken, die das beheizte Volumen von unbeheizten Kellerräumen abgrenzen. Für diese Bauteile bzw. diese Einbausituationen gelten die Reduktionsfaktoren der zweiten Hälfte der Tabelle „Flächen des unteren Gebäudeabschlusses".

6) Reduktionsfaktoren F_u von Wänden und Decken zu Räumen mit niedrigen Innentemperaturen

Erläuterungen: Da es sich in diesem Fall nicht um einen Raum handelt, in den Wärme ausschließlich über Trennbauteile fließt, sondern der über eine eigene Heizung verfügt, müsste zur Ermittlung der tatsächlichen Wärmeströme auch die vorhandene Innenraumtemperatur bekannt sein. Da dies in der Regel nicht der Fall ist, bleibt nur die Verwendung des zugehörigen Reduktionsfaktors.

Achtung: Es fehlt bei dieser Aufzählung der Reduktionsfaktor F_u von Wänden und Decken zu Räumen mit wesentlich niedrigeren Innentemperaturen. Der Reduktionsfaktor solcher Bauteile ist Anhang 1 Nr. 2.7 Buchstabe c) zu entnehmen. Dort wurde festgelegt: „Bei der Berechnung von aneinander gereihten Gebäuden werden Gebäudetrennwände

c) zwischen Gebäuden mit normalen Innentemperaturen und Gebäuden mit wesentlich niedrigeren Innentemperaturen im Sinne von DIN 4108-2:2001-03 bei der Berechnung des Wärmedurchgangskoeffizienten mit einem Temperatur-Korrekturfaktor F_u = 0,5 gewichtet."

Als Räume oder Gebäudeteile mit wesentlich niedrigeren Raumtemperaturen werden Zonen eingestuft, die auf einer Innentemperatur $\theta_i \leq 10\ °C$, mindestens aber frostfrei (+5°C nach DIN 4701 Teil 2 Tabelle 2) gehalten werden. Dies gilt nach DIN 4701 Teil 2

Tabelle 2 und Tabelle 6 für Treppenräume von Wohngebäuden und Nebentreppenräume von Verwaltungsgebäuden, Geschäftshäusern, Hotels, Gaststätten und Kirchen sowie für Lagerräume, die nicht unmittelbar an das beheizte Volumen grenzen (für die Einstufung von Haupttreppenräumen in Verwaltungsgebäuden und für Lagerräume, die unmittelbar an das beheizte Volumen grenzen, siehe Erläuterungen zu § 2 Absatz 4).

Da es sich in diesem Fall nicht um einen Raum handelt, in den Wärme ausschließlich über Trennbauteile fließt, sondern der über eine eigene Heizung verfügt, müsste zur Ermittlung der tatsächlichen Wärmeströme auch die vorhandene Innenraumtemperatur bekannt sein. Da dies in der Regel nicht der Fall ist, bleibt nur die Verwendung des zugehörigen Reduktionsfaktors.

7) Reduktionsfaktoren F_u von Trennbauteilen zu unbeheizten Glasvorbauten

Als geschlossene unbeheizte Glasvorbauten können dem Gebäude vorgelagerte verglaste Konstruktionen eingestuft werden, deren eingeschlossenes Luftvolumen nicht beheizt wird. Dabei müssen nicht alle an die Außenluft grenzenden Flächen einer solchen Konstruktion verglast sein, mindestens aber der überwiegende Teil - d. h. mehr als 50 % . Es muss außerdem gewährleistet sein, dass diese Konstruktionen geschlossen sind und keinen überdurchschnittlichen Luftwechsel aufweisen.

Unter diesen Maßgaben können als geschlossener unbeheizter Glasvorbau beispielsweise folgende Konstruktionen eingestuft werden:

- Wintergärten im klassischen Sinn, wenn sie geschlossen und unbeheizt sind,

- unbeheizte geschlossene Lichthöfe oder Atrien, die mit einer Verglasung eingedeckt sind,

- großflächig verglaste unbeheizte, dem Gebäude vorgelagerte Eingangsbereiche, soweit gewährleistet wird, dass kein erhöhter unkontrollierter Luftwechsel vorliegt, d. h. der Zugang zu einer solchen Pufferzone muss über eine zusätzliche Luftschleuse erfolgen.

Wie bereits bei den vorhergehenden Ziffern mit Reduktionsfaktoren von Trennbauteilen, die das beheizte Volumen nicht direkt gegen die Außenluft, sondern gegen einen Pufferraum abgrenzen, gilt auch bei unbeheizten Glasvorbauten, dass es sich bei den in Tabelle 3 zu DIN 4108-6 genannten Reduktionsfaktoren um Mittelwerte handelt.

Bei unbeheizten Glasvorbauten kommt jedoch noch hinzu, dass die Wärmeströme aus dem unbeheizten Glasvorbau nach außen nicht über Bauteile mit einem üblichen Wärmedämmstandard abfließen, sondern im Wesentlichen über dessen Außenverglasung. Aus diesem Grund sind die Reduktionsfaktoren auch von der Art der äußeren Verglasung des Vorbaus abhängig. Je hochwertiger die Verglasung ist, mit der der Vorbau ausgeführt wird, umso weniger Wärme fließt aus diesem nach außen ab und umso geringer sind die Wärmeströme aus der beheizten Kernzone in den unbeheizten Glasvorbau.

Achtung: In die Ermittlung der Reduktionsfaktoren gehen ausschließlich die Wärmeverluste, nicht aber die Wärmegewinne über die Verglasung des unbeheizten Glasvorbaus ein. Diese werden bei der Berechnung der solaren Wärmegewinne berücksichtigt.

Achtung: Die Reduktionsfaktoren für unbeheizte Glasvorbauten wurden unter der Annahme einer dreiseitigen Verglasung bestimmt. Bei verminderten Verglasungsanteilen, z. B. bei unbeheizten Glasvorbauten, die in das beheizte Volumen eingeschnitten sind, verringern sich die Wärmeverluste deutlich. Mit den pauschalen Reduktionsfaktoren werden die Wärmeverluste überschätzt. Eine korrekte Betrachtung der Wärmeverluste kann über die Ermittlung der U-Werte von Trennbauteilen zwischen beheizter Kernzone und unbeheiztem Glasvorbau nach DIN EN ISO 13789 erfolgen.

Achtung: Analog zur WSchV 95 gelten als Systemgrenze des beheizten Bereiches eines Gebäudes auch bei vorgelagerten unbeheizten Glasvorbauten die Bauteile, die die beheizte Kernzone gegen den unbeheizten Glasvorbau abgrenzen. Die Trennbauteile gehen in die Summe der wärmeübertragenden Flächen A ein. Das Volumen des unbeheizten Glasvorbaus bleibt beim beheizten Volumen V_e unberücksichtigt.

Achtung: Wie bereits in der WSchV 95 ist auch in diesem Fall die Aufzählung, auf die sich die Reduktionsfaktoren erstrecken, unzureichend. Die Reduktionsfaktoren sind auf alle Bauteile anzuwenden, die die beheizte Zone von unbeheizten Glasvorbauten abgrenzen. D. h. nicht nur auf Wände und Fenster, sondern auch auf Decken nach oben oder Böden nach unten.

124 4 Randbedingungen der EnEV

4.1.2.2 Reduktionsfaktoren von Bauteilen, die an das Erdreich grenzen

	Bauteile des unteren Gebäudeabschlusses		B' [a)] [m]						
			≤ 5		5 bis 10		≥ 10		
			R_f und R_w [b)]		R_f und R_w [b)]		R_f und R_w [b)]		
			R_f bzw. R_w [b)]		R_f bzw. R_w [b)]		R_f bzw. R_w [b)]		
	Flächen des beheizten Kellers		≤ 1	> 1	≤ 1	> 1	≤ 1	> 1	
10	- Fußboden des beheizten Kellers	$F_G = F_{bf}$	0,30	0,45	0,25	0,40	0,20	0,35	
11	- Wand des beheizten Kellers	$F_G = F_{bw}$	0,40	0,60	0,40	0,60	0,40	0,60	
			R_f		R_f		R_f		
			≤ 1	> 1	≤ 1	> 1	≤ 1	> 1	
12	Fußboden [c)] auf dem Erdreich ohne Randdämmung	$F_G = F_{bf}$	0,45	0,6	0,4	0,5	0,25	0,35	
	Fußboden [c)] auf dem Erdreich mit Randdämmung [d)]:								
13	Boden auf Erdreich [c)] mit einer waagerechten Randdämmung der Breite $D = 2{,}0$ m [d)]	$F_G = F_{bf}$	0,30		0,25		0,20		
13	*- 5,0 m breit, waagrecht*	$F_G = F_{bf}$	**0,30**		**0,25**		**0,20**		NEU
14	Boden auf Erdreich [c)] mit einer senkrechten Randdämmung der Breite $D = 2{,}0$ m [d)]	$F_G = F_{bf}$	0,25		0,20		0,15		
14	*- 2,0 m tief, senkrecht*	$F_G = F_{bf}$	**0,25**		**0,20**		**0,15**		NEU
	Kellerdecke								
	Kellerdecke und *Kellerinnenwand*:								NEU
15	- zum unbeheiztem Keller mit Perimeterdämmung	F_G	0,55		0,50		0,45		
16	- zum unbeheiztem Keller ohne Perimeterdämmung	F_G	0,70		0,65		0,55		
17	aufgeständerter Fußboden	F_G	0,90						
18	Bodenplatte von niedrig beheizten Räumen [e)]	F_G	0,20	0,55	0,15	0,50	0,10	0,35	

a) $B' = A_G/(0{,}5*P)$ nach Gleichung (E.3);
b) R_f: Wärmedurchlasswiderstand der Bodenplatte (betrifft Zeile 10, 12, 18) bzw.
   R_w: Wärmedurchlasswiderstand der Kellerwand (betrifft Zeile 11)
     ggf. flächengewichtete Mittelung von R_f und R_w (betrifft Zeile 10, 11)
c) bei fließendem Grundwasser erhöhen sich die Temperatur-Korrekturfaktoren um 15 %
d) bei einem Wärmedurchlasswiderstand der Randdämmung $R > 2{,}0$ m²K/W; Bodenplatte in der Fläche nicht gedämmt; siehe auch Bild 2 und 3 in DIN EN ISO 13370:1998-12
e) Räume mit einer Innentemperatur 12 °C $\leq \theta_i < 19$ °C
f) Die Werte (außer Zeile 6 und 12 – 14) gelten analog auch für Flächen niedrig beheizter Räume.

Tabelle 4.6: Reduktionsfaktoren von Bauteilen, die an das Erdreich grenzen

1) Einführung

Mit der Anpassung der nationalen Normen an das europäisch harmonisierte Regelwerk vollzieht sich auch eine Umstellung der Berechnungsansätze zur Ermittlung der Wärmeverluste erdberührter Bauteile. Dies bedeutet, dass der bisher gebräuchliche gedankliche Ansatz der Wärmeübertragung an das Erdreich abgelöst wird durch die Betrachtungsweise der Wärmeübertragung über das Erdreich. Es wird somit nicht mehr länger suggeriert, dass die Wärme, die von beheizten Bereichen über erdberührte Bauteile verloren geht, in das Erdreich abfließt; stattdessen erfolgt eine Berechnung des Wärmeflusses durch die Bauteile hindurch über das Erdreich an die Außenluft. Beeinflusst wird dieser Wärmestrom daher nicht länger nur von der wärmetechnischen Qualität der erdberührten Bauteile, sondern auch durch die jeweiligen Randbedingungen der Einbausituation, wie z. B. durch die Größe erdberührter Flächen, deren Einbautiefe unter Oberkante Erdreich, die Wärmeleitfähigkeit des Erdreiches und gegebenenfalls das Vorhandensein und die Lage von Grundwasserströmen. Die rechnerische Umsetzung dieses neuen Ansatzes ist DIN EN ISO 13370:1998 [10] zu entnehmen.

2) Berechnung nach DIN EN ISO 13370:1998

Das Ziel einer Berechnung der Wärmeübertragung über das Erdreich nach der oben genannten Norm liegt darin, nicht mehr - wie in der Vergangenheit vereinfachend dargestellt - Wärmeströme in das Erdreich zu betrachten, sondern eine Aussage der Wärmeverluste erdberührter Bauteile über das Erdreich an die Außenluft machen zu können. Nach der bisher gebräuchlichen Sichtweise war beispielsweise der Wärmeverlust in der Mitte einer erdberührten Bodenplatte gleich dem Wärmeverlust im Randbereich, unabhängig von deren Größe. Mit dem neuen Berechnungsalgorithmus werden dagegen die tatsächlich vorhandenen Wärmeströme durch erdberührte Bauteile hindurch über das Erdreich an die Außenluft ermittelt. Hierzu ist es jedoch erforderlich, die maßgeblichen Parameter und Randbedingungen, wie z. B. die Einbausituation, die wärmedämmtechnische Qualität erdberührter Bauteile, die Größe erdberührter Flächen, deren Einbautiefe, die Wärmeleitfähigkeit des Erdreiches und gegebenenfalls das Vorhandensein und die Lage von Grundwasserströmen zu erfassen.

Neben den oben genannten objektbezogenen Angaben wird in DIN EN ISO 13370:1998 hinsichtlich der Einbausituation zwischen folgenden Möglichkeiten unterschieden:

- Bodenplatte auf Erdreich, ungedämmt oder mit vollflächiger Dämmung

- Bodenplatte auf Erdreich, ungedämmt oder mit vollflächiger Dämmung mit Randdämmung

- Aufgeständerte Bodenplatte (z. B. bei einem Kriechkeller)

- Beheizter Keller

- Unbeheizter oder teilbeheizter Keller

Zur Quantifizierung der Wärmeübertragung über das Erdreich werden in DIN EN ISO 13370:1998 der Wärmedurchgangskoeffizient (U-Wert) und der thermische Leitwert (L-Wert) angegeben.

Mit dem Wärmedurchgangskoeffizienten wird durch die Normierung der Wärmeverluste auf einen Quadratmeter Übertragungsfläche und ein Kelvin Temperaturdifferenz zwischen unterschiedlich temperierten Bereichen eine Aussage über die wärmetechnische Qualität eines Bauteils gemacht. Der stationäre thermische Leitwert L_s, der sich aus dem Produkt des U-Werts mit der zugehörigen Bauteilfläche A_i ergibt, vermittelt dagegen eine Einzahlangabe der Wärmeverluste über das Bauteil an die Außenluft, die nur noch von der Temperaturdifferenz zwischen zwei Bereichen unter stationären Randbedingungen abhängt. Der thermische Leitwert stellt somit eine projektbezogene Größe dar, wohingegen der Wärmedurchgangskoeffizient einen bauteilbezogenen Wert widerspiegelt.

Zur Erfassung der Wärmeübertragung über das Erdreich wurden im Rahmen der Entwicklung der Berechnungsalgorithmen zunächst Wärmestrom- und Isothermenverteilungen erdberührter Bauteile mit Hilfe von Finite-Elemente-Verfahren dargestellt und diese anschließend durch Gleichungssysteme so abgebildet, dass eine möglichst große Kongruenz erreicht wird. Neben bereits bekannten Einflussgrößen wie z. B. den Wärmedurchlasswiderständen von Bauteilen ergaben sich für die Berechnung neue Parameter, die zur Darstellung der Wärmeströme erforderlich sind.
Zur Berücksichtigung der Plattengeometrie wurde der Begriff des charakteristischen Bodenplattenmaßes B' eingeführt:

$$B' = A_G / (0,5*P)$$

B' erfasst somit das Verhältnis der erdberührten Bodenplatte A_G zu deren Umfang P und drückt aus, ob es sich um eine schmale Bodenplatte mit großen Wärmeströmen zu den Rändern handelt oder ob die betrachtete Platte durch eher quadratische Form längere Wege der Wärmeströme zur Außenluft und somit einen höheren Wärmedurchlasswiderstand der Konstruktion bedingt.

Achtung: Die Fläche der erdberührten Bodenplatte A_G umfasst alle Bodenflächen des beheizten Gebäudeteiles. In diese Summe gehen keine erdberührten Wandflächen beheizter Räume ein.

Achtung: Der betrachtete Umfang P umfasst die Summe aller äußeren Abmessungen der beheizten Bodenplatte, die direkt nach außen an das Erdreich grenzen. Bei unbeheizten Bereichen sind auch die Abgrenzungen zwischen diesen und dem beheizten Volumen in der Summation von P enthalten. Die Trennlinien zwischen beheizten Bereichen gehen dagegen nicht in den Umfang ein.

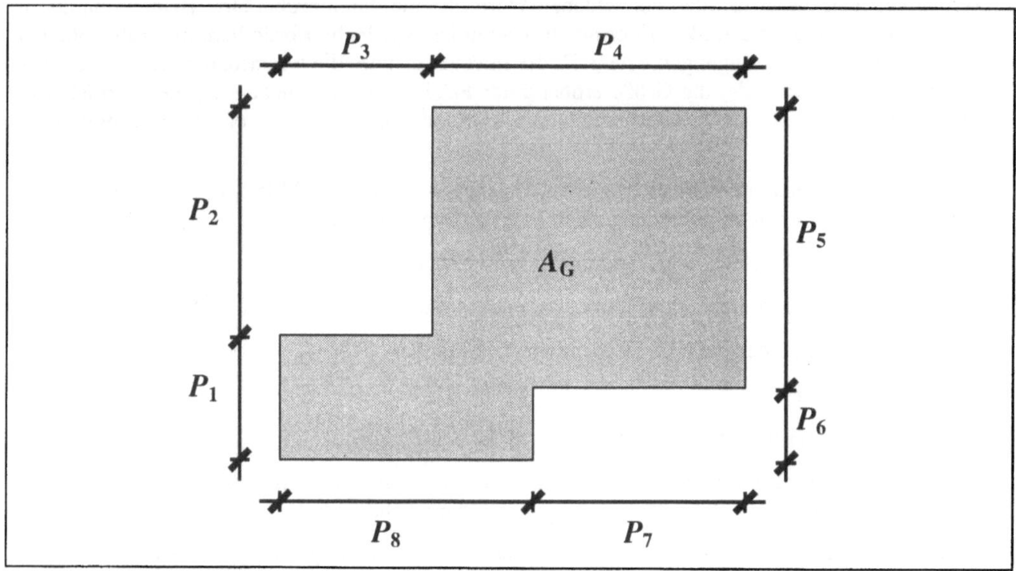

Bild 4.2: Darstellung der Grundfläche A_G und des Umfangs P bei einem freistehenden Gebäude

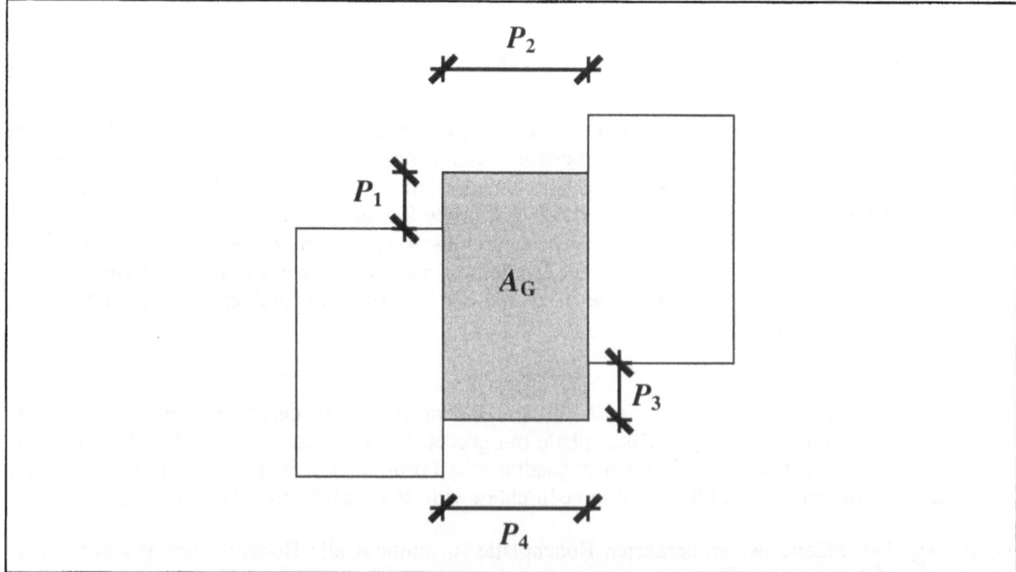

Bild 4.3: Darstellung der Grundfläche A_G und des Umfangs P bei einem Reihenmittelhaus

Damit die Nachweisführenden bei der Berechnung von Wärmeverlusten über das Erdreich nicht auf DIN EN ISO 13370 zurückgreifen müssen, wurden für verschiedene Bauteile und Einbausituationen Vergleichsrechnungen nach dieser Norm vorgenommen und die daraus resultierenden U-Werte auf Reduktionsfaktoren umgerechnet.

Achtung: Bei der physikalisch korrekten Berechnung von Wärmeverlusten über das Erdreich an die Außenluft nach DIN EN ISO 13370 ist beim Übergang von Erdreich an die Außenluft ein Wärmeübergangswiderstand R_{se} = 0,04 m²K/W anzusetzen. Da es sich bei der Berechnung der Wärmeverluste über erdreichberührte Bauteile unter Verwendung der Reduktionsfaktoren nach DIN V 4108-6 Tabelle 3 nur um fiktive Werte handelt, muss in diesem Fall ein Wärmeübergangswiderstand R_{se} = 0,0 m²K/W verwendet werden; das heißt, zur Erfassung von Wärmeverlusten über das Erdreich an die Außenluft stehen zwei Möglichkeiten zur Verfügung:

- **U-Wert Berechnung nach DIN EN ISO 13370:** R_{se} = 0,04 m²K/W und keine **Reduktionsfaktoren**
- **U-Wert Berechnung wie früher:** R_{se} = 0,00 m²K/W und **Reduktionsfaktoren nach DIN V 4108-6 Tabelle.**

In diesem Rahmen stellen die Abminderungsfaktoren nach DIN 4108-6 pauschale Werte dar, die bei Anwendung von DIN EN ISO 13370 hinsichtlich der tatsächlichen Situation verfeinert werden können. Um auch bei der Verwendung der F_{bf}- bzw. F_G-Werte eine größere Bandbreite von Randbedingungen erfassen zu können, wurde das charakteristische Bodenplattenmaß B' nach DIN EN ISO 13370 in drei Fälle unterteilt. Es erfolgte eine Einteilung hinsichtlich der Fragstellung, ob der Wärmedurchlasswiderstand der erdberührten Wände oder der der Böden kleiner oder gleich bzw. größer als 1,0 m²K/W ist.

3) Reduktionsfaktoren F_{bf} von Fußböden beheizter Kellerräume

Im R_f-Wert werden analog DIN 4108-2 Abschnitt 5.3.3 [5] nur Bauteilschichten raumseitig der Abdichtung berücksichtigt. Als Ausnahme gelten Baustoffe mit einer Zulassung als Perimeterdämmstoff. Sie dürfen bei der Ermittlung des R-Wertes angesetzt werden. Auch bei einem beheizten Keller ist der Reduktionsfaktor in Abhängigkeit des charakteristischen Bodenplattenmaßes B' zu bestimmen.

Die U-Werte von Wand- oder Deckenteilen im Keller, die nicht an das Erdreich grenzen, sind nach DIN EN ISO 6946 [6] zu ermitteln.

4) Reduktionsfaktoren F_{bf} von Außenwänden beheizter Kellerräume

Im R_w-Wert werden analog DIN 4108-2 Abschnitt 5.3.5 [5] nur Bauteilschichten raumseitig der Abdichtung berücksichtigt. Als Ausnahme gelten Baustoffe mit einer Zulassung als Perimeterdämmstoff. Sie dürfen bei der Ermittlung des R-Wertes angesetzt werden.

Die U-Wert von Wand- oder Deckenteilen im Keller, die nicht an das Erdreich grenzen, sind nach DIN EN ISO 6946 zu ermitteln.

5) Reduktionsfaktoren F_{bf} von Bodenplatten auf Erdreich ohne Randdämmung

Neben der Berechnung des charakteristischen Bodenplattenmaßes B' ist zur Bestimmung des Reduktionsfaktors F_{bf} von Bodenplatten auf Erdreich der Wärmedurchlasswiderstand R_f aller Bauteilschichten raumseitig der Abdichtung zu ermitteln. Im vorliegenden Fall wird die Bodenplatte auf ihrer gesamten Ausdehnung mit einer gleichmäßig dicken Wärmedämmung oder ohne Wärmedämmung ausgeführt. Völlig ohne Dämmung kann eine solche Bodenplatte jedoch nicht realisiert werden, da nach DIN 4108-2 für Bodenplatten auf Erdreich von Gebäuden oder Räumen mit normalen bzw. niedrigen Innentemperaturen auf eine Entfernung von 5,0 m vom Plattenrand ein Wärmedurchlasswiderstand von $R \geq 0{,}90$ m²K/W erforderlich ist. Eine zusätzliche Dämmung im Plattenrandbereich wird als Randdämmung bezeichnet.

6) Reduktionsfaktoren F_{bf} von Bodenplatten auf Erdreich mit waagerechter Randdämmung

Falls eine Bodenplatte in ihrer flächigen Ausdehnung ohne oder mit geringer Dämmung ausgeführt wird, kann zur Verminderung der Wärmeverluste im Randbereich eine zusätzliche Wärmedämmung angeordnet werden. Die Beschränkung der Dämmschicht auf den randnahen Bereich ist u. a. dadurch gerechtfertigt, dass die Wärmeströme aus der Plattenmitte aufgrund der großen Entfernung zum Plattenrand bereits deutlich reduziert sind. Es ist jedoch auch in diesem Fall zu beachten, dass nach DIN 4108-2 Tabelle 1 für eine Bodenplatte auf Erdreich bis zu einer Entfernung von 5,0 m vom Rand ein Wärmedurchlasswiderstand R von mindestens 0,90 m²K/W gefordert wird. In einer Vergleichsrechnung nach DIN EN ISO 13370 wurden zur Bestimmung der Reduktionsfaktoren nur Randstreifen der Breite D = 2,0 m in Ansatz gebracht.

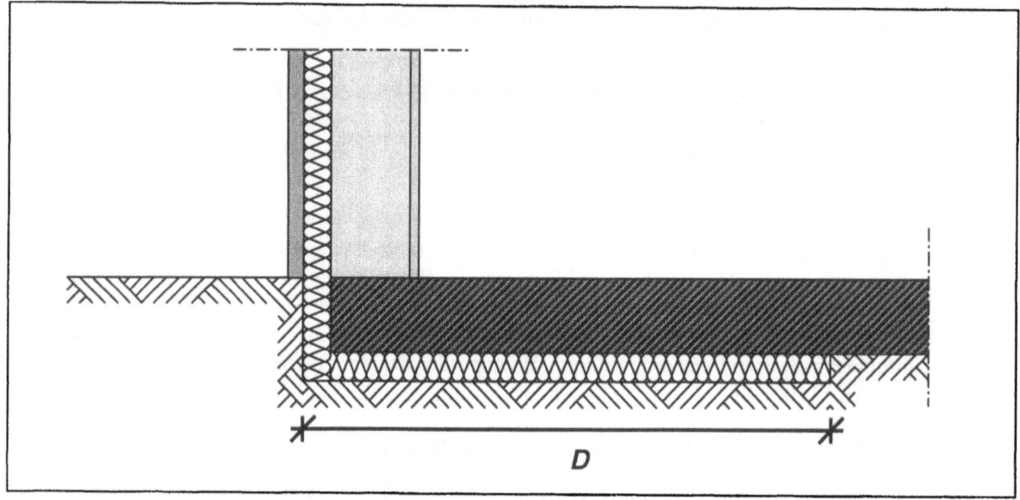

Bild 4.4: Bodenplatte auf Erdreich mit waagerechter Randdämmung

7) Reduktionsfaktoren F_{bf} von Bodenplatten auf Erdreich mit senkrechter Randdämmung D

Statt einer waagerechten Randdämmung kann zur Verminderung der Wärmeströme über das Erdreich auch eine senkrechte Randdämmung bis zu einer Tiefe D verwendet werden. Es ist jedoch auch in diesem Fall zu beachten, dass nach DIN 4108-2 Tabelle 1 für eine Bodenplatte auf Erdreich bis zu einer Entfernung von 5,0 m vom Rand ein Wärmedurchlasswiderstand R von mindestens 0,90 m²K/W gefordert wird. In einer Vergleichsrechnung nach DIN EN ISO 13370 wurden zur Bestimmung der Reduktionsfaktoren nur Randstreifen bis zu einer Tiefe D = 2,0 m in Ansatz gebracht.

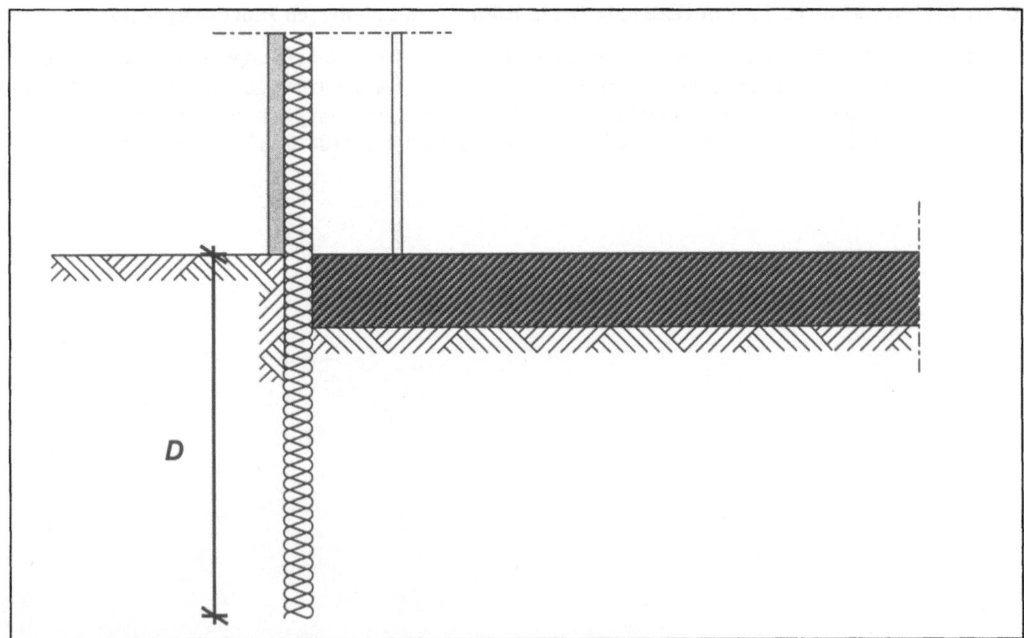

Bild 4.5: Bodenplatte auf Erdreich mit senkrechter Randdämmung

8) Reduktionsfaktoren F_G von Decken und Wänden, die das beheizte Volumen von unbeheizten Kellerräumen abtrennen

Achtung: Die Aufzählung in DIN V 4108-6:2000-03 Tabelle 3 unter dem Begriff Kellerdecke war unvollständig. Die dort aufgeführten Reduktionsfaktoren F_G gelten nicht nur für Decken, die das beheizte Volumen von unbeheizten Kellerräumen abtrennen, sondern auch für Wände, z. B. für Trennwände beheizter Treppenhäuser gegen unbeheizte Kellerräume. Dementsprechend wird der Anwendungsbereich in DIN V 4106-6:2003 um den Bereich der Kellerwände erweitert.

Bei der Betrachtung der Wärmeströme aus dem beheizten Volumen über unbeheizte Kellerräume und das Erdreich an die Außenluft ist es auch von Bedeutung, ob und - wenn ja - wie Wände und Böden im unbeheizten Keller gedämmt sind. Je hochwertiger die Dämmung im Keller ist, umso geringer sind die Wärmeströme nach außen. Damit verringern sich auch die Wärmeströme aus der beheizten Kernzone in den Keller und damit die Wärmeverluste. Zur Bestimmung der Reduktionsfaktoren F_G wurde daher unterschieden, ob die erdberührten Kellerwände mit einer Perimeterdämmung versehen sind oder nicht. Bei den Parameterstudien wurde generell davon ausgegangen, dass die Bodenplatte ohne Dämmung ausgeführt wird. Bei unbeheizten Kellerräumen kann auf eine Wärmedämmung verzichtet werden, da die Einbautiefe bereits eine Verminderung der Wärmeströme nach außen über das Erdreich bewirkt.

Den Vergleichsrechnungen zur Bestimmung der Reduktionsfaktoren lag die Annahme zugrunde, dass auf der Kellerdecke eine Trittschalldämmung mit einem Wärmedurchlasswiderstand $R < 0,5$ m²K/W aufgebracht wird.

9) Reduktionsfaktoren F_G von aufgeständerten Fußböden

Aufgeständerte Fußböden, d. h. Fußböden über durchlüfteten Kriechkellern, kommen vorwiegend im Fertighausbau zum Einsatz. Falls eine genaue Berechnung der Wärmeübertragung solcher Bauteile durchgeführt werden soll, ist der Wert der Windgeschwindigkeit in 5,0 m über Grund als nationale Festlegung DIN V 4108-6 Anhang E zu entnehmen.

10) Reduktionsfaktoren F_G von Bodenplatten in Räumen mit niedrigen Innentemperaturen

Gemäß EnEV § 4 wird der Nachweis bei Gebäuden mit niedrigen Innentemperaturen (12 °C $\leq \theta_i <$ 19 °C) mittels der Berechnung der spezifischen, auf die wärmeübertragende Umfassungsfläche bezogenen Transmissionswärmeverluste geführt. Zur Berücksichtung der Wärmeverluste der Bodenplatte auf Erdreich sind die Reduktionsfaktoren nach DIN V 4108-6 Tabelle 3 zu verwenden.

4.2 Heizperiodenbilanzverfahren

Achtung: Gemäß der EnEV § 3 Abs. 2 gilt: „Der Jahres-Primärenergiebedarf und der spezifische, auf die wärmeübertragende Umfassungsfläche bezogene Transmissionswärmeverlust sind zu berechnen
   1. bei Wohngebäuden, deren Fensterflächenanteil 30 vom Hundert nicht überschreitet, nach dem vereinfachten Verfahren nach Anhang 1 Nr. 3 oder nach dem in Anhang 1 Nr. 2 festgelegten Rechenverfahren
   2. bei anderen Gebäuden, nach dem in Anhang 1 Nr. 2 festgelegten Nachweisverfahren

D. h. das Heizperiodenbilanzverfahren darf nur auf Wohngebäude mit einem Fensterflächenanteil kleiner 30 % angewendet werden.

4.2.1 Vereinfachtes Verfahren für Wohngebäude

Im Folgenden werden die Randbedingungen zur Berechnung des Jahres-Heizwärmebedarfs Q_h nach dem Heizperiodenbilanzverfahren erläutert. Für den Jahres-Primärenergiebedarf Q_P gilt :

$$Q_P = e_P \, (Q_h + Q_w)$$

Dabei bedeutet:

Q_h Jahres-Heizwärmebedarf
Q_w Zuschlag für warmes Wasser nach Nr. 2.2 mit $Q_w = 12{,}5$ kWh/m²
e_P die Anlagenaufwandszahl nach DIN V 4701-10:2001-02 Nr. 4.2.6 in Verbindung mit Anhang C.5 (Diagrammverfahren); auch die ausführlichen Rechengänge nach DIN V 4701-10:2001-02 dürfen zur Ermittlung von e_P angewandt werden.

Achtung: Zur Bestimmung der Anlagenaufwandszahl e_P dürfen <u>alle</u> in DIN V 4701-10 enthaltenen Verfahren angewendet werden.

4.2.2 Randbedingungen zur Berechnung des Heizwärmebedarfs Q_h

Im Folgenden werden die Randbedingungen zur Berechnung des Jahres-Heizwärmebedarfs Q_h nach dem Heizperiodenbilanzverfahren erläutert. Die Festlegungen zum Heizperiodenbilanzverfahren sind der EnEV Anhang 1 Nr. 3 Tabelle 2, die Reduktionsfaktoren Tabelle 3 dieses Abschnitts zu entnehmen. Die inhaltlich gleichen – wenn auch von der Darstellung leicht modifizierten – Festlegungen sind in DIN V 4108-6 Anhang D Tabelle D.1 enthalten.

Zeile	zu ermittelnde Größe	Gleichung	zu verwendende Randbedingung
	1	2	3
1	Jahres-Heizwärme-bedarf Q_h	$Q_h = 66 \cdot (H_T + H_V) - 0{,}95 \cdot (Q_S + Q_i)$	

Erläuterungen: Der Jahres-Heizwärmebedarf Q_h setzt sich aus der Summe der Transmissions- und Lüftungswärmeverluste abzüglich der solaren und internen Wärmegewinne zusammen. Die Wärmeverluste während der Heizperiode können jedoch nur ermittelt werden, wenn sowohl die Heizzeit, d. h. die Dauer, während der einem Gebäude über das Heizsystem Wärme zugeführt werden muss, als auch die während dieser Zeit vorhandene mittlere Außenlufttemperatur bekannt sind. Durch Vergleichsrechnungen bei kleinen Wohngebäuden wurde unter

Verwendung eines Dämmniveaus, mit dem die Anforderungen gemäß EnEV gerade eingehalten werden, eine Heizzeit von 185 Tagen (Einheit: d) ermittelt. Die Auswertung der für die Berechnung nach EnEV maßgeblichen Klimadaten aus DIN V 4108-6 Anhang D.5 Tabelle D.5 ergibt für die Heizzeit eine mittlere Außenlufttemperatur von $\theta_e = 3{,}3°C$. Aus den Kenntnissen der Innentemperatur $\theta_i = 19\ °C$, der mittleren Außenlufttemperatur und der Länge der Heizzeit erhält man die Gradtagzahl Gt nach folgender Gleichung:

$$Gt = (19 - 3{,}3) \cdot 185 = 2900\ \text{Kd}$$

Um die Ergebnisse in der gebräuchlichen Form Kilo-Watt [kW] und Stunden [h] darstellen zu können, müssen die Berechnungen mit einem Korrekturfaktor 0,024 (= 24/1000) versehen werden.

Außerdem ist bei der Bestimmung der Wärmeverluste zu berücksichtigen, dass bei modernen Heizungsanlagen die Innenraumtemperatur während der Nachtphase abgesenkt wird und damit ein geringerer Wärmestrom nach außen zu verzeichnen ist. Dieser Sachverhalt wird in einem Abminderungsfaktor f_{NA} erfasst. Es gilt: $f_{NA} = 0{,}95$. Die verminderten Wärmeverluste während der Nacht reduzieren die Wärmeverluste im Vergleich zu einer kontinuierlichen Tageinstellung um 5 %.

Unter Berücksichtigung aller Parameter kann so der Gradtagzahlfaktor F_{Gt} wie folgt bestimmt werden:

$$F_{Gt} = 0{,}024 \cdot f_{NA} \cdot Gt = 0{,}024 \cdot 0{,}95 \cdot 2600 = 66{,}12 \approx 66$$

Aber nicht nur die Wärmeverluste, auch die Wärmegewinne sind zu korrigieren. Bedingt durch die Raumlüftung, insbesondere im Herbst und Frühling, kann nicht die Gesamtheit der Wärmegewinne zu Heizzwecken genutzt werden. Der Ausnutzungsgrad der Wärmegewinne liegt bei den Berechnungen nach dem Heizperiodenbilanzverfahren bei $\eta_P = 0{,}95$.

Zeile	zu ermittelnde Größe	Gleichung	zu verwendende Randbedingung
	1	2	3
2	spezifischer Transmissionswärmeverlust H_T	$H_T = \sum (F_{x,i} \cdot U_i \cdot A_i) + 0{,}05 \cdot A$ [1]	Tabellen-Korrekturfaktoren $F_{x,i}$ nach Tabelle 3
	bezogen auf die wärmeübertragende Umfassungsfläche	$H'_T = \dfrac{H_T}{A}$	

[1] Die Wärmedurchgangskoeffizienten der Bauteile U_i sind nach DIN EN ISO 6946:1996-11 und nach DIN EN ISO 10077-1:2000-11 zu ermitteln oder sind technischen Produkt-Spezifikationen (z. B. für Dachflächenfenster) zu entnehmen. Bei an das Erdreich grenzenden Bauteilen ist der äußere Wärmeübergangswiderstand gleich Null zu setzen.

Erläuterungen: Die spezifischen Transmissionswärmeverluste H_T setzen sich aus den Wärmeverlusten über die flächigen Bauteile und die Wärmeverluste im Bereich von Wärmebrücken zusammen. Die Verluste über flächige Bauteile werden aus dem U-Wert des betreffenden Bauteils und seiner Fläche ermittelt. Falls die Bauteile nicht direkt an die Außenluft grenzen, sondern an einen Bereich mit einer Temperatur, die höher ist als θ_e, verringern sich auch die Wärmeströme. Dieser Sachverhalt wird durch die Reduktionsfaktoren $F_{x,i}$ des i-ten Bauteils nach EnEV Anhang 1 Nr. 3 Tabelle 3 berücksichtigt. Eine Erläuterung der Reduktionsfaktoren erfolgt im Kapitel 4.3.3 dieses Kommentars.

Der Einfluss von Wärmebrücken wird im Rahmen der EnEV auf zweierlei Weisen berücksichtigt (weitere Erläuterungen zu Wärmebrücken siehe Kommentierung des Anhang 1 Nr. 2.5):

- Berechnung der wärmeübertragenden Bauteilflächen über Außenmaße

- Pauschaler Wärmebrückenzuschlag ΔH_{WB}, wobei beim Heizperiodenbilanzverfahren gilt: $\Delta H_{WB} = 0{,}05 \cdot A$; dabei ist A die Summe aller wärmeübertragenden Bauteilflächen

Bezüglich der rechnerischen Erfassung von Wärmebrücken legt die EnEV in Anhang 1 Nr. 3 fest: „Der Einfluss von Wärmebrücken ist durch die Anwendung der Planungsbeispiele nach DIN 4108 Bbl. 2:1998-08 zu begrenzen."

Achtung: Aufgrund der Festlegungen der EnEV dürfen nur Bauteilanschlüsse und Übergänge analog DIN 4108 Bbl. 2 verwendet werden. Hieraus folgt, dass - wenn bei einem Gebäude die Detailausbildungen nicht DIN 4108 Bbl. 2 entsprechen oder die Analogie mit diesen Musterlösungen nicht nachgewiesen wird - der pauschale spezifische Wärmebrückenzuschlag $\Delta U_{WB} = 0{,}05$ nicht angewandt werden darf. Da dieser Wert und die Verwendung der Musterlösungen aus DIN 4108 Bbl. 2 oder analoge Konstruktionen Voraussetzung für die Anwendung des Heizperiodenbilanzverfahrens sind, darf im Falle einer Nichteinhaltung der Vorgaben dieses Berechnungsverfahren auch nicht verwendet werden. Es ist statt dessen mit dem Monatsbilanzverfahren zu arbeiten.

Als Bezugsgröße der Transmissionswärmeverluste wird die Summe der wärmeübertragenden Umfassungsflächen A eingesetzt. Der Quotient aus den spezifischen Transmissionswärmeverlusten H_T und der wärmeübertragenden Umfassungsfläche A stellt damit einen flächengewichteten Mittelwert der Wärmeverluste dar.

Erläuterungen: Mit dem Ersatz nationaler Berechnungsnormen durch harmonisierte europäischen Normen wurde zur Berechnung des U-Wertes von Bauteilen, die beiderseits von der Luft begrenzt werden, DIN EN ISO 6946:1996-11 als verbindliche Berechnungsregel eingeführt. DIN 4108-5 wurde daraufhin zurückgezogen. Auch die Wärmeübergangswiderstände dieser Bauteile und die Wärmedurchlasswiderstände von Luftschichten sind der europäischen Norm zu entnehmen und finden sich nicht länger in DIN 4108-4.

Für Fenster kann der U-Wert entweder den Tabellen aus DIN 4108-4 entnommen werden oder bei genauerer Betrachtung nach DIN EN ISO 10077:2000-11 [27] berechnet werden.

Da es für Dachflächenfenster zum Zeitpunkt der Fertigstellung der EnEV noch keine verbindliche Rechenregel zur Bestimmung des U-Wertes gab, müssen die Angaben hierzu Produkt-Spezifikationen entnommen werden.

Als Berechnungsgrundlage des U-Wertes erdberührter Bauteile gilt eigentlich DIN EN ISO 13370:1998-12. Zur Ermittlung des Reduktionsfaktors wurden Vergleichsrechnungen mit dieser Norm durchgeführt, bei denen zur Wahrung der früheren Vorgehensweise, obwohl falsch, ein äußerer Wärmeübergangswiderstand $R_{se} = 0{,}0$ m²K/W angesetzt wurde. Im Rahmen des Nachweises nach EnEV ist bei der Verwendung des Reduktionsfaktors für erdberührte Bauteile nach Anhang 1 Nr. 3 Tabelle 3 zur Bestimmung des U-Wertes dieser Konstruktionen ein äußerer Wärmeübergangswiderstand $R_{se} = 0{,}0$ m²K/W zu verwenden.

Zeile	zu ermittelnde Größe	Gleichung	zu verwendende Randbedingung
	1	2	3
3	spezifischer Lüftungswärmeverlust H_V	$H_V = 0{,}19 \cdot V_e$ $H_V = 0{,}163 \cdot V_e$	ohne Dichtheitsprüfung nach Anhang 4 Nr. 2 mit Dichtheitsprüfung nach Anhang 4 Nr. 2

Erläuterungen: Die Lüftungsverluste H_V setzen sich aus den wärmetechnischen Kennwerten der Luft, der Luftwechselrate n im Gebäude und dem Luftvolumen V zusammen. Das Produkt aus der spezifischen Speicherkapazität der Luft mit c_{pL} = 1,0 J/(kgK) und der Dichte der Luft mit ρ = 1,2 kg/m³ führt zu einem Faktor von 0,34 Wh/(m³K). Bei der Festlegung der Luftwechselrate n ist zu unterscheiden, ob das Gebäude einer erfolgreichen Luftdichtheitsprüfung unterzogen wurde, d. h. ob bei 50 Pa Druckdifferenz eine Luftwechselrate $n_{50} \leq$ 3,0 h⁻¹ gemessen wurde oder ob man auf die Dichtheitsmessung verzichtet. Falls die Dichtheitsprüfung bestanden wird, kann man davon ausgehen, dass ein verminderter Luftwechsel über Undichtheiten in der Gebäudehülle gegeben ist. In diesem Fall wird eine Luftwechselrate von n = 0,6 h⁻¹ verwendet. Wird auf eine Prüfung verzichtet, ist mit höheren Verlusten, hervorgerufen durch einen größeren Austausch der warmen Innenluft gegen kalte Außenluft, zu rechnen. Es muss eine Luftwechselrate von n = 0,7 h⁻¹ angesetzt werden. Zur Bestimmung des Innenvolumens V aus dem Volumen über Außenmaße V_e wurde ein Umrechnungsfaktor 0,8 definiert. Daraus folgt:

ohne Dichtheitsprüfung: $\qquad H_V = 0{,}34 \cdot 0{,}7 \cdot 0{,}8 \cdot V_e = 0{,}19 \cdot V_e$

mit Dichtheitsprüfung: $\qquad H_V = 0{,}34 \cdot 0{,}6 \cdot 0{,}8 \cdot V_e = 0{,}163 \cdot V_e$

Achtung: Beim Heizperiodenbilanzverfahren darf zur Bestimmung des Innenluftvolumens aus dem Volumen über Außenmaße im Gegensatz zum Monatsbilanzverfahren nur der Faktor 0,8 angewendet werden.

Achtung: Die Verwendung mechanisch betriebener Lüftungsanlagen ist beim Heizperiodenbilanzverfahren nach Anhang 1 Nr. 2.10 nicht zulässig. Dort heißt es: „Im Rahmen der Berechnung nach Nr. 2 ist .... nur zulässig, ..." Anlage 1 Nr. 2 beinhaltet die Randbedingungen des Monatsbilanzverfahrens, wohingegen Anlage 1 Nr. 3 das Heizperiodenbilanzverfahren zum Inhalt hat. Verdeutlicht wird der Ausschluss raumlufttechnischer Anlagen beim Nachweis nach dem Heizperiodenbilanzverfahren noch durch die Fußnote b) in DIN V 4108-6 Anhang D.1 Tabelle D.1 in der es heißt: „Raumlufttechnische Anlagen werden nicht berücksichtigt."

Zeile	zu ermittelnde Größe	Gleichung	zu verwendende Randbedingung	
1	2		3	
4	solare Gewinne Q_S	$Q_S = \sum\left(I_S\right)_{J,HP} \cdot \sum 0{,}567 \cdot g_i \cdot A_i$ ²⁾	solare Einstrahlung: Orientierung	$\Sigma\,(I_S)_{i,HP}$
			Südost bis Südwest	270 kWh/(m²a)
			Nordwest bis Nordost	100 kWh/(m²a)
			übrige Richtungen	155 kWh/(m²a)
			Dachflächenfenster mit Neigung < 30° ³⁾	255 kWh/(m²a)
			Die Flächen der Fenster A_i mit der Orientierung j (Süd, West, Ost, Nord und horizontal) ist nach den lichten Fassadenöffnungsmaßen zu ermitteln.	

²⁾ Der Gesamtenergiedurchlassgrad g_i (für senkrechte Einstrahlung) ist technischen Produkt-Spezifikationen zu entnehmen oder nach DIN EN 410:1998-12 zu ermitteln. Besondere energiegewinnende Systeme, wie z. B. unbeheizte Glasvorbauten oder transparente Wärmedämmung, können im vereinfachten Verfahren keine Berücksichtigung finden.

Wenn überwiegend bauliche Verschattungen vorliegen, ist Nordorientierung anzunehmen.

³⁾ Dachflächenfenster mit Neigungen $\geq$ 30° sind hinsichtlich der Orientierung wie senkrechte Fenster zu behandeln.

NEU

Erläuterungen: Die solaren Wärmegewinne beim Heizperiodenbilanzverfahren beziehen sich auf die gesamte Heizzeit. Die Werte der Strahlungsintensität wurden der Übersicht des Referenzklimas in DIN V 4108-6 Anhang D.5 Tabelle D.5 entnommen. Die Strahlungsintensität gibt die Globalstrahlung wieder und umfasst sowohl die direkte als auch die diffuse solare Strahlung.

Zur Ermittlung der nutzbaren solaren Strahlung sind noch die Verschattung aus Bebauung, die Wirkung von Sonnenschutzmaßnahmen und die Verluste gegenüber einem senkrechten Strahlungseinfall zu berücksichtigen. Außerdem werden die solaren Wärmegewinne auf das lichte Rohbaumaß eines Fensters bezogen, so dass der strahlungsundurchlässige Anteil des Rahmens aus der Fensterfläche herausgerechnet werden muss.

Zur Erfassung einer möglichen Bebauung wird ein Reduktionsfaktor $F_S = 0,9$ verwendet. Da bei Sonnenschutzmaßnahmen nicht sicher ist, ob sie ständig im Einsatz sind, bleiben sie unberücksichtigt. Der zugehörige Reduktionsfaktor beträgt $F_C = 1,0$. Der Gesamtenergiedurchlassgrad g von Verglasungen wird ermittelt, indem das Produkt einer senkrechten Strahlung ausgesetzt wird. Im praktischen Fall trifft die solare Strahlung jedoch unter einem Winkel auf die Scheibe, so dass nur ein Teil der solaren Energie in den Raum gelangt. Der Rest wird durch Reflexion abgelenkt. Der Reduktionsfaktor $F_w = 0,9$ berücksichtigt diesen Sachverhalt. Da die Berechnung der solaren Wärmegewinne über das lichte Rohbaumaß der Fenster erfolgt, ist der nichttransparente Rahmen durch einen Reduktionsfaktor F_F zu berücksichtigen. Bei üblichen Fenstern kann ein mittlerer Rahmenanteil von 30 % angesetzt werden, so dass gilt: $F_F = 0,7$. Die solaren Wärmegewinne aus Strahlungsintensität, Gesamtenergiedurchlassgrad und Fensterfläche sind somit um das Produkt aus den Faktoren $F_S \cdot F_C \cdot F_w \cdot F_F = 0,9 \cdot 1,0 \cdot 0,9 \cdot 0,7 =$ **0,567** abzumindern.

Dachflächenfenster mit Neigungen gegenüber der Horizontalen $\geq 30°$ sind hinsichtlich der Orientierung wie senkrechte Fenster zu behandeln. Bedingt durch den Reflexionsanteil sind steil geneigte Dachflächenfenster den senkrechten Verglasungen zuzuordnen.

Besondere energiegewinnende Systeme, wie z. B. unbeheizte Glasvorbauten oder transparente Wärmedämmung, können im vereinfachten Verfahren keine Berücksichtigung finden. Sollen solche Systeme zum Einsatz gelangen, ist statt des Heizperiodenbilanzverfahrens das Monatsbilanzverfahren zu verwenden.

Zeile	zu ermittelnde Größe	Gleichung	zu verwendende Randbedingung
	1	2	3
5	interne Gewinne Q_i	$Q_I = 22 \cdot A_N$	A_N: Gebäudenutzfläche nach Nr. 1.3.4

Erläuterungen: Da das Heizperiodenbilanzverfahren nur bei Wohngebäuden angewendet werden darf, ist für die nutzflächenbezogenen internen Brutto-Wärmeströme ein Wert von $q_i = 5$ W/m² anzusetzen. Außerdem ist im Rahmen der EnEV für die Heizzeit eine Dauer von 185 Tagen zu verwenden. Um den Bezug von Watt zu Kilo-Watt und von Tagen zu Stunden herzustellen, muss der Faktor 0,024 berücksichtigt werden. Die internen Wärmegewinne sind somit wie folgt zu berechnen:

$$Q_I = 0,024 \cdot 5,0 \cdot 185 \cdot A_N = 22,20 \cdot A_N \approx 22 \cdot A_N$$

4.2.3　Reduktionsfaktoren zur Berechnung des Heizwärmebedarfs Q_h

Im Folgenden werden die Reduktionsfaktoren $F_{x,i}$ zur Berechnung des Jahres-Heizwärmebedarfs Q_h nach dem Monatsbilanzverfahren erläutert. Die Festlegungen zum Heizperiodenbilanzverfahren sind der EnEV Anhang 1 Nr. 3 Tabelle 3 zu entnehmen.

Da bei der Berechnung nach dem Heizperiodenbilanzverfahren keine weiteren Berechnungsmöglichkeiten zur Bestimmung von Reduktionsfaktoren zulässig sind, dürfen nur die in Tabelle 4.7 aufgeführten Werte verwendet werden.

Wärmestrom nach außen über Bauteil i	Temperatur-Korrekturfaktor $F_{x,i}$
Außenwand, Fenster	1,0
Dach (als Systemgrenze)	1,0
oberste Geschossdecke (Dachraum nicht ausgebaut)	0,8
Abseitenwand (Drempelwand)	0,8
Wände und Decken zu unbeheizten Räumen	0,5
unterer Gebäudeabschluss: - Kellerdecke/-wände zu unbeheiztem Keller - Fußboden auf Erdreich - Flächen des beheizten Kellers gegen Erdreich	0,6

Tabelle 4.7: Reduktionsfaktoren beim Heizperiodenbilanzverfahren

1)　Reduktionsfaktoren von Außenwänden und Fenstern

Als Außenwände und Fenster gelten Bauteile, die das beheizte Volumen von der Außenluft trennen.

Die gleichen Randbedingungen gelten auch für Decken, die das beheizte Volumen nach unten gegen die Außenluft abgrenzen.

2)　Reduktionsfaktoren von Dächern als Systemgrenze

Als Dächer, die die Systemgrenze bilden, gelten Bauteile, die das beheizte Volumen von der Außenluft trennen. Die U-Wert Berechnung dieser Bauteile erfolgt nach DIN EN ISO 6946:1996-11. Dabei ist besonders auf das Vorhandensein und die Lage von Luftschichten zu achten. Ausführliche Erläuterungen sind dem Kapitel 7 dieses Kommentars zu entnehmen.

3)　Reduktionsfaktoren von Dachgeschossdecken

Bevor der Frage des Reduktionsfaktors nachgegangen werden kann, ist für den Nachweisführenden zu klären, wo im Dachbereich die Systemgrenze angesetzt werden muss, die die beheizte Kernzone vom Außenbereich abgrenzt. Dabei sind drei Fälle zu unterscheiden:

- Wird bei Dächern die Wärmedämmung über den nicht ausgebauten Dachraum hinweggeführt, d. h. ist die gesamte Dachfläche bis zum First gleichmäßig gedämmt und wird im Bereich der Kehlbalkenlage keine zusätzliche Dämmung eingebaut, dann gilt auch das Dach im Bereich des Spitzbodens als wärmeübertragendes Bauteil. Als solches geht es ebenso wie das Volumen des nicht genutzten Dachraumes in die entsprechenden Berechnungen ein.

- Falls die Wärmedämmung des flächigen Daches bis zum First durchgezogen wird, im Bereich der Kehlbalkenlage jedoch auch eine Dämmung eingebaut wird, sollte statt des pauschalen Reduktionsfaktors $F_{x,i}$ nach Anhang 1 Nr. 3 Tabelle 3 der Reduktionsfaktor b nach DIN EN ISO 13789 [9] ermittelt werden. Eine Erläuterung der Berechnung nach DIN EN ISO 13789 kann Kapitel 7 dieses Kommentars entnommen werden. Bei einer Berechnung des b-Faktors gilt die Dachgeschossdecke zum nicht genutzten Dachraum als Systemgrenze und geht damit in die Summe der wärmeübertragenden Bauteilflächen ein. Das Volumen des nicht genutzten Dachraums bleibt unberücksichtigt. Da es sich in diesem Fall um eine korrekte Berechnung eines U-Wertes handelt, kann auf diese Möglichkeit auch im Rahmen des Heizperiodenbilanzverfahrens zurückgegriffen werden.

- Wenn das Dach im Bereich des nicht genutzten Dachraums ungedämmt bleibt, bietet sich dem Nachweisführenden die Möglichkeit, den Reduktionsfaktor $F_{x,i}$ entsprechend Anhang 1 Nr. 3 Tabelle 3 zu verwenden oder nach DIN EN ISO 6946 einen U-Wert des Trennbauteils zwischen beheiztem Volumen und unbeheiztem Dachraum zu berechnen, in den die Ausbildung des Daches im Bereich des Spitzbodens eingeht. Erläuterungen zu diesem Ansatz sind ebenfalls in Kapitel 7 dieses Kommentars enthalten. Als wärmeübertragende Fläche gilt in jedem Fall die Trenndecke. Das Volumen des Spitzbodens wird in die Berechnungen nicht einbezogen.

Der Reduktionsfaktor $F_{x,i}$ basiert auf der Annahme verminderter Wärmeverluste aus der beheizten Kernzone über die Dachgeschossdecke, da sich im Bereich des nicht genutzten Dachraums eine im Vergleich zur Außenlufttemperatur höhere Temperatur einstellt und damit auch ein geringerer Wärmestrom nach außen zu verzeichnen ist. Die pauschalisierten Annahmen führen bei gedämmten Dachflächen oder bei Dachflächen mit einer verminderten Durchlüftung des Spitzbodens durch entsprechende Unterdeckbahnen meist zu ungünstigeren Ergebnissen im Vergleich zu einer Berechnung des U-Wertes nach DIN EN ISO 6946 oder DIN EN ISO 13789.

Achtung: Falls der genaue U-Wert nach DIN EN ISO 6946 oder DIN EN ISO 13789 berechnet wird, dürfen keine Reduktionsfaktoren verwendet werden.

4) Reduktionsfaktoren von Abseitenwänden (Drempel)

Auch für die Wärmeströme aus dem beheizten Innenraum über Abseitenwänden, den dahinterliegenden Luftraum und das steil geneigte Dach an die Außenluft gelten die Aussagen nach Ziffer 3, und analog dazu muss der Nachweisführende zunächst festlegen, wo die Systemgrenze verläuft, die die Trennung zwischen Innen- und Außenklima darstellt. Auch hier ist zwischen drei Fällen zu unterscheiden:

- Wenn die Dämmung in der Ebene des flächigen Daches ohne Unterbrechung in die Dämmebene der Wand übergeht, d. h. die Dämmung vom First bis zur Fußpfette oder einer anderen Auflagerung auf der Geschossdecke fortgeführt wird und im Bereich der Abseitenwand keine Dämmung zu Einsatz kommt, dann gilt als Systemgrenze die Dachfläche. Als solche geht sie in ihrer gesamten Ausdehnung in die Berechnung der wärmeübertragenden Fläche A ein. Der Hohlraum zwischen Abseitenwand und Dachfläche ist in diesem Fall dem beheizten Volumen V_e zuzurechnen.

- Wird sowohl im Bereich des Daches als auch im Bereich der Abseitenwand eine Wärmedämmung eingebaut, sollte statt des pauschalen Reduktionsfaktors $F_{x,i}$ nach Anhang 1 Nr. 3 Tabelle 3 der Reduktionsfaktor b nach DIN EN ISO 13789 ermittelt werden. Dieser berücksichtigt die tatsächlichen Wärmeströme aus dem beheizten Volumen über den nicht genutzten Dachraum nach außen. Die Reduktionsfaktoren nach EnEV wären für den beschriebenen Fall zu ungünstig und würden die Wärmeverluste überschätzen. Eine Erläuterung der Berechnung nach DIN EN ISO 13789 kann Kapitel 7 dieses Kommentars entnommen werden. Bei einer Berechnung des b-Faktors gilt die Abseitenwand als Systemgrenze und geht damit in die Summe der wärmeübertragenden Bauteilflächen ein. Das Volumen des nicht genutzten Dachraums bleibt unberücksichtigt. Im Gegensatz zur Berechnung nach Ziffer 3 sind bei der Bestimmung des U-Wertes aber Wärmeübergangswiderstände für einen horizontalen Wärmestrom anzusetzen.

- Falls die Abseitenwand als Dämmebene ausgebildet und im Bereich der zugehörigen Dachfläche auf eine Wärmedämmung verzichtet wird, bietet sich dem Nachweisführenden die Möglichkeit, den Reduktionsfaktor $F_{x,i}$ entsprechend Anhang 1 Nr. 3 Tabelle 3 zu verwenden oder nach DIN EN ISO 6946 einen U-Wert des Trennbauteils zwischen beheiztem Volumen und unbeheiztem Dachraum zu berechnen, in den die Ausbildung des Daches im Bereich des Spitzbodens eingeht. Erläuterungen zu diesem Ansatz sind ebenfalls in Kapitel 7 dieses Kommentars enthalten. Als wärmeübertragende Fläche gilt in jedem Fall die Abseitenwand. Das Volumen des nicht genutzten Dachraums wird in die Berechnungen nicht einbezogen.

Achtung: Falls auf eine Wärmedämmung des Daches im Bereich der Abseitenwand verzichtet wird, ist unbedingt darauf zu achten, dass eine Dämmung der Geschossdecke zwischen Abseitenwand und Dach erfolgt. Da sich die verschiedenen Gewerke häufig nicht über die Zuständigkeit in diesem Bereich einigen können (Dachdecker / Trockenbauer), wird keine Dämmung eingebaut. Die daraus resultierende Auskühlung führt zu einer Schimmelpilzbildung an der darunter liegenden Geschossdecke und damit zu einem Bauschaden.

Achtung: Falls der genaue U-Wert nach DIN EN ISO 6946 oder DIN EN ISO 13789 berechnet wird, dürfen keine Reduktionsfaktoren verwendet werden.

5) Reduktionsfaktoren von Wänden und Decken zu unbeheizten Räumen

Als Wände und Decken gelten Bauteile, die das beheizte Volumen von unbeheizten Räumen trennen. Der Wärmestrom fließt über das Trennbauteil in den unbeheizten Bereich und über diesen an die Außenluft. Wie bei den Ziffern 3 und 4 stellen die Reduktionsfaktoren $F_{x,i}$ nur einen Mittelwert dar. Auch bei der Wärmeübertagung über unbeheizte Räume an die Außenluft gilt somit: Wenn die Außenbauteile dieser Räume gut gedämmt sind, dann ergeben sich bei der Verwendung der pauschalen Werte nach Anhang 1 Nr. 3 Tabelle 3 zu hohe Wärmeströme und damit zu ungünstige Abminderungsfaktoren. Es kann auch hier der tatsächliche Sachverhalt durch eine Berechnung des U-Wertes des Trennbauteils nach DIN EN ISO 13789 abgebildet werden. Als wärmeübertragendes Bauteil gilt die Wand oder Decke. Die Bauteile, die den unbeheizten Raum gegen die Außenluft abgrenzen, gehen in die Berechnung nicht ein. Ebenso bleibt das Volumen des unbeheizten Raumes unberücksichtigt. Die Definition von ab- und angrenzenden Bauteilen entspricht der Einteilung gemäß WSchV 95.

Achtung: Der Reduktionsfaktor $F_{x,i}$ gilt nicht für Trennwände und -decken, die das beheizte Volumen von unbeheizten Kellerräumen abgrenzen. Für diese Bauteile und diese Einbausituationen gelten die Reduktionsfaktoren „unterer Gebäudeabschluss".

Achtung: Es fehlt bei dieser Aufzählung der Reduktionsfaktor $F_{x,i}$ von Wänden und Decken zu Räumen mit niedrigen Innentemperaturen. Falls solche Räume vorhanden sind, muss der Reduktionsfaktor aus dem Monatsbilanzverfahren angewendet werden und es gilt: $F_{x,i}$ = 0,35.

Achtung: Es fehlen außerdem die Reduktionsfaktoren $F_{x,i}$ von Wänden und Decken zu Räumen mit wesentlich niedrigeren Innentemperaturen. Der Reduktionsfaktor solcher Bauteile ist Anhang 1 Nr. 2.7 Buchstabe c) zu entnehmen. Dort wurde festgelegt: „Bei der Berechnung von aneinander gereihten Gebäuden werden Gebäudetrennwände

   c) zwischen Gebäuden mit normalen Innentemperaturen und Gebäuden mit wesentlich niedrigeren Innentemperaturen im Sinne von DIN 4108-2:2001-03 bei der Berechnung des Wärmedurchgangskoeffizienten mit einem Temperatur-Korrekturfaktor F_u = 0,5 gewichtet."

Als Räume oder Gebäudeteile mit wesentlich niedrigeren Raumtemperaturen werden Zonen eingestuft, die auf eine Innentemperatur $\theta_i \leq 10\ °C$, mindestens aber frostfrei

(+5°C nach DIN 4701-2 Tabelle 2) gehalten werden. Dies gilt nach DIN 4701-2 Tabelle 2 und Tabelle 6 z. B. für Treppenräume von Wohngebäuden.

6) Reduktionsfaktoren von Kellerdecken zum unbeheizten Keller

Bei der Berechnung des Jahres-Heizwärmebedarfs nach dem Heizperiodenbilanzverfahren wurden zur Bestimmung der Wärmeverluste aus dem beheizten Volumen über einen unbeheizten Keller an die Außenluft Vergleichsrechnungen mittels DIN EN ISO 13370 durchgeführt. Die groben Abschätzrechnungen führten zu dem in Anhang 1 Nr. 3 Tabelle 3 aufgeführten Reduktionsfaktor. Da es sich bei der Kellerdecke um ein Innenbauteil handelt, ist bei der Berechnung des U-Wertes auf beiden Seiten der gleiche Wärmeübergangswiderstand anzusetzen. Es gilt: $R_{si} = R_{se} = 0,17\ \mathrm{m^2K/W}$.

7) Reduktionsfaktoren von Böden auf Erdreich sowie von Wänden und Böden im beheizten Keller

Auch in diesem Fall wurden zur Bestimmung der Wärmeverluste aus dem beheizten Volumen über Böden auf Erdreich bzw. über Wände und Böden in beheizten Kellern Vergleichsrechnungen mittels DIN EN ISO 13370 durchgeführt. Die Reduktionsfaktoren dieser groben Abschätzrechnungen sind Anhang 1 Nr. 3 Tabelle 3 zu entnehmen. Wie bei allen Anwendungen zur Wärmeübertragung über das Erdreich wurde in DIN V 4108-6 der physikalisch falsche Wärmeübergangswiderstand $R_{se} = 0,0\ \mathrm{m^2K/W}$ aufgenommen. Dieser Modus ist daher auch bei den weiteren Berechnungen nach dieser Norm beizubehalten.

Standardwerk der Baukonstruktionslehre

Der „Frick/Knöll" ist seit über 90 Jahren das Standardwerk der Baukonstruktion. Beide Bände sind unentbehrlich für jeden Architekten und Bauingenieur und geben einen umfassenden Einblick vom Fundament bis zum Dach.

Dietrich Neumann,
Ulrich Weinbrenner
Frick/Knöll
Baukonstruktionslehre
Teil 1
33., vollst. überarb. u. erw.
Aufl. 2002. 760 S. mit 758
Abb., 109 Tab. u. 109 Beisp.
Geb. ca. € 58,00
ISBN 3-519-45250-2

Inhalt:
Grundbegriffe - Normen, Maße, Maßtoleranzen -
Baugrund und Erdarbeiten - Fundamente - Beton-
und Stahlbetonbau - Wände - Glasbau - Skelettbau
- Außenwandbekleidungen – Geschossdecken und
Balkone - Fußbodenkonstruktionen und Boden-
beläge - Beheizbare Bodenkonstruktionen: Fußbodenheizungen - Installationsböden (System-
böden) - Leichte Deckenbekleidungen und Unter-
decken - Umsetzbare Trennwände und vorgefer-
tigte Schrankwandsysteme - Besondere bauliche
Schutzmaßnahmen
Jetzt im neuen Layout mit Energieeinsparverordnung DIN 1045 und einem Kapitel über Glasbau

Dietrich Neumann,
Ulrich Weinbrenner
Frick/Knöll
Baukonstruktionslehre
Teil 2
31., durchges. u. akt. Aufl.
2001. 760 S. mit 831 Abb.,
96 Tab. u. 24 Beisp.
Geb. € 52,40
ISBN 3-519-35250-8

Inhalt:
Geneigte Dächer - Flachdächer - Schornsteine
(Kamine) und Lüftungsschächte - Treppen -
Fenster - Türen - Horizontal verschiebbare Tür-
und Wandelemente - Mineralputze, Kunstharz-
putze und Wärmedämmsysteme - Beschich-
tungen (Anstriche) und Wandbekleidungen
(Tapeten) auf Putzgrund - Gerüste und
Abstützungen

B. G. Teubner
Abraham-Lincoln-Straße 46
65189 Wiesbaden
Fax 0611.7878-400
www.teubner.de

5 Anforderungen an Gebäude mit geringem Volumen und Anforderungen bei der Änderung von Gebäuden

5.1 Einleitung

5.1.1 Gebäude mit geringem Volumen

Mit der Einführung der Energieeinsparverordnung (EnEV) wurde eine neue Kategorie von Gebäuden eingeführt. In § 7 wurden erstmals Anforderungen an Gebäude mit geringem Volumen festgelegt. Die Definition von Gebäuden mit geringem Volumen lautet dabei wie folgt: „Übersteigt das beheizte Gebäudevolumen eines zu errichtenden Gebäudes 100 Kubikmeter nicht ...“.

Dieser Gebäudetyp kann z. B. als Container für Wohn- oder Arbeitszwecke, als Kiosk und für ähnliche Nutzungungen verwendet werden. Eine weitere Einsatzmöglichkeit liegt aber auch im Bereich eliminiert angeordneter Aufenthaltsräume in ansonsten gering ($\theta_i <$ 12 °C) oder unbeheizten Räumen oder Gebäuden, wie etwa der Bürobereich in unbeheizten Ausstellungs- oder Verkaufshallen bzw. die Büro- oder Sozialräume von gering oder unbeheizten Fertigungsstätten.

Um den Aufwand für den Nachweis der Anforderungen dieser Gebäude gering zu halten, wurde in § 7 festgelegt, dass die Maßgaben nach EnEV Abschnitt 4 – „heizungstechnische Anlagen und Warmwasseranlagen“ – sowie die U-Werte nach Anhang 3 Tabelle 1 einzuhalten sind. Da es sich bei diesen Werten jedoch um Vorgaben bei der Änderung bestehender Gebäude handelt, können diese Anforderungen nicht ohne weiteres auf zu errichtende Gebäude mit geringem Volumen übertragen werden. Zur übersichtlicheren Gestaltung wird daher in Kapitel 7 ein Exzerpt der Maßgaben aus Anhang 3 Tabelle 1 erstellt, die für Gebäude mit geringem Volumen Gültigkeit besitzen.

5.1.2 Änderung von Gebäuden

Die Anforderungen nach EnEV bei der Änderung von Gebäuden werden eingehalten, wenn

- nach § 8 Abs. 1 gilt: „Soweit bei beheizten Räumen in Gebäuden nach § 1 Abs. 1 (zu errichtende Gebäude mit normalen bzw. niedrigen Innentemperaturen – Anmerkung des Autors) Änderungen gemäß Anhang 3 Nr. 1 bis 5 durchgeführt werden, dürfen die in Anhang 3 Tabelle 1 festgelegten Wärmedurchgangskoeffizienten der betroffenen Außenbauteile nicht überschritten werden“

  oder

- nach § 8 Abs. 2 gilt: „ ... das geänderte Gebäude insgesamt den jeweiligen Höchstwert nach Anhang 1 Tabelle 1 oder Anhang 2 Tabelle 1 um nicht mehr als 40 vom Hundert überschreitet“.

Da die Zusammenstellung der Änderungen nach Anhang 3 Nr. 1 bis 6 in Kombination mit den maximal zulässigen U-Werten in der EnEV äußerst komplex ist, wurde im vorliegenden Kapitel eine übersichtliche Darstellung ausgearbeitet.

Achtung: Der in EnEV § 8 Abs. 1 enthaltene Verweis möglicher Änderungen, der wie folgt lautet: „Soweit ... Änderungen gemäß Anhang 3 Nr. 1 bis 5 durchgeführt werden ...“ ist falsch. Richtig wäre: „Wenn ... Änderungen gemäß Anhang 3 Nr. 1 bis *6* durchgeführt werden ...“

5.2 Gebäude mit geringem Volumen

5.2.1 Außenwände

Zeile	Bauteil	Maßnahme nach EnEV Anhang 3	Gebäude mit normalen Innentemperaturen	Gebäude mit niedrigen Innentemperaturen
			maximaler Wärmedurchgangskoeffizient U_{max} [a)] [W/(m²K)]	
	1	2	3	4
I a)			0,45	0,75
I b)	Außenwände	allgemein	0,35	0,75

[a)] Wärmedurchgangskoeffizient des Bauteils unter Berücksichtigung der neuen und der vorhandenen Bauteilschichten; für die Berechnung opaker Bauteile ist DIN EN ISO 6946 : 1996-1 zu verwenden.

Achtung: Werden Außenwände bestehender Gebäude saniert, unterscheidet Anhang 3 Tabelle 1 zwischen einer allgemeinen Anforderung und einer Anforderung, wenn im Rahmen dieser Arbeiten Bekleidungen, Mauerwerks-Vorsatzschalen oder Dämmschichten auf der Wandaußenseite eingebaut werden. Im zweiten Fall sind höhere Anforderungen, d. h. niedrigere U-Werte umzusetzen.

Da es sich bei Gebäuden mit geringem Volumen um Neubauten handelt, bei deren Planung räumliche Beschränkungen in der Regel keine Rolle spielen, kann für diese Gebäude ein schärferer Grenzwert als der der allgemeinen Anforderung definiert werden. Dies steht auch im Einklang mit den Zielen der Verordnung. In der WSchV 95 wurde für Außenwände kleiner Wohngebäude und bei bestehenden Gebäuden ein Wärmedurchgangskoeffizient $U = 0{,}5$ W/(m²K) gefordert. Legt man eine Verschärfung zur EnEV von 30 % zugrunde, ist ein U-Wert von 0,35 W/(m²K) einzuhalten. Dies entspricht dem Grenzwert der EnEV bei der Änderung von Gebäuden, wenn Bekleidungen, Mauerwerks-Vorsatzschalen und Dämmstoffe auf der Wandaußenseite eingebaut werden.

5.2.2 Fenster, Fenstertüren und Dachflächenfenster

Zeile	Bauteil	Maßnahme nach EnEV Anhang 3	Gebäude mit normalen Innentemperaturen	Gebäude mit niedrigen Innentemperaturen
			maximaler Wärmedurchgangskoeffizient U_{max} [a) [W/(m²K)]	
	1	2	3	4
II a)	außen liegende Fenster, Fenstertüren, Dachflächenfenster	allgemein	1,7 [b]	2,8 [b]
c)	Vorhangfassaden	allgemein	1,9 [d]	3,0 [d]

[a] Wärmedurchgangskoeffizient des Bauteils unter Berücksichtigung der neuen und der vorhandenen Bauteilschichten; für die Berechnung opaker Bauteile ist DIN EN ISO 6946 : 1996-1 zu verwenden.

[b] Wärmedurchgangskoeffizient des Fensters; er ist technischen Produkt-Spezifikationen zu entnehmen oder nach DIN EN ISO 10077-1 : 2000-11 zu ermitteln.

[d] Wärmedurchgangskoeffizient der Vorhangfassade; er ist nach den anerkannten Regeln der Technik zu ermitteln.

Achtung: Werden Fenster bestehender Gebäude saniert, unterscheidet Anhang 3 Tabelle 1 zwischen einem Austausch des gesamten Elementes und einer Erneuerung der Verglasung.

Da es sich bei Gebäuden mit geringem Volumen um Neubauten handelt, können bei deren Planung die U-Werte von Fenstern als Entscheidungskriterium herangezogen werden. Angaben zu Verglasungen sind damit entbehrlich.

Achtung: Die Anforderungen nach o. g. Tabelle gelten nicht für Schaufenster und Türanlagen aus Glas.

5.2.3 Fenster, Fenstertüren und Dachflächenfenster mit Sondergläsern

Zeile	Bauteil	Maßnahme nach EnEV Anhang 3	Gebäude mit normalen Innentemperaturen	Gebäude mit niedrigen Innentemperaturen
			maximaler Wärmedurchgangskoeffizient U_{max} [a) [W/(m²K)]	
	1	2	3	4
III a)	außen liegende Fenster, Fenstertüren, Dachflächenfenster mit Sonderverglasungen	allgemein	2,0 [b)	2,8 [b)
c)	Vorhangfassaden mit Sonderverglasungen	Nr. 6 Satz 2	2,3 [d)	3,0 [d)

[a) Wärmedurchgangskoeffizient des Bauteils unter Berücksichtigung der neuen und der vorhandenen Bauteilschichten; für die Berechnung opaker Bauteile ist DIN EN ISO 6946 : 1996-1 zu verwenden.

[b) Wärmedurchgangskoeffizient des Fensters; er ist technischen Produkt-Spezifikationen zu entnehmen oder nach DIN EN ISO 10077-1 : 2000-11 zu ermitteln.

[d) Wärmedurchgangskoeffizient der Vorhangfassade; er ist nach den anerkannten Regeln der Technik zu ermitteln.

Achtung: Werden Fenster bestehender Gebäude saniert, unterscheidet Anhang 3 Tabelle 1 zwischen einem Austausch des gesamten Elementes und einer Erneuerung der Verglasung.

Da es sich bei Gebäuden mit geringem Volumen um Neubauten handelt, können bei deren Planung die U-Werte von Fenstern als Entscheidungskriterium herangezogen werden. Anforderungen an Verglasungen sind damit entbehrlich.

Erläuterungen: Sondergläser nach Zeile III c) im Sinne von Nr. 6 Satz 2 sind:

1. Schallschutzverglasungen mit einem bewerteten Schalldämm-Maß der Verglasung von $R_{w,R}$ = 40 dB nach DIN EN ISO 717-1:1997-01 oder einer vergleichbaren Anforderung,

2. Isolierglas-Sonderaufbauten zur Durchschusshemmung, Durchbruchhemmung oder Sprengwirkungshemmung nach den Regeln der Technik,

3. Isolierglas-Sonderaufbauten als Brandschutzglas mit einer Einzelelementdicke von mindestens 18 mm nach DIN 4102-13:1990-05 oder einer vergleichbaren Anforderung.

Achtung: Die Anforderungen nach o. g. Tabelle gelten nicht für Schaufenster und Türanlagen aus Glas.

5.2.4 Decken, Dächer und Dachschrägen bei Steildächern

Zeile	Bauteil	Maßnahme nach EnEV Anhang 3	Gebäude mit normalen Innentemperaturen	Gebäude mit niedrigen Innentemperaturen
			maximaler Wärmedurchgangskoeffizient U_{max} [a)] [W/(m²K)]	
	1	2	3	4
IV a)	Decken, Dächer und Dachschrägen bei Steildächern	allgemein	0,30	0,40

[a)] Wärmedurchgangskoeffizient des Bauteils unter Berücksichtigung der neuen und der vorhandenen Bauteilschichten; für die Berechnung opaker Bauteile ist DIN EN ISO 6946 : 1996-1 zu verwenden.

5.2.5 Decken, Dächer und Dachschrägen bei Flachdächern

Zeile	Bauteil	Maßnahme nach EnEV Anhang 3	Gebäude mit normalen Innentemperaturen	Gebäude mit niedrigen Innentemperaturen
			maximaler Wärmedurchgangskoeffizient U_{max} [a)] [W/(m²K)]	
	1	2	3	4
IV b)	Flachdächer	allgemein	0,25	0,40

[a)] Wärmedurchgangskoeffizient des Bauteils unter Berücksichtigung der neuen und der vorhandenen Bauteilschichten; für die Berechnung opaker Bauteile ist DIN EN ISO 6946 : 1996-1 zu verwenden.

Achtung: Werden bei der Flachdacherneuerung Gefälledämmungen eingebaut, dann ist der Wärmedurchgangskoeffizient nach DIN EN ISO 6946:1996-11 zu ermitteln. Der Bemessungswert des Wärmedurchlasswiderstandes am tiefsten Punkt der neuen Dämmung muss den Mindestwärmeschutz nach § 6 Abs. 1 einhalten.

5.2.6 Wände und Decken gegen unbeheizte Räume bzw. gegen das Erdreich

Zeile	Bauteil	Maßnahme nach EnEV Anhang 3	Gebäude mit normalen Innentemperaturen	Gebäude mit niedrigen Innentemperaturen
			maximaler Wärmedurchgangskoeffizient U_{max} [a)] [W/(m²K)]	
	1	2	3	4
V a)	Decken und Wände gegen unbeheizte Räume oder Erdreich	allgemein	0,40	keine Anforderung
b)			0,50	keine Anforderung
[a)]	Wärmedurchgangskoeffizient des Bauteils unter Berücksichtigung der neuen und der vorhandenen Bauteilschichten; für die Berechnung opaker Bauteile ist DIN EN ISO 6946 : 1996-1 zu verwenden.			

Achtung: Auch bei Wänden und Decken gegen unbeheizte Räume bzw. gegen das Erdreich wird hinsichtlich der Änderung bestehender Gebäude unterschieden, ob die Außenseite des zu sanierenden Bauteils uneingeschränkt zugänglich oder die wärmetechnische Aufrüstung mit relativ aufwendigen Maßnahmen verbunden ist. In diesem Zusammenhang unterscheidet Anhang 3 Tabelle 1 zwischen einer höheren Anforderung und dem erforderlichen Mindestmaß. Wie bereits bei den vorangegangenen Bauteilen wurde auch hier im Sinne der Energieeinsparung der schärfere Grenzwert als allgemeiner Grenzwert angesehen. Da von gesetzgeberischer Seite keine Klarheit besteht, ist dieser Standpunkt interpretierbar.

5.3 Änderungen von Gebäuden

5.3.1 Übersicht der Anforderungen

Zeile	Bauteil	Maßnahme nach EnEV Anhang 3	Gebäude mit normalen Innentemperaturen	Gebäude mit niedrigen Innentemperaturen
			maximaler Wärmedurchgangskoeffizient U_{max} [a)	[W/(m²K)]
	1	2	3	4
1 a)	Außenwände	allgemein	0,45	0,75
b)		nach Nr. 1 b), d) und e)	0,35	0,75
2 a)	außen liegende Fenster, Fenstertüren, Dachflächenfenster	Nr. 2 a) und b)	1,7 [b)	2,8 [b)
b)	Verglasungen	Nr. 2 c)	1,5 [c)	keine Anforderung
c)	Vorhangfassaden	allgemein	1,9 [d)	3,0 [d)
3 a)	außen liegende Fenster, Fenstertüren, Dachflächenfenster mit Sonderverglasungen	Nr. 2 a) und b)	2,0 [b)	2,8 [b)
b)	Sonderverglasungen	Nr. 2 c)	1,6 [c)	keine Anforderung
c)	Vorhangfassaden mit Sonderverglasungen	Nr. 6 Satz 2	2,3 [d)	3,0 [d)
4 a)	Decken, Dächer und Dachschrägen	Nr. 4.1	0,30	0,40
b)	Dächer	Nr. 4.2	0,25	0,40
5 a)	Decken und Wände gegen unbeheizte Räume	Nr. 5 b) und e)	0,40	keine Anforderung
b)	Erdreich	Nr. 5 a), c), d) und f)	0,50	keine Anforderung

[a) Wärmedurchgangskoeffizient des Bauteils unter Berücksichtigung der neuen und der vorhandenen Bauteilschichten; für die Berechnung opaker Bauteile ist DIN EN ISO 6946 : 1996-1 zu verwenden.

[b) Wärmedurchgangskoeffizient des Fensters; er ist technischen Produkt-Spezifikationen zu entnehmen oder nach DIN EN ISO 10077-1 : 2000-11 zu ermitteln.

[c) Wärmedurchgangskoeffizient der Verglasung; er ist technischen Produkt-Spezifikationen zu entnehmen oder nach DIN EN 673 : 1999-01 zu ermitteln.

[d) Wärmedurchgangskoeffizient der Vorhangfassade; er ist nach den anerkannten Regeln der Technik zu ermitteln.

5.3.2 Außenwände

Zeile	Bauteil	Maßnahme nach EnEV Anhang 3	Gebäude mit normalen Innentemperaturen	Gebäude mit niedrigen Innentemperaturen
			maximaler Wärmedurchgangskoeffizient U_{max} [a)] [W/(m²K)]	
	1	2	3	4
I a)	Außenwände	allgemein	0,45	0,75
b)		nach Nr. 1 b), d) und e)	0,35	0,75

[a)] Wärmedurchgangskoeffizient des Bauteils unter Berücksichtigung der neuen und der vorhandenen Bauteilschichten; für die Berechnung opaker Bauteile ist DIN EN ISO 6946 : 1996-1 zu verwenden.

Die Anforderungen an Außenwände beheizter Räume nach Spalte 2 der o. g. Tabelle sind einzuhalten, wenn gemäß EnEV Anhang 3

Nr. 1 a)   Bauteile ersetzt oder erstmals eingebaut

oder in einer Weise erneuert werden, dass

Nr. 1 b)   Bekleidungen in Form von Platten oder plattenartigen Bauteilen oder Verschalungen sowie Mauerwerks-Vorsatzschalen angebracht,

Nr. 1 c)   auf der Innenseite Bekleidungen oder Verschalungen aufgebracht,

Nr. 1 d)   Dämmschichten eingebaut werden,

Nr. 1 e)   bei einer bestehenden Wand mit einem Wärmedurchgangskoeffizienten $U > 0{,}9$ W/(m²K) der Außenputz erneuert ird,

Nr. 1 f)   neue Ausfachungen in Fachwerkwände eingesetzt werden.

Bei einer Kerndämmung von Außenwänden nach EnEV Anhang 3 Nr. 1 d) gelten die Anforderungen als erfüllt, wenn der bestehende Hohlraum zwischen den Schalen vollständig mit Dämmstoff verfüllt wird.

Achtung: - **Besonders wichtig ist in diesem Zusammenhang der Umstand, dass - wenn bei einer Außenwand mit einem U-Wert $U > 0{,}9$ W/(m²K) der Außenputz erneuert wird - zusätzliche Dämm-Maßnahmen ergriffen werden müssen.**

- **Es ist zu beachten, dass die Anforderungen an die energetische Sanierung von Außenwänden auch dann in vollem Umfang einzuhalten sind, wenn bei Fachwerkgebäuden die Ausfachung erneuert wird.**

5.3.3 Fenster, Fenstertüren und Dachflächenfenster

Zeile	Bauteil	Maßnahme nach EnEV Anhang 3	Gebäude mit normalen Innentemperaturen	Gebäude mit niedrigen Innentemperaturen
			maximaler Wärmedurchgangskoeffizient U_{max} [a] [W/(m²K)]	
	1	2	3	4
II a)	außen liegende Fenster, Fenstertüren, Dachflächenfenster	Nr. 2 a) und b)	1,7 [b]	2,8 [b]
b)	Verglasungen	Nr. 2 c)	1,5 [c]	keine Anforderung
c)	Vorhangfassaden	allgemein	1,9 [d]	3,0 [d]

[a] Wärmedurchgangskoeffizient des Bauteils unter Berücksichtigung der neuen und der vorhandenen Bauteilschichten; für die Berechnung opaker Bauteile ist DIN EN ISO 6946 : 1996-1 zu verwenden.

[b] Wärmedurchgangskoeffizient des Fensters; er ist technischen Produkt-Spezifikationen zu entnehmen oder nach DIN EN ISO 10077-1 : 2000-11 zu ermitteln.

[c] Wärmedurchgangskoeffizient der Verglasung; er ist technischen Produkt-Spezifikationen zu entnehmen oder nach DIN EN 673 : 1999-01 zu ermitteln.

[d] Wärmedurchgangskoeffizient der Vorhangfassade; er ist nach den anerkannten Regeln der Technik zu ermitteln.

Bei der Erneuerung außen liegender Fenster, Fenstertüren und Dachflächenfenster beheizter Räume sind die Anforderungen nach Spalte 2 der o. g. Tabelle einzuhalten, wenn gemäß EnEV Anhang 3

Nr. 2 a)   Bauteile ersetzt oder erstmalig eingebaut,
Nr. 2 b)   zusätzliche Vor- oder Innenfenster eingebaut werden,
Nr. 2 c)   die Verglasung ersetzt wird.

Wenn man bei Kasten- oder Verbundfenstern die Verglasung ersetzt, dann gelten die Anforderungen als erfüllt, wenn eine Glastafel mit einer infrarot-reflektierenden Beschichtung (Emissivität $\varepsilon \leq 0{,}20$) eingebaut wird.

Die Anforderungen nach o. g. Tabelle gelten nicht
- für Schaufenster und Türanlagen aus Glas,
- wenn bei Maßnahmen nach Buchstabe EnEV Anhang 3 Nr. 2 c) an Fenstern, Fenstertüren oder Dachflächenfenstern der vorhandene Rahmen zur Aufnahme der vorgeschriebenen Verglasung ungeeignet ist.

Bei Vorhangfassaden sind die Anforderungen nach Zeile II c) der o. g. Tabelle einzuhalten, wenn gemäß EnEV Anhang 3

Nr. 6 a)   das gesamte Bauteil ersetzt oder erstmalig eingebaut,
Nr. 6 b)   die Füllung (d. h. Verglasung oder Paneel) ersetzt wird.

Achtung: Bezüglich der Anforderungen an Fenster, Fenstertüren, Dachflächenfenster und Vorhangfassaden mit Sondergläsern siehe Abschnitt 5.3.4 dieses Kommentars.

5.3.4 Fenster, Fenstertüren und Dachflächenfenster mit Sondergläsern

Zeile	Bauteil	Maßnahme nach EnEV Anhang 3	Gebäude mit normalen Innentemperaturen	Gebäude mit niedrigen Innentemperaturen
			maximaler Wärmedurchgangskoeffizient U_{max} [a) [W/(m²K)]	
	1	2	3	4
III a)	außen liegende Fenster, Fenstertüren, Dachflächenfenster mit Sonderverglasungen	Nr. 2 a) und b)	2,0 [b)	2,8 [b)
b)	Sonderverglasungen	Nr. 2 c)	1,6 [c)	keine Anforderung
c)	Vorhangfassaden mit Sonderverglasungen	Nr. 6 Satz 2	2,3 [d)	3,0 [d)

[a)   Wärmedurchgangskoeffizient des Bauteils unter Berücksichtigung der neuen und der vorhandenen Bauteilschichten; für die Berechnung opaker Bauteile ist DIN EN ISO 6946 : 1996-1 zu verwenden.

[b)   Wärmedurchgangskoeffizient des Fensters; er ist technischen Produkt-Spezifikationen zu entnehmen oder nach DIN EN ISO 10077-1 : 2000-11 zu ermitteln.

[c)   Wärmedurchgangskoeffizient der Verglasung; er ist technischen Produkt-Spezifikationen zu entnehmen oder nach DIN EN 673 : 1999-01 zu ermitteln.

[d)   Wärmedurchgangskoeffizient der Vorhangfassade; er ist nach den anerkannten Regeln der Technik zu ermitteln.

Wird bei der Erneuerung außen liegender Fenster, Fenstertüren und Dachflächenfenster beheizter Räume gemäß EnEV Anhang 3

Nr. 2 a)   das gesamte Bauteil ersetzt oder erstmalig eingebaut,
Nr. 2 b)   werden zusätzliche Vor- oder Innenfenster eingebaut,
Nr. 2 c)   wird die Verglasung ersetzt,

bzw. wird bei Vorhangfassaden nach Zeile III c) gemäß EnEV Anhang 3

Nr. 6 a)   das gesamte Bauteil ersetzt oder erstmalig eingebaut,
Nr. 6 b)   die Füllung (d. h. Verglasung oder Paneel) ersetzt,

dann gelten statt der Anforderungen nach den EnEV Anhang 3 Tabelle 1 Zeil 2 (siehe Abschnitt 5.3.3) die Maßgaben nach o. g. Tabelle, wenn eine der folgenden Sonderverglasungen eingebaut wird:

1. Schallschutzverglasungen mit einem bewerteten Schalldämm-Maß der Verglasung von $R_{w,R} = 40$ dB nach DIN EN ISO 717-1:1997-01 oder einer vergleichbaren Anforderung,
2. Isolierglas-Sonderaufbauten zur Durchschusshemmung, Durchbruchhemmung oder Sprengwirkungshemmung nach den Regeln der Technik,
3. Isolierglas-Sonderaufbauten als Brandschutzglas mit einer Einzelelementdicke von mindestens 18 mm nach DIN 4102-13:1990-05 oder einer vergleichbaren Anforderung.

Die Anforderungen nach o. g. Tabelle besitzen keine Gültigkeit

- für Schaufenster und Türanlagen aus Glas,
- wenn bei Maßnahmen nach Zeile III b) an Fenstern, Fenstertüren oder Dachflächenfenstern der vorhandene Rahmen zur Aufnahme der vorgeschriebenen Verglasung ungeeignet ist.

5.3.5 Decken, Dächer und Dachschrägen bei Steildächern

Zeile	Bauteil	Maßnahme nach EnEV Anhang 3	Gebäude mit normalen Innentemperaturen	Gebäude mit niedrigen Innentemperaturen
			maximaler Wärmedurchgangskoeffizient U_{max} [a)] [W/(m²K)]	
	1	2	3	4
IV a)	Decken, Dächer und Dachschrägen	Nr. 4.1	0,30	0,40

[a)] Wärmedurchgangskoeffizient des Bauteils unter Berücksichtigung der neuen und der vorhandenen Bauteilschichten; für die Berechnung opaker Bauteile ist DIN EN ISO 6946 : 1996-1 zu verwenden.

Bei der Erneuerung von Decken unter nicht ausgebauten Dachräumen sowie Decken und Wänden (einschließlich Dachschrägen) im Bereich von Steildächern, die beheizte Räume gegen die Außenluft abgrenzen, sind die Anforderungen nach o. g. Tabelle einzuhalten, wenn gemäß EnEV Anhang 3

Nr. 4.1 a) Bauteile ersetzt oder erstmalig eingebaut

oder in einer Weise erneuert werden, dass

Nr. 4.1 b) die Dachhaut bzw. außenseitige Bekleidungen oder Verschalungen ersetzt oder neu aufgebaut,
Nr. 4.1 c) innenseitige Bekleidungen oder Verschalungen aufgebracht oder erneuert,
Nr. 4.1 d) Dämmschichten eingebaut,
Nr. 4.1 e) zusätzliche Bekleidungen oder Dämmschichten an Wänden zum unbeheizten Dachraum eingebaut werden.

Falls bei Maßnahmen nach Nr. 4 b) oder Nr. 4 d) eine Zwischensparrendämmung ausgeführt wird und die Dämmschichtdicke wegen einer innenseitigen Bekleidung und der Sparrenhöhe begrenzt ist, gelten die Anforderungen als erfüllt, wenn die nach den Regeln der Technik maximal mögliche Dämmschichtdicke realisiert wird.

Achtung: In diesem Zusammenhang ist darauf hinzuweisen, dass - wenn bei steil geneigten Dächern die „außenseitige Bekleidung", d. h. die Dachdeckung erneuert wird - die oben genannten U-Werte einzuhalten sind. Falls die anstehende Sanierung in Form einer Zwischensparrendämmung ausgeführt wird und die maximal mögliche Dämmdicke nicht ausreicht, um die geforderten U-Werte einzuhalten, wäre eine Aufdoppelung der Sparren erforderlich. Zur Vermeidung der dabei zu erwartenden unbilligen Härte wird den Anforderungen gemäß EnEV Genüge getan, wenn eine Vollsparrendämmung mit der größtmöglichen Dämmdicke zur Ausführung gelangt.

5.3.6 Flachdächer

| Zeile | Bauteil | Maßnahme nach EnEV Anhang 3 | Gebäude mit normalen Innentemperaturen | Gebäude mit niedrigen Innentemperaturen |
			maximaler Wärmedurchgangskoeffizient U_{max} [a)] [W/(m²K)]	
	1	2	3	4
IV b)	Dächer	Nr. 4.2	0,25	0,40
[a)] Wärmedurchgangskoeffizient des Bauteils unter Berücksichtigung der neuen und der vorhandenen Bauteilschichten; für die Berechnung opaker Bauteile ist DIN EN ISO 6946 : 1996-1 zu verwenden.				

Die Anforderungen nach o. g. Tabelle sind einzuhalten, wenn bei beheizten Räumen mit Flachdächern gemäß EnEV Anhang 3

Nr. 4.2 a) Bauteile ersetzt oder erstmalig eingebaut

oder in einer Weise erneuert werden, dass

Nr. 4.2 b) die Dachhaut bzw. außenseitige Bekleidungen oder Verschalungen ersetzt oder neu aufgebaut,
Nr. 4.2 c) innenseitige Bekleidungen oder Verschalungen aufgebracht oder erneuert,
Nr. 4.2. d) Dämmschichten eingebaut werden.

Wenn man bei der Flachdacherneuerung Gefälledämmungen einbaut, ist der Wärmedurchgangskoeffizient U nach DIN EN ISO 6946:1996-11 zu ermitteln. Der Bemessungswert des Wärmedurchlasswiderstandes R am tiefsten Punkt der neuen Dämmung muss den Mindestwärmeschutz nach EnEV § 6 Abs. 1 einhalten.

5.3.7 Wände und Decken gegen unbeheizte Räume bzw. das Erdreich

Zeile	Bauteil	Maßnahme nach EnEV Anhang 3	Gebäude mit normalen Innentemperaturen	Gebäude mit niedrigen Innentemperaturen
			maximaler Wärmedurchgangskoeffizient U_{max} [a) [W/(m²K)]	
1	2	3	4	
V a)	Decken und Wände gegen unbeheizte Räume oder Erdreich	Nr. 5 b) und e)	0,40	keine Anforderung
b)		Nr. 5 a), c), d) und f)	0,50	keine Anforderung

[a) Wärmedurchgangskoeffizient des Bauteils unter Berücksichtigung der neuen und der vorhandenen Bauteilschichten; für die Berechnung opaker Bauteile ist DIN EN ISO 6946 : 1996-1 zu verwenden.

Die Anforderungen nach o. g. Tabelle sind einzuhalten, wenn bei beheizten Räumen Decken und Wände, die an unbeheizte Räume bzw. das Erdreich grenzen, gemäß EnEV Anhang 3

Nr. 5 a)   Bauteile ersetzt oder erstmalig eingebaut

oder in einer Weise erneuert werden, dass

Nr. 5 b)   außenseitige Bekleidungen oder Verschalungen, Feuchtigkeitssperren oder Drainagen angebracht oder erneuert,

Nr. 5 c)   innenseitige Bekleidungen oder Verschalungen an Wänden angebracht,

Nr. 5 d)   Fußbodenaufbauten auf der beheizten Seite aufgebaut oder erneuert,

Nr. 5 e)   Deckenbekleidungen auf der Kaltseite angebracht,

Nr. 5 f)   Dämmschichten eingebaut werden.

Die Anforderungen nach EnEV Anhang 3 Nr. 5 d) gelten als erfüllt, wenn ein Fußbodenaufbau mit einer maximalen Dämmschichtdicke realisiert wird, ohne dass eine Anpassung der Türhöhe erforderlich ist.

Achtung: Auch an dieser Stelle wird den Belangen bestehender Gebäude dadurch Rechnung getragen, dass bei der wärmetechnischen Aufrüstung von Böden auf Erdreich den Anforderungen nach EnEV Genüge getan ist, wenn eine zusätzliche Dämmdicke umgesetzt wird, ohne dass vorhandene Türhöhen verändert werden müssen. Hierdurch will man vermeiden, dass Raumhöhen und Durchgangshöhen verändert werden müssen.

6   Nachweis der Anforderungen an den sommerlichen Wärmeschutz

6.1   Allgemeines

Um nicht nur das Wohlbefinden im Winter zu garantieren, sondern um auch in der Sommerperiode erträgliche Temperaturen im Rauminneren möglichst ohne Klimaanlagen zu schaffen, legt DIN 4108-2 Anforderungen an den Wärmeschutz im Sommer fest. Bei der Konzeption von Verschattungsmaßnahmen zum Schutz vor Überhitzungen im Sommer ist jedoch auch darauf zu achten, dass die Innenraumbeleuchtung mit Tageslicht nicht in unzulässiger Weise vermindert wird.

6.2   Maßnahmen bei der Gebäudeplanung

Bereits bei der Planung eines Gebäudes können wesentliche Vorgaben gemacht werden, die seine spätere Qualität hinsichtlich einer Überhitzung während warmer Sommermonate beeinflussen.
Hierbei ist zwischen planerischen (Fenstergröße und -ausrichtung, Verschattungen) und bautechnischen Maßgaben (leichte oder schwere Bauweise) zu unterscheiden. Als positiv im Sinne einer Vermeidung solcher Überhitzung wirken sich aus:

- Die Verwendung massiver speicherfähiger Bauteile, die in Kontakt mit der Innenluft stehen, d. h. Außen- und Innenwände, Decken und Böden, mit deren Hilfe ein Temperaturanstieg im Rauminneren vermindert werden kann

- Der Einsatz außen liegender Wärmedämmschichten, um so einen Wärmestrom ins Gebäudeinnere zu verhindern

- Die Planung ausreichender Lüftungsmöglichkeiten, damit insbesondere während der zweiten Nachthälfte warme Innenraumluft gegen kühlere Außenluft ausgetauscht werden kann

- Räume, die nur nach einer Richtung Fenster aufweisen

Ungünstig hinsichtlich überhöhter Innentemperaturen wirken sich aus:

- Große Fensterflächen ohne Sonnenschutzvorrichtungen

- Geringe Speichermassen im Gebäudeinneren

- Dunkle, unverschattete Außenbauteile

- Räume, die Fensterflächen nach zwei oder mehr Richtungen aufweisen; besonders ungünstig sind Kombinationen mit Südost- bzw. Südwestorientierungen

6.3   Nachweis des sommerlichen Wärmeschutzes

Achtung: In der EnEV Anhang 1 Ziffer 2.9 wird zum Nachweis der Anforderungen als datierter Verweis auf DIN 4108-2:2001-03 verwiesen (siehe Kapitel 6.3.1). Da die Ausführungen in Kapitel 6.3.2 mit der Fassung von DIN 4108-2:2003 den Stand der Technik darstellen, steht es dem Nachweisführenden frei, die Überprüfung des sommerlichen Wärmeschutzes entweder nach Kapitel 6.3.1 oder Kapitel 6.3.2 zu führen. Diese Wahlmöglichkeit besteht, bis von Seiten des Gesetzgebers der Verweis in der EnEV Anhang 1 Ziffer 2.9 an den Stand der Normung angepasst wird.

6.3.1 Nachweis nach DIN 4108-2:2001-03

Maßgeblich ist dabei die Energiemenge, die in einen Raum eingestrahlt wird, und welche Temperatur sich unter Berücksichtigung baulicher Gegebenheiten daraus ergibt. Im Gegensatz zu früheren Festlegungen, bei denen ein Nachweis des sommerlichen Wärmeschutzes nur bei Gebäuden mit raumlufttechnischen Anlagen zur Kühlung (Klimaanlagen) erforderlich war, sind nach DIN 4108-2 die Anforderungen für Gebäude mit Wohnungen, Einzelbüros oder mit vergleichbarer Nutzung immer einzuhalten. Da die hier behandelten Anforderungen aus den Maßgaben der Arbeitsstättenrichtlinie abgeleitet wurden, ist der sommerliche Wärmeschutz generell auf Büro- und Arbeitsräume zu übertragen. Die Grenzwerte beziehen sich jedoch nicht auf ein Gebäude in seiner Gesamtheit, sondern immer nur auf den hinsichtlich der Überhitzungsproblematik ungünstigsten Raum. D. h. ein Gebäude muss zunächst dahin gehend analysiert werden, welcher Raum hinsichtlich seiner Orientierung und der baulichen Gegebenheiten als der ungünstigste eingestuft werden muss. Auf den Nachweis des sommerlichen Wärmeschutzes kann bei Gebäuden, bei denen der ungünstigste Raum folgende Grenzwerte des Fensterflächenanteils f unterschreitet, verzichtet werden:

Spalte	1	2	3
Zeile	Neigung der Fensterfläche gegenüber der Horizontalen α [°]	Orientierung der Fenster	Fensterflächenanteil f [%]
1	$60° < \alpha \leq 90°$	West über Süd bis Ost	20
2		Nordost über Nord bis Nordwest	30
3	$0° \leq \alpha \leq 60°$	alle Orientierungen	15
Anmerkung:	Den angegeben Fensterflächenanteilen f liegen Werte der Klimaregion B nach DIN V 4108-6 zugrunde.		

Tabelle 6.1: Grenzwerte des Fensterflächenanteils

Bei Räumen, für die der Nachweis des sommerlichen Wärmeschutzes zu erbringen ist, hängt das Maß der Einstrahlung solarer Energie u. a. von folgenden Faktoren ab:

- dem Gesamtenergiedurchlassgrad der Verglasung,

- der Effizienz von Sonnenschutzeinrichtungen,

- dem Fensterflächenanteil einer Fassade bzw. eines Raumes,

- dem Rahmenanteil der Fenster.

Die Wirkung dieser Einflüsse fließt in den Sonneneintragskennwert S nach folgender Gleichung ein:

$$S = f \cdot g_{total} \cdot \frac{F_F}{0{,}7} \tag{6.1}$$

Dabei bedeutet:

f Fensterflächenanteil der Fassade, ermittelt aus dem Verhältnis der Fensterfläche einer Fassade (es gilt das lichte Rohbaumaß) und der Bezugsfläche (bestehend aus Wand und Fenster),

g_{total} Gesamtenergiedurchlassgrad der Verglasung einschließlich Sonnenschutzeinrichtungen nach Gleichung (6.3),

F_F Abminderungsfaktor infolge des Rahmenanteils; falls keine genauen Angaben vorliegen, kann $F_F = 0{,}8$ gesetzt werden.

Für Räume mit mehr als einer Fensterfront, z. B. Eckräume, ist der Fensterflächenanteil f in Gleichung (6.1) durch den solar wirksamen Fensterflächenanteil f_s nach Gleichung (6.2) zu ersetzen. Es gilt:

$$f_s = \frac{A_{w,s}}{A_{HF}}$$ (6.2)

Dabei bedeutet:

$A_{w,s}$ die solar wirksame Fensterfläche des betrachteten Raums. Bei einem Raum mit zwei oder mehr Fensterfronten fließen in $A_{w,s}$ die Flächen aller Fenster dieses Raumes ein.

A_{HF} Summe der Wand- und Fensterfläche der Hauptfassade des betrachteten Raums. Als Hauptfassade gilt die Fassade mit dem größten Fensterflächenanteil, jedoch muss der Fensterflächenteil der betreffenden Fassade $f > 20\%$ betragen.

Bei Räumen mit zwei oder mehr verglasten Fassadenflächen kann nach Gleichung 6.2 auch ein solar wirksamer Fensterflächenanteil $f_s > 100\%$ ermittelt werden.

Die Festlegungen nach Gleichung 6.2 gelten in gleicher Weise auch für Räume mit Dachflächen und Dachflächenfenstern. Die Dachfläche kann somit analog auch als Fassade bzw. Hauptfassade eingestuft werden.

Um neben der Verminderung der solaren Einstrahlung durch die Verglasung auch die Wirkung von Sonnenschutzmaßnahmen zu berücksichtigen, wird vereinfachend ein gemeinsamer Gesamtenergiedurchlassgrad g_{total} nach Gleichung 6.3 ermittelt:

$$g_{total} = g \cdot F_C$$ (6.3)

Dabei bedeutet:

g Gesamtenergiedurchlassgrad nach DIN 410 (bzw. Herstellerangabe)

F_C Abminderungsfaktor von Sonnenschutzverrichtungen

Anhaltswerte des Abminderungsfaktors F_C von Sonnenschutzvorrichtungen sind Tabelle 6.2 zu entnehmen.

Achtung: Werden in einem Raum Verglasungen mit unterschiedlichen g-Werten verwendet, ist bei der Berechnung des vorhandenen Sonneneintragskennwertes der flächengewichtete Mittelwert g_{Mittel} nach folgender Gleichung anzusetzen:

$$g_{Mittel} = \frac{g_1 \cdot A_{W,1} + g_2 \cdot A_{W,2} \cdot + \ldots\ldots\ldots + g_i \cdot A_{W,i}}{A_{W,1} + A_{W,2} + \ldots\ldots\ldots + A_{W,i}} = \frac{\sum_{i=1}^{n} g_i \cdot A_{W,i}}{\sum_{i=1}^{n} A_{W,i}}$$ (6.4)

Für die Kombination unterschiedlicher Verglasungen oder Verschattungen gilt dementsprechend:

$$g_{total,Mittel} = \frac{g_{total,1} \cdot A_{W,1} + g_{total,2} \cdot A_{W,2} \cdot + \ldots\ldots\ldots + g_{total,i} \cdot A_{W,i}}{A_{W,1} + A_{W,2} + \ldots\ldots\ldots + A_{W,i}} = \frac{\sum_{i=1}^{n} g_{total,i} \cdot A_{W,i}}{\sum_{i=1}^{n} A_{W,i}}$$ (6.5)

Spalte	1	2
Zeile	Beschaffenheit der Sonnenschutzvorrichtung	Abminderungsfaktor F_C
1	ohne Sonnenschutzvorrichtung [a]	1,0
2	innen liegend bzw. zwischen den Scheiben [b]	
2.1	- weiß oder reflektierende Oberflächen mit geringer Transparenz [c]	0,75
2.2	- helle Farben und geringe Transparenz [c]	0,80
2.3	- dunkle Farben und höhere Transparenz [c]	0,90
3	außen liegend	
3.1	- Jalousien, Stoff geringer Transparenz [c]	0,25
3.2	- Jalousien, Stoff höherer Transparenz [c]	0,40
4	Vordächer, Loggien	0,50
5	Markisen, allgemein [d]	

[a] Die Sonnenschutzvorrichtung muss fest installiert sein. Übliche dekorative Vorhänge gelten nicht als Sonnenschutzvorrichtungen.

[b] Für innen und zwischen den Scheiben liegende Sonnenschutzvorrichtungen ist eine genauere Ermittlung zu empfehlen, da sich erheblich günstigere Werte ergeben können. Ohne Nachweis ist der ungünstigere Wert zu verwenden.

[c] Eine Transparenz der Sonnenschutzvorrichtung unter 10% gilt als gering, unter 30% als erhöht.

[d] Es muss sichergestellt sein, dass keine direkte Besonnung des Fensters erfolgt. Dies ist der Fall, wenn

-   bei einer Süd-Orientierung der Abdeckwinkel $\beta \geq 50°$ oder
-   bei Ost- oder West-Orientierung der Abdeckwinkel entweder $\beta \geq 85°$ oder $\gamma \geq 115°$ beträgt.

Zur jeweiligen Orientierunge einer Himmelsrichtung gehören Winkelbereiche von $\pm$ 22,5°. Bei Zwischenorientierungen ist der Abdeckwinkel $\beta \geq 80°$ erforderlich.

Vertikalschnitt durch die Fassade

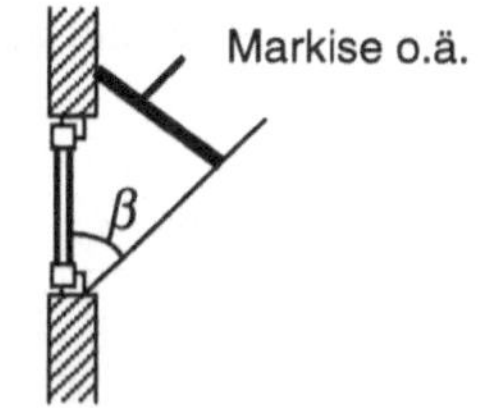

Süd-Orientierung

Horizontalschnitt durch die Fassade

West-Orientierung   Ost-Orientierung

Tabelle 6.2: Abminderungsfaktor F_C von Sonnenschutzvorrichtungen

Neben den Auswirkungen der solaren Einstrahlung ist die sich in einem Innenraum ausbildende Temperatur auch von folgenden Einflüssen abhängig:

- von der wirksamen Speicherkapazität raumumschließender Flächen,

- von der Lüftung, insbesondere in der zweiten Nachthälfte,

- von der Fensterneigung bzw. der Fensterorientierung.

Durch eine Bewertung dieser Aspekte wird nach Gleichung (6.7) der für den betrachteten Raum maximal zulässige Sonneneintragskennwert S_{max} bestimmt. Zur Einhaltung der Anforderungen an den sommerlichen Wärmeschutz darf der Maximalwert S_{max} des Sonneneintragskennwerts den nach Gleichung (6.1) ermittelten Basiswert S nicht überschreiten, so dass nach Gleichung (6.6) gilt:

$$S \leq S_{max} \tag{6.6}$$

Der Maximalwert S_{max} berechnet sich wie folgt:

$$S_{max} = S_0 + \sum \Delta S_x \tag{6.7}$$

Dabei bedeutet:

S_0 — Basiswert des Sonneneintragskennwerts; es gilt $S_0 = 0,18$

ΔS_x — Zuschlagswerte entsprechend der baulichen Gegebenheiten nach Tabelle 6.3

Die Wertung der unterschiedlichen Einflussfaktoren erfolgt über Zuschläge bzw. Abzüge ΔS_x vom Grundwert S_0 nach folgender Tabelle:

Spalte / Zeile	1		2
	Gebäudelage bzw. -beschaffenheit		Zuschlagswert ΔS_x
1	Gebiete mit erhöhter sommerlicher Belastung [a]		- 0,04
2	Bauart		
2.1	leichte Bauart: Holzständerkonstruktion, leichte Trennwände, untergehängte Decken		- 0,03
2.2	extrem leichte Bauart: vorwiegend Innendämmung, große Halle, kaum raumumschließende Flächen		- 0,10
3	Sonnenschutzverglasung, $g < 0,4$ [b]		+ 0,04
4	erhöhte Nachtlüftung: Während der zweiten Nachthälfte $n \geq 1,5\ \mathrm{h^{-1}}$	leichte und sehr leichte Bauart	+ 0,03
		schwere Bauart	+ 0,05
5	Fensterflächenanteil $f > 65\%$		- 0,04
6	geneigte Fensterausrichtung: $0° \leq$ Neigung $\leq 60°$ (gegenüber der Horizontalen)		$\Delta S_x = - 0,12 \cdot f_< $ [c]
7	Nord-, Nordost- und Nordwestorientierte Fassade		+ 0,10

[1] Gebiete mit mittleren monatlichen Außenlufttemperaturen oberhalb 18°C nach Anhang A zu DIN V 4108-6, z. B. Regionen 8, 11, 12, 13 und 14.

[2] Als gleichwertige Maßnahme gilt eine Sonnenschutzvorrichtung, die die diffuse Strahlung permanent reduziert und deren $g_{total} < 0,4$ erreicht.

[3] $f_<$ wird nach folgender Gleichung berechnet:

$$f_< = \frac{A_{W,S,<}}{A_{HF}}$$

Tabelle 6.3: Zuschlagswerte zur Bestimmung des Sonneneintragskennwertes

Aus Gleichung 6.6 folgt, dass dem Sonneneintragskennwert S nach Gleichung 6.1 dann der größtmögliche Spielraum zur Verfügung steht, wenn der maximalen Sonneneintragskennwert S_{max} nach Gleichung 6.7 so groß wie möglich ist. Diese Tendenz kann auch Bild 6.1 entnommen werden. Hier werden die Sonneneintragskennwerte $\dot{S}$ für drei verschiedene Gesamtenergiedurchlassgrade von Verglasungen $g = 0,38$ (Sonnenschutzverglasung), $g = 0,62$ und $g = 0,75$ jeweils ohne Sonnenschutz, mit einem innen liegenden bzw. einem außen liegenden Sonnenschutz nach Tabelle 6.2, bei einem Rahmenanteil von 30%, für Fensterflächenanteile zwischen 0 und 400% dargestellt. Es folgt: Je höher der Gesamtenergiedurchlassgrad der Verglasung ist, umso mehr solare Energie wird in den betrachteten Raum eingestrahlt und umso höher ist der berechnete Sonneneintragskennwert S. Hieraus ergibt sich, dass in die Berechnung des maximal zulässigen Sonneneintragskennwertes S_{max} möglichst viele Bonusanteile einfließen müssen (additive Anteile), wohingegen kleine Sonneneintragskennwerte die Gestaltungsfreiheit hinsichtlich der möglichen Fensterflächenanteile bzw. der Ausgestaltung von Außen- und Innenbauteilen zulassen.

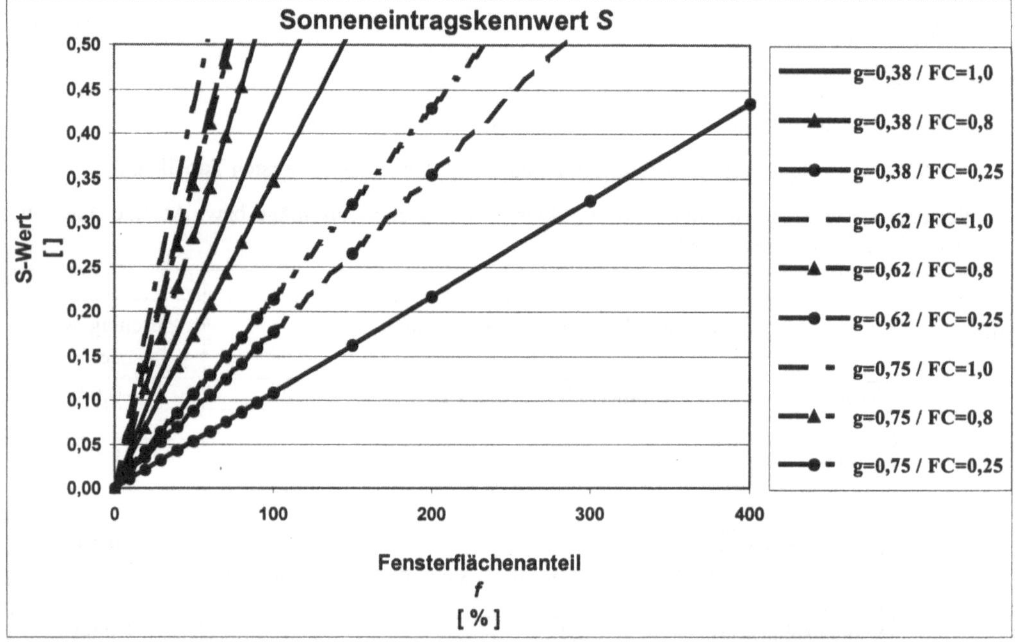

Bild 6.1: Sonneneintragskennwert S

Der Nachweis des sommerlichen Wärmeschutzes soll im Folgenden anhand eines Beispiels mit zwei unterschiedlichen Ausführungsvarianten erläutert werden. Es handelt sich um den Besprechungsraum eines Büro- und Verwaltungsgebäudes mit zwei Außenwänden und zwei Innenwänden. Das Gebäude soll in einem Gebiet ohne erhöhte sommerliche Belastung errichtet werden.

Beispiel 1:

Zur Bestimmung des maximalen Sonneneintragskennwertes S_{max} werden die im Folgenden aufgeführten Randbedingungen angesetzt, wobei unter einer schweren Bauweise massive Außenwände als Lochfassade, massive Innenwände und der Verzicht auf eine abgehängte Decke zu verstehen ist:

Gebäudeanlage bzw. Beschaffenheit	ΔS_x
Gebiet ohne erhöhte sommerliche Belastung	0,00
schwere Bauart	0,00
Sonnenschutzverglasung mit g < 0,40	+ 0,04
keine erhöhte Nachtlüftung	0,00
Fensterflächenanteil f $\leq$ 65%	0,00
keine geneigten Fenster	0,00
keine Nordwest-, Nord- oder Nordost- orientierten Fassaden	0,00
$\Sigma\ \Delta Sx =$	**+ 0,04**

Tabelle 6.4: Zuschlagswerte des Sonneneintragskennwertes für Beispiel 1

Der maximale Sonneneintragskennwert S_{max} beträgt:

$$S_{max} = S_0 + \Sigma\ \Delta S_x = 0,18 + 0,04 = 0,22$$

Trägt man den maximal zulässigen Sonneneintragskennwert in Bild 6.1 ein, so erhält man in Bild 6.2 die möglichen Verglasungs- und Verschattungskonfigurationen zur Einhaltung der Anforderungen.

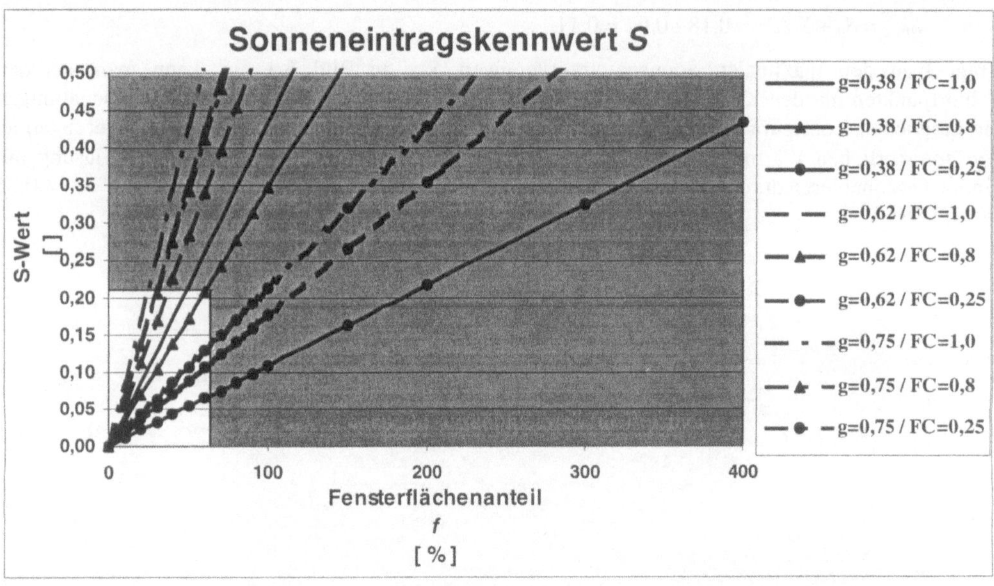

Bild 6.2: Zulässige Fensterflächenanteile bei Beispiel 1

Da bei der Ermittlung des S_{max}-Wertes festgelegt wurde, dass eine Verglasung mit einem Gesamtenergiedurchlassgrad $g < 0,40$ verwendet werden soll, kommen zur Bestimmung des maximal zulässigen Fensterflächenanteils f in obigem Diagramm nur die roten Linien in Betracht. Außerdem wurde bei der Ermittlung von S_{max} der Fensterflächenanteil auf $f < 65\%$ begrenzt, so dass nur der nicht unterlegte Bereich des Diagramms relevant ist. Wie eine Auswertung zeigt, können zur Einhaltung von S_{max} folgende Fensterflächenanteile f gewählt werden:

- $g = 0,38$, kein Sonnenschutz $F_C = 1,0$ max $f = 50\%$
- $g = 0,38$, innen liegender Sonnenschutz $F_C = 0,80$ max $f = 63\%$
- $g = 0,38$, außen liegender Sonnenschutz $F_C = 0,25$,   max $f = 65\%$

Dabei ist zu beachten, dass es sich um den gesamten, d. h. gegebenenfalls auf beide Außenwände zu beziehenden Fensterflächenanteil handelt.

Beispiel 2:

In diesem Fall wurde ein Fensterflächenanteil $f > 65\%$ angenommen und statt einer schweren eine leichte Bauweise mit Vorhangfassaden, leichten Raumtrennwänden (z. B. Gipskartonständerwände), einer abgehängten nicht hinterlüfteten Decke und einem schwimmenden Estrich gewählt.

Gebäudeanlage bzw. Beschaffenheit	ΔS_x
Gebiet ohne erhöhte sommerliche Belastung	0,00
leichte Bauart	- 0,03
keine Sonnenschutzverglasung mit g < 0,40	0,00
keine erhöhte Nachtlüftung	0,00
Fensterflächenanteil f > 65%	- 0,04
keine geneigten Fenster	0,00
keine Nordwest-, Nord- oder Nordost- orientierten Fassaden	0,00
$\Sigma\ \Delta Sx =$	**- 0,07**

Tabelle 6.5: Zuschlagswerte des Sonneneintragskennwertes für Beispiel 2

Es wird folgender maximale Sonneneintragskennwert ermittelt:

$$S_{max} = S_0 + \Sigma\ \Delta S_x = 0,18 - 0,07 = 0,11$$

Trägt man den maximalen Sonneneintragskennwert S_{max} in Bild 6.3 ein, kann man aus den Schnittpunkten mit den Kurven der verschiedenen Gesamtenergiedurchlassgrade und Verschattungen die möglichen Konfigurationen bestimmen. Es zeigt sich, dass zur Einhaltung der Anforderungen an den sommerlichen Wärmeschutz nach DIN 4108-2 [5] als einzige Variante eine Verglasung mit einem Gesamtenergiedurchlassgrad $g = 0,38$ und einem außen liegenden Sonnenschutz $F_C = 0,25$ möglich ist.

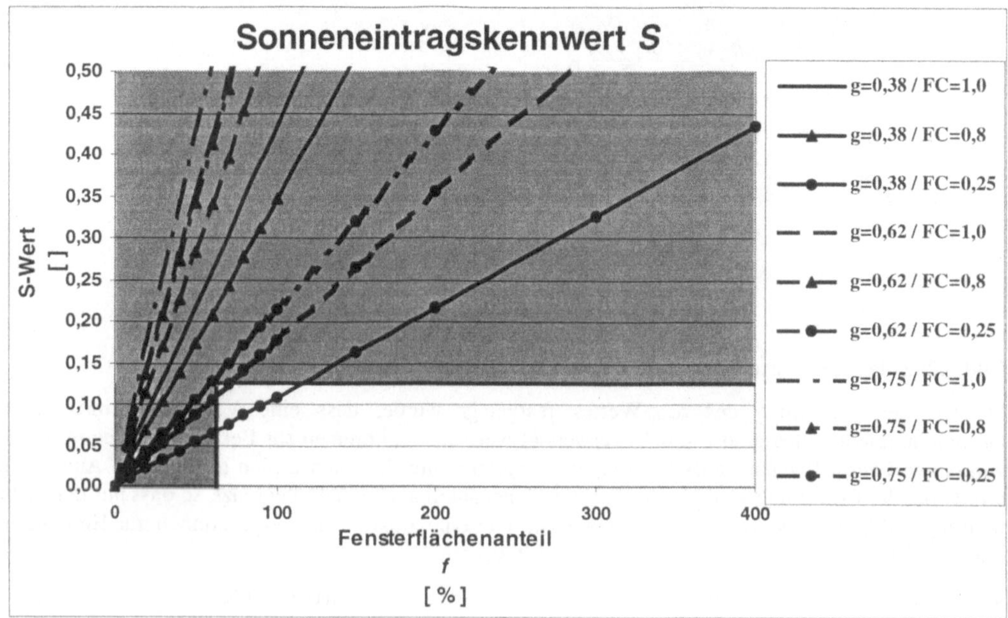

Bild 6.3: Zulässige Fensterflächenanteile bei Beispiel 2

Der maximal mögliche Fensterflächenanteil f beträgt:

$g = 0,38$, außen liegender Sonnenschutz $F_C = 0,25$,   max $f = 101\%$

Objekt:	
1	**1 Lagebeschreibung des betrachteten Raums**
2	Geschoss: Raumart / Raumnummer: Orientierung:
3	**2 Sonneneintragskennwert**
	2.1 Vorhandener Sonneneintragskennwert
4	**2.1.1 Solarwirksamer Fensterflächenanteil f_S**

5	Hauptfassade [a] des	opake Fassadenfläche $A_{HF,AW} =$	_____________ m²
6	betrachteten Raums	Fensterfläche $A_{HF,W} =$	_____________ m²
7	restliche Außenwände des betrachteten Raums	Fensterfläche $A_{W,Rest} =$	_____________ m²
8	solarwirksamer Fensterflächenanteil: $$f_S = \dfrac{A_{W,S}}{A_{HF}} = \dfrac{A_{HF,W} + A_{W,Rest}}{A_{HF,AW} + A_{HF,W}} = \dfrac{\rule{2cm}{0.4pt} + \rule{2cm}{0.4pt}}{\rule{2cm}{0.4pt} + \rule{2cm}{0.4pt}} =$$ $f_S =$		

9	**2.1.2 g-Wert der Verglasung einschließlich Sonnenschutz**
10	Gesamtenergiedurchlassgrad nach Herstellerangabe $g =$
11	**Anhaltswerte von Abminderungsfaktoren fest installierter Sonneschutzvorrichtungen**

	Beschaffenheit der Sonnenschutzvorrichtung	Abminderungsfaktor F_C
12		
13	**ohne Sonnenschutzvorrichtung** [b]	1,0
14	**innen liegend bzw. zwischen den Scheiben** [c]	
14.1	- weiß oder reflektierende Oberflächen mit geringer Transparenz [d]	0,75
14.2	- helle Farben und geringe Transparenz [d]	0,80
14.3	- dunkle Farben und höhere Transparenz [d]	0,90
15	**außen liegend**	
15.1	- Jalousien, Stoff geringer Transparenz [d]	0,25
15.2	- Jalousien, Stoff höherer Transparenz [d]	0,40
16	Vordächer, Loggien	0,50
17	Markisen, allgemein [e]	

[a]   Als Hauptfassade gilt die Fassade mit dem größten Fensterflächenanteil, jedoch muss der Fensterflächenteil der betreffenden Fassade $f > 20\%$ betragen.

[b]   Die Sonnenschutzvorrichtung muss fest installiert sein. Übliche dekorative Vorhänge gelten nicht als Sonnenschutzvorrichtungen.

[c]   Für innen und zwischen den Scheiben liegende Sonnenschutzvorrichtungen ist eine genauere Ermittlung zu empfehlen, da sich erheblich günstigere Werte ergeben können. Ohne Nachweis ist der ungünstigere Wert zu verwenden.

[d]   Eine Transparenz der Sonnenschutzvorrichtung unter 10% gilt als gering, unter 30% als erhöht.

[e]   Es muss sichergestellt sein, dass keine direkte Besonnung des Fensters erfolgt. Dies ist der Fall, wenn
- bei einer Süd-Orientierung der Abdeckwinkel $\beta \geq 50°$ ist;
- bei Ost- oder West-Orientierung der Abdeckwinkel entweder $\beta \geq 85°$ oder $\gamma \geq 115°$ beträgt.

Zur jeweiligen Orientierung einer Himmelsrichtung gehören Winkelbereiche von $\pm 22{,}5°$. Bei Zwischenorientierungen ist der Abdeckwinkel $\beta \geq 80°$ erforderlich.

Vertikalschnitt durch die Fassade   Horizontalschnitt durch die Fassade

18	**2.1.3 Abminderungsfaktor F_F infolge des Rahmenanteils**	
19	Abminderungsfaktor infolge des Rahmenanteils; falls keine genauen Angaben vorliegen, kann $F_F = 0{,}8$ gesetzt werden $F_F =$	
20	**2.1.4 Vorhandener Sonneneintragskennwert**	
21	$S = f_S \cdot g_{total} \cdot \dfrac{F_F}{0{,}7} = \underline{\quad} \cdot \underline{\quad} \cdot \dfrac{\underline{\quad}}{0{,}7}$ vorh. $S =$	

22	**2.2 Zulässiger Sonneneintragskennwert S_{max}**	
	2.2.1 Zuschlagswerte zur Bestimmung von ΔS_{max}	
23	Gebäudelage bzw. -beschaffenheit	Zuschlagswert ΔS_x
24	Gebiete mit erhöhter sommerlicher Belastung [f]	- 0,04
25	Bauart	
25.1	leichte Bauart: Holzständerkonstruktion, leichte Trennwände, untergehängte Decken	- 0,03
25.2	extrem leichte Bauart: Vorwiegend Innendämmung, große Halle, kaum raumumschließende Flächen	- 0,10
26	Sonnenschutzverglasung, $g < 0{,}4$ [g]	+ 0,04
27	erhöhte Nachtlüftung: während der zweiten Nachthälfte $n \ge 1{,}5\ \mathrm{h^{-1}}$ leichte und sehr leichte Bauart	+ 0,03
	schwere Bauart	+ 0,05
28	Fensterflächenanteil $f > 65\%$	- 0,04
29	geneigte Fensterausrichtung: $0° \le$ Neigung $\le 60°$ (gegenüber der Horizontalen)	$\Delta S_x = - 0{,}12 \cdot f_<$ [h]
30	Nord-, Nordost- und Nordwest- orientierte Fassade	+ 0,10
31	**2.2.2 Basiswert des Sonneneintagskennwertes S_0**	
32	Basiswert des Sonneneintagskennwertes $S_0 =$	0,18
33	**2.2.3 Maximaler Sonneneintagskennwert S_{max}**	
34	$S_{max} = S_0 + \sum \Delta S_x =$ $S_{max} = 0{,}18 - \underline{\ \ } - \underline{\ \ } - \underline{\ \ } + \underline{\ \ } + \underline{\ \ } + \underline{\ \ } - \underline{\ \ } - 0{,}12 \cdot \underline{\ \ } + \underline{\ \ }$ $S_{max} =$	
35	**3 Nachweis des sommerlichen Wärmeschutzes**	
36	**Der Nachweis an den sommerlichen Wärmeschutz ist erbracht, wenn gilt:** **vorh. $S =$ $\le$ $=$ zul. S_{max}**	

[f]   Gebiete mit mittleren monatlichen Außenlufttemperaturen oberhalb 18°C nach Anhang A zu DIN V 4108-6, z. B. Regionen 8, 11, 12, 13 und 14.

[g]   Als gleichwertige Maßnahme gilt eine Sonnenschutzvorrichtung, die die diffuse Strahlung permanent reduziert und deren $g_{total} < 0{,}4$ erreicht.

[h]   Bei der Berechnung von $f_<$ gilt:

$A_{W,S,<}$ Fläche der geneigten Fenster des betrachteten Raums:

        $A_{W,S,<} = \underline{\qquad\qquad}\ \mathrm{m^2}$

A_{HF} Flächen der Hauptfassade nach den Zeilen 5 und 6 des betrachteten Raums:

        $A_{HF} = \underline{\qquad} + \underline{\qquad} = \underline{\qquad}\ \mathrm{m^2}$

$$f_< = \frac{A_{W,S,<}}{A_{HF}} = \frac{\underline{\qquad}}{\underline{\qquad}} =$$

Nachweis nach DIN 4108-2:2003

Da Vergleichsrechnungen zum Nachweis der Anforderungen an den sommerlichen Wärmeschutz nach DIN 4108-2:2000-03 zeigten, dass die Ergebnisse teilweise zu falschen bzw. überzogenen Anforderungen führten, wurde der Rechengang überprüft und modifiziert. Der überarbeitete Nachweis wird in DIN 4108-2:2003 veröffentlicht. Im Rahmen der Neustrukturierung ergaben sich im Gegensatz zum Nachweis nach DIN 4108-2:2000-03 folgende wesentliche Änderungen:

- Als Bezugsfläche wird nicht mehr die Hauptfassade A_{HF}, sondern die Netto-Raumgrundfläche A_G herangezogen.
- Bei der Bestimmung des zulässigen Sonneneintragskennwertes S_{zul} werden die sommerlichen Klimaregionen durch entsprechende Zuschlagswerte berücksichtigt.
- Räume, die an unbeheizte Glasvorbauten grenzen, werden nicht mehr generell von der Möglichkeit des Nachweises ausgeschlossen.
- Für Ein- und Zweifamilienwohngebäude mit üblichen außen liegenden Sonnenschutzmaßnahmen ($F_C \leq 0,3$) kann auf einen Nachweis verzichtet werden.
- Die Einstufung hinsichtlich der wirksamen Speicherkapazität erfolgt nicht mehr über Ausstattungsbeschreibungen, sondern durch die Berechnung des tatsächlich vorhandenen Wertes für C_{wirk}.

Die Nachweisführung erfolgt jedoch auch in DIN 4108-2:2003 über die Bestimmung des vorhandenen Sonneneintragskennwertes S und den Vergleich mit dem für den betrachteten Raum zulässigen Grenzwert S_{zul}. Außerdem beziehen sich die Anforderungen weiterhin auf den hinsichtlich der sommerlichen Überhitzung kritischsten Raum eines Gebäudes, so dass, wie bisher auch, ein Gebäude zunächst dahin gehend analysiert werden muss, welcher Raum in Bezug auf seine Orientierung und die baulichen Gegebenheiten als der ungünstigste einzustufen ist.

Achtung: Auf einen Nachweis des sommerlichen Wärmeschutzes kann bei Ein- und Zweifamilienwohngebäuden mit ost-, süd- oder west- orientierten Fenstern verzichtet werden, wenn diese mit außen liegenden Sonnenschutzvorrichtungen ausgestattet sind, die einen Abminderungsfaktor $F_c \leq 0,3$ aufweisen. Es ist außerdem kein Nachweis erforderlich, wenn die Werte des auf die Raumgrundfläche bezogenen Fensterflächenanteils f_{AG} nach Tabelle 6.6 nicht überschritten werden.

Spalte	1	2	3
Zeile	Neigung der Fensterfläche gegenüber der Horizontalen α [°]	Orientierung der Fenster	Fensterflächenanteil f_{AG} [%]
1	$60° < \alpha \leq 90°$	Nordwest über Süd bis Nordost	10
2		Nordost über Nord bis Nordwest	15
3	$0° \leq \alpha \leq 60°$	alle Orientierungen	7
Anmerkung:			
- Den angegeben Fensterflächenanteilen liegen Werte der Klimaregion B nach DIN V 4108-6 zugrunde. - Der Fensterflächenanteil f_{AG} ergibt sich aus dem Verhältnis der Fensterfläche (lichte Rohbaumaße) zu der Grundfläche des betrachteten Raums oder der Raumgruppe. Sind beim betrachteten Raum bzw. der Raumgruppe mehrere Fassaden oder z. B. Erker vorhanden, ist f_{AG} aus der Summe aller Fensterflächen zur Grundfläche zu berechnen. - Sind beim betrachteten Raum mehrere Orientierungen mit Fenstern vorhanden, ist der kleinere Grenzwert für f_{AG} bestimmend.			

Tabelle 6.6: Grenzwerte des Fensterflächenanteils

Bei Räumen, für die der Nachweis des sommerlichen Wärmeschutzes zu erbringen ist, hängt das Maß der Einstrahlung solarer Energie u. a. von folgenden Faktoren ab:

- dem Gesamtenergiedurchlassgrad der Verglasung,

- der Effizienz von Sonnenschutzeinrichtungen,

- der Fensterfläche einer Fassade bzw. eines Raumes,

- der „Tiefe" des betrachteten Raums.

Die Wirkung dieser Einflüsse fließt in den Sonneneintragskennwert S nach folgender Gleichung ein:

$$S = \frac{\sum_j \left(A_{w,j} \cdot g_{total,j} \right)}{A_G} \tag{6.7}$$

Dabei bedeutet:

$A_{W,j}$ Fensterflächen in m². Es gelten die Maße der lichten Rohbauöffnungen.

g_{total} Gesamtenergiedurchlassgrad der Verglasung einschließlich Sonnenschutzeinrichtungen nach Gleichung (6.8) bzw. nach E DIN EN 13363-1,

A_G Netto-Grundfläche des Raumes oder des Raumbereichs in m².

Die Summation in Gleichung 6.4 bezieht sich auf alle Fenster eines Raums oder Raumbereichs und auf alle Himmelsrichtungen.

Bei der Ermittlung der Netto-Grundfläche A_G des betrachteten Raumes, der Raumgruppe oder des Raumbereichs ist zu beachten, dass sich die Auswirkungen solarer Einstrahlung nur auf solche Flächen beziehen, die einer Einstrahlung ausgesetzt sind. Die Größe der zu ermittelnden Flächen wird daher im Wesentlichen von der Tiefe eines Raumes bestimmt. Da das direkte Sonnenlicht hauptsächlich auf die Bodenflächen eines Raums einstrahlt, wurden diese als Referenzwert zur Ermittlung des vorhandenen Sonneneintragskennwertes herangezogen. Bedingt durch den Winkel der Sonneneinstrahlung und die begrenzte Höhe der Fenster werden Bodenflächen, die mehr als das Dreifache der lichten Raumhöhe h_{Netto} von der Außenwand und damit von den Fenstern entfernt sind, nicht direkt besonnt und gehen somit auch in die Berechnung der Netto-Grundfläche A_G nicht ein.

In den Bildern 6.4 bis 6.9 wurde für Räume mit einer, zwei und drei Außenwänden dargestellt, wie die maßgebende Netto-Grundfläche A_G eines Raumes ermittelt wird.

Achtung: Falls es sich beim zu untersuchenden Raum um einen Raum mit nur zwei gegenüber liegenden Außenwänden handelt und die lichte Raumbreite B größer ist als die sechsfache lichte Raumhöhe h_{Netto}, ist der Nachweis für jede Außenwand mit der zugehörigen Netto-Grundfläche A_G getrennt zu führen (siehe Bilder 6.8 und 6.9).

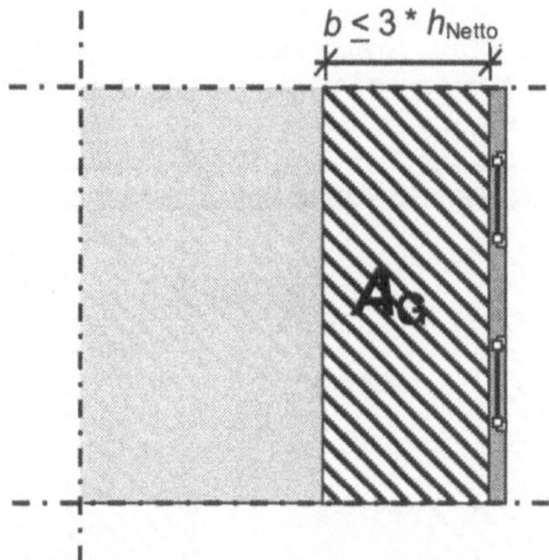

Bild 6.4: Netto-Grundfläche für Räume mit einer Außenwand

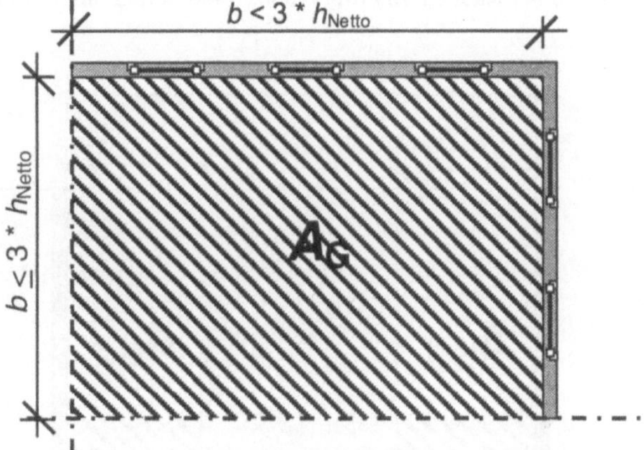

Bild 6.5: Netto-Grundfläche bei Räumen mit zwei Außenwänden und Randstreifen $b \leq 3 * h_{\text{Netto}}$

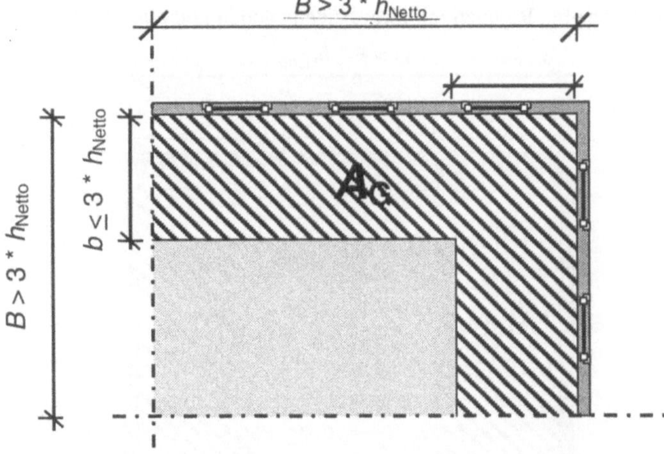

Bild 6.6: Netto-Grundfläche bei Eckräumen mit einer Raumbreite $B > 3 * h_{\text{Netto}}$

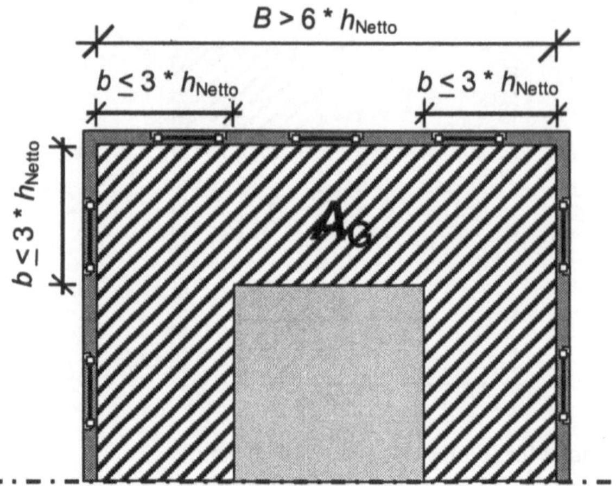

Bild 6.7: Netto-Grundfläche bei Räumen mit drei Außenwänden und einem Randstreifen $b \leq 3 * h_{Netto}$

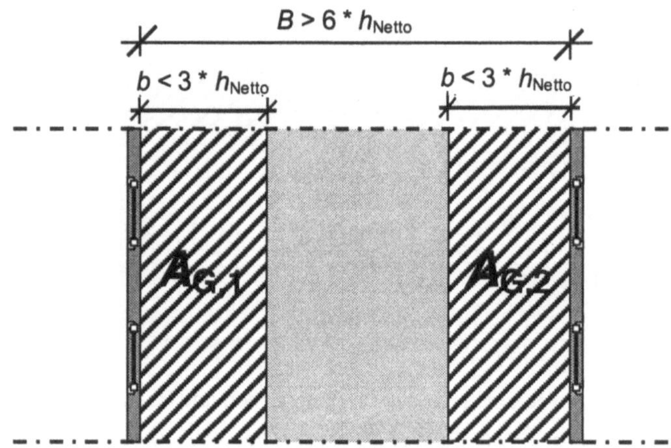

Bild 6.8: Netto-Grundfläche bei Räumen mit zwei Außenwänden und einer Raumbreite $B > 6 * h_{Netto}$

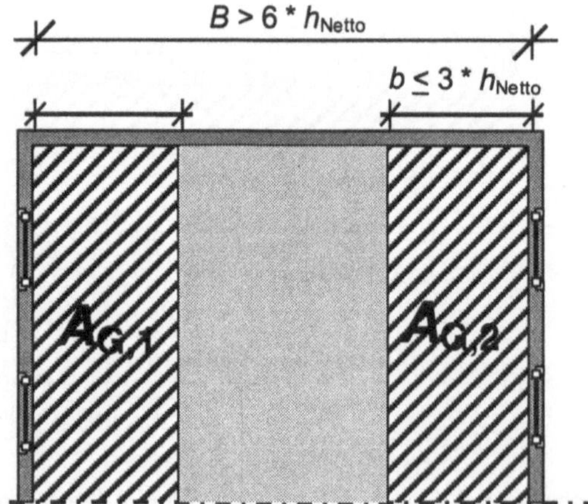

Bild 6.9: Netto-Grundfläche bei Räumen mit zwei Außenwänden und einer Raumbreite $B > 6 * h_{Netto}$

Um neben der Verminderung der solaren Einstrahlung durch die Verglasung auch die Wirkung von Sonnenschutzmaßnahmen zu berücksichtigen, wird nach DIN 4108-2:2003 vereinfachend ein gemeinsamer Gesamtenergiedurchlassgrad g_{total} wie folgt ermittelt:

$$g_{total} = g \cdot F_C \qquad\qquad (6.8)$$

Dabei bedeutet:

g Gesamtenergiedurchlassgrad nach DIN 410 (bzw. Herstellerangabe)

F_C Abminderungsfaktor von Sonnenschutzverrichtungen

Anhaltswerte des Abminderungsfaktors F_C von Sonnenschutzvorrichtungen sind Tabelle 6.7 zu entnehmen.

Achtung: Werden in einem Raum Verglasungen mit unterschiedlichen g-Werten verwendet, ist bei der Berechnung des vorhandenen Sonneneintragskennwertes der flächengewichtete Mittelwert g_{Mittel} nach folgender Gleichung zu verwenden:

$$g_{Mittel} = \frac{g_1 \cdot A_{W,1} + g_2 \cdot A_{W,2} + \ldots\ldots + g_i \cdot A_{W,i}}{A_{W,1} + A_{W,2} + \ldots\ldots + A_{W,i}} = \frac{\sum\limits_{i=1}^{n} g_i \cdot A_{W,i}}{\sum\limits_{i=1}^{n} A_{W,i}} \qquad\qquad (6.9)$$

Für die Kombination unterschiedlicher Verglasungen oder Verschattungen gilt dementsprechend:

$$g_{total,Mittel} = \frac{g_{total,1} \cdot A_{W,1} + g_{total,2} \cdot A_{W,2} + \ldots\ldots + g_{total,i} \cdot A_{W,i}}{A_{W,1} + A_{W,2} + \ldots\ldots + A_{W,i}} = \frac{\sum\limits_{i=1}^{n} g_{total,i} \cdot A_{W,i}}{\sum\limits_{i=1}^{n} A_{W,i}} \qquad (6.10)$$

Spalte	1	2
Zeile	Beschaffenheit der Sonnenschutzvorrichtung	Abminderungsfaktor F_C
1	**ohne Sonnenschutzvorrichtung** [a]	1,0
2	**innen liegend bzw. zwischen den Scheiben** [b]	
2.1	- weiß oder reflektierende Oberflächen mit geringer Transparenz [c]	0,75
2.2	- helle Farben und geringe Transparenz [c]	0,80
2.3	- dunkle Farben und höhere Transparenz [c]	0,90
3	**außen liegend**	
3.1	- drehbare Lamellen, hinterlüftet	0,25
3.2	- Jalousien und Stoff geringer Transparenz [c], hinterlüftet	0,25
3.3	- Jalousien, allgemein	0,40
3.4	- Rollläden, Fensterläden	0,30
3.5	- Vordächer, Loggien, freistehende Lamellen [d]	0,50
3.6	- Markisen [d], oben und seitlich ventiliert	0,4
3.7	- Markisen [d], allgemein	0,5

[a] Die Sonnenschutzvorrichtung muss fest installiert sein. Übliche dekorative Vorhänge gelten nicht als Sonnenschutzvorrichtungen.

[b] Für innen und zwischen den Scheiben liegende Sonnenschutzvorrichtungen ist eine genauere Ermittlung zu empfehlen, da sich erheblich günstigere Werte ergeben können. Ohne Nachweis ist der ungünstigere Wert zu verwenden.

[c] Eine Transparenz der Sonnenschutzvorrichtung unter 10% gilt als gering, unter 30% als erhöht.

[d] Es muss sichergestellt sein, dass keine direkte Besonnung des Fensters erfolgt. Dies ist der Fall, wenn
- bei einer Süd-Orientierung der Abdeckwinkel $\beta \geq 50°$ ist;
- bei Ost- oder West-Orientierung der Abdeckwinkel entweder $\beta \geq 85°$ oder $\gamma \geq 115°$ beträgt.

Zur jeweiligen Orientierung einer Himmelsrichtung gehören Winkelbereiche von $\pm 22,5°$. Bei Zwischenorientierungen ist der Abdeckwinkel $\beta \geq 80°$ erforderlich.

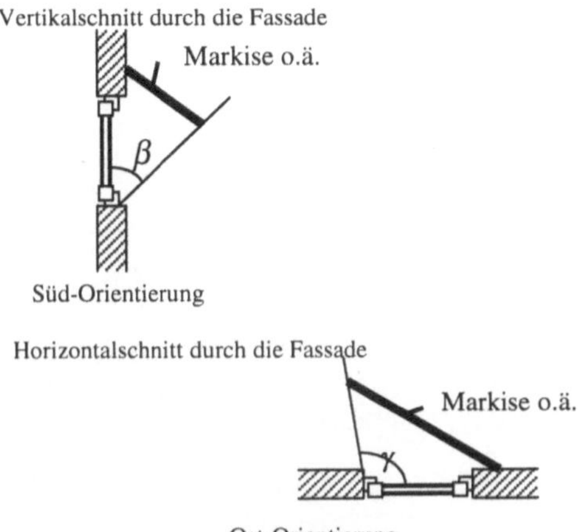

Tabelle 6.7 Abminderungsfaktor F_C von Sonnenschutzvorrichtungen

Wie bereits beim Nachweis des sommerlichen Wärmeschutzes nach DIN 4108-2:2001-03 dargestellt, wird dem Wert des vorhandenen Sonneneintragskennwertes S, der die solare Einstrahlung in den betrachteten Raum repräsentiert, ein Grenzwert S_{max} gegenübergestellt, mit dessen Hilfe örtliche und bauliche Gegebenheiten erfasst werden sollen. Diese sind:

- die Klimaregion in der das Gebäude erstellt wird,

- die Speicherfähigkeit der Innenbauteile,

- die Lüftung, insbesondere in der zweiten Nachthälfte,

- das Vorhandensein von Sonnenschutzverglasungen,

- die Neigung der Fenster,

- die Orientierung der Fenster.

Durch eine Bewertung dieser Aspekte wird nach Gleichung (6.12) der für den betrachteten Raum maximal zulässige Sonneneintragskennwert S_{zul} bestimmt. Zur Einhaltung der Anforderungen an den sommerlichen Wärmeschutz darf der Maximalwert S_{zul} des Sonneneintragskennwerts den nach Gleichung (6.7) ermittelten Basiswert S nicht überschreiten, so dass nach Gleichung (6.11) gilt:

$$S \leq S_{zul} \qquad\qquad (6.11)$$

Der Maximalwert S_{max} berechnet sich wie folgt:

$$S_{zul} = \sum S_x \qquad\qquad (6.12)$$

Dabei bedeutet:

ΔS_x Zuschlagswerte entsprechend der baulichen Gegebenheiten nach Tabelle 6.8

Achtung: Der Nachweis an den sommerlichen Wärmeschutz kann mit dem in DIN 4108-2 beschriebenen vereinfachten Verfahren nicht geführt werden, wenn der betrachtete Raum oder Raumbereich mit folgenden baulichen Einrichtungen oder Konstruktionen in Kontakt steht:

- unbeheizter Glasvorbau,
- Doppelfassade,
- Systeme zur transparenten Wärmedämmung.

Für unbeheizte Glasvorbauten gibt es jedoch zwei Ausnahmen:

- Kann der betrachtete Raum oder Raumbereich nur über den unbeheizten Glasvorbau belüftet werden, dann gilt der Nachweis für den angrenzenden Raum als erfüllt, wenn der unbeheizte Glasvorbau über einen Sonnenschutz mit einem Abminderungsfaktor $F_C \leq 0{,}3$ und über Lüftungsöffnungen im untersten und obersten Glasbereich von mindestens 10 % der Glasfläche verfügt.

- Wird der betrachtete Raum oder Raumbereich nicht über den unbeheizten Glasvorbau belüftet, kann der Nachweis geführt werden, als wäre der unbeheizte Glasvorbau nicht vorhanden.

Achtung: Die Anforderungen an den sommerlichen Wärmeschutz gelten auch für Gebäude, die mit einer raumlufttechnischen Anlage zur Kühlung versehen sind, soweit es unter Ausschöpfung aller baulichen Möglichkeiten möglich ist. D. h. der Sonneneintrag ist unter Einsatz aller zu Verfügung stehenden bautechnischen Komponenten soweit zu verringern, dass nur noch ein Minimum an Energie zu Kühlung des Restbedarfs erforderlich ist.

Für diese Fälle kann der Nachweis unter Verwendung genauerer ingenieurmäßiger Verfahren geführt werden. Die Randbedingungen für solche Nachweise sind in DIN 4108-2 enthalten.

		Gebäudelage, Bauart, Fensterneigung und Orientierung	anteiliger Sonneneintragskennwert S_x
1		**Klimaregion**	
	1.1	Gebäude in Klimaregion A	+ 0,04
	1.2	Gebäude in Klimaregion B	+ 0,03
	1.3	Gebäude in Klimaregion C	+ 0,015
2		**Bauart**	
	2.1	leichte Bauart: $C_{wirk} / A_G < 50$ Wh/(Km²) bzw. ohne Nachweis von C_{wirk} [a]	$+ 0,06 \cdot f_{gew}$ [b]
	2.2	mittlere Bauart: 50 Wh/(Km²) $\leq C_{wirk} / A_G \leq 130$ Wh/(Km²) [a]	$+ 0,10 \cdot f_{gew}$ [b]
	2.3	schwere Bauart: $C_{wirk} / A_G > 130$ Wh/(Km²) [a]	$+ 0,115 \cdot f_{gew}$ [b]
3		**Erhöhte Nachtlüftung während der zweiten Nachthälfte mit $n \geq 1,5$ h⁻¹** [c]	
	3.1	bei leichter und mittlerer Bauart	+ 0,02
	3.2	bei schwerer Bauart	+ 0,03
4		**Sonnenschutzverglasung mit $g < 0,4$** [d]	+ 0,03
5		**Fensterneigung** $0° \leq \alpha \leq 60°$ (α = Winkel gegenüber der Horizontalen)	$- 0,12 \cdot f_{neig}$ [e]
6		**Orientierung** Nordwest- über nord- bis nordost-orientierte Fenster mit einer Neigung gegenüber der Horizontalen von $\alpha > 60°$ und Fenster, die andauernd durch das Gebäude selbst verschattet werden	$+ 0,10 \cdot f_{nord}$ [f]

[a] Für den genauen Nachweis kann die wirksame Speicherkapazität C_{wirk} nach DIN V 4108-6 ermittelt werden.

[b] Der Faktor f_{gew} zur Berücksichtigung der auf die Netto-Grundfläche A_G bezogenen Außenflächen wird wie folgt berechnet:

$$f_{gew} = (A_W + 0,3 \cdot A_{AW} + 0,1 \cdot A_D) / A_G$$

Dabei bedeutet A_W die Fensterfläche einschließlich möglicher Dachfenster; A_{AW} die Fläche der Außenwände; A_D die Trennfläche von Dächern oder Decken gegen Außenluft nach oben oder unten sowie Decken und Wände gegen unbeheizte Keller- oder Dachräume und Wände und Böden gegen Erdreich; A_G die Netto-Grundfläche.

[c] Bei Ein- und Zweifamilienwohngebäuden kann in der Regel von einer erhöhten Nachtlüftung ausgegangen werden.

[d] Als gleichwertige Maßnahme gilt eine Sonnenschutzvorrichtung, die die diffuse Strahlung permanent reduziert und für die gilt: $g_{total} < 0,4$.

[e] Bei der Berechnung von f_{neig} gilt:

$$f_{neig} = A_{W,neig} / A_G$$

mit: $A_{W,neig}$ Fläche der Fenster des Raumes mit einer Neigung gegenüber der Horizontalen von $\alpha \leq 60°$, ermittelt über das lichte Rohbaumaß und A_G die Netto-Grundfläche.

[f] Der Faktor zur Berücksichtigung nordorientierter Fenster wird wie folgt bestimmt:

$$f_{nord} = A_{W,nord} / A_{W,gesamt}$$

Dabei bedeutet $A_{W,nord}$ die Fläche aller nordorientierten oder dauernd verschatteten Fenster gemäß der Definition nach Zeile 6 und $A_{W,gesamt}$ die Gesamtfensterfläche.

Tabelle 6.8: Anteilige Sonneneintragskennwerte für Gebäudelage, Bauart, Neigung und Orientierung

Objekt:	

1	**1 Lagebeschreibung des betrachteten Raums**
2	Geschoss: Raumart / Raumnummer:
3	**2 Sonneneintragskennwert**
4	**2.1 Vorhandener Sonneneintragskennwert S**
5	**2.1.1 Fensterfläche und Netto-Grundfläche**

6	Fensterfläche des betrachteten Raums oder Raumbereichs [a]	A_W =	_________ m²
9	Netto-Grundfläche des betrachteten Raums oder Raumbereichs	A_G [b] =	_________ m²

10	**2.1.2 g-Wert der Verglasung einschließlich Sonnenschutz**

11	Gesamtenergiedurchlassgrad nach DIN 410 oder Herstellerangabe	g =
12	**Anhaltswerte von Abminderungsfaktoren fest installierter Sonnenschutzvorrichtungen**	
13	**Beschaffenheit der Sonnenschutzvorrichtung [c]**	**Faktor F_C**
14	**ohne Sonnenschutzvorrichtung**	1,00
15	**innen liegend bzw. zwischen den Scheiben [d]**	
15.1	- weiß oder reflektierende Oberflächen mit geringer Transparenz [e]	0,75
15.2	- helle Farben oder geringe Transparenz [e]	0,80
15.3	- dunkle Farben oder höhere Transparenz	0,90
16	**außen liegend**	
16.1	- drehbare Lamellen, hinterlüftet	0,25
16.2	- Jalousien und Stoffe mit geringer Transparenz [e], hinterlüftet	0,25
16.2	- Jalousien, allgemein	0,40
16.3	- Rollläden, Fensterläden	0,30
16.4	- Vordächer, Loggien, freistehende Lamellen [f]	0,50
16.5	- Markisen [f], oben und seitlich ventiliert	0,40
16.6	- Markisen [f], allgemein	0,50
17	$g_{total} = g \cdot F_C =$ ______ $\cdot$ ______ = [g]	g_{total} =

[a] Es gelten die Maße der lichten Rohbauöffnung.

[b] Die Netto-Grundfläche A_G wird aus den lichten Innenraumabmessungen berechnet. Aufgrund der verminderten Einstrahlung ist bei großen Räumen die zur Bestimmung von A_G anzusetzende Raumtiefe zu begrenzen. Die größtmögliche Raumtiefe muss kleiner als die dreifache lichte Raumhöhe sein. Bei Räumen mit gegenüberliegenden Fassaden mit Fenstern ergibt sich keine Begrenzung der anzusetzenden Raumtiefe, wenn deren lichter Abstand kleiner oder gleich der sechsfachen lichten Raumhöhe ist. Bei Räumen mit gegenüberliegenden Fassaden, bei denen die lichten Abstände der Außenwände mehr als das Sechsfache der lichten Höhe betragen, muss der Nachweis für die beiden Fassaden unter Berücksichtigung der zugehörigen Netto-Grundflächen A_G getrennt geführt werden.

[c] Die Sonnenschutzvorrichtung muss fest installiert sein. Übliche dekorative Vorhänge sind keine Sonnenschutzvorrichtung.

[d] Für innen und zwischen den Scheiben liegende Sonnenschutzvorrichtungen ist eine genauere Ermittlung zu empfehlen, da sich erheblich günstigere Werte ergeben können. Ohne Nachweis ist der ungünstigere Wert zu verwenden.

[e] Eine Transparenz der Sonnenschutzvorrichtung unter 15 % gilt als gering.

[f] Es muss sichergestellt sein, dass keine direkte Besonnung des Fensters erfolgt. Dies ist der Fall, wenn
  - bei einer Süd-Orientierung der Abdeckwinkel $\beta \geq 50°$ ist;
  - bei Ost- oder West-Orientierung der Abdeckwinkel entweder $\beta \geq 85°$ oder $\gamma \geq 115°$ beträgt.

Zur jeweiligen Orientierung einer Himmelsrichtung gehören Winkelbereiche von ± 22,5°. Bei Zwischenorientierungen ist der Abdeckwinkel $\beta \geq 80°$ erforderlich.

[g] Werden in einem Raum Verglasungen mit unterschiedlichen g-Werten oder unterschiedliche Verschattungen verwendet, ist der flächengewichtete Mittelwert $g_{total,\,Mittel}$ zu verwenden:

$$g_{total,Mittel} = \frac{g_{total,1} \cdot A_{W,1} + g_{total,2} \cdot A_{W,2} + \,.....+ g_{total,I} \cdot A_{W,I}}{A_{W,1} + A_{W,2} + \,.....+ A_{W,I}}$$

18	**2.1.3 Berechnung des vorhandenen Sonneneintragskennwertes S**		
19	$$S = \dfrac{\sum\limits_{i=1}^{n}\left(A_{W,i} \cdot g_{total,i}\right)}{A_G} = \underline{\quad\quad\quad}$$ vorh. $S =$		
20	**2.2 Zulässiger Sonneneintragskennwert S_{zul}**		
	2.2.1 Anteilige Sonneneintragskennwerte S_x		
21	Gebäudelage, Bauart, Fensterneigung und Orientierung	anteiliger Wert S_x	
22	**Klimaregion**		
23.1	Gebäude in Klimaregion A		+ 0,04
23.2	Gebäude in Klimaregion B		+ 0,03
23,3	Gebäude in Klimaregion C		+ 0,015
24	**Bauart**		
24.1	leichte Bauart: $C_{wirk} / A_G < 50$ Wh/(Km²) bzw. ohne Nachweis von C_{wirk} [h]	+ 0,06 · f_{gew} [k]	+
24.1	mittlere Bauart: 50 Wh/(Km²) $\leq C_{wirk} / A_G \leq$ 130 Wh/(Km²) [h]	+ 0,10 · f_{gew} [k]	+
24.1	schwere Bauart: $C_{wirk} / A_G >$ 130 Wh/(Km²) [h]	+ 0,115 · f_{gew} [k]	+
25	**Erhöhte Nachtlüftung während der zweiten Nachthälfte mit $n \geq 1{,}5$ h^{-1} [l]**		
25.1	bei leichter und mittlerer Bauart		+ 0,02
25.1	bei schwerer Bauart		+ 0,03
26	**Sonnenschutzverglasung mit $g < 0{,}4$ [m]**		+ 0,03
27	**Fensterneigung** $0° \leq$ Neigung $\leq 60°$ (gegenüber der Horizontalen)	- 0,12 · f_{neig} [n]	-
28	**Orientierung** Nordwest- über nord- bis nordost-orientierte Fenster mit einer Neigung gegenüber der Horizontalen von $\alpha > 60°$ und Fenster, die andauernd durch das Gebäude selbst verschattet werden	+ 0,10 · f_{nord} [o]	+
29	**2.2.2 Berechnung des zulässigen Höchstwertes S_{zul}**		
30	$S_{zul} = \sum S_x = \underline{\quad} + \underline{\quad} + \underline{\quad} + \underline{\quad} - \underline{\quad} + \underline{\quad} = $ $S_{zul} =$		
31	**3 Nachweis des sommerlichen Wärmeschutzes**		
32	**Der Nachweis an den sommerlichen Wärmeschutz ist erbracht, wenn gilt:** vorh. $S =$ $\leq$ $= S_{zul}$		

[h]   Für den genauen Nachweis kann die wirksame Speicherkapazität C_{wirk} nach DIN V 4108-6 ermittelt werden.

[k]   Der Faktor f_{gew} zur Berücksichtigung der auf die Netto-Grundfläche A_G bezogenen Außenflächen wird wie folgt berechnet:

$f_{gew} = (A_W + 0{,}3 \cdot A_{AW} + 0{,}1 \cdot A_D) / A_G$

Dabei bedeutet A_W die Fensterfläche einschließlich möglicher Dachfenster nach Zeile 6; A_{AW} die Fläche der Außenwände; A_D die Trennfläche von Dächern oder Decken gegen Außenluft nach oben oder unten sowie Decken und Wände gegen unbeheizte Keller- oder Dachräume und Wände und Böden gegen Erdreich; A_G die Netto-Grundfläche nach Zeile 7.

[l]   Bei Ein- und Zweifamilienwohngebäuden kann in der Regel von einer erhöhten Nachtlüftung ausgegangen werden.

[m]   Als gleichwertige Maßnahme gilt eine Sonnenschutzvorrichtung, die die diffuse Strahlung permanent reduziert und für die gilt: $g_{total} < 0{,}4$.

[n]   Bei der Berechnung von f_{neig} gilt:

$f_{neig} = A_{W,neig} / A_G$

mit: $A_{W,neig}$ Fläche der Fenster des Raumes mit einer Neigung gegenüber der Horizontalen von $\alpha \leq 60°$, ermittelt über das lichte Rohbaumaß und A_G die Netto-Grundfläche nach Zeile 7.

[o]   Der Faktor zur Berücksichtigung nordorientierter Fenster wird wie folgt bestimmt:

$f_{nord} = A_{W,nord} / A_{W,gesamt}$

Dabei bedeutet $A_{W,nord}$ die Fläche aller nordorientierten oder dauernd verschatteten Fenster gemäß der Definition nach Zeile 28 und $A_{W,gesamt}$ die Gesamtfensterfläche nach Zeile 6.

Darstellung der Klimaregionen zum Nachweis der Anforderungen an den sommerlichen Wärmeschutz nach DIN 4108-2:2003

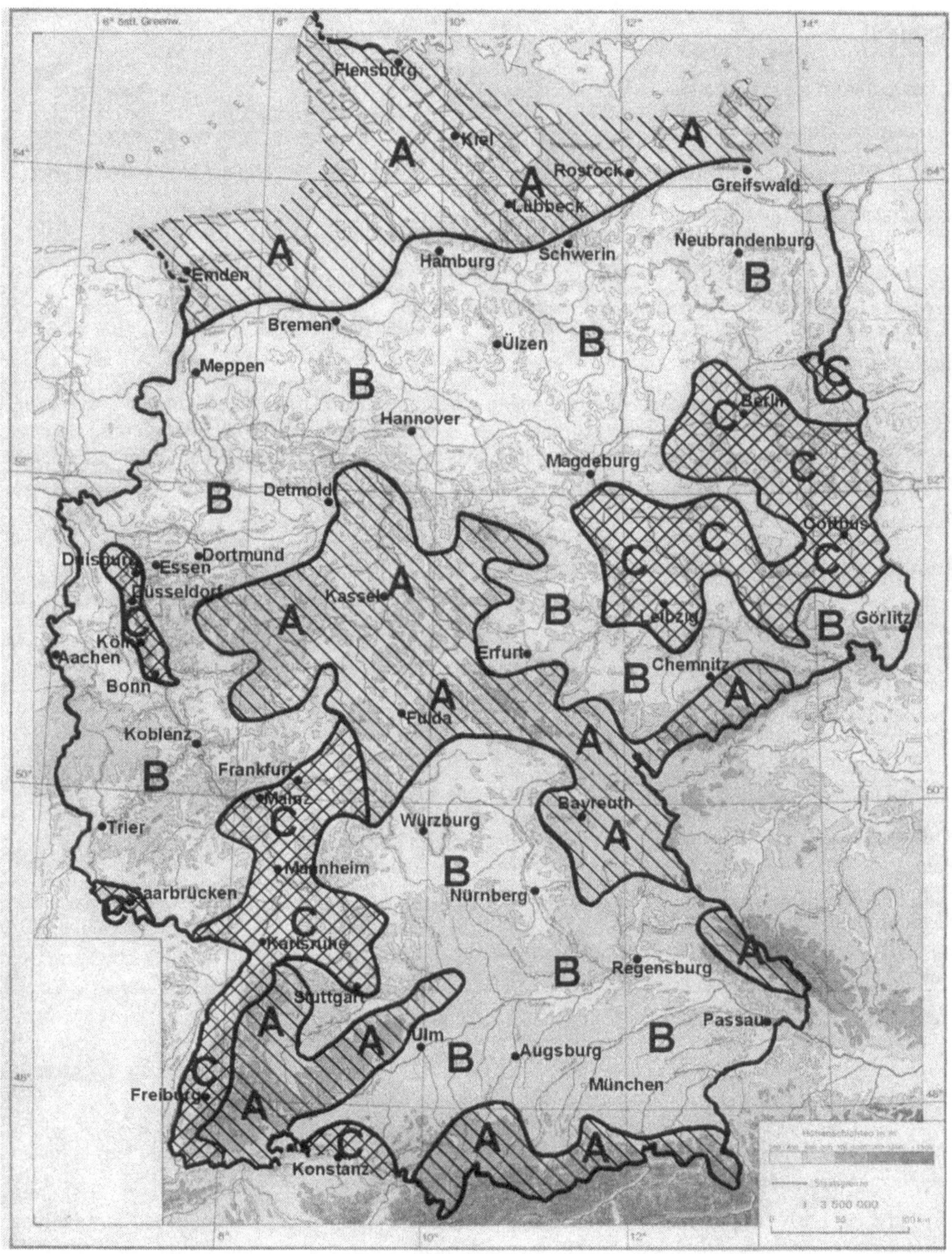

Bild 6.10: Übersicht der Klimaregionen A, B und C zum Nachweis des sommerlichen Wärmeschutzes

Mit den folgenden Beispielen soll der Rechengang zum Nachweis der Anforderungen an den sommerlichen Wärmeschutz nach DIN 4108-2:2003 noch einmal verdeutlicht werden.

Beispiel 3

Klimaregion: B

Nutzungsart: Büro

Lage: Seitlich sowie oben und unten von beheizten Räumen begrenzt. Die Fenster sind süd- orientiert.

Raummaße: lichte Breite des Raumes $B_1 = 5{,}0$ m
                  lichte Tiefe des Raumes $B_2 = 4{,}0$ m
                  lichte Höhe des Raums $H = 2{,}75$ m

Der Raum verfügt über eine Außenwand mit Vollverglasung.
Gesamtenergiedurchlassgrad der Verglasung $g = 0{,}38$
Ein Sonnenschutz ist nicht vorhanden.

Der Boden des betrachteten Raums wird mit einem schwimmenden Estrich ausgeführt, die abgehängte Decke erhält eine Mineralfaser-Auflage, die raumbegrenzenden Wände sind leichte Gipskartonständerwände. Da kaum speicherfähige Massen vorhanden sind, ist der Raum als leichte Bauart einzustufen (die gleiche Einstufung gilt, wenn kein Nachweis der speicherfähigen Masse geführt wird).

Aus diesen Angaben wird der vorhandene Sonneneintragskennwerts S wie folgt bestimmt

$$A_W = 5{,}0 \cdot \quad 2{,}75 = \quad 13{,}75 \ \text{m}^2$$
$$A_G = \quad 4{,}0 \cdot \quad 5{,}0 = 20{,}00 \ \text{m}^2$$

$$S = \frac{0{,}38 \cdot 13{,}75}{20{,}00} = 0{,}26$$

Den zulässigen Sonneneintragskennwert S_{zul} erhält man aus folgenden anteiligen Werten S_x:

Klimaregion $S_x = \ + 0{,}03$
Bauart $S_x = \ + 0{,}06 \cdot \ (13{,}75 + 0 + 0) \, / \, 20{,}00 = 0{,}0413$
erhöhte Lüftung $S_x = \ 0$
Sonnenschutzverglasung $S_x = \ + 0{,}03$
geneigte Verglasung $S_x = \ 0$
Nord-Orientierung $S_x = \ 0$

Hieraus erhält man einen zulässigen Sonneneintragskennwert:

$$S_{zul} = 0{,}03 + 0{,}0413 + 0 + 0{,}03 + 0 + 0 = 0{,}1013$$

Damit ist der Nachweis des sommerlichen Wärmeschutzes nicht erbracht.

Um die Anforderungen an den sommerlichen Wärmeschutz dennoch einhalten zu können, kommen folgende Möglichkeiten in Betracht:

- Falls die oben beschriebene Vollverglasung beibehalten wird, ist der Einbau einer Verschattung mit einem Abminderungsfaktor $F_C \leq 0{,}38$ erforderlich.

- Soll auf einen Sonnenschutz verzichtet werden, müsste zur Einhaltung der Anforderungen die Fensterfläche auf 38 % der ursprünglichen Fläche, d. h. auf $A_W = 5{,}33$ m² verringert werden.

6.4 Gebäude mit niedrigen Innentemperaturen

Auch bei Gebäuden mit niedrigen Innentemperaturen ($12\ ^\circ\text{C} \leq t_i < 19\ ^\circ\text{C}$) sollten nach DIN 4108-2 [5] die Anforderungen an den sommerlichen Wärmeschutz gemäß Kapitel 6.3 eingehalten werden.

7 Sonderprobleme

In der Energieeinsparverordnung sind Probleme enthalten, die entweder aufgrund der Komplexität der Verordnung und der Durchführung der Nachweise oder bedingt durch die Anforderungen an bestimmte Bauteile einer Erklärung bedürfen. Dies sind im Einzelnen:

- wärmetechnische Kennwerte von Baustoffen

- U-Werte von Rolladenkästen

- Bestimmung des U-Wertes und R-Wertes von Bauteilen mit Luftschichten

7.1 Wärmetechnische Kennwerte von Baustoffen

Zur Berechnung des Jahres-Primärenergiebedarfs Q_P, der spezifischen Transmissionswärmeverluste H_T und der Wärmedurchgangskoeffizienten U sind produktspezifische Kennwerte der wärmetechnischen Qualität von Baustoffen erforderlich. In den europäisch harmonisierten Berechnungsnormen zur Bestimmung der vorab genannten Größen (z. B. DIN EN 832 [8], DIN V 4108-6 [1], DIN EN ISO 6946 [6] u.a.) wird in diesem Zusammenhang auf die Bemessungswerte der Wärmeleitfähigkeit und den Wärmedurchgangskoeffizienten von Verglasungen, Fenstern und Fenstertüren verwiesen.

Für Baustoffe, die nicht in Baustoffnormen erfasst werden, können die wärmetechnisch relevanten Bemessungswerte DIN EN 12524:2000-07 [28] entnommen werden. Die Bestimmung der Kenngrößen üblicher Baustoffe erfolgt jedoch in der Regel auf der Basis nationaler oder europäischer Produktnormen. In der Bundesrepublik wird diese Aufgabe von DIN V 4108-4:2002-02 [22] übernommen. Wenn Wärmedämmstoffe unter Verwendung einer europäisch harmonisierten Norm hergestellt werden, dürfen nur die Bemessungswerte der Kategorie II in Tabelle 1 a aus DIN V 4108-4 [22] angewendet werden.

Außerdem können Bemessungswerte verwendet werden, wenn sie auf der Grundlage technischer Regelungen der Bauregelliste A Teil des Deutschen Instituts für Bautechnik (DIBt) ermittelt wurden. Diese Vorgehensweise gilt insbesondere für Richtlinien über Mehrscheiben-Isolierglas (MIR), Türen und Tore (TüToR), Fenster und Fenstertüren (FenTüR), Rahmen für Fenster und Türen (RaFenTüR) und Verfahren zur Ermittlung eines alternativen Bemessungswertes der Wärmeleitfähigkeit von Mauerwerk.

Neben Werten, die auf der Basis von Normen ermittelt wurden, können auch Bemessungswerte eingesetzt werden, die allgemeinen bauaufsichtlichen Zulassungen, europäischen technischen Zulassungen oder Zustimmungen im Einzelfall entnommen wurden.

Im Übrigen ist es möglich, Rechenwerte der Wärmeleitfähigkeit, der Wärmedurchlasswiderstände oder der Wärmedurchgangskoeffizienten, die für den Nachweis nach der WSchV 95 vorgesehen waren und in einer Zulassung des Deutschen Instituts für Bautechnik enthalten sind, als Bemessungswerte beim Nachweis der Anforderungen nach EnEV zu verwenden.

7.2 U-Werte von Rollladenkästen

Für Rollladenkästen gilt: Rechenwerte des Wärmedurchgangskoeffizienten von Rollladenkästen, die in der Vergangenheit nach der Richtlinie über Rollladenkästen (RokR) der Bauregelliste A Teil 1 des DIBt ermittelt wurden, können auch weiterhin als Bemessungswerte verwendet werden. Falls in bestehenden Übereinstimmungsnachweisen nur die Einhaltung der Mindestbedingungen an Rollladenkästen nach WSchV 95 bestätigt wurde, dann kann ohne weiteren Nachweis als Bemessungswert ein Wärmedurchgangskoeffizient $U = 0,6$ W/(m²K) angesetzt werden.

Die Wärmeverluste über Rollladenkästen können rechnerisch wie folgt erfasst werden:

a) Falls der U-Wert eines Rollladenkastens nach den anerkannten Regeln der Technik ermittelt
    wurde, kann er bei der Berechnung des baulichen Wärmeschutzes als flächiges Bauteil einge-
    stuft werden. Die wärmeübertragende Fläche wird dabei aus der Draufsicht ermittelt.

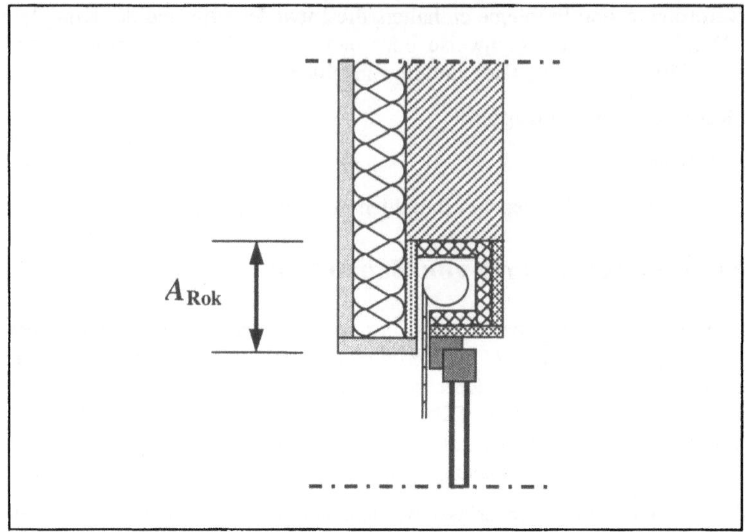

Bild 7.1: Wärmeübertragende Fläche bei Rollladenkästen

b) Alternativ können Einbau- und Aufsatzkästen beim Nachweis nach EnEV auch „übermessen"
    werden, d. h. die Fläche der Außenwand A_{AW} beinhaltet auch die Fläche des Rollladenkastens
    A_{Rok}. Die energetische Wirkung von Rollladenkästen wird dann bei der Berücksichtigung von
    Wärmebrücken erfasst. Wie bei allen anderen Bauteilen und Anschlüssen sind auch hier drei
    Fälle zu unterscheiden:

• Die Wärmeverluste über Rollladenkästen können mit dem pauschalen spezifischen Wärmebrückenzuschlag ΔU_{WB} = 0,05 W/(m²K) erfasst werden. Hierzu ist es jedoch erforderlich, dass der Rollladenkasten einer Darstellung aus DIN 4108 Beiblatt 2 entspricht oder
  bei einer von den Musterlösungen abweichenden Konstruktion die Gleichwertigkeit mit
  Beiblatt 2 dargestellt wurde. Als gleichwertig zu den wärmebrückenreduzierten Konstruktionen gelten Rollladenkästen, wenn mindestens folgende Übereinstimmung mit den Bei-
  blattlösungen gegeben ist:

  - Wärmedämmung zwischen Innen- und Außenluft, d. h. im Bereich der Innenschürze
    und des Rollladenkastendeckels bzw. der Kastenunterseite,

  - Wärmedämmung am Anschluss des Rollladenkastens an die einbindende Decke oder
    den massiven Sturz.

• Weicht das vorhandene Bauteil von DIN 4108 Bbl. 2 ab und wurde die Gleichwertigkeit
  nicht nachgewiesen, ist ein pauschaler spezifischer Wärmebrückenzuschlag von ΔU_{WB} =
  0,10 W/(m²K) anzusetzen.

• Falls die Wirkung von Wärmebrücken über den längenbezogenen Wärmebrückenverlustkoeffizienten Ψ ermittelt wird, kann der Einfluss des Rollladenkastens als linienförmige
  Wärmebrücke berücksichtigt werden. Bei der Ψ-Wert Berechnung kann wiederum zwischen zwei Möglichkeiten unterschieden werden:

  Die Wirkung des Rollladenkastens und die der einbindenden Decke bzw. des Massivsturzes fließen in einen Ψ-Wert ein. Hierzu wird der Rollladenkasten „übermessen",

d. h. die Wandfläche A_{AW} endet mit der Unterkante des Kastens (A_{RoK} ist in A_{AW} enthalten).

- Die Wirkung der einbindenden Decke bzw. des Massivsturzes und der Rollladenkasten werden jeweils als eigenständig wirkende längenbezogene Wärmebrücke mit einem eigenen längenbezogenen Wärmebrückenverlustkoeffizienten Ψ erfasst. Dabei ist der Rollladenkasten mit seiner Fläche und seinem U-Wert zu berücksichtigen.

Die Ausführungen der Buchstaben a) und b) mit allen Unterpunkten gelten generell für Einbau- und Aufsatz-Rollladenkästen. Die Darlegungen des Buchstaben a) und die Ausführungen zur Berechnung des längenbezogenen Wärmebrückenverlustkoeffizienten Ψ nach Buchstabe b) können auch auf Vorsatzkästen angewendet werden.

Außerdem ist bei allen Arten von Rollladenkästen (Einbau-, Aufsatz- und Vorsatzkästen) zu beachten, dass die Anforderungen an den Mindestwärmedurchlasswiderstand gemäß den Festlegungen der Rollladenkastenrichtlinie (RokR) der Bauregelliste einzuhalten sind. Als Innenwandung des Rollladenkastens ist bei Vorsatzkästen die obere Profilverbreiterung (im Vergleich zu einem Fenster ohne Vorsatzkasten) einzustufen.

7.3 Bestimmung des *U*-Wertes und des *R*-Wertes von Bauteilen mit Luftschichten

Viele der gebräuchlichen Baukonstruktionen enthalten in ihrem Aufbau Luftschichten, die sich auf deren wärmetechnische Qualität auswirken und somit bei der Berechnung des Wärmedurchlasswiderstandes R bzw. des Wärmedurchgangskoeffizienten U zu berücksichtigen sind. Mit dem Übergang von nationalen Berechnungsnormen zu europäisch harmonisierten Normen vollzieht sich auch ein Wandel bei der Berechnung dieser wärmetechnischen Kennwerte und damit verbunden eine Veränderung der Wärmeübergangswiderstände von Bauteilen und der Einstufung von Luftschichten. Die R- und U-Werte von Bauteilen werden in nationalen Bemessungsnormen und Rechtsvorschriften, wie beispielsweise DIN 4108-2 [5] und Energieeinsparverordnung, künftig nach DIN EN ISO 6946 [6] und nicht mehr wie bisher nach DIN 4108-5 [7] ermittelt. Neben den Gleichungen zur Berechnung der oben genannten Kennwerte enthält DIN EN ISO 6946 [6] auch Festlegungen in Bezug auf die Wärmeübergangswiderstände innen R_{si} und außen R_{se} sowie zum Wärmedurchlasswiderstand R von Luftschichten. Dabei wird zwischen folgenden Bauteilen unterschieden:

- Wände mit Luftschichten auf Innenseite

- hinterlüftete Außenwände

- Dächer mit einer Neigung $\alpha \geq 5°$

- Dächer mit einer Neigung $\alpha < 5°$.

Im vorliegenden Kapitel soll aufgezeigt werden, wie Luftschichten in den verschiedenartigen Bauteilen hinsichtlich ihrer wärmetechnischen Wirkung nach DIN EN ISO 6946 [6] einzustufen und welche Wärmeübergangswiderstände in diesem Zusammenhang anzusetzen sind.

7.3.1 Grundsätze für die Anwendung von DIN EN ISO 6946

Zum Verständnis der Handhabung von DIN EN ISO 6946 [6] sind zunächst einige grundlegende Erläuterungen notwendig.

7.3.1.1 Anwendungsbereich

Bei der Betrachtung des wärmetechnischen Verhaltens von Gebäuden und Bauteilen muss zwischen zwei grundsätzlichen Problemstellungen unterschieden werden:

- der Bestimmung minimaler Oberflächentemperaturen zur Vermeidung von Schimmelpilzbildung und

- der Berechnung von Energieverlusten wärmeübertragender Bauteile.

Zur Bestimmung des Einsatzgebietes enthält DIN EN ISO 6946 [6] folgende Festlegung: „Das in 6.2 beschriebene Verfahren [zur Bestimmung des Wärmedurchgangswiderstandes R_T bzw. des daraus abgeleiteten Wärmedurchgangskoeffizienten U - Anmerkung des Autors] ist nicht für die Berechnung von Oberflächentemperaturen zur Bewertung des Tauwasser-Risikos geeignet."
Hieraus wird deutlich, dass die in dieser Norm beschriebenen Gleichungssysteme und Randbedingungen darauf abzielen, U-Werte für Wärmeverlustrechnungen zu bestimmen. Grenzbetrachtungen und Festlegungen für diese Fälle werden daher so gestaltet, dass die Ergebnisse auf der „sicheren Seite" liegen, d. h. dass die nach dieser Norm berechneten Energieverluste eher über- als unterschätzt werden.

Demgegenüber erfolgt die Berechnung minimaler Oberflächentemperaturen von flächigen Bauteilen bzw. im Bereich von Wärmebrücken zur Vermeidung einer Schimmelpilzbildung nach DIN EN 10211-1 [20] bzw. DIN EN 10211-2 [21] mit den Randbedingungen nach DIN 4108-2 [5].

Anwendungsgebiet des *U*-Wertes	Wärmeübergangswiderstand	
	innen R_{si}	**außen** R_{se}
Berechnung von Oberflächentemperaturen	DIN EN ISO 10211 bzw. DIN 4108-2	DIN EN ISO 6946
Berechnung von Energieverlusten	DIN EN ISO 6946	DIN EN ISO 6946

Tabelle 7.1: Wärmeübergangswiderstände für verschiedene Anwendungsgebiete von *U*-Werten

7.3.1.2 Wärmedurchgangskoeffizient *U* und Wärmedurchgangswiderstand R_{T}

Der Wärmedurchgangskoeffizient *U* wird nach DIN EN ISO 6946 [6] aus dem Wärmedurchgangswiderstand R_{T} wie folgt berechnet:

$$U = \frac{1}{R_T} \tag{7.1}$$

Den Wärmedurchgangswiderstand R_{T} erhält man nach folgender Gleichung:

$$R_T = R_{si} + R + R_{se} \tag{7.2}$$

Dabei bedeutet:

R_{si} innerer Wärmeübergangswiderstand
R Wärmedurchlasswiderstand
R_{se} äußerer Wärmeübergangswiderstand

7.3.1.3 Wärmeübergangswiderstände

Nach DIN 4108-4 [22] erfolgte die Festlegung der für ein Bauteil relevanten inneren und äußeren Wärmeübergangswiderstände noch unter Bezug auf die verschiedenen Bauteile. DIN EN ISO 6946 [6] differenziert bei der Festlegung des inneren Wärmeübergangswiderstandes R_{si} dagegen nur nach der Richtung des Wärmestroms. Außerdem wird die Auswirkung auf die wärmetechnische Qualität unterschiedlicher Strömungsverhältnisse in Luftschichten in den Wärmedurchlasswiderstand dieser Bauteilschichten verlagert. Da sich die Norm lediglich mit Konstruktionen beschäftigt, die beidseitig an Luft grenzen - d. h. keine erdberührten Bauteile wie Bodenplatten oder Kellerwände berücksichtigt -, reduziert sich der äußere Wärmeübergangswiderstand auf einen einzigen Wert. Somit gelten nach DIN EN ISO 6946 [6] folgende Festlegungen:

	Richtung des Wärmestroms		
	Aufwärts	Horizontal	Abwärts
Wärmeübergangs-widerstand **innen** R_{si} [m²K/W]	0,10	0,13	0,17
Wärmestrom	⬆	➡	⬇
Wärmeübergangs-widerstand **außen** R_{se} [m²K/W]	0,04	0,04	0,04

Tabelle 7.2: Wärmeübergangswiderstände

Als „horizontal" gelten Wärmeströme, deren Richtung um nicht mehr als ±30° von der horizontalen Ebene abweicht.

7.3.1.4 Wärmedurchlasswiderstände von Luftschichten

Wie bereits unter Ziffer 7.2.3 dargestellt, fließen die unterschiedlichen Strömungsverhältnisse in Luftschichten von Bauteilen nach DIN EN ISO 6946 [6] in den Wärmedurchlasswiderstand R der Luftschichten ein; es wird entsprechend den Strömungsverhältnissen in den Spalten zwischen ruhenden Luftschichten, schwach belüfteten Luftschichten und stark belüfteten Luftschichten unterschieden.
Die Differenzierung der verschiedenen Arten von Luftschichten ist abhängig von der Größe der nach den Regeln der Technik zur Gewährleistung einer Be- oder Hinterlüftung erforderlichen Zu- und Abluftöffnungen (z. B. Fachregeln des Dachdeckerhandwerks [29], DIN 1053-1 [30] o.ä.). Aufgrund dessen wird nach DIN EN ISO 6946 [6] (Tabelle 7.3) festgelegt, um welche Art von Luftschicht es sich handelt.

	Summe der Be- und Entlüftungsöffnungen A in mm²	
	je m Länge der vertikalen Luftschicht	je m² Oberfläche für horizontale Luftschichten
ruhende Luftschicht	$A \leq 500$	$A \leq 500$
schwach belüftete Luftschicht	$500 < A \leq 1500$	$500 < A \leq 1500$
stark belüftete Luftschicht	$A > 1500$	$A > 1500$

Tabelle 7.3: Klassifizierung von Luftschichten

Wichtig ist dabei, dass nicht die Vorgaben aus DIN EN ISO 6946 [6] die Größe der erforderlichen Zu- und Abluftöffnungen bedingen, sondern dass zunächst gemäß den für das jeweilige Bauteil gültigen Regeln der Technik die Lüftungsöffnungen dimensioniert werden. Dann ist in Abhängigkeit von

diesem Ergebnis zu unterscheiden, ob es sich bei den Strömungsverhältnissen im Spalt um eine ruhende, eine schwach belüftete oder eine stark belüftete Luftschicht handelt.
Bei einer Abweichung der vorhandenen Lüftungsquerschnitte von den Maßgaben der Regeln der Technik ist eine Bewertung der besonderen Situation, d. h. eine Einstufung der Strömungsverhältnisse im Spalt vorzunehmen.

7.3.1.4.1 Ruhende Luftschicht

Eine Luftschicht gilt dann als ruhend, wenn der Luftraum von der Umgebung abgeschlossen ist. In diesem Fall beträgt der Wärmedurchlasswiderstand der Luftschicht in Abhängigkeit von deren Dicke:

Dicke der Luftschicht [mm]	Wärmedurchlasswiderstand R [m²K/W]		
	Richtung des Wärmestroms		
	Aufwärts	Horizontal	Abwärts
0	0,00	0,00	0,00
5	0,11	0,11	0,11
7	0,13	0,13	0,13
10	0,15	0,15	0,15
15	0,16	0,17	0,17
25	0,16	0,18	0,19
50	0,16	0,18	0,21
100	0,16	0,18	0,22
300	0,16	0,18	0,23
ANMERKUNG: Zwischenwerte können mittels linearer Interpolation ermittelt werden.			

Tabelle 7.4: Wärmedurchlasswiderstand ruhender Luftschichten

Außerdem gilt: Eine Luftschicht mit kleinen Öffnungen zur Außenumgebung, die keine Dämmschicht zwischen sich und der Außenumgebung besitzt, ist als ruhende Luftschicht zu betrachten, wenn die Öffnungen so angeordnet sind, dass ein Luftstrom durch den Spalt nicht möglich ist. In diesem Sinne werden Entwässerungsöffnungen bei zweischaligem Mauerwerk, z. B. bei kerngedämmten Fassaden, nicht als Lüftungsöffnungen angesehen. Der vorhandene Luftspalt kann somit als ruhende Luftschicht eingestuft werden.

Als „horizontal" gelten Wärmeströme, deren Richtung um nicht mehr als ±30° von der horizontalen Ebene abweicht.

7.3.1.4.2 Schwach belüftete Luftschicht

Falls die Bestimmungen der nach den Regeln der Technik erforderlichen Lüftungsquerschnitte ergeben, dass es sich gemäß der Klassifizierungen nach Tabelle 3 um eine schwach belüftete Luftschicht handelt, gilt für den Wärmedurchlasswiderstand der betrachteten Luftschicht:
Der Bemessungswert des Wärmedurchlasswiderstandes beträgt die Hälfte des entsprechenden Wertes nach Tabelle 4. Ergänzend ist zu beachten, dass wenn der Wärmedurchlasswiderstand der Schicht zwischen der betrachteten Luftschicht im Spalt und der Außenluft (z. B. eine Vormauerschale) den Wert $R = 0,15$ m²K/W übersteigt, in den weiteren Berechnungen für diese Schicht nicht der tatsächliche Wärmedurchlasswiderstand, sondern ein Höchstwert von 0,15 m²K/W anzusetzen ist.

7.3.1.4.3 Stark belüftete Luftschicht

Man berechnet den Wärmedurchlasswiderstand eines Bauteils, das aufgrund eines Vergleiches der nach den Regeln der Technik erforderlichen Lüftungsquerschnitte mit den Werten nach Tabelle 3 als stark belüftet eingestuft werden muss, indem der Wärmedurchlasswiderstand der Luftschicht und aller weiteren Schichten zwischen Luftschicht und Außenumgebung vernachlässigt wird. Abweichend von den bisherigen Festlegungen wird bei diesen Bauteilen ein äußerer Wärmeübergangswiderstand angesetzt, der gleich dem Wert des inneren nach Tabelle 2 ist. Für diese Bauteile gilt somit: $R_{se} = R_{si}$.

7.3.1.5 Wärmedurchlasswiderstände unbeheizter Räume

Da der Wärmestrom von innen nach außen nicht nur durch Trennbauteile und gegebenenfalls darin enthaltene Luftschichten, sondern auch durch unbeheizte Räume mit mehr oder weniger stehenden Luftschichten reduziert wird, enthält DIN EN ISO 6946 [6] neben dem Wärmedurchlasswiderstand verschiedener Arten von Luftschichten auch Angaben, wie der Wärmedurchlasswiderstand R_u ungedämmter und unbeheizter Räume zu ermitteln ist.
In diesem Fall wird der Wärmedurchgangswiderstand der Konstruktion, abweichend von Gleichung 7.2, wie folgt ermittelt:

$$R_T = R_{si} + R + R_u + R_{se} \tag{7.3}$$

7.3.1.5.1 Dachräume

Für den Luftraum im Bereich des Spitzbodens von Dächern mit einer ebenen gedämmten Decke zwischen dem beheizten Inneren und den ungedämmten Flächen des Schrägdaches, also beispielsweise bei Kehlbalkendächern, können für ungedämmte Dachkonstruktionen folgende Wärmedurchlasswiderstände angesetzt werden:

	Beschreibung des Daches			R_u [m²K/W]
	nach DIN EN ISO 6946	nach DIN 4108-3	ergänzende Hinweise	
1	Dach mit Ziegeleindeckung ohne Unterdach, Schalung oder Ähnlichem	belüftete Dachdeckung: Dachdeckung auf linienförmiger Unterlage, z. B. Lattung und Konterlattung	Dach mit offener Deckunterlage, z. B. Unterspannbahn	0,06
2	Plattendach oder Dach mit Ziegeleindeckung, mit Unterdach oder Schalung oder Ähnlichem	belüftete Dachdeckung: Dachdeckung auf linienförmiger Unterlage, z. B. Lattung und Konterlattung	Dach mit geschlossener Deckunterlage, z. B. Unterdach oder Unterdeckbahn mit verklebten Nähten und Stößen	0,2
3	wie Zeile 2, aber mit einer Metallschicht, einer Metallfolie oder einer anderen Oberfläche mit einem geringen Emissionsgrad an der Unterseite der Deckunterlage	belüftete Dachdeckung: Dachdeckung auf linienförmiger Unterlage, z. B. Lattung und Konterlattung	Dach mit geschlossener Deckunterlage, z. B. Unterdach oder Unterdeckbahn mit verklebten Nähten und Stößen	0,3
4	Dach mit Schalung und Unterdach	nicht belüftete Dachdeckung: Dachdeckung auf flächiger Unterlage, z. B. Schalung		0,3

ANMERKUNG: Die Werte für R_u enthalten sowohl den Wärmedurchlasswiderstand des belüfteten Raums als auch der (Schräg-) Dachkonstruktion. Sie enthalten nicht den äußeren Wärmeübergangswiderstand R_{se}.

Tabelle 7.5: Wärmedurchlasswiderstand unbeheizter Dachräume ohne Wärmedämmung

Für genauere Ergebnisse, insbesondere bei gedämmten Konstruktionen, ist R_u nach DIN EN ISO 13789 [9] zu berechnen (siehe auch Abschnitt 7.3.2.1.3).

7.3.1.5.2 Andere Räume

Wenn bei einem Gebäude in Richtung des Wärmestroms zwischen dem beheizten Innenraum und der Außenluft ein Raum liegt, der zwar unbeheizt, aber mit dem normal beheizten Bereich verbunden ist (z. B. Garagen, Lagerräume oder unbeheizte Glasvorbauten), dann kann der Wärmedurchgangskoeffizient des Trennbauteils zwischen dem Gebäudeinneren und der Außenluft so bestimmt werden, als sei der unbeheizte Raum eine zusätzliche homogene Schicht dieses Bauteils mit folgendem Wärmedurchlasswiderstand:

$$R_u = 0,09 + 0,4 \cdot \frac{A_i}{A_e} \tag{7.4}$$

Dabei bedeutet:

A_i die Gesamtheit der Trennflächen aller Bauteile zwischen dem Innenraum und dem unbeheizten Raum

A_e die Gesamtheit der Trennflächen aller Bauteile zwischen dem unbeheizten Raum und der Außenluft

Dies gilt jedoch nur, solange $R_u \leq 0,5$ m²K/W ist. Für größere Werte von R_u ist eine genauere Berechnung der Wärmeverluste nach DIN EN ISO 13789 [9] erforderlich (siehe auch Abschnitt 7.3.2.1.3).

7.4 Anwendung von DIN EN ISO 6946 auf Bauteile mit Luftschichten und deren Randbedingungen

Um die Auswirkungen, die sich aus DIN EN ISO 6946 [6] ergeben, zu verdeutlichen, werden im Folgenden verschiedene Außenbauteile und Randbedingungen untersucht und eine Einstufung der dort vorhandenen Luftschichten und Wärmeübergangswiderstände vorgenommen.
Die Darstellungen in den Tabellen zeigen dabei in der ersten Spalte jeweils das Bauteil und in der zweiten Spalte – grau hinterlegt – die für die wärmetechnische Berechnung zu berücksichtigenden Bauteilschichten. In der letzten Spalte wird dann der Wert des maßgeblichen Wärmeübergangswiderstandes angegeben.

7.4.1 Wände

Bei Wänden ist zu unterscheiden, ob die zu untersuchende Luftschicht auf der Rauminnenseite oder der Außenseite des Bauteils liegt.

7.4.1.1 Luftschichten auf der Wandinnenseite

Für Luftschichten auf der Innenseite eines wärmeübertragenden Bauteils gelten folgende Festlegungen:

- Der Wärmedurchlasswiderstand von Luftschichten, die sich auf der Innenseite des wärmeübertragenden Bauteils befinden, jedoch von der Innenluft abgetrennt und als ruhend einzustufen sind, werden nach Tabelle 4 mit folgenden Randbedingungen bestimmt:

Bauteil	wärmetechnisch wirksame Schichten	Wärmeübergangswiderstand **innen** R_{si} [m²K/W]
		0,13

Tabelle 7.6: Wände mit nicht belüfteter Luftschicht auf der Wandinnenseite

- Stehen Luftschichten, die auf der Innenseite eines wärmeübertragenden Bauteils angeordnet sind, mit der Innenluft in Verbindung, werden sie bei der Berechnung des Wärmedurchgangswiderstandes der Konstruktion nicht berücksichtigt. In die Berechnung gehen nur Bauteilschichten außenseitig der Luftschicht sowie die beiden Wärmeübergangswiderstände ein.

Bauteil	wärmetechnisch wirksame Schichten	Wärmeübergangswiderstand **innen** R_{si} [m²K/W]
		0,13

Tabelle 7.7: Wände mit belüfteter Luftschicht auf der Wandinnenseite

7.4.1.2 Hinterlüftete Außenwände

Bei hinterlüfteten Außenwänden ist zwischen folgenden Baukonstruktionen zu unterscheiden:

*   zweischaliges Mauerwerk nach DIN 1053-1 [30]
*   hinterlüftete Außenwandbekleidungen mit Natursteinen oder kleinformatigen Platten nach DIN 18516-1 [31]

7.4.1.3 Zweischaliges Mauerwerk

Nach DIN 1053-1 [30] Abschnitt 8.4.3.2 Buchstabe b gelten bei zweischaligem Mauerwerk mit Hinterlüftung für die erforderlichen Lüftungsquerschnitte folgende Anforderungen:
„Die Lüftungsöffnungen sollen auf 20 m² Wandfläche (Fenster und Türen eingerechnet) oben und unten eine Fläche von jeweils 7500 mm² haben."
Hieraus folgt, dass bei einer zweischaligen hinterlüfteten Wandkonstruktion gemäß der dafür gültigen Regel der Technik auf 20 m² Wandfläche 15000 mm² Lüftungsöffnungen vorhanden sein müssen. Da sich die Anforderungen nach DIN EN ISO 6946 [6] jedoch auf einen Meter Wandlänge beziehen, sind die flächenbezogenen Werte nach DIN 1053-1 [30] auf den Längenbezug umzurechnen, damit anschließend untersucht werden kann, wie sich diese Anforderungen auf die Einstufung der Strömungsverhältnisse nach der europäisch harmonisierten Norm gemäß Tabelle 3 auswirken.

Gebäudehöhe H [m]	Fläche der Lüftungsöffnungen A nach DIN 1053-1 [mm² / m]			Art der Hinterlüftung nach DIN EN ISO 6946
	gesamt A_{ges}	oben A_{oben}	unten A_{unten}	
2,75	2062,5	1031,25	1031,25	stark belüftet
5,50	4125,0	2065,50	2065,50	stark belüftet
8,25	6187,5	3093,75	3093,75	stark belüftet

Tabelle 7.8: Erforderliche Lüftungsquerschnitte nach DIN 1053-1

Wie der Zusammenstellung in Tabelle 7.8 zu entnehmen ist, erfordern zweischalige hinterlüftete Außenwände - unabhängig von der Gebäudehöhe - nach DIN 1053-1 [30] Lüftungsquerschnitte, die größer sind als A = 1500 mm²/m. Gemäß Tabelle 7.3 sind Luftschichten mit Öffnungen, die dieses Maß übersteigen, als stark belüftet einzustufen. Der Wärmedurchlasswiderstand solcher Luftschichten ist den Festlegungen nach Abschnitt 7.2.4.3 zu entnehmen.

Bauteil	wärmetechnisch wirksame Schichten	Wärmeübergangswiderstand **außen** R_{se} [m²K/W]
		0,13

Tabelle 7.9: Wände aus zweischaligem Mauerwerk nach DIN 1053-1

7.4.1.4   Hinterlüftete Außenwandbekleidungen

DIN 18516-1 Abschnitt 7.3.2.3 [31] sieht folgende Lüftungsöffnungen vor: Für hinterlüftete Außenwandbekleidungen sind Be- und Entlüftungsöffnungen mit Querschnitten von mindestens 50 cm² je m Wandlänge (entspricht 5000 mm² je m Wandlänge) erforderlich. Wie ein Vergleich mit den Werten nach Tabelle 7.3 zeigt, bedingen die nach den jeweiligen Regeln der Technik erforderlichen Be- und Entlüftungsöffnungen nach DIN EN ISO 6946 [6] eine Einstufung der Luftschicht als stark belüftet. Da diese Bauteile über eine geplante Be- und Entlüftung verfügen, kann man davon ausgehen, dass im Spalt eine laminare Strömung gegeben ist, die auch durch eine mögliche Querströmung über offene Fugen der Wetterschutzschale nicht beeinträchtigt wird. Der äußere Wärmeübergangswiderstand ist gleich dem inneren, d. h. $R_{se} = R_{si}$.

Bauteil	wärmetechnisch wirksame Schichten	Wärmeübergangswiderstand **außen** R_{se} [m²K/W]
		0,13

Tabelle 7.10: Wände hinterlüfteter Außenwandkonstruktionen nach DIN 18516

7.4.2   Dächer

7.4.2.1   Dächer mit einer Neigung $\alpha \geq 5°$

Als Steildächer gelten nach DIN 4108-3 [23] Dächer mit einer Neigung $\alpha \geq 5°$. Zur Bestimmung des Wärmedurchlasswiderstandes R der Luftschichten in diesen Bauteilen und der zugehörigen Wärmeübergangswiderstände ist zwischen folgenden Konstruktionsarten und Einbausituationen zu unterscheiden:

- belüftete wärmegedämmte Dächer, d. h. Dächer mit einer belüfteten Luftschicht zwischen der Wärmedämmung und der Unterspannbahn und einer Luftschicht zwischen Unterspannbahn und Dacheindeckung;

- unbelüftete wärmegedämmte Dächer, d. h. Dächer, bei denen die Wärmedämmung bis an die diffusionsoffene Unterspannbahn reicht, darüber hinaus jedoch zwischen der Unterspannbahn und der Ziegeleindeckung eine Luftschicht vorhanden ist;

- Dächer als flächiges Trennbauteil zwischen beheiztem Innenraum und der Außenluft bzw. Dächer im Bereich des Spitzbodens.

Außerdem ist bei der Wahl der Wärmeübergangswiderstände nach Tabelle 7.2 zu beachten, dass gemäß DIN EN ISO 6946 [6] Wärmeströme mit einer Neigung gegenüber der Horizontalen von nicht mehr als 30° als horizontal einzustufen sind (siehe Abschnitt 7.2.3). Da die Richtung des Wärmestroms senkrecht zur Oberfläche des begrenzenden Bauteils ist, folgt hieraus für Dächer, dass bis zu einer Dachneigung von $\alpha \leq 60°$ mit einem nach oben gerichteten Wärmestrom zu rechnen ist und für Dächer mit einer Neigung $\alpha > 60°$ ein horizontaler Wärmestrom vorliegt.

7.4.2.1.1 Belüftete wärmegedämmte Dächer im flächigen Bereich

Gemäß den Regeln der Technik, die die erforderlichen Lüftungsöffnungen dieser Dachform bestimmen, d. h. nach DIN 4108-3 [23], ist bei wärmegedämmten Steil- und Pultdächern an Traufe und Pultdachabschluss ein Lüftungsquerschnitt von 200 cm² je m Sparrenlänge, mindestens jedoch 2‰ der zugehörigen Dachfläche, und im Bereich des Firstes mindestens 0,5‰ der zugehörigen Dachfläche anzusetzen. Da nach DIN EN ISO 6946 [6] der Wärmeübergangswiderstand und der Bezug zur Einstufung des betrachteten Lüftungsquerschnittes auch von der Dachneigung abhängig sind, müssen die nach den Regeln der Technik erforderlichen Flächen zunächst auf das entsprechende Bezugsmaß umgerechnet werden. Als Breite eines Bezugsfeldes wurde jeweils ein Meter angesetzt.

Sparren-länge L [m]	Dach-fläche A [m²]	erf. Lüftungsquerschnitt nach DIN 4108-3 bzw. nach den Fachschriften des Dachdeckerhandwerks				
		Traufe A_{Traufe} [mm²]	First A_{First} [mm²]	gesamt A_{Gesamt} [mm²]	längenbezogen [mm²/m]	flächenbezogen [mm²/m²]
5	5	20.000	5.000	25.000	5.000	5.000
10	10	20.000	5.000	25.000	2.500	2.500
15	15	30.000	7.500	37.500	2.500	2.500
20	20	40.000	10.000	50.000	2.500	2.500

Tabelle 7.11: Erforderliche Lüftungsquerschnitte bei Dächern

Wie die Zusammenstellung in Tabelle 7.11 zeigt, sind die gemäß den Regeln der Technik erforderlichen Lüftungsöffnungen für belüftete Dächer unabhängig von der Sparrenlänge für Dächer mit einer Neigung $5° \leq \alpha \leq 60°$ immer größer als 2.500 mm²/m² Dachfläche bzw. für belüftete Dächer mit einer Neigung $\alpha > 60°$ immer größer als 3000 mm²/m Sparrenlänge. Diese Konstruktionen müssen daher nach einem Vergleich mit den Festlegungen nach Tabelle 7.3 als stark belüftete Bauteile eingestuft werden.

Bauteil	wärmetechnisch wirksame Schichten	Wärmeübergangswiderstand **innen** R_{si} [m²K/W]	Wärmeübergangswiderstand **außen** R_{se} [m²K/W]
		0,10 (für $\alpha \leq 60°$) 0,13 (für $\alpha > 60°$)	0,10 (für $\alpha \leq 60°$) 0,13 (für $\alpha > 60°$)

Tabelle 7.12: Belüftetes Dach

7.4.2.1.2 Nicht belüftete wärmegedämmte Dächer im flächigen Bereich

Bei nicht belüfteten wärmegedämmten Dächern ist zu unterscheiden, ob die Schicht zwischen der diffusionsoffenen Unterspannbahn und der Dacheindeckung geplant hinterlüftet wird oder nicht.

- Falls bei der Planung des Daches die Empfehlungen des Merkblatts für das Dachdeckerhandwerk umgesetzt werden und zwischen der Unterspannbahn und der Dacheindeckung eine geplante Lüftung mit einem Lüftungsquerschnitt nach DIN 4108-3 [23] eingebaut wird, liegt im Spalt eine laminare Strömung vor. Diese wird auch durch die Störungen aus Querströmungen über die Ziegeleindeckung nicht beeinflusst, so dass eine starke Belüftung vorhanden ist.

Bauteil	wärmetechnisch wirksame Schichten	Wärmeübergangswiderstand **innen** R_{si} [m²K/W]	Wärmeübergangswiderstand **außen** R_{se} [m²K/W]
		0,10 (für $\alpha \leq 60°$) 0,13 (für $\alpha > 60°$)	0,10 (für $\alpha \leq 60°$) 0,13 (für $\alpha > 60°$)

Tabelle 7.13: Nicht belüftetes Dach mit belüfteter Deckung

- Liegt keine geplante Lüftung vor, d. h. die Belüftung zwischen der Dacheindeckung und der Unterdeckbahn erfolgt nur durch eine Querströmung über die Ziegeleindeckung, ist keine laminare Strömung, sondern nur ein unkontrollierter Luftaustausch gegeben. DIN EN ISO 6946 [6] Abschnitt 7.3 kommt daher nicht zum Tragen und die wärmetechnisch wirksamen Schichten enden mit der Unterdeckbahn.

Bauteil	wärmetechnisch wirksame Schichten	Wärmeübergangswiderstand **innen** R_{si} [m²K/W]	Wärmeübergangswiderstand **außen** R_{se} [m²K/W]
		0,10 (für $\alpha \leq 60°$) 0,13 (für $\alpha > 60°$)	0,04

Tabelle 7.14: Nicht belüftetes Dach mit belüfteter Deckung ohne geplante Zu- und Abluftöffnungen

- Bei nicht belüfteten Dächern mit nicht belüfteter Eindeckung, d. h. bei Dächern ohne geplante Zu- und Abluftöffnung, ist die Luftschicht als ruhend einzustufen. Für den Wärmedurchlasswiderstand dieser Bauteilschicht gelten die Werte aus Tabelle 7.4. Diese Einstufung ist auch dann vorzunehmen, wenn vorhandene Zu- und Abluftöffnungen eine Fläche $A \leq 500$ mm²/m² aufweisen.

Bei einer Fläche A der Lüftungsöffnungen von $500 < A \leq 1500$ mm²/m² liegt eine schwach belüftete Luftschicht vor. Der Wärmedurchlasswiderstand beträgt die Hälfte der Werte nach Tabelle 7.4 (siehe auch Abschnitt 7.2.4.2).

Bauteil	wärmetechnisch wirksame Schichten	Wärmeübergangswiderstand **innen** R_{si} [m²K/W]	Wärmeübergangswiderstand **außen** R_{se} [m²K/W]
		0,10 (für $\alpha \leq 60°$) 0,13 (für $\alpha > 60°$)	0,04

Tabelle 7.15: Nicht belüftetes Steildach mit Schalung

7.4.2.1.3 Nicht belüfteter Spitzboden

Bei diesen Dachflächen kann man davon ausgehen, dass zur Sicherung der Winddichtheit im Bereich des Spitzbodens entweder eine Schalung oder eine Unterspannbahn vorhanden ist. Die Be- und Entlüftungsmechanismen sind daher in der wärmetechnischen Spezifizierung zu berücksichtigen. Darüber hinaus muss man bei der wärmetechnischen Beurteilung solcher Dachräume zwischen folgenden Einbausituationen unterscheiden:

* Dämmung der Dachschrägen im Bereich des Spitzbodens;
* Dämmung im Bereich der Kehlbalkenlage, keine Dämmung der Dachschräge im Bereich des Spitzbodens
* in beiden Fällen ist zusätzlich zu differenzieren zwischen einer lichten Höhe $h \leq 0{,}30$ m und $h > 0{,}30$ m im Bereich des Spitzbodens

Als lichte Höhe h im Spitzboden gilt das Maß zwischen Oberkante Kehlbalkenlage bzw. Oberkante einer darauf aufliegenden Wärmedämmung und der Unterkante der Sparren des Daches. Die wärmeübertragende Fläche bildet in allen Fällen die Ebene der Kehlbalkenlage und nicht die Dachschräge.

Bei Dächern mit einer lichten Höhe im Bereich des Spitzbodens von $h \leq 0{,}30$ m wird der vorhandene Luftraum als Luftschicht eingestuft. Bei der Bestimmung des zugehörigen Wärmedurchlasswiderstandes ist außerdem zu unterscheiden, ob die Wärmedämmung im Bereich des Spitzbodens bis zum First oder nur bis zur Kehlbalkenlage ausgeführt wird:

> Bei einem vollgedämmten Dach gehen in die Berechnung des Wärmedurchgangswiderstandes R_T der Kehlbalkenlage als wärmeübertragende Fläche die Wärmedurchlasswiderstände folgender Bauteile ein:

> > * R_1 der Dachdecke zwischen dem beheizten Innenraum und dem Spitzboden,
> > * R_L der Luftschicht im Bereich des Spitzbodens und
> > * R_2 der Dachfläche zwischen Spitzboden und Außenluft.

Aufgrund der erforderlichen Konstruktion des Daches im Bereich des Spitzbodens kann die eingeschlossene Luftschicht als ruhend eingestuft werden; die Werte des Wärmedurchlasswiderstandes R_L sind Tabelle 4 zu entnehmen. Da DIN EN ISO 6946 [6] keine Aussage darüber macht, welche äquivalente Luftschichtdicke d der Höhe h des Spitzbodens zuzuweisen ist, wird vorgeschlagen, als korrespondierende Dicke d die Hälfte der lichten Höhe h anzusetzen, d. h. es gilt: $d = h/2$.

Der Wärmedurchlasswiderstand des Trennbauteils zwischen beheiztem Innenraum und der Außenluft wird wie folgt ermittelt:

$$R_T = R_{si} + R_1 + R_L + R_2 + R_{se} \tag{7.5}$$

Bauteil	wärmetechnisch wirksame Schichten	Wärmeübergangswiderstand **innen** R_{si} [m²K/W]	Wärmeübergangswiderstand **außen** R_{se} [m²K/W]
R_2, R_L, h, R_1	R_2, R_L, h, R_1	0,10	0,04

Tabelle 7.16: Dach mit Wärmedämmung im Bereich der Dachfläche des Spitzbodens

> ➤ Endet die Dämmung der Dachflächen in Höhe der Kehlbalkenlage und werden regensichernde Maßnahmen über den First hinweggezogen, kann man davon ausgehen, dass die im Bereich des Spitzbodens eingeschlossene Luft zur Wärmedämmung beiträgt. Der Wärmedurchlasswiderstand R_u dieser Luftschicht kann gemäß DIN EN ISO 6946 [6] entweder nach Gleichung 7.4 berechnet oder für ausgewählte Konstruktionen Tabelle 7.5 entnommen werden. Der Wärmedurchgangswiderstand R_T der Kehlbalkendecke als wärmeübertragender Fläche wird wie folgt berechnet:

$$R_T = R_{si} + R_1 + R_u + R_{se} \tag{7.6}$$

Falls unter der Deckung im Bereich des Spitzbodens keine zusätzlichen Maßnahmen ausgeführt werden, enden die thermisch wirksamen Schichten mit der Oberkante der Wärmedämmung der Kehlbalkenlage und es gilt: $R_u = 0$.

Bauteil	wärmetechnisch wirksame Schichten	Wärmeübergangswiderstand **innen** R_{si} [m²K/W]	Wärmeübergangswiderstand **außen** R_{se} [m²K/W]
R_u, h, R_1	R_u, h, R_1	0,10	0,04

Tabelle 7.17: Dach mit Wärmedämmung im Bereich der Kehlbalkenlage

Bei einer lichten Höhe h im Bereich des Spitzbodens von mehr als 0,30 m kann der vorhandene Luftraum nicht mehr als ruhende Luftschicht eingestuft werden. Durch die thermisch bedingten Luftbewegungen in diesem Raum kommt es zu einem Wärmeaustausch durch Konvektion, so dass die Wärmeströme durch die Begrenzungsbauteile und die Lüftungswärmeverluste aus diesem Raum nach außen in die Berechnung der Wärmeverluste einzubeziehen sind. Die vereinfachten Ansätze nach DIN EN ISO 6946 [6] haben somit keine Gültigkeit mehr. Statt dessen sind die spezifischen Wärmeverluste nach DIN EN ISO 13789 [9] zu ermitteln. Der spezifische Transmissionswärmeverlustkoeffizient H_U zwischen dem beheizten Innenraum und der Außenluft über den unbeheizten Spitzboden wird wie folgt berechnet:

$$H_U = L_{iu} \cdot b \tag{7.7}$$

Dabei ist L_{iu} der Leitwert zwischen dem beheizten Innenraum und dem unbeheizten Spitzboden und kann bei Vernachlässigung von Wärmebrücken nach folgender Gleichung bestimmt werden:

$$L_{iu} = \sum_i A_{iu} \cdot U_{iu} \tag{7.8}$$

$$U_{iu} = \frac{1}{R_T} \tag{7.9}$$

Dabei bedeutet: A_{iu} die Fläche des Trennbauteils zwischen dem beheizten Innenraum und dem unbeheizten Spitzboden, d. h. die Fläche der Kehlbalkendecke über Außenmaße

U_{iu} der Wärmedurchgangskoeffizient des Trennbauteils

R_T der Wärmedurchgangswiderstand nach Gleichung 7.6

Mit dem Reduktionsfaktor b in Gleichung (7.7) werden die verminderten Wärmeverluste über die Kehlbalkendecke und den unbeheizten Spitzboden nach außen berücksichtigt. b wird dabei wie folgt berechnet:

$$b = \frac{H_{ue}}{H_{iu} + H_{ue}} \tag{7.10}$$

mit:

H_{iu} spezifischer Transmissionswärmeverlustkoeffizient zwischen dem beheizten Raum und dem unbeheizten Spitzboden

H_{ue} spezifischer Transmissionswärmeverlustkoeffizient zwischen dem unbeheizten Spitzboden und der Außenluft

Die spezifischen Transmissionswärmeverluste berücksichtigen sowohl Transmissionswärme- als auch Lüftungswärmeverluste und werden nach den Gleichungen (7.11) und (7.12) berechnet:

$$H_{iu} = L_{iu} + H_{V,iu} \tag{7.11}$$

$$H_{ue} = L_{ue} + H_{V,ue} \tag{7.12}$$

Die Leitwerte sind analog Gleichung (7.8) zu berechnen und beziehen sich jeweils auf das korrespondierende Bauteil, d. h. L_{iu} auf die Kehlbalkendecke und L_{ue} auf das Dach im Bereich des Spitzbodens. Die zugehörigen Lüftungswärmeverluste erhält man durch Anwendung folgender Gleichungen:

$$H_{V,iu} = \rho \cdot c \cdot \dot{V}_{iu} \tag{7.13}$$

$$H_{V,ue} = \rho \cdot c \cdot \dot{V}_{ue} \tag{7.14}$$

Dabei symbolisiert $\dot{V}_{iu}$ den Luftvolumenstrom zwischen dem beheizten Raum und dem unbeheizten

Spitzboden, $\dot{V}_{ue}$ den Luftvolumenstrom zwischen dem unbeheizten Spitzboden und der Außenluft.

Außerdem kann das Produkt aus der Dichte der Luft ρ und ihrer spezifischen Wärmekapazität c mit dem Faktor 0,34 abgeschätzt werden.
Für die Bestimmung der Luftvolumenströme gilt:

$$\dot{V}_{iu} = V_i \cdot n_{iu} \tag{7.15}$$

$$\dot{V}_{ue} = V_u \cdot n_{ue} \tag{7.16}$$

mit V_i als Luftvolumen im zugehörigen beheizten Bereich und V_u als Luftvolumen im unbeheizten Spitzboden.

Um die Wärmeverluste aus dem beheizten Innenraum über den Spitzboden nach außen nicht zu unterschätzen, werden im unbeheizten Dachraum folgende Randbedingungen angesetzt:

Innentemperatur: $\theta_u = 0\ °C$
Luftgeschwindigkeit: $v_u = 4\ m/s$

Hieraus ergeben sich für die Berechnung der Wärmedurchgangskoeffizienten U_{iu} und U_{ue} folgende Wärmeübergangswiderstände:

zu ermittelnder Wärmedurchgangskoeffizient [W/(m²K)]	Wärmeübergangswiderstand	
	innen R_{si} [m²K/W]	**außen** R_{se} [m²K/W]
U_{iu}	0,10	0,04
U_{ue}	0,04	0,04

Tabelle 7.18: Erforderliche Wärmeübergangswiderstände im unbeheizten Dachraum

Außerdem kann man davon ausgehen, dass im Bereich der Kehlbalkendecke eine luft- und diffusionsdichte Schicht vorhanden ist und daher kein Luftaustausch zwischen dem beheizten Innenraum und dem Spitzboden stattfindet. Die Luftwechselrate zwischen beiden Räumen beträgt damit $n_{iu} = 0$ und

aus Gleichung (7.15) folgt für den zugehörigen Luftvolumenstrom: $\dot{V}_{iu} = 0$. Die Luftwechselrate zwischen Spitzboden und Außenluft n_{ue} ist in Abhängigkeit von der Dachkonstruktion Tabelle 7.19 zu entnehmen:

Beschreibung der Dachkonstruktion im Bereich des Spitzbodens	Luftwechselrate n_{ue} [h^{-1}]
keine Öffnungen in Giebelwänden bzw. Dachflächen; Dachkonstruktion mit Schalung bzw. Dachbahn	1
große Öffnungen in Giebelwänden oder Dachflächen, z. B. offene Gauben	10
alle sonstigen Fälle	5

Tabelle 7.19: Luftwechselrate aus dem unbeheizten Dachraum nach außen

7.4.2.2 Dächer mit einer Neigung $\alpha < 5°$

Als Dächer mit Abdichtungen gelten nach DIN 4108-3 [23] Dächer mit einer Neigung $\alpha < 5°$. Da diese Norm, im Gegensatz zu ihren Vorgängerversionen, keine Angaben zu erforderlichen Lüftungsquerschnitten macht, kann bei vorhandenen Luftschichten auch keine Einstufung des Wärmedurchlasswiderstandes R in Abhängigkeit von Zu- und Abluftöffnungen vorgenommen werden. Die Wärmedurchlasswiderstände von Luftschichten sind daher so zu wählen, dass die Berechnung von Energieverlusten über das Bauteil zu „sicheren Ergebnissen", d. h. zu hohen U-Werten und damit zu hohen Energieverbräuchen führt. Die so bestimmten Wärmedurchlasswiderstände der Luftschichten sind allerdings nicht auf andere Anwendungszwecke, wie z. B. die Berechnung minimaler Oberflächentemperaturen oder feuchteschutztechnische Berechnungen, übertragbar.

7.4.2.2.1 Dächer mit geplanten Zu- und Abluftöffnungen

Falls bei Dächern mit einer Neigung $\alpha < 5°$ Zu- und Abluftöffnungen geplant und ausgeführt werden, ist im Rahmen von Wärmeverlustberechnungen von der Annahme auszugehen, dass es sich um stark hinterlüftete Konstruktionen handelt. Die wärmetechnisch relevanten Bauteile enden mit der Grenzschicht zum Luftspalt, die Wärmeübergangswiderstände sind Tabelle 7.20 zu entnehmen.

Bauteil	wärmetechnisch wirksame Schichten	Wärmeübergangswiderstand **innen** R_{si} [m²K/W]	Wärmeübergangswiderstand **außen** R_{se} [m²K/W]
		0,10	0,10

Tabelle 7.20: Flachdach mit wärmegedämmter Dachschräge

Bei Dächern mit Abdichtungen, bei denen die Dachdecke wärmegedämmt wird, liegen folgende Wärmeübergangswiderstände vor:

Bauteil	wärmetechnisch wirksame Schichten	Wärmeübergangswiderstand **innen** R_{si} [m²K/W]	Wärmeübergangswiderstand **außen** R_{se} [m²K/W]
		0,10	0,10

Tabelle 7.21: Flachdach mit wärmegedämmter Dachdecke

7.4.2.2.2   Dächer ohne Zu- und Abluftöffnungen

Für Dächer ohne Zu- und Abluftöffnungen bzw. mit Querschnitten $A < 500$ mm²/m² kann man davon ausgehen, dass die Luft im Spalt als ruhende Luftschicht einzustufen ist. Für Luftschichten mit parallelen Begrenzungsflächen können die zugehörigen Wärmedurchlasswiderstände Tabelle 7.4 und die Wärmeübergangswiderstände Tabelle 15 entnommen werden. Wird dagegen ein Dachraum als Luftschicht eingestuft, ist der R_u-Wert entweder in Tabelle 7.5 aufgeführt oder er kann nach Gleichung (7.4) berechnet werden. In diesem Fall gilt für die Wärmeübergangswiderstände Tabelle 7.22, der Wärmedurchgangswiderstand R_T des Daches ist nach Gleichung (7.6) zu bestimmen.

Auch hier sind die getroffenen Annahmen nicht auf feuchteschutztechnische Berechnungen nach DIN 4108-3 [23] anwendbar.

Bauteil	wärmetechnisch wirksame Schichten	Wärmeübergangswiderstand **innen** R_{si} [m²K/W]	Wärmeübergangswiderstand **außen** R_{se} [m²K/W]
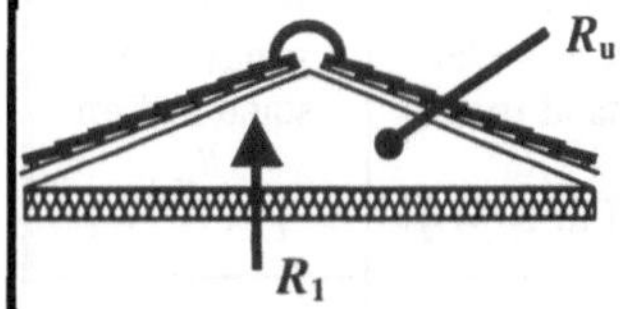 R_u R_1	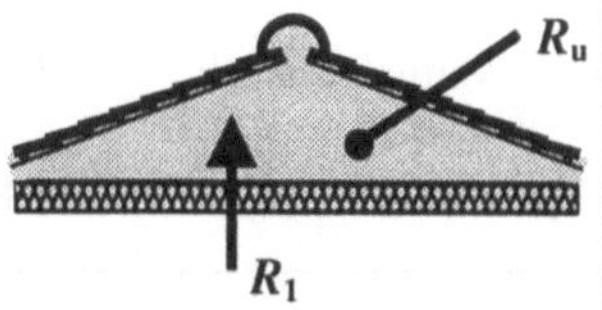 R_u R_1	0,10	0,04

Tabelle 7.22: Nicht belüftetes Flachdach mit wärmegedämmter Dachdecke

7.5   Zusammenfassung

Um den Wärmedurchgangswiderstand R_T bzw. den Wärmedurchgangskoeffizient U eines Bauteils mit Luftschichten zu bestimmen, ist es erforderlich, die wärmetechnische Qualität der Luft in Form des Wärmedurchlasswiderstandes R und die für das Bauteil relevanten Wärmeübergangswiderstände festzulegen. Dabei richtet sich die Bestimmung des Wärmedurchlasswiderstandes von Luftschichten in Bauteilen danach, ob sie - bei einem Vergleich der nach den jeweils gültigen Regeln der Technik erforderlichen Lüftungsöffnungen mit den Gruppierungen nach DIN EN ISO 6946 [6] - als ruhende Luftschicht, schwach belüftete Luftschicht oder stark belüftete Luftschicht einzustufen sind. Die zugehörigen Widerstände können den Abschnitten 7.3.1.4.1 bis 7.3.1.4.3 entnommenwerden.

Für die Wahl der zugehörigen Wärmeübergangswiderstände R_{si} und R_{se} ist es notwendig zu untersuchen, in welche Richtung der betrachtete Wärmestrom geht bzw. welche Neigung gegenüber der Horizontalen die Bauteiloberfläche aufweist. Außerdem ist es für die Eingruppierung wesentlich, ob es sich bei der Strömung im Spalt um eine geplante oder um eine nicht geplante Belüftung handelt.

Mit diesen Angaben können dann Wärmeverluste durch Bauteile berechnet werden, die den beheizten Innenraum gegen die Außenluft abgrenzen. Es ist jedoch zu beachten, dass die Annahmen zu Wärmedurchlasswiderständen von Luftschichten und Wärmeübergangswiderständen nur bei der Berechnung von U-Werten im Rahmen von Energieverbrauchsuntersuchen Gültigkeit besitzen. Für andere Anwendungsfälle, wie beispielsweise die Ermittlung minimaler Oberflächentemperaturen oder den Nachweis feuchtetechnischer Anforderungen nach DIN 4108-3 [23], sind die Wiederstände so festzulegen, dass die Ergebnisse jeweils auf der „sicheren Seite" liegen.

8 Formblätter zum Nachweis der Anforderungen an den Wärmeschutz nach Energieeinsparverordnung

Mit dem Übergang von der Wärmeschutzverordnung 1995 zur Energieeinsparverordnung kommen auf alle Beteiligten gänzlich neue Berechnungsverfahren zu. Während in der Vergangenheit nur eine Bilanzierung der Wärmeverluste und Wärmegewinne erfolgte, wird mit dem Inkrafttreten der EnEV für Gebäude mit normalen Innentemperaturen ($\theta_i \geq 19\,°C$) eine Energiebilanz erstellt. Dabei gehen in die Berechnung neben Wärmeverlusten und Wärmegewinnen über die Gebäudehülle auch Verluste haustechnischer Einrichtungen in die Betrachtungen ein. Dieser im Vergleich zur WSchV 95 weitergehende Nachweis erfordert auch differenziertere Eingaben. Zur Erfassung dieser Daten steht dem Nachweisführenden das Monatsbilanzverfahren zur Verfügung, das aufgrund der umfangreichen Berechnungen in der Regel durch EDV-Programme bewältigt wird. Da ein solcher Aufwand insbesondere bei kleinen Bauvorhaben zu hohen Zeit- und Honoraraufwendungen führen kann, wurde von Seiten des Gesetzgebers in die EnEV ein vereinfachtes, auch über Handrechnungen erfassbares Nachweisverfahren, das Heizperiodenbilanzverfahren, aufgenommen.

Da bei Gebäuden mit niedrigen Innentemperaturen nach EnEV keine Bilanzierung des Jahres-Primärenergiebedarfs Q_P, sondern der Nachweis der spezifischen, auf die wärmeübertragende Umfassungsfläche bezogenen Transmissionswärmeverluste H'_T gefordert wird, konnte auch dieses Verfahren mittels eines Formblattes abgebildet werden.

Zum Nachweis der Anforderungen nach EnEV können die beiden im Folgenden beschriebenen Nachweisblätter für „Gebäude mit normalen Innentemperaturen und einem Fensterflächenanteil $f \leq 30$ %" sowie für „Gebäude mit niedrigen Innentemperaturen" verwendet werden. Die Anforderungen an die „Änderung bestehender Gebäude" und an „Gebäude mit kleinem Volumen" sind den Ausarbeitungen in Kapitel 5 dieses Kommentars zu entnehmen. Die erforderlichen Kennwerte heizungstechnischer Anlagen und Einrichtungen - die Anlagenaufwandszahl e_P - können Kapitel 9 des Kommentars entnommen werden.

8.1 Formblatt zum Nachweis der baurechtlichen Anforderungen an den Wärmeschutz von Wohngebäuden nach EnEV Anhang 1 Abschnitt 3
(Wohngebäude mit $f < 30$ % - Heizperiodenbilanzverfahren)

Der Nachweis nach dem Heizperiodenbilanzverfahren soll es dem Nachweisführenden ermöglichen, die baurechtlichen Anforderungen an den energiesparenden Wärmeschutz nach EnEV mit einem vergleichsweise geringen Aufwand zu erbringen. Da es sich hierbei um eine Ausnahme handelt, ist die Regelung auch auf kleine Wohngebäude, d. h. auf Wohngebäude mit einem Fensterflächenanteil $f \leq 30$ % beschränkt. Hieraus und aus der Überlegung, dass ein vereinfachter Nachweis zu ungünstigeren Ergebnissen führen sollte, wurden für den Nachweis nach dem Heizperiodenbilanzverfahren folgende Festlegungen getroffen, die beim Nachweis nach dem Monatsbilanzverfahren meist modifiziert werden können:

- Als Bezug des Jahres-Primärenergiebedarfs Q_P, wurde die Gebäudenutzfläche A_N definiert (gilt beim Monatsbilanzverfahren analog).
- Lüftungstechnische Anlagen und Einrichtungen dürfen beim HP-Verfahren nicht in Ansatz gebracht werden (gilt beim MB-Verfahren nicht).
- Die Berücksichtigung von Wintergärten ist beim HP-Verfahren ausgeschlossen (nicht so beim MB-Verfahren).
- Die Reduktionsfaktoren von Bauteilen, die normalbeheizten Bereiche gegen Bereiche niedrigeren Innentemperatur abgrenzen, sind der EnEV Tabelle 3 zu entnehmen (beim MB-Verfahren siehe DIN V 4108-6 Tabelle 3).

- Es sind prinzipiell wärmebrückenreduzierte Konstruktionen nach Beiblatt 2 zu DIN 4108 oder energetisch analoge Anschlüsse und Übergänge zu verwenden. Der Wärmebrückenverlustkoeffizient ΔU_{WB} ist daher mit einem Wert $\Delta U_{WB} = 0,05$ W/(m²K) festgeschrieben.

- Zur Berechnung des Innenluftvolumens aus dem Volumen über Außenmaße ist ein Umrechnungsfaktor von 0,80 anzusetzen (beim MB-Verfahren beträgt der Faktor bei kleinen Gebäuden 0,76).

- Die Nachtabsenkung und der Nutzungsgrad von Wärmegewinnen sind in der Berechnung als Festwerte enthalten (beim MB-Verfahren werden diese Werte von der Speicherfähigkeit der verwendeten Konstruktion bestimmt).

- Da das HP-Verfahren nur für Wohngebäude gilt, muss auch immer der Jahres-Trinkwarmwasserbedarf Q_w berücksichtigt werden (beim MB-Verfahren nur bei Wohngebäuden).

Das Nachweisblatt gliedert sich in 7 Abschnitte:

1   Gebäuderanddaten (**Zeile 1 und 2**): Hier sind allgemeine Angaben zum Gebäude wie das Volumen V_e und das Verhältnis der wärmeübertragenden Fläche zum darin eingeschlossenen Volumen (A/V_e) einzutragen.

2   Wärmeverluste (**Zeile 3 bis 37**): In den Zeilen 5 bis 30 werden die spezifischen Transmissionswärmeverluste H_T, d. h. die Wärmeverluste über wärmeübertragende Bauteile, bestimmt.
In den Zeilen 31 bis 34 erfolgt der Nachweis der spezifischen, auf die wärmeübertragende Umfassungsfläche bezogenen Transmissionswärmeverluste H'_T.
Den Zeilen 35 bis 37 ist die Berechnung der spezifischen Lüftungswärmeverluste H_V zu entnehmen.

3   Wärmegewinne (**Zeile 38 bis 51**): Im ersten Teil des Abschnitts (Zeile 39 bis 49) werden die solaren Wärmegewinne des Gebäudes ermittelt. Von Interesse ist hierbei der Anteil der nach den verschiedenen Himmelsrichtungen orientierten Fenster und deren Qualität hinsichtlich ihrer Durchlässigkeit solarer Strahlung (Gesamtenergiedurchlassgrad).
Im zweiten Teil (Zeile 49 bis 51) werden die sich aus der Wohnnutzung ergebenden internen Wärmegewinne berechnet.

4   Jahres-Heizwärmebedarf (**Zeile 52 bis 53**): In diesem Abschnitt werden die in den drei vorhergehenden Abschnitten ermittelten Größen in die Formeln zur Ermittlung des vorhandenen Jahres-Heizwärmebedarfs Q_h eingesetzt.

5   Jahres-Trinkwarmwasserbedarf (**Zeile 54 bis 55**): Hier wird der zur Bereitstellung des warmen Brauchwassers erforderliche Wärmebedarf ermittelt.

6   Anlagenaufwandszahl (**Zeile 56 bis 57**): Zur Erfassung der Energieverluste aus dem Betrieb der Heizungsanlage und der Wärmeverteilung kann nach DIN V 4701-10 die Anlagenaufwandszahl e_P bestimmt und in diesem Abschnitt eingesetzt werden.

7   Jahres-Primärenergiebedarf (**Zeile 58 bis 62**): Aus dem Jahres-Heizwärmebedarf Q_h, dem Jahres-Trinkwasserwärmebedarf Q_w und der Anlagenaufwandszahl e_P wird im ersten Teil dieses Abschnitts der vorhandene, auf die Nutzfläche A_N bezogene Jahres-Primärenergiebedarf vorh. Q''_P berechnet.
Zur Ermittlung des zulässigen, auf die Nutzfläche A_N bezogenen Jahres-Primärenergiebedarfs zul. Q''_P muss zunächst geklärt werden, ob bei dem betrachteten Wohngebäude zur Warmwasserbereitung überwiegend Strom verwendet wird oder nicht. Falls der vorhandene Jahres-Primärenergiebedarf kleiner ist als der zulässige Wert, sind die baurechtlichen Anforderungen an den Wärmeschutz nach Energieeinsparverordnung erfüllt.

Nach dieser Übersicht der einzelnen Abschnitte sollen im Folgenden verschiedene Teile genauer beschrieben und auf die Besonderheiten hingewiesen werden:

Zeile 2: Das Volumen V_e wird über Außenmaße ermittelt.

Das Verhältnis A/V_e wird gebildet, indem die Summe der wärmeübertragenden Flächen A nach Zeile 28 durch das vorab ermittelte Gebäudevolumen V_e dividiert wird.

Zeile 5 bis 30: Zur Ermittlung der spezifischen Transmissionswärmeverluste H_T ist es notwendig, den Wärmedurchgangskoeffizienten (U-Wert) der Bauteile und die zughörige wärmeübertragende Fläche zu berechnen. Außerdem gilt es zu untersuchen, ob gemäß der entsprechenden Einbausituation ein Reduktionsfaktor angesetzt werden kann. In der letzten Spalte ist dann das Produkt aus allen drei Faktoren einzusetzen.

Dabei sind folgende Neuerungen zu berücksichtigen:

1. Der Reduktionsfaktor für Dächer wurde auf den Wert $F_{x,i} = 1{,}0$ korrigiert.
2. Wintergärten können im HP-Verfahren nicht mehr berücksichtigt werden.
3. Neu hinzugekommen sind Bauteile die das beheizte Volumen gegen einen unbeheizten Kellerraum oder gegen einen Raum mit niedrigen Innentemperaturen oder gegen einen Raum mit wesentlich niedrigeren Innentemperaturen abgrenzen.
4. Der Reduktionsfaktor erdberührter Wände oder Böden wurde auf $F_{x,i} = 0{,}6$ verändert.

Zeile 31 bis 34: Um einen Mindeststandard des baulichen Wärmeschutzes garantieren zu können, ist es im Rahmen der EnEV notwendig die spezifischen, auf die wärmeübertragende Fläche A bezogenen Transmissionswärmeverluste H'_T, nachzuweisen. Zu diesem Zweck werden die in Zeile 30 berechneten vorhandenen Transmissionswärmeverluste H_T durch die Summe aller wärmeübertragenden Flächen A nach Zeile 28 dividiert. Anschließend vergleicht man das Ergebnis mit dem Grenzwert der zulässigen, in Abhängigkeit von A/V_e ermittelten flächenbezogenen Transmissionswärmeverluste zul. H'_T.

Zeile 35 bis 37: Die spezifischen Lüftungswärmeverluste H_V sind abhängig davon, ob das betrachtete Gebäude einer Luftdichtheitsprüfung unterzogen wird oder nicht. Im Falle einer erfolgreich durchgeführten Blower-Door Messung kann eine Luftwechselrate $n = 0{,}6\ \mathrm{h^{-1}}$ verwendet werden, ansonsten ist mit $n = 0{,}7\ \mathrm{h^{-1}}$ zu rechnen.

Zeile 38 bis 51: Bei der Ermittlung der Wärmegewinne muss zwischen solaren und internen Wärmegewinnen unterschieden werden.

Die solaren Wärmegewinne nach Zeile 39 bis 49 werden wie folgt ermittelt: Zunächst sind die Flächen der Fenster mit Süd-, West-, Ost- und Nordorientierung zu bestimmen. Zur jeweiligen Himmelsrichtung zählen auch Orientierungen mit einer Abweichung von 45° zur jeweiligen Normalen. Werte des Gesamtenergiedurchlassgrades sind entsprechenden Fachveröffentlichungen zu entnehmen. Anschließend werden die Angaben entsprechend der Himmelsrichtung in die Zeilen 41 bis 48 eingetragen und das Produkt der Einzelfaktoren in der letzten Spalte mit dem Faktor 0,567 multipliziert. Dabei ist zu beachten, dass Verglasungen mit einer Neigung < 30° unabhängig von ihrer Orientierung mit einem eigenen Wert der solaren Strahlungsintensität versehen werden. Die solaren Wärmegewinne Q_S werden aus der Summe der Einzelanteile der vorherigen Zeilen bestimmt.

Da das HP-Verfahren nur bei Wohngebäuden verwendet werden darf, können die internen Wärmegewinne aus dem Produkt der durchschnittlichen flächenbezogenen internen Wärmegewinne und der Nutzfläche A_N gebildet werden.

Zeile 52 bis 53: Der Jahres-Heizwärmebedarf Q_h errechnet sich aus den spezifischen Transmissionswärmeverlusten, den spezifischen Lüftungswärmeverlusten, den solaren und den internen Wärmegewinnen. Außerdem gehen in die Berechnung noch der Festwert der Gradtagzahl und der Ausnutzungsgrad der Wärmegewinne ein.

Zeile 54 bis 55: Da sich die EnEV auf alle in einem Gebäude anfallenden Wärmeverluste bezieht, ist bei Wohngebäuden auch der Jahres-Trinkwasserwärmebedarf zu berücksichtigen. Dieser wird in Zeile 55 aus dem Produkt des vom Gesetzgeber vorgegebenen Festwertes und der Nutzfläche A_N gebildet.

Zeile 56 bis 57: Um auch die Energieverluste aus dem Betrieb der Heizungsanlage und der Verteilung bzw. Übergabe der Wärme zu erfassen, ist der die Verluste kennzeichnende Wert, die Anlagenaufwandszahl e_P, nach DIN V 4701-10 zu bestimmen. Im Rahmen der EnEV ist es dabei egal, nach welchem der drei in DIN V 4701-10 aufgeführten Modi die gesuchte Größe berechnet oder aus tabellarischen Übersichten abgelesen wird.

Zeile 58 bis 62: Die baurechtlichen Anforderungen an den Wärmeschutz eines Wohngebäudes nach EnEV gelten als erfüllt, wenn der vorhandene, auf die Nutzfläche A_N bezogene Jahres-Primärenergiebedarf (vorh. Q''_P) kleiner ist als der zulässige Jahres-Primärenergiebedarf (zul. Q''_P).

Der vorhandene Jahres-Primärenergiebedarf wird ermittelt, indem der Jahres-Heizwärmebedarf Q_h und der Jahres-Trinkwasserwärmebedarf Q_w addiert und anschließend mit der Anlagenaufwandszahl e_P multipliziert werden. Da bei Wohngebäuden nach EnEV als Bezugsgröße die Nutzfläche vorgegeben ist, wird dieses Ergebnis durch die Fläche A_N dividiert.

Der zulässige flächenbezogene Jahres-Primärenergiebedarf wird in Abhängigkeit von A/V_e nach den Zeilen 60 oder 61 gebildet, je nachdem ob das warme Brauchwasser überwiegend mittels Strom erzeugt wird oder nicht.

Der Nachweis nach EnEV gilt nur dann als erbracht, wenn sowohl die Anforderungen an die spezifischen, auf die wärmeübertragende Umfassungsfläche A bezogenen Transmissionswärmeverluste H'_T nach Zeile 34 als auch die Anforderungen an den auf die Nutzfläche A_N bezogenen Jahres-Primärenergiebedarf Q''_P nach Zeile 62 eingehalten werden.

Objekt:							
1	**1. Gebäuderanddaten**						
2	Volumen: V_e = Nutzfläche: A_N = 0,32 * V_e = 0,32 * _______ = A / V_e = _______ / _______ =						
3	**2. Wärmeverluste**						
4	**2.1 Spezifische Transmissionswärmeverluste H_T**						
5	Bauteil	Kurzbe-zeichnung	Fläche A_i [m²]	Wärmedurch-gangskoeffizient U_i [W/(m²K)]	$U_i * A_i$ [W/K]	Reduktions faktor $F_{x,i}$ [ ]	$F_{x,i} * U_i * A_i$ [W/K]
6	Außenwand	AW 1.1				1,00	
7		AW 1.2				1,00	
8	Wand gegen Abseitenraum	AW 2.1				0,80	
9		AW 2.2				0,80	
10	Fenster	W 1				1,00	
11		W 2				1,00	
12	Wand und Decke zu	IB 1.1				0,50	
13	unbeheiztem Raum	IB 1.2				0,50	
14	Wand und Decke zu	IB 2.1				0,60	
15	unbeheiztem Keller	IB 2.2				0,60	
16	Wand und Decke zu Raum mit	IB 3.1				0,35	
17	niedrigen Innentemperaturen [2)]	IB 3.2				0,35	
18	Wand und Decke zu Raum mit	IB 4.1				0,50	
19	wesentlich niedrigeren Innen-temperaturen [3)]	IB 4.2				0,50	
20	Decke gegen Außenluft nach	DL 1				1,00	
21	unten	DL 2				1,00	
22	Dach	D 1				1,00	
23		D 2				1,00	
24	Decke zum nicht ausgebauten	DD 1				0,80	
25	Dachraum	DD 2				0,80	
26	Grundfläche und Wand gegen	G 1				0,60	
27	Erdreich bei beheizten Räumen	G 2				0,60	
28	**Summe A =**						
29	Wärmebrückenverluste: ΔU_{WB} = 0,05 * A = 0,05 * _______ =				ΔU_{BW} =		
30	**Spezifische Transmissionswärmeverluste:**			**Summe H_T =**			
31	**2.1.1 Nachweis der flächenbezogenen spezifischen Transmissionswärmeverluste H'_T**						
32	Vorhandene flächenbezogene Transmissionswärmeverluste: vorh. H'_T = H_T / A vorh. H'_T = _______ / _______ =				**vorh. H'_T =**		
33	Zulässige flächenbezogene Transmissionswärmeverluste: zul. H'_T = 1,05 bei $A / V_e < 0,2$ zul. H'_T = 0,3 + 0,15 / (A / V_e) bei $0,2 < A / V_e < 1,05$ zul. H'_T = 0,44 bei $A / V_e \geq 1,05$				**zul. H'_T =**		
34	**Der Nachweis an die flächenbezogenen Transmissionswärmeverluste ist erbracht, wenn gilt:** [4)] **vorh. H'_T = W/(m²K) $\leq$ W/(m²K) = zul. H'_T**						

[1)] Bei einem beheizten Dachgeschoss werden die Flächen aller Fenster des beheizten Dachgeschosses in die Fensterfläche A_W und die zur wärme-übertragenden Umfassungsfläche gehörenden Dachflächen in die Fläche der Außenwände A_{AW} einbezogen. Es bedeutet $f = A_W / (A_W + A_{AW})$

[2)] Als Räume mit niedrigen Innentemperaturen gelten beheizte Bereiche mit $12\,°C \leq \theta_i < 19\,°C$

[3)] Als Räume mit wesentlich niedrigeren Innentemperaturen gelten Bereiche mit $\theta_i < 10\,°C$ aber frostfrei, d.h. mit einer Innentemperatur $\theta_i \geq 5\,°C$

35	**2.2 Spezifische Lüftungswärmeverluste H_V**				
36	Ohne Dichtheitsprüfung: $\quad H_V = 0{,}19 * V_e = 0{,}19 *$ _________ $=$ **Spezifische Lüftungswärmeverluste:**				$H_V =$
37	Mit Dichtheitsprüfung: $\quad H_V = 0{,}163 * V_e = 0{,}163 *$ _________ $=$ **Spezifische Lüftungswärmeverluste:**				$H_V =$
38	**3. Wärmegewinne**				
39	**3.1 Solare Wärmegewinne Q_S**				
40	Orientierung	Strahlungsintensität I_j [kWh/(m²a)]	Gesamtenergiedurchlassgrad g_i [ ]	Fenster-Teilfläche A_i [m²]	$0{,}567 * I_j * g_i * A_i$ [kWh/a]
41 42	Südost über Süd bis Südwest	270			
43 44	Nordost über Nord bis Nordwest	100			
45 46	Südwest über West bis Nordwest Nordost über Ost bis Südost	155			
47 48	Fenster mit einer Neigung $< 30°$ [5]	225			
49	**Solare Wärmegewinne: $Q_S = \Sigma (0{,}567 * I_i * g_i * A_i)$** **Summe $Q_S =$**				
50	**3.2 Interne Wärmegewinne Q_I**				
51	**Interne Wärmegewinne: $Q_I = 22 * A_N = 22 *$** _________ $Q_I =$				
52	**4. Jahres-Heizwärmebedarf Q_h**				
53	**Jahres-Heizwärmebedarf:** $Q_h = 66 * (H_T + H_V) - 0{,}95 * (Q_S + Q_I)$ $\quad\quad Q_h = 66 * ($ ____ $+$ ____ $) - 0{,}95 * ($ ____ $+$ ____ $)$ $Q_h =$				
54	**5. Jahres-Trinkwarmwasserbedarf Q_w**				
55	**Jahres-Trinkwarmwasserbedarf:** $Q_w = 12{,}5 * A_N = 12{,}5 *$ _________ $Q_w =$				
56	**6. Anlagenaufwandszahl e_P**				
57	**Anlagenaufwandszahl e_P nach DIN V 4701-10 bzw. Bbl. zu DIN V 4701-10:** [6] $e_P =$				
58	**7. Nutzflächenbezogener Jahres-Primärenergiebedarf Q''_P**				
59	Vorhandener nutzflächenbezogener Jahres-Primärenergiebedarf: vorh. $Q''_P = [(Q_h + Q_w) * e_P] / A_N$ **vorh. $Q''_P =$** vorh. $Q''_P = [($ ____ $+$ ____ $) *$ ____ $] /$ ____ $=$				
60	Zulässiger nutzflächenbezogener Jahres-Primärenergiebedarf bei Wohngebäuden mit überwiegender Warmwasserbereitung aus elektrischem Strom: zul. $Q''_P = 88{,}00$ bei $A / V_e \leq 0{,}2$ **zul. $Q''_P =$** zul. $Q''_P = 72{,}94 + 75{,}29 * (A / V_e)$ bei $0{,}2 < A / V_e < 1{,}05$ zul. $Q''_P = 152{,}00$ bei $A / V_e \geq 1{,}05$				
61	Zulässiger nutzflächenbezogener Jahres-Primärenergiebedarf bei Wohngebäuden mit <u>nicht</u> überwiegender Warmwasserbereitung aus elektrischem Strom: zul. $Q''_P = 66{,}00 + 2600 / (100 + A_N)$ bei $A / V_e \leq 0{,}2$ **zul. $Q''_P =$** zul. $Q''_P = 50{,}94 + 75{,}29 * (A / V_e) + 2600 / (100 + A_N)$ bei $0{,}2 < A / V_e < 1{,}05$ zul. $Q''_P = 130{,}00 + 2600 / (100 + A_N)$ bei $A / V_e \geq 1{,}05$				
62	**Der Nachweis an den Jahres-Primärenergiebedarf ist erbracht, wenn gilt:** [4] **vorh. $Q''_P =$** **kWh/(m²a) $\leq$** **kWh/(m²a) $=$ zul. Q''_P**				

[4]   Der Nachweis nach Energieeinsparverordnung gilt nur dann als erbracht, wenn sowohl die Anforderungen an die flächenbezogenen Transmissionswärmeverluste H'_T nach Zeile 34 als auch die Anforderungen an den nutzflächenbezogenen Jahres-Primärenergiebedarf Q''_P nach Zeile 62 erfüllt werden.

[5]   Fenster mit einer Neigung $\geq 30°$ sind hinsichtlich ihrer Orientierung wie senkrecht stehend einzustufen.

[6] e_P kann sowohl nach dem graphischen Verfahren als auch dem Tabellenverfahren in DIN V 4701-10 bzw. nach Beiblatt zu DIN V 4701-10 ermittelt werden.

8.2   Formblatt zum Nachweis der baurechtlichen Anforderungen an den Wärmeschutz von Gebäuden nach EnEV Anhang 2
(Zu errichtende Gebäude mit niedrigen Innentemperaturen)

Im Gegensatz zu Gebäuden mit normalen Innentemperaturen wird der Nachweis der baurechtlichen Anforderungen an den Wärmeschutz von Gebäuden mit niedrigen Innentemperaturen (12 °C $\leq q_i <$ 19 °C) nicht auf den Jahres-Primärenergiebedarf Q_P bezogen. Stattdessen sind die Grenzwerte der spezifischen, auf die wärmeübertragende Fläche A bezogenen Transmissionswärmeverluste H'_T einzuhalten. D. h. es wird bei diesen Gebäuden nur die Qualität der wärmeübertragenden Außenbauteile betrachtet. Außerdem wurden für den Nachweis folgende Festlegungen getroffen:

- Als Bezug der spezifischen Transmissionswärmeverluste H'_T wurde die Fläche der wärmeübertragenden Bauteile A definiert.
- Bauteile und deren Flächen, die einen Bereich mit niedrigen Innentemperaturen gegen einen Bereich mit normalen Innentemperaturen abgrenzen, bleiben beim Nachweis des Gebäudes mit niedrigen Innentemperaturen unberücksichtigt.
- Die Reduktionsfaktoren von Bauteilen, die normalbeheizte Bereiche gegen Bereiche mit niedrigeren Innentemperaturen abgrenzen, sind DIN V 4108-6 Tabelle 3 [1] zu entnehmen oder, bei der Wärmeübertragung an unbeheizte Kellerräume oder über das Erdreich an die Außenluft, nach DIN EN ISO 13370 [10] zu berechnen.
- Bei der Berücksichtigung von Wärmebrücken kann unterschieden werden, ob Bauteilanschlüsse und Übergange wärmebrückenreduziert analog Beiblatt 2 zu DIN 4108 [19] ausgeführt werden oder ob auf eine solche Optimierung verzichtet wird. Entsprechend der gewählten Vorgehensweise ist der zugehörige Wärmebrückenverlustkoeffizient ΔU_{WB} zu wählen.

Das Nachweisblatt gliedert sich in 3 Abschnitte:

1 <u>Gebäuderanddaten</u> (**Zeile 1 und 2**): Hier sind allgemeine Angaben zum Gebäude wie das Volumen V_e und das Verhältnis der wärmeübertragenden Fläche zum darin eingeschlossenen Volumen (A/V_e) einzutragen.

2 <u>Wärmeverluste</u> (**Zeile 3 bis 24**): In den Zeilen 5 bis 24 werden die spezifischen Transmissionswärmeverluste H_T, d. h. die Wärmeverluste über wärmeübertragende Bauteile, bestimmt. In den Zeilen 25 bis 26 erfolgt die Berücksichtigung der Wärmeverluste über Wärmebrücken ΔU_{WB}.

3 <u>Zulässige spezifische Transmissionswärmeverluste</u> (**Zeile 28 bis 31**): In diesem Abschnitt werden die zuvor ermittelten spezifischen Transmissionswärmeverluste durch die Fläche der wärmeübertragenden Bauteile dividiert und mit dem zulässigen Grenzwert verglichen.

Nach dieser Übersicht der einzelnen Abschnitte sollen im Folgenden verschiedene Teile genauer beschrieben und auf die Besonderheiten hingewiesen werden:

Zeile 2: Das Volumen V_e wird über Außenmaße ermittelt.
   Das Verhältnis A/V_e wird gebildet, indem die Summe der wärmeübertragenden Flächen A nach Zeile 24 durch das vorab ermittelte Gebäudevolumen V_e dividiert wird.
Zeile 5 bis 24: Zur Ermittlung der spezifischen Transmissionswärmeverluste H_T ist es notwendig, den Wärmedurchgangskoeffizienten (U-Wert) der Bauteile und die zugehörige wärmeübertragende Fläche zu berechnen. Außerdem gilt es zu untersuchen, ob gemäß der entsprechenden Einbausituation ein Reduktionsfaktor angesetzt werden kann. In der letzten Spalte ist dann das Produkt aus allen drei Faktoren einzusetzen.

Dabei sind folgende Neuerungen zu berücksichtigen:
1. Der Reduktionsfaktor für Dächer wurde auf den Wert $F_{x,i} = 1{,}0$ korrigiert.
2. Neu hinzugekommen sind Bauteile, die das beheizte Volumen gegen einen unbeheizten Raum oder gegen einen Raum mit wesentlich niedrigeren Innentemperaturen abgrenzen.
3. Der Reduktionsfaktor erdberührter Wände oder Böden wurde auf $F_{x,i} = 0{,}6$ verändert. Für genauere Betrachtungen kann der U-Wert bzw. der thermische Leitwert der erdberührten Bauteile nach DIN EN ISO 13370 berechnet und im Nachweis verwendet werden.

Zeile 25 bis 26: Werden wärmebrückenreduzierte Konstruktionen nach Beiblatt 2 zu DIN 4108 verwendet oder wird die Analogie zu diesen Darstellungen nachgewiesen, kann ein Wärmebrückenverlustkoeffizient $\Delta U_{WB} = 0{,}05$ W/(m²K) angesetzt werden. Da die Verluste über Wärmebrücken auf alle wärmeübertragenden Bauteile zu beziehen sind, errechnen sich die Wärmebrückenverluste H_{WB} aus dem Produkt des Wärmebrückenverlustkoeffizienten ΔU_{WB} mit der Fläche der wärmeübertragenden Bauteile A. Falls auf eine Optimierung der Wärmebrücken verzichtet wird, muss stattdessen ein Wärmebrückenverlustkoeffizient von $\Delta U_{WB} = 0{,}10$ W/(m²K) verwendet werden.

Die Gesamtheit aller spezifischen Transmissionswärmeverluste H_T errechnet sich aus der Summe der Transmissionswärmeverluste wärmeübertragender Bauteile (Zeile 5 bis 23) und der Wärmeverluste über Wärmebrücken (Zeile 25 und 26).

Zeile 28 bis 31: Die vorhandenen, auf die Fläche bezogenen spezifischen Transmissionswärmeverluste vorh. H'_T berechnen sich aus dem Quotient der spezifischen Transmissionswärmeverluste H_T (Zeile 27) und der Summe aller wärmeübertragenden Flächen A (Zeile 24).

Die zulässigen flächenbezogenen Transmissionswärmeverluste zul. H'_T werden in Abhängigkeit vom Verhältnis A/V_e nach Zeile 30 bestimmt.

Der Nachweis nach EnEV gilt als erbracht, wenn die vorhandenen spezifischen, auf die wärmeübertragende Umfassungsfläche A bezogenen Transmissionswärmeverluste H'_T nach Zeile 29 kleiner sind als der Grenzwert nach Zeile 30.

Objekt:

1	**1. Gebäuderanddaten**						

| 2 | Volumen: V_e =
 Nutzfläche: A_N = 0,32 * V_e = 0,32 * ______ =
 A / V_e = |

| 3 | **2. Wärmeverluste** |

| 4 | **2.1 Vorhandene spezifische Transmissionswärmeverluste H_T** |

5	Bauteil	Kurzbe-zeichnung	Fläche A_i [m²]	Wärmedurch-gangskoeffizient U_i [W/(m²K)]	U_i*A_i [W/K]	Reduktions-faktor $F_{x,i}$ [ ]	$F_{x,i}$*U_i*A_i [W/K]
6	Außenwand	AW 1.1				1,00	
7		AW 1.2				1,00	
8	Wand gegen Abseitenraum	AW 2.1				0,80	
9		AW 2.2				0,80	
10	Fenster	W 1				1,00	
11		W 2				1,00	
12	Wand und Decke zu unbeheiztem Raum	IB 1.1				0,50	
13		IB 1.2				0,50	
14	Wand und Decke zu unbeheiztem Keller	IB 2.1				[2]	
15		IB 2.2				[2]	
16	Wand und Decke zu Raum mit wesentlich niedrigeren Innen-temperaturen [3]	IB 4.1				0,50	
17		IB 4.2				0,50	
18	Dach	D 1.1				1,00	
19		D 1.2				1,00	
20	Decke zum nicht ausgebauten Dachraum	DD 1				0,80	
21		DD 2				0,80	
22	Grundfläche und Wand gegen Erdreich bei beheizten Räumen	G 1				[2]	
23		G 2				[2]	
24	**Summe A =**						

25	Wärmebrückenverluste: H_{WB} = 0,05 * A = 0,05 * ______ = bei Bauteilen und Anschlüssen analog der Darstellung in Beiblatt 2 zu DIN 4108:1998-08	H_{WB} =
26	Wärmebrückenverluste: H_{WB} = 0,10 * A = 0,10 * ______ = bei Bauteilen und Anschlüssen die <u>nicht</u> Beiblatt 2 zu DIN 4108:1998-08 entsprechen	

| 27 | **Spezifische Transmissionswärmeverluste:** | **Summe H_T =** | |

| 28 | **3 Nachweis der zulässigen flächenbezogenen spezifischen Transmissionswärmeverluste H'_T** |

| 29 | Vorhandene flächenbezogene Transmissionswärmeverluste: <br> vorh. H'_T = H_T / A
 vorh. H'_T =
 vorh. H'_T = ______ / ______ = |

| 30 | Zulässige flächenbezogene Transmissionswärmeverluste: <br> zul. H'_T = 1,03   bei A / V_e < 0,20 <br> zul. H'_T = 0,53 + 0,10 / (A / V_e)   bei 0,2 < A / V_e < 1,00   **zul. H'_T =**
 zul. H'_T = 0,63   bei A / V_e ≥ 1,00 |

| 31 | **Der Nachweis an die flächenbezogenen Transmissionswärmeverluste ist erbracht, wenn gilt:**
 vorh. H'_T = ______ W/(m²K) ≤ ______ W/(m²K) = zul. H'_T |

[1] Als Räume mit niedrigen Innentemperaturen gelten beheizte Bereiche mit 12 °C ≤ θ_i < 19 °C

[2] Die Reduktionsfaktoren erdberührter Bauteile sind DIN V 4108-6:2000-11 Tabelle 3 zu entnehmen. Für genauere Berechnungen kann bei erdberührten Bauteilen alternativ zum Produkt $F_{x,i}$*U_i*A_i auch der harmonische thermische Leitwert L_s nach DIN EN ISO 13370:1998-12 verwendet werden.

[3] Als Räume mit wesentlich niedrigeren Innentemperaturen gelten Bereiche mit θ_i < 10 °C aber frostfrei, d.h. mit einer Innentemperatur θ_i ≥ 5 °C

9 Bestimmung der Anlagenaufwandszahl e_P

Die Energieeinsparverordnung (EnEV) zielt mit ihren Anforderungen und Nachweisen darauf ab, die Gesamtheit des in einem Gebäude anfallenden Energiebedarfs zu erfassen. Neben dem Jahres-Heizwärmebedarf Q_h und dem Jahres-Trinkwarmwasserbedarf Q_w müssen daher auch Energieverluste berücksichtigt werden, die nicht gebäude- oder nutzer-, sondern anlagenbedingt sind. Hierunter fallen Verluste aus

- dem Betrieb der Heizungsanlage,
- der Speicherung,
- der Verteilung und
- der Übergabe von Wärme.

Außerdem erfolgt im Jahres-Primärenergiebedarf Q_P auch eine Berücksichtigung der Verluste, die bei der Erzeugung, dem Transport und der Umwandlung von Primärenergieträgern in Nutzenergie entstehen. Diese haustechnischen und energieträgerspezifischen Belange fasst die EnEV in der Anlagenaufwandszahl e_P zusammen. Die Berechnung der Anlagenaufwandszahlen für verschiedene Varianten von Heizungsanlagen und Leitungsführungen erfolgt in DIN V 4701-10. Die Norm beinhaltet außerdem primärenergetische Gewichtungsfaktoren gängiger Energieträger zur Erfassung der Umwandlungsverluste. Aufgrund der Komplexität der Berechnungsgänge zur Bestimmung der Anlagenaufwandszahl e_P wurden in DIN V 4701-10 folgende drei Verfahren unterschiedlicher Genauigkeit und von unterschiedlichem Schwierigkeitsgrad aufgenommen:

- Diagrammverfahren,
- Tabellenverfahren,
- detailliertes Verfahren.

Ausgangspunkt aller Berechnungen ist die genaueste und aufwendigste Variante, das detaillierte Verfahren. Die Ergebnisse des Tabellenverfahrens und des graphischen Verfahrens wurden hieraus unter Ansatz immer größerer Vereinfachungen und Pauschalisierungen entwickelt.

9.1 Diagrammverfahren

Um demjenigen der den Nachweis der Anforderungen nach EnEV führen will und der nur über geringe Kenntnisse in Hinblick auf haustechnische Anlagen und Einrichtungen verfügt, die Möglichkeit zu geben, die Anlagenaufwandszahl zu ermitteln, wurden in DIN V 4701-10 Anhang C.5 für sechs ausgewählte Anlagen zur Heizung und zur Warmwasserbereitung sowie für verschiedene Leitungsführungen die e_P-Werte jeweils als Kurvenschar dargestellt. Neben der Gerätespezifikation war es aber auch erforderlich, eine Kenngröße zur Dimensionierung der Heizungsanlage und eine Kenngröße zur Beschreibung der Leitungsverluste einzuführen. Da der Jahres-Trinkwasserwärmebedarf im Rahmen der EnEV mit $Q_w = 12{,}5$ kWh/m²a festgeschrieben wurde, ist der einzige flexible Wert der Jahres-Heizwärmebedarf Q_h. Als maßgebliche Größe zur Beschreibung der Leitungsverluste wurde die Nutzfläche A_N eingeführt, da mit deren Zunahme auch eine Vergrößerung der Leitungslängen verbunden ist. Die gerätespezifischen Kenngrößen heizungstechnischer Komponenten wurden einer statistischen Auswertung marktüblicher Geräte entnommen, wobei im Rahmen des graphischen Verfahrens Werte aus dem unteren Mittelfeld verwendet wurden. Setzt man die Gerätedaten der sechs Musteranlagen in das detaillierte Verfahren nach DIN V 4701-10 ein und variiert die Nutzfläche A_N, so erhält man für verschiedene Werte des Jahres-Heizwärmebedarfs Q_h eine Kurvenschar, aus der die korrespondierenden Werte für e_P abgelesen werden können. In den Berechnungen der Anlagenaufwandszahl sind bereits die Gewichtungsfaktoren der verschiedenen am Prozess der Wärmeerzeugung und Verteilung beteiligten Energieträger enthalten, so dass die in den Diagrammen oder Tabellen dargestellten primärenergiebezogenen Anlagenaufwandszahlen direkt zur Berechnung des Jahres-Primärenergiebedarfs Q_P verwendet werden können. Neben dem Nachweis der Anforderungen nach EnEV verlangt der Energiebedarfsausweis auch eine Darstellung des Jahres-Endenergiebedarfs, d. h. der Energiemenge, die an der Grundstücksgrenze übergeben wird, ohne dass eine primärenergetische Bewertung erfolgt. DIN V 4701-10 weist daher neben einer graphischen und tabellarischen Darstellung zur Bestimmung der primärenergetischen Anlagenaufwandszahl e_P für die betrachteten sechs Musteranlagen jeweils auch ein Diagramm zur Ermittlung der Gesamtendenergie $Q_\mathrm{WE,E}$ aus Heizung und Trinkwarmwasser aus. Darin nicht enthalten ist die Hilfsenergie $Q_\mathrm{HE,E}$ heizungstechnischer Anlagen und Einrichtungen. Diese wird, wie auch die Gesamtenergie, in einem weiteren Diagramm aufgelistet.

Im Folgenden werden die Diagramme und Tabellen zur Bestimmung der primärenergiebezogenen Anlagenaufwandszahl e_P sowie des Endenergiebedarfs $Q_\mathrm{WE,E}$ ohne Hilfsenergie und die Diagramme der Hilfsenergie $Q_\mathrm{HE,E}$ der sechs ausgewählten Anlagensysteme dargestellt.

Anlage 1 - Niedertemperaturkessel mit gebäudezentraler Trinkwassererwärmung

Anlage 1: Anlagencharakterisierung

Heizung	Übergabe	- Radiatoren mit Thermostatventilen 1 K
	Verteilung	- max. Vorlauf-/Rücklauftemperatur 70 °C / 50 °C, - horizontale Verteilung außerhalb der thermischen Hülle, vertikale Verteilungsstränge innen liegend, geregelte Pumpen
	Speicherung	- keine Speicherung
	Erzeugung	- Niedertemperaturkessel, Aufstellung außerhalb der thermischen Hülle
Trinkwasser-erwärmung	Verteilung	- Verteilung außerhalb thermischer Hülle, mit Zirkulation
	Speicherung	- indirekt beheizter Speicher, außerhalb der thermischen Hülle
	Erzeugung	- zentral, Niedertemperaturkessel
Lüftung	Übergabe	
	Verteilung	- keine Lüftungsanlage
	Erzeugung	

Anlage 1: Anlagen-Aufwandszahl e_P (primärenergiebezogen)

	beheizte Nutzfläche A_N [m²]										
	100	150	200	300	500	750	1000	1500	2500	5000	10000
$q_h = 40$ [kWh/(m²a)]	2,29	2,01	1,87	1,73	1,61	1,55	1,51	1,48	1,45	1,43	1,41
$q_h = 50$ [kWh/(m²a)]	2,13	1,89	1,77	1,65	1,55	1,49	1,47	1,44	1,41	1,39	1,37
$q_h = 60$ [kWh/(m²a)]	2,01	1,80	1,70	1,59	1,50	1,46	1,43	1,41	1,38	1,36	1,35
$q_h = 70$ [kWh/(m²a)]	1,92	1,74	1,65	1,55	1,47	1,43	1,40	1,38	1,36	1,34	1,33
$q_h = 80$ [kWh/(m²a)]	1,85	1,69	1,60	1,52	1,44	1,40	1,38	1,36	1,34	1,33	1,31
$q_h = 90$ [kWh/(m²a)]	1,79	1,64	1,57	1,49	1,42	1,39	1,37	1,35	1,33	1,31	1,30

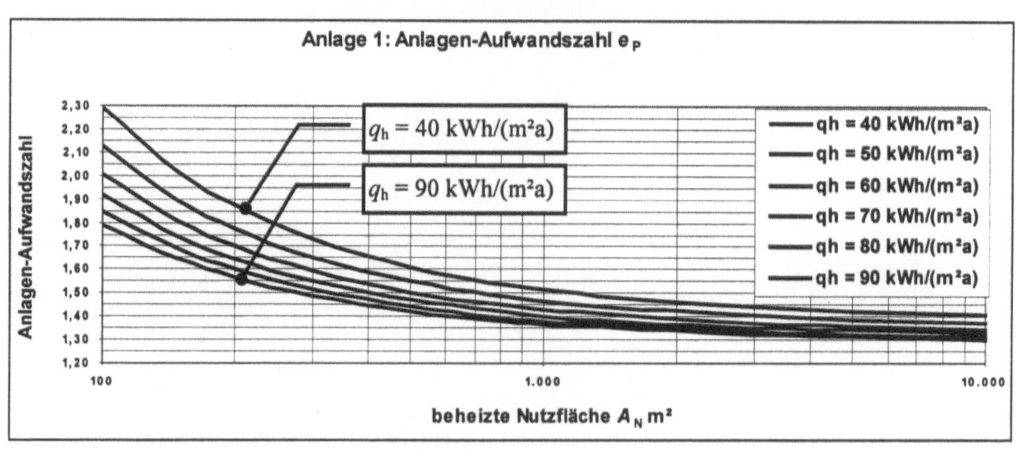

Anlage 1: Gesamt-Endenergie Q_E (ohne Hilfsenergie)

	beheizte Nutzfläche A_N [m²]										
	100	150	200	300	500	750	1000	1500	2500	5000	10000
$q_h = 40$ [kWh/(m²a)]	98,02	88,05	82,96	77,73	73,36	71,05	69,83	68,73	67,74	66,76	66,07
$q_h = 50$ [kWh/(m²a)]	109,56	99,46	94,28	88,96	84,49	82,11	80,86	79,70	78,66	77,61	76,87
$q_h = 60$ [kWh/(m²a)]	121,10	110,87	105,61	100,19	95,62	93,18	91,88	90,67	89,57	88,47	87,67
$q_h = 70$ [kWh/(m²a)]	132,64	122,28	116,94	111,42	106,75	104,24	102,90	101,64	100,49	99,32	98,46
$q_h = 80$ [kWh/(m²a)]	144,18	133,68	128,27	122,65	117,88	115,31	113,92	112,61	111,40	110,17	109,26
$q_h = 90$ [kWh/(m²a)]	155,72	145,09	139,60	133,89	129,01	126,37	124,95	123,58	122,32	121,02	120,06
Hilfsenergie:	5,86	5,22	4,60	4,32	4,01	3,66	3,43	3,26	3,14	3,04	2,96

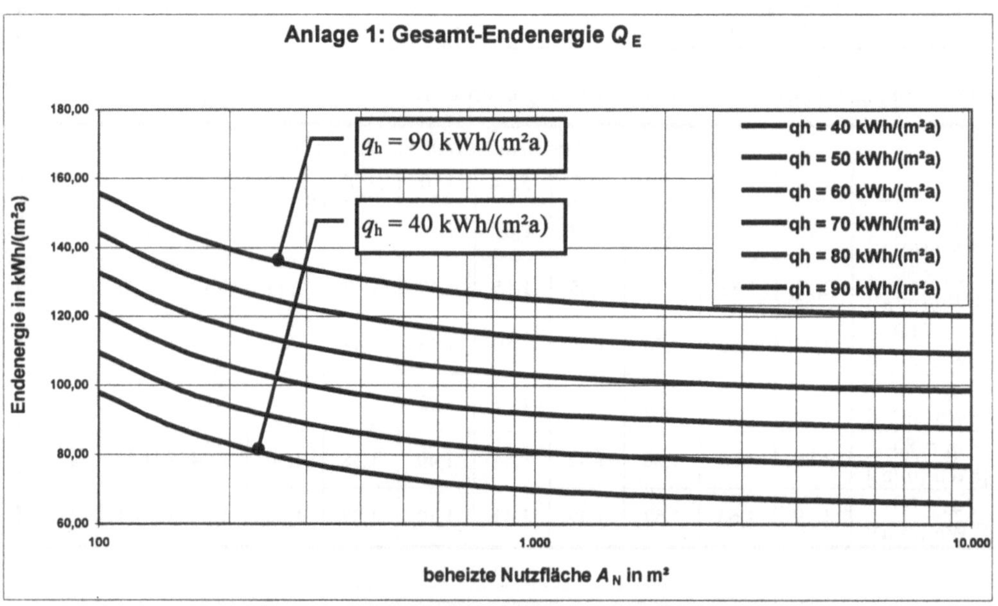

Anlage 2 - Brennwertkessel mit gebäudezentraler Trinkwassererwärmung

Anlage 2: Anlagencharakterisierung

Heizung	Übergabe	- Radiatoren mit Thermostatventilen 1 K
	Verteilung	- max. Vorlauf-/Rücklauftemperatur 55 °C / 45 °C, - horizontale Verteilung außerhalb der thermischen Hülle, vertikale Verteilungsstränge innen liegend, geregelte Pumpen
	Speicherung	- keine Speicherung
	Erzeugung	- Brennwertkessel, Aufstellung außerhalb der thermischen Hülle
Trinkwasser-erwärmung	Verteilung	- Verteilung außerhalb thermischer Hülle, mit Zirkulation
	Speicherung	- indirekt beheizter Speicher, außerhalb der thermischen Hülle
	Erzeugung	- zentral, Brennwertkessel
Lüftung	Übergabe	
	Verteilung	- keine Lüftungsanlage
	Erzeugung	

Anlage 2: Anlagen-Aufwandszahl e_P (primärenergiebezogen)

	beheizte Nutzfläche A_N [m²]										
	100	150	200	300	500	750	1000	1500	2500	5000	10000
$q_\mathrm{h} = 40$ [kWh/(m²a)]	2,11	1,86	1,74	1,61	1,50	1,45	1,42	1,39	1,36	1,34	1,33
$q_\mathrm{h} = 50$ [kWh/(m²a)]	1,96	1,75	1,64	1,53	1,44	1,40	1,37	1,35	1,33	1,31	1,29
$q_\mathrm{h} = 60$ [kWh/(m²a)]	1,85	1,67	1,57	1,48	1,40	1,36	1,34	1,32	1,30	1,28	1,27
$q_\mathrm{h} = 70$ [kWh/(m²a)]	1,76	1,60	1,52	1,44	1,37	1,33	1,31	1,29	1,28	1,26	1,25
$q_\mathrm{h} = 80$ [kWh/(m²a)]	1,70	1,55	1,48	1,41	1,34	1,31	1,29	1,27	1,26	1,24	1,23
$q_\mathrm{h} = 90$ [kWh/(m²a)]	1,64	1,51	1,45	1,38	1,32	1,29	1,27	1,26	1,25	1,23	1,22

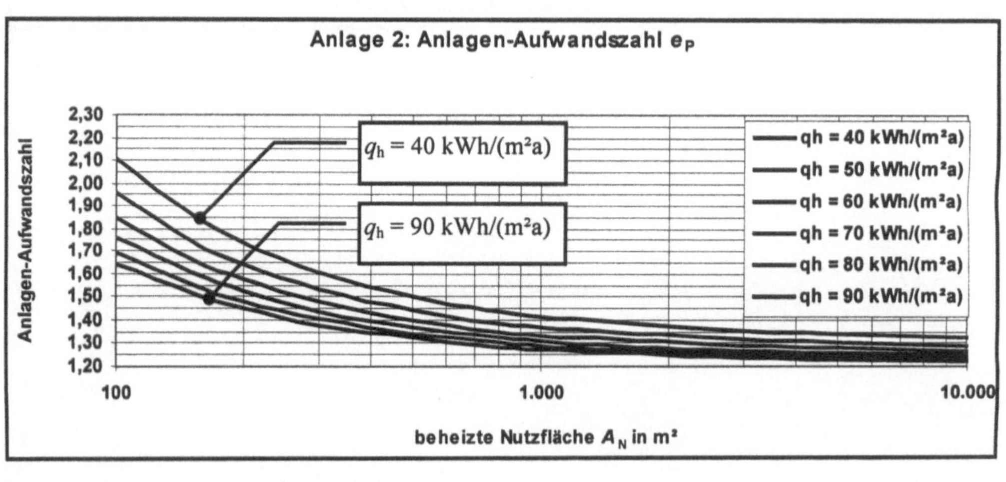

Anlage 2: Gesamt-Endenergie Q_E (ohne Hilfsenergie)

	beheizte Nutzfläche A_N [m²]										
	100	150	200	300	500	750	1000	1500	2500	5000	10000
$q_h = 40$ [kWh/(m²a)]	89,02	80,49	76,14	71,68	67,98	66,03	65,02	64,13	63,35	62,58	62,05
$q_h = 50$ [kWh/(m²a)]	99,54	90,94	86,55	82,03	78,27	76,29	75,25	74,34	73,53	72,72	72,16
$q_h = 60$ [kWh/(m²a)]	110,06	101,39	96,95	92,39	88,57	86,55	85,49	84,55	83,70	82,86	82,27
$q_h = 70$ [kWh/(m²a)]	120,58	111,84	107,36	102,74	98,87	96,81	95,73	94,75	93,88	93,00	92,38
$q_h = 80$ [kWh/(m²a)]	131,10	122,29	117,76	113,09	109,16	107,07	105,96	104,96	104,06	103,15	102,49
$q_h = 90$ [kWh/(m²a)]	141,63	132,74	128,17	123,44	119,46	117,33	116,20	115,17	114,23	113,29	112,60
Hilfsenergie:	4,27	3,07	2,48	1,87	1,37	1,10	0,95	0,79	0,65	0,53	0,46

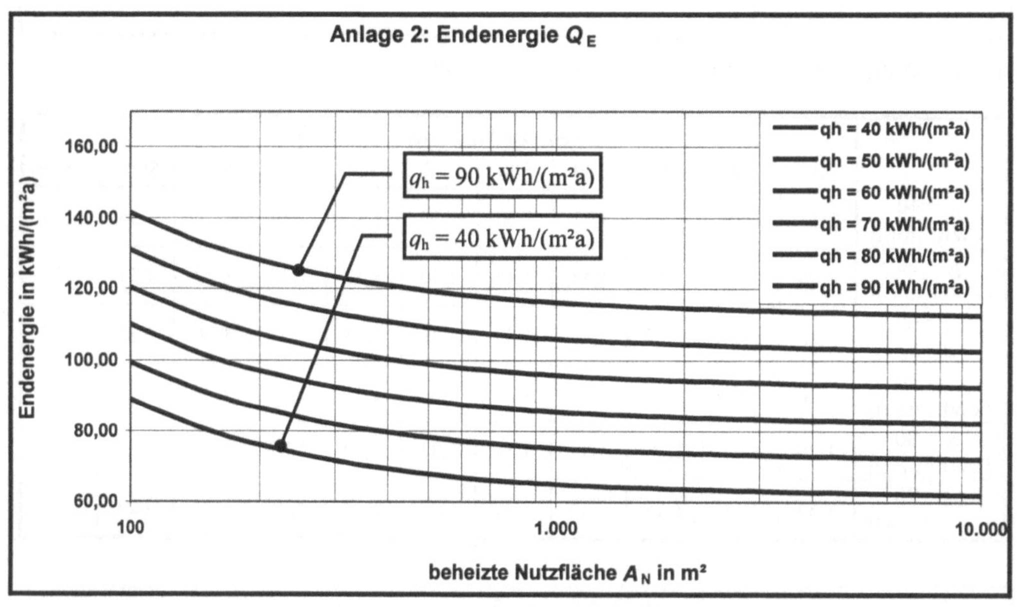

Anlage 3 - Brennwertkessel mit gebäudezentraler Trinkwassererwärmung

Anlage 3: Anlagencharakterisierung

Heizung	Übergabe	- Radiatoren mit Thermostatventilen 1 K
	Verteilung	- max. Vorlauf-/Rücklauftemperatur 55 °C / 45 °C, - horizontale Verteilung innerhalb der thermischen Hülle, vertikale Verteilungsstränge innen liegend, geregelte Pumpen
	Speicherung	- keine Speicherung
	Erzeugung	- Brennwertkessel, Gas, Aufstellung innerhalb der thermischen Hülle
Trinkwasser-erwärmung	Verteilung	- gebäudezentral, Verteilung innerhalb der thermischen Hülle, ohne Zirkulation
	Speicherung	- indirekt beheizter Speicher, innerhalb der thermischen Hülle
	Erzeugung	- Brennwertkessel und Solaranlage
Lüftung	Übergabe	
	Verteilung	- keine Lüftungsanlage
	Erzeugung	

Anlage 3: Anlagen-Aufwandszahl e_P (primärenergiebezogen)

	beheizte Nutzfläche A_N [m²]						
	100	150	200	300	500	750	1000 - 3000
$q_h = 40$ [kWh/(m²a)]	1,21	1,16	1,14	1,12	1,08	1,08	1,08
$q_h = 50$ [kWh/(m²a)]	1,19	1,15	1,14	1,12	1,09	1,09	1,09
$q_h = 60$ [kWh/(m²a)]	1,18	1,15	1,13	1,12	1,09	1,09	1,09
$q_h = 70$ [kWh/(m²a)]	1,17	1,14	1,13	1,12	1,09	1,09	1,09
$q_h = 80$ [kWh/(m²a)]	1,17	1,14	1,13	1,12	1,09	1,09	1,09
$q_h = 90$ [kWh/(m²a)]	1,16	1,14	1,13	1,12	1,10	1,10	1,10

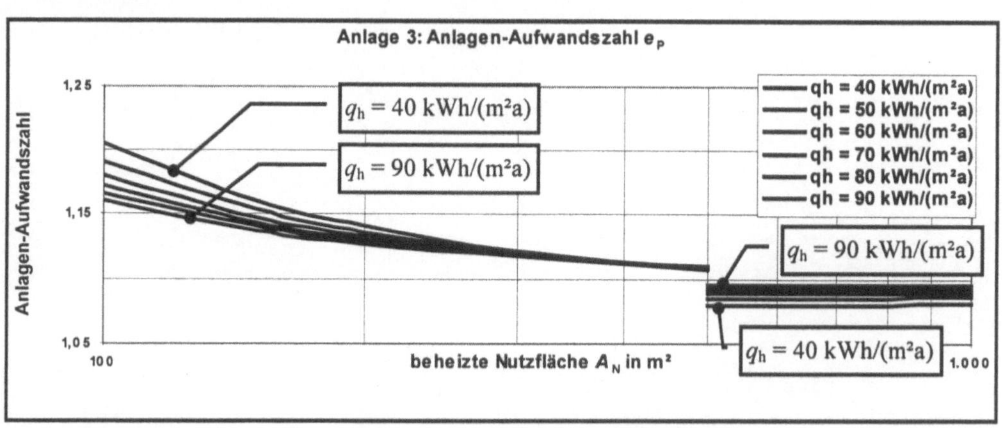

Anlage 3: Gesamt-Endenergie Q_E (ohne Hilfsenergie)

	beheizte Nutzfläche A_N [m²]									
	100	150	200	300	500	750	1000	1500	2500	3000
$q_h = 40$ [kWh/(m²a)]	47,76	48,02	48,65	49,05	48,20	48,79	49,14	49,44	49,81	51,70
$q_h = 50$ [kWh/(m²a)]	57,89	58,15	58,77	59,17	58,31	58,89	59,24	59,53	59,90	61,80
$q_h = 60$ [kWh/(m²a)]	68,02	68,27	68,89	69,28	68,42	68,99	69,34	69,63	69,98	71,80
$q_h = 70$ [kWh/(m²a)]	78,15	78,40	79,01	79,40	78,53	79,10	79,44	79,72	80,07	81,90
$q_h = 80$ [kWh/(m²a)]	88,28	88,53	89,13	89,51	88,64	89,20	89,54	89,82	90,16	92,00
$q_h = 90$ [kWh/(m²a)]	98,41	98,66	99,25	99,63	98,74	99,31	99,64	99,91	100,25	102,10
Hilfsenergie:	3,59	3,10	2,13	1,65	1,23	1,02	0,91	0,79	0,68	0,65

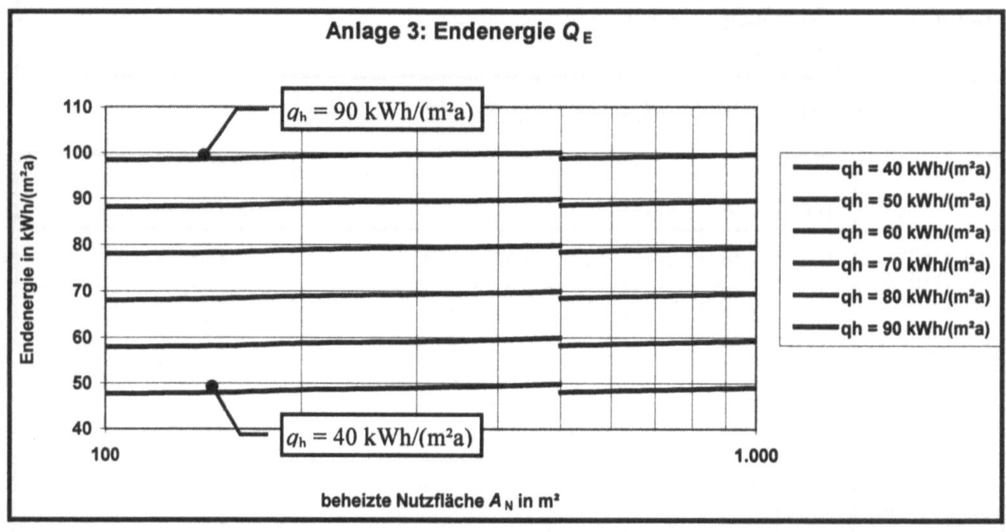

Anlage 4 - Brennwertkessel und Lüftungsanlage mit Wärmerückgewinnung

Anlage 4: Anlagencharakterisierung

Heizung	Übergabe	- Radiatoren mit Thermostatventilen 1 K
	Verteilung	- max. Vorlauf-/Rücklauftemperatur 55 °C / 45 °C, - horizontale Verteilung innerhalb der thermischen Hülle, vertikale Verteilungsstränge innen liegend, geregelte Pumpen
	Speicherung	- keine Speicherung
	Erzeugung	- Brennwertkessel, Aufstellung innerhalb der thermischen Hülle
Trinkwasser-erwärmung	Verteilung	- Verteilung innerhalb der thermischen Hülle, mit Zirkulation
	Speicherung	- indirekt beheizter Speicher, innerhalb der thermischen Hülle
	Erzeugung	- zentral, Brennwertkessel
Lüftung	Übergabe	- Lüftungsanlage mit Lufttemperaturen kleiner 20 °C
	Verteilung	- zentrale Zu- und Abluftanlage, Luftwechsel $n = 0{,}4$ h^{-1}, DC-Ventilatoren
	Erzeugung	- Wärmerückgewinnung 80 %

Anlage 4: Anlagen-Aufwandszahl e_P (primärenergiebezogen)

	beheizte Nutzfläche A_N [m²]										
	100	120	150	170	200	250	300	350	400	450	500
$q_h = 40$ [kWh/(m²a)]	1,48	1,41	1,34	1,31	1,28	1,23	1,20	1,18	1,17	1,16	1,15
$q_h = 50$ [kWh/(m²a)]	1,42	1,37	1,31	1,28	1,25	1,21	1,19	1,17	1,16	1,15	1,14
$q_h = 60$ [kWh/(m²a)]	1,38	1,33	1,28	1,26	1,23	1,20	1,18	1,16	1,15	1,14	1,14
$q_h = 70$ [kWh/(m²a)]	1,35	1,30	1,26	1,24	1,22	1,19	1,17	1,16	1,15	1,14	1,13
$q_h = 80$ [kWh/(m²a)]	1,32	1,28	1,24	1,23	1,21	1,18	1,16	1,15	1,14	1,14	1,13
$q_h = 90$ [kWh/(m²a)]	1,30	1,27	1,23	1,22	1,20	1,17	1,16	1,15	1,14	1,13	1,13

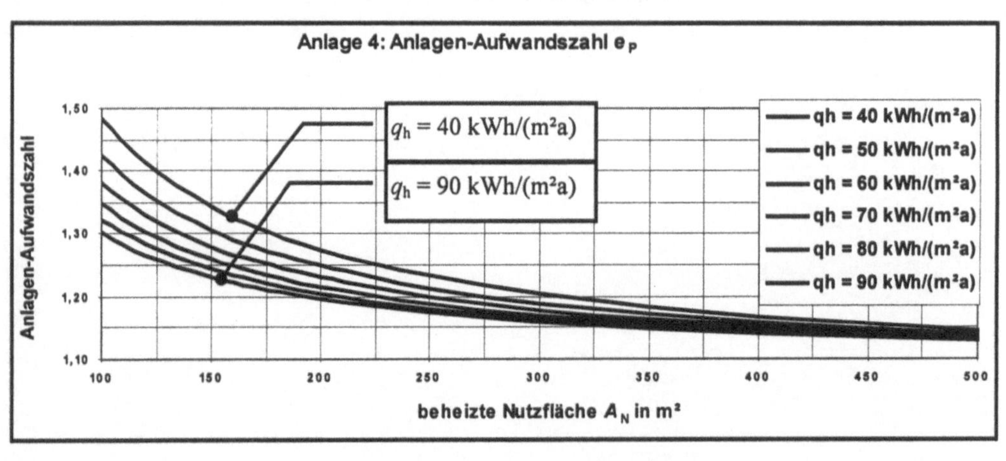

Anlage 4: Gesamt-Endenergie Q_E (ohne Hilfsenergie)

	beheizte Nutzfläche A_N [m²]										
	100	120	150	170	200	250	300	350	400	450	500
$q_h = 40$ [kWh/(m²a)]	53,34	51,68	50,00	49,20	48,29	47,26	46,56	46,05	45,67	45,37	45,13
$q_h = 50$ [kWh/(m²a)]	63,47	61,80	60,12	59,32	58,41	57,37	56,67	56,16	55,78	55,48	55,23
$q_h = 60$ [kWh/(m²a)]	73,60	71,93	70,24	69,44	68,53	67,49	66,78	66,28	65,89	65,59	65,34
$q_h = 70$ [kWh/(m²a)]	83,73	82,06	80,37	79,56	78,65	77,61	76,90	76,39	76,00	75,70	75,45
$q_h = 80$ [kWh/(m²a)]	93,86	92,19	90,49	89,69	88,77	87,72	87,01	86,50	86,11	85,81	85,56
$q_h = 90$ [kWh/(m²a)]	103,99	102,31	100,62	99,81	98,89	97,84	97,13	96,61	96,22	95,92	95,67
Hilfsenergie:	6,40	5,80	5,20	4,92	4,61	4,25	4,01	3,83	3,69	3,59	3,50

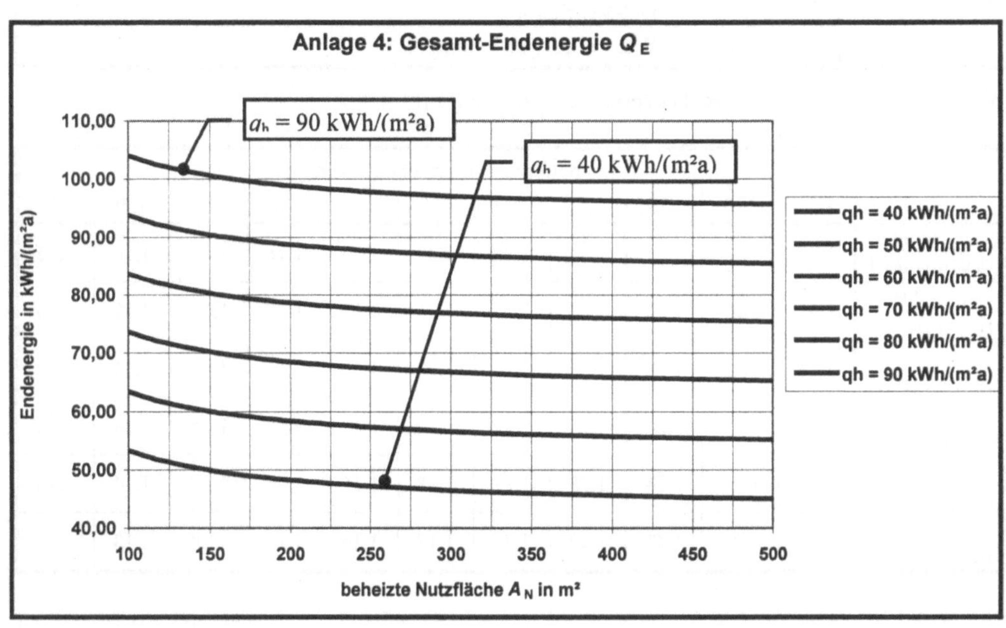

Anlage 5 – Wärmepumpe mit gebäudezentraler Trinkwassererwärmung

Anlage 5: Anlagencharakterisierung

Heizung	Übergabe	- Flächenheizung, Einzelraumregelung 2 K
	Verteilung	- max. Vorlauf-/Rücklauftemperatur 35 °C / 28 °C, - horizontale Verteilung außerhalb der thermischen Hülle, vertikale Verteilungsstränge innen liegend, geregelte Pumpen
	Speicherung	- Pufferspeicher außerhalb der thermischen Hülle
	Erzeugung	- Sole/Wasser-Wärmepumpe außerhalb der thermischen Hülle
Trinkwasser-erwärmung	Verteilung	- Verteilung innerhalb der thermischen Hülle, ohne Zirkulation
	Speicherung	- indirekt beheizter Speicher, außerhalb der thermischen Hülle
	Erzeugung	- zentral, Sole/Wasser-Wärmepumpe
Lüftung	Übergabe	
	Verteilung	- keine Lüftungsanlage
	Erzeugung	

Anlage 5: Anlagen-Aufwandszahl e_P (primärenergiebezogen)

	beheizte Nutzfläche A_N [m²]										
	100	120	150	170	200	250	300	350	400	450	500
$q_h = 40$ [kWh/(m²a)]	1,32	1,26	1,20	1,17	1,13	1,10	1,07	1,05	1,04	1,03	1,02
$q_h = 50$ [kWh/(m²a)]	1,22	1,17	1,12	1,09	1,06	1,03	1,01	1,00	0,98	0,97	0,97
$q_h = 60$ [kWh/(m²a)]	1,15	1,10	1,06	1,04	1,01	0,98	0,97	0,95	0,94	0,94	0,93
$q_h = 70$ [kWh/(m²a)]	1,09	1,05	1,01	0,99	0,97	0,95	0,93	0,92	0,91	0,91	0,90
$q_h = 80$ [kWh/(m²a)]	1,05	1,01	0,98	0,96	0,94	0,92	0,91	0,90	0,89	0,88	0,88
$q_h = 90$ [kWh/(m²a)]	1,01	0,98	0,95	0,93	0,92	0,90	0,89	0,88	0,87	0,86	0,86

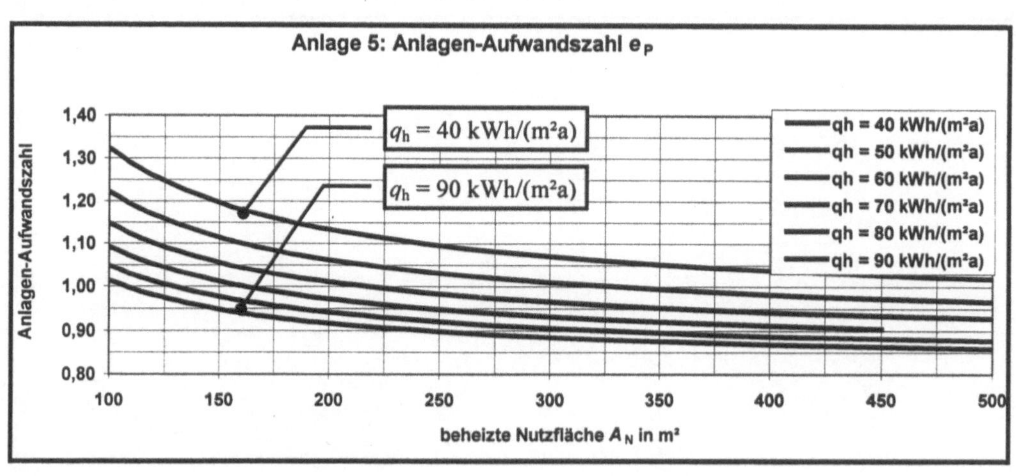

Anlage 5: Gesamt-Endenergie Q_E (ohne Hilfsenergie)

	beheizte Nutzfläche A_N [m²]										
	100	120	150	170	200	250	300	350	400	450	500
$q_h = 40$ [kWh/(m²a)]	17,30	16,82	16,34	16,11	15,84	15,53	15,32	15,17	15,05	14,96	14,88
$q_h = 50$ [kWh/(m²a)]	19,60	19,12	18,64	18,41	18,14	17,83	17,62	17,47	17,35	17,26	17,18
$q_h = 60$ [kWh/(m²a)]	21,90	21,42	20,94	20,71	20,44	20,13	19,92	19,77	19,65	19,56	19,48
$q_h = 70$ [kWh/(m²a)]	24,20	23,72	23,24	23,01	22,74	22,43	22,22	22,07	21,95	21,86	21,78
$q_h = 80$ [kWh/(m²a)]	26,50	26,02	25,54	25,31	25,04	24,73	24,52	24,37	24,25	24,16	24,08
$q_h = 90$ [kWh/(m²a)]	28,80	28,32	27,84	27,61	27,34	27,03	26,82	26,67	26,55	26,46	26,38
Hilfsenergie:	5,86	5,22	4,60	4,32	4,01	3,66	3,43	3,26	3,14	3,04	2,96

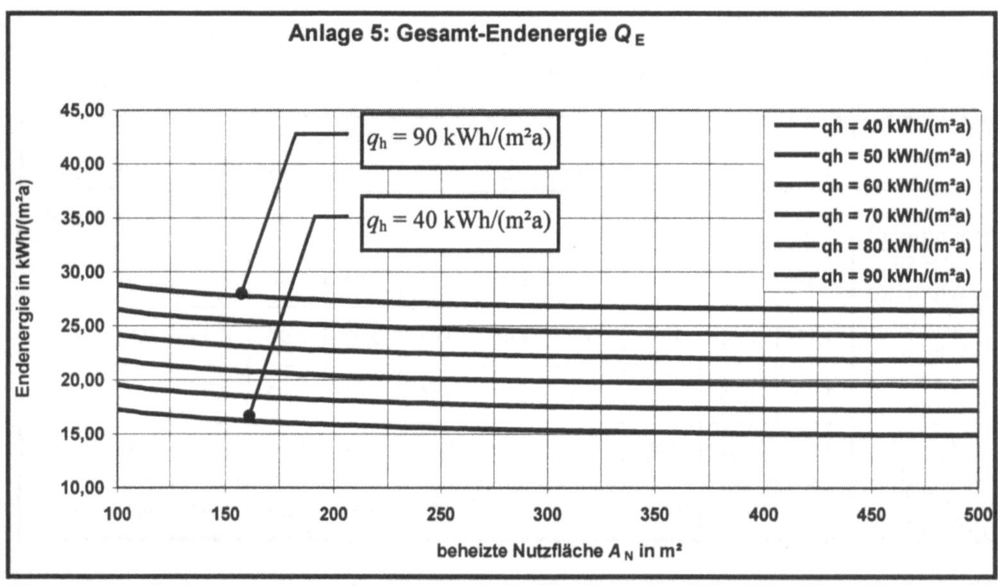

Anlage 6 - Dezentrale elektrische Direktheizung mit Lüftungsanlage, dezentrale Trinkwassererwärmung

Anlage 6: Anlagencharakterisierung

Heizung	Übergabe	- Direktheizung
	Verteilung	
	Speicherung	
	Erzeugung	- dezentrale elektrische Direktheizung
Trinkwasser-erwärmung	Verteilung	
	Speicherung	
	Erzeugung	- wohnungszentral, elektrische Durchlauferhitzer
Lüftung	Übergabe	
	Verteilung	- Luftauslässe im Außenwandbereich, ohne Einzelraumregelung, mit zentraler Vorregelung innerhalb der hermischen Hülle, zentrale Zu- und Abluftanlage, Luftwechsel $n = 0,6\ h^{-1}$, DC-Ventilatoren
	Erzeugung	- Abluft/Zuluft-Wärmepumpe mit Wärmeträger innerhalb der thermischen Hülle, Wärmerückgewinnung 60 %

Anlage 6: Anlagen-Aufwandszahl e_P (primärenergiebezogen)

	beheizte Nutzfläche A_N [m²]										
	100	120	150	170	200	250	300	350	400	450	500
$q_h = 40$ [kWh/(m²a)]	1,95	1,94	1,93	1,93	1,93	1,92	1,92	1,92	1,92	1,92	1,92
$q_h = 50$ [kWh/(m²a)]	1,90	1,90	1,89	1,89	1,89	1,89	1,88	1,88	1,88	1,88	1,88
$q_h = 60$ [kWh/(m²a)]	1,92	1,91	1,91	1,91	1,90	1,90	1,90	1,90	1,90	1,90	1,90
$q_h = 70$ [kWh/(m²a)]	1,95	1,95	1,95	1,94	1,94	1,94	1,94	1,94	1,94	1,94	1,94
$q_h = 80$ [kWh/(m²a)]	2,00	2,00	1,99	1,99	1,99	1,99	1,99	1,98	1,98	1,98	1,98
$q_h = 90$ [kWh/(m²a)]	2,05	2,05	2,05	2,05	2,04	2,04	2,04	2,04	2,04	2,04	2,04

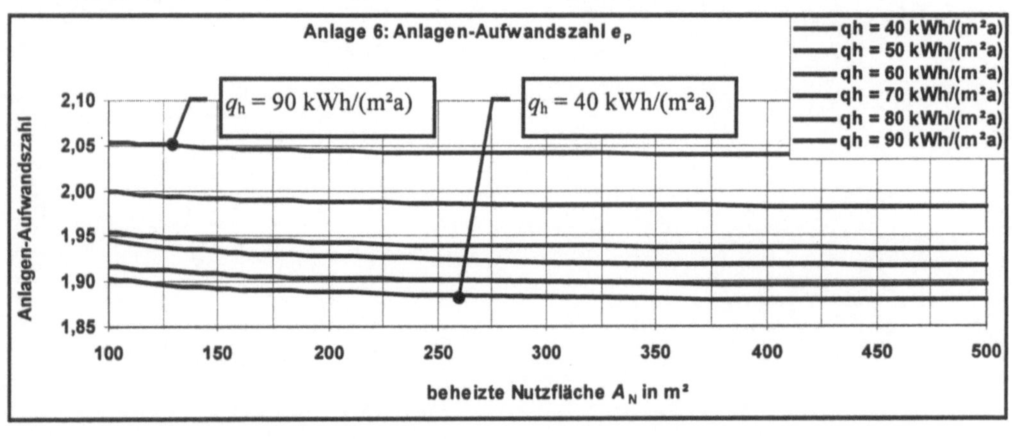

Anlage 6: Gesamt-Endenergie Q_E (ohne Hilfsenergie)

	beheizte Nutzfläche A_N [m²]										
	100	120	150	170	200	250	300	350	400	450	500
$q_h = 40$ [kWh/(m²a)]	30,73	30,62	30,51	30,46	30,40	30,34	30,29	30,26	30,24	30,22	30,21
$q_h = 50$ [kWh/(m²a)]	36,34	36,23	36,12	36,07	36,01	35,95	35,90	35,87	35,85	35,83	35,82
$q_h = 60$ [kWh/(m²a)]	43,02	42,91	42,80	42,75	42,69	42,62	42,58	42,55	42,53	42,51	42,49
$q_h = 70$ [kWh/(m²a)]	50,42	50,32	50,21	50,16	50,10	50,03	49,99	49,96	49,93	49,92	49,90
$q_h = 80$ [kWh/(m²a)]	58,31	58,20	58,09	58,04	57,98	57,92	57,87	57,84	57,82	57,80	57,79
$q_h = 90$ [kWh/(m²a)]	66,86	66,75	66,64	66,59	66,53	66,47	66,42	66,39	66,37	66,35	66,34
Hilfsenergie:	3,33	3,33	3,33	3,33	3,33	3,33	3,33	3,33	3,33	3,33	3,33

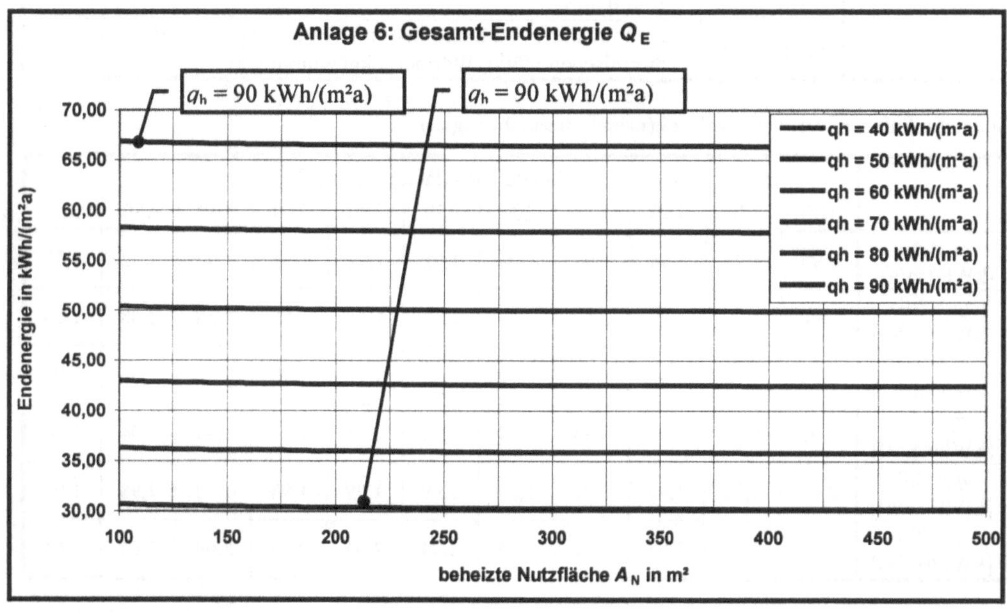

9.2 Tabellenverfahren

Beim Tabellenverfahren ist im Gegensatz zum graphischen Verfahren eine Präzisierung bei der Ermittlung der Anlagenaufwandszahl e_P dadurch möglich, dass der Nachweisführende die Komponenten der haustechnischen Anlagen und Einrichtungen selbst bestimmen und in die Berechnung einsetzen kann. Hierdurch können Gerätekonfigurationen, die von den sechs ausgewählten Systemanlagen abweichen, erfasst werden. Jedoch ist auch in diesem Verfahren eine Pauschalisierung enthalten, die aus dem Umstand resultiert, dass die Autoren der Norm den Anwendern ermöglichen wollten, alle technischen Varianten zu untersuchen zu können, ohne dass herstellerspezifische Gerätedaten und die Längen wärmeverteilender Leitungen bekannt sein müssen. Zu diesem Zweck wurden in die Gleichungen nach DIN V 4701-10 Abschnitt 5 „Ermittlung von Kenngrößen für Heizungs-, Lüftungs- und Trinkwarmwasseranlagen - Grundlagen und Randbedingungen" Daten von haustechnischen Geräten und Einrichtungen eingesetzt, die man zuvor als Mittelwert aus den Angaben marktüblicher Anlagen errechnet hatte. Diese Vorgehensweise wurde in DIN V 4701-10:2001:02 Seite 32 durch folgenden Absatz dokumentiert:

„Wenn die gerätespezifischen Größen nicht bekannt sind, müssen die in Anhang C angegebenen Standardwerte eingesetzt werden. Durch diese in Tabellen aufgelisteten Kenngrößen ist es dem Anwender dieser Norm schnell möglich, die Anlagenaufwandszahl e_P für beliebige Anlagenkonfigurationen zu ermitteln. Diese Standardwerte repräsentieren allerdings Geräte, deren energetische Qualität dem unteren Durchschnitt des Marktniveaus entsprechen, so dass es sich im Normalfall lohnt, mit konkreten Hersteller- bzw. Planerangaben zu rechnen."

Zur Unterstützung bei der Berechnung der Anlagenaufwandszahl e_P wurden in DIN V 4701-10:2001-02 Anhang A Formblätter veröffentlicht, mit deren Hilfe der Anteil der Primärenergie $Q_{TW,P}$, $Q_{H,P}$ und $Q_{L,P}$ bzw. der Anteil der Endenergie $Q_{TW,E}$, $Q_{H,E}$ und $Q_{L,E}$ aus Trankwassererwärmung, Heizung und Lüftung an der gesamten Primärenergie Q_P bzw. der gesamten Endenergie Q_E ermittelt werden kann.

Diese Formblätter sind auf den folgenden Seiten abgebildet und wie folgt zu handhaben:

1. Anlagenbewertung nach DIN 4701-10

Die Ergebnisse der Berechnungsblätter für Trinkwassererwärmung, Heizung und Lüftung werden in diesem Formblatt zusammengefasst. Dabei gilt für die Größen in Ziffer I. „Eingaben", dass die Nutzfläche A_N nach DIN V 4108-6:2000-11 aus dem beheizten Gebäudevolumen V_e ermittelt wird, während die Anzahl der Heiztage im Rahmen der EnEV auf 185 Tage festgelegt wurde. Der (flächen-) bezogene Trinkwarmwasserbedarf q_{tw} ist nach EnEV 12,5 kWh/m²a wiederum eine feste Größe, der (flächen-) bezogene Jahres-Heizwärmebedarf q_h wird im Heizperiodenbilanz- oder dem Monatsbilanzverfahren berechnet. Wenn die verwendeten Systeme unter Ziffer II. „Systembeschreibung" dokumentiert wurden, kann man unter Ziffer III. „Ergebnisse" die Werte der Detailrechnungen für Trinkwassererwärmung, Heizung und Lüftung zusammenstellen. Formt man Gleichung 4.1-1 DIN V 4701-10:2001-02 um, dann kann man die Anlagenaufwandszahl e_P wie folgt berechnen:

$$e_P = \frac{Q_P}{Q_h + Q_{tw}} \tag{9.1}$$

Dabei bedeutet:

Q_P Absolutwert des Primärenergiebedarfs in kWh/a
Q_h Absolutwert der Jahres-Heizwärmebedarfs in kWh/m²
Q_{tw} Absolutwert des Trinkwarmwasserbedarfs in kWh/m²

2. Trinkwassererwärmung

Zur Berechnung der energetischen Kenngrößen der Trinkwassererwärmung ist - wie unter Ziffer 1 ausgeführt - zu berücksichtigen, dass der (flächen-)bezogene Trinkwarmwasserbedarf q_{tw} nach EnEV mit 12,5 kWh/m²a festgeschrieben ist und die Nutzfläche A_N aus dem beheizten Volumen V_e berechnet wird. Die weiteren Größen können den Tabellen in DIN V 4701-10:2001:02 Anhang C entnommen werden. Um den Anwendern die Arbeit zu erleichtern, steht im Berechnungsblatt jeweils hinter den einzelnen Symbolen und Formelzeichen, wie diese zu berechnen bzw. in welcher Tabelle in DIN V 4701-10:2001-02 Anhang C die Werte zu finden sind. Der Nachweisführende muss somit nur entscheiden, welche der haustechnischen Geräte Verwendung finden. Als Ergebnis der Berechnung wird $Q_{TW,P}$ und $Q_{TW,E}$ ermittelt und in das Formblatt aus Ziffer 1 übertragen.

3. Heizung

Auch bei der Berechnung der Daten für die Heizung, d. h. die Raumwärmeerzeugung, wird das unter Ziffer 2 beschriebene Schema beibehalten. Der Absolutwert des Jahres-Heizwärmebedarfs Q_h bzw. des (flächen-)bezogenen Wertes q_h sind den Berechnung nach dem Heizperiodenbilanzverfahren bzw. dem Monatsbilanzverfahren aus DIN V 4108-6:2000-11 zu entnehmen, die Nutzfläche A_N berechnet man aus dem beheizten Volumen V_e. Die Kennwerte der verwendeten Heizungsanlage können - entsprechend den Hinweisen - den Tabellen in DIN V 4701-10:2001:02 entnommen werden. $Q_{H,P}$ und $Q_{H,E}$ werden dann in das Berechnungsblatt nach Ziffer 1 transferiert.

4. Lüftung

Die Vorgehensweise bei Trinkwassererwärmung und Heizung ist in gleicher Weise auch auf die Berechnung der Größen von Lüftungsanlagen zu übertragen. Nach Festlegung der Gerätekonfiguration können die Kennwerte - den Hinweisen im Berechnungsblatt folgend - den Tabellen in DIN V 4701-10:2001-02 entnommen werden. $Q_{L,P}$ und $Q_{L,E}$ fließen in die Übersicht nach Ziffer 1 ein.

Achtung: Abgesehen von der Entscheidung, welche haustechnischen Geräte im betrachteten Gebäude verwendet werden sollen, ist es für den Nachweisführenden von entscheidender Bedeutung zu wissen, wo und wie die Wärmeverteilleitungen verzogen werden und welche ergänzenden Geräte, z. B. Umwälzpumpen oder Zirkulationspumpen, zum Einsatz kommen.

Anlagenbewertung nach DIN 4701 Teil 10
für ein Gebäude mit normalen Innentemperaturen

Bezeichnung des Gebäudes oder
des Gebäudeteils:

Ort:

Straße u.
Hausnummer:

Gemarkung:

Flurstücknummer:

I. Eingaben

A_N = [　　] m²　　t_{HP} = [185 Tage]

	TRINKWASSER-ERWÄRMUNG	HEIZUNG	LÜFTUNG
absoluter Bedarf	Q_{tw} = 0 kWh/a	Q_h = 0 kWh/a	
bezogener Bedarf	q_{tw} = 12,5 kWh/m²a	q_h = kWh/m²a	

II. Systembeschreibung

Übergabe									
Verteilung									
Speicherung									

Erzeugung	Erzeuger 1	Erzeuger 2	Erzeuger 3	Erzeuger 1	Erzeuger 2	Erzeuger 3	Erzeuger WÜT	Erzeuger L/L-WP	Erzeuger Heizregister
Deckungsanteil									
Erzeuger									

III. Ergebnisse

Deckung von Q_h	$q_{h,TW}$ = 0,0 kWh/m²a	$q_{h,H}$ = 0,0 kWh/m²a	$q_{h,L}$ = 0,0 kWh/m²a
Σ WÄRME	$Q_{TW,E}$ = 0 kWh/a	$Q_{H,E}$ = 0 kWh/a	$Q_{L,E}$ = 0 kWh/a
Σ HILFSENERGIE	0 kWh/a	0 kWh/a	0 kWh/a
Σ PRIMÄRENERGIE	$Q_{TW,P}$ = 0 kWh/a	$Q_{H,P}$ = 0 kWh/a	$Q_{L,P}$ = 0 kWh/a

ENDENERGIE　Q_E = 0 kWh/a　Σ WÄRME

0 kWh/a　Σ HILFSENERGIE

PRIMÄRENERGIE　Q_P = 0 kWh/a　Σ PRIMÄRENERGIE

ANLAGEN-AUFWANDSZAHL　e_P = [-]

TRINKWASSERERWÄRMUNG

Bereich:

TW-Strang:

Q_{tw} =	0 [kWh/a]	$q_{tw} \cdot A_N$
A_N =	0,0 [m²]	aus DIN V 4108-6
q_{tw} =	12,5 [kWh/m²a]	aus EnEV

WÄRME (WE)

	Rechenvorschrift / Quelle	Dimension			
q_{tw}	aus EnEV	[kWh/m²a]		12,50	
$q_{TW,ce}$	Tabelle C.1.1	[kWh/m²a]		0,00	
$q_{TW,d}$	Tabellen C.1.2a bzw. C.1.2c	[kWh/m²a]	**+**		
$q_{TW,s}$	Tabelle C.1.3a	[kWh/m²a]			
Σ	$(q_{tw} + q_{TW,ce} + q_{TW,d} + q_{TW,s})$	[kWh/m²a]		12,50	

			Erzeuger 1	Erzeuger 2	Erzeuger 3
$\alpha_{TW,g}$	Tabelle C.1.4a	[--]	0,00	0,00	0,00
$e_{TW,g}$	Tabelle C.1.4b,c,d,e oder f	[--]			
$q_{TW,E}$	$\Sigma q_{TW} \times (e_{TW,g,i} \cdot \alpha_{TW,g,i})$	[kWh/m²a]	0,0	0,0	0,0
$f_{P,i}$	Tabelle C.4.1	[--]			
$q_{TW,P}$	$\Sigma q_{TW,E,i} \cdot f_{P,i}$	[kWh/m²a]	0,0	0,0	0,0

Heizwärmegutschriften

$q_{h,TW,d}$		[kWh/m²a]	Tabelle C.1.2a
$q_{h,TW,s}$		[kWh/m²a]	Tabelle C.1.3a
$q_{h,TW}$	0,00	[kWh/m²a]	$\Sigma q_{h,TW,d} + q_{h,TW,s}$

0,0 kWh/m²a Endenergie

0,0 kWh/m²a Primärenergie

HILFSENERGIE (HE)

(Strom)

	Rechenvorschrift / Quelle	Dimension			
$q_{TW,ce,HE}$	Tabelle C.1.1	[kWh/m²a]		0,00	
$q_{TW,d,HE}$	Tabelle C.1.2b	[kWh/m²a]	**+**		
$q_{TW,s,HE}$	Tabelle C.1.3b	[kWh/m²a]			

			Erzeuger 1	Erzeuger 2	Erzeuger 3
$\alpha_{TW,g}$	Tabelle C.1.4a	[--]	0,00	0,00	0,00
$q_{TW,g,HE}$	Tabelle C.1.4b,c,d,e oder f	[--]			
		[kWh/m²a]	0,00	0,00	0,00
$\Sigma q_{TW,HE,E}$	$(q_{TW,ce,HE} + q_{TW,d,HE} + q_{TW,s,HE} + \Sigma\alpha \cdot q_{g,HE})$	[kWh/m²a]		0,00	
f_P	Tabelle C.4.1	[--]		3,0	
$q_{TW,HE,P}$	$\Sigma q_{TW,HE,E} \cdot f_P$	[kWh/m²a]		0,0	

0,0 kWh/m²a Endenergie

0,0 kWh/m²a Primärenergie

$Q_{TW,E}$	$\Sigma q_{TW,E} \cdot A_N$	WÄRME	0 kWh/a	**ENDENERGIE**
	$\Sigma q_{TW,HE,E} \cdot A_N$	HILFSENERGIE	0 kWh/a	
$Q_{TW,P}$	$(\Sigma q_{TW,P} + \Sigma q_{W,HE,P}) \cdot A_N$		0 kWh/a	**PRIMÄRENERGIE**

HEIZUNG

Bereich:

Heiz-Strang:

Q_h =	0,00 [kWh/a]	nach Abschnitt 4.1
A_N =	0,00 [m²]	aus DIN V 4108-6
q_h =	0,00 [kWh/m²a]	

WÄRME (WE)

	Rechenvorschrift / Quelle	Dimension		
q_h	nach Abschnitt 4.1	[kWh/m²a]		0,00
$q_{h,TW}$	aus Berechnungsblatt Trinkwassererwärmung	[kWh/m²a]		0,00
$q_{h,L}$	aus Berechnungsblatt Lüftung	[kWh/m²a]	–	0,00
$q_{H,ce}$	Tabelle C.3.1	[kWh/m²a]		
$q_{H,d}$	Tabellen C.3.2a, b oder d	[kWh/m²a]	+	
$q_{H,s}$	Tabelle C.3.3	[kWh/m²a]		
Σ	$(q_h - q_{h,TW} - q_{h,L} + q_{ce} + q_d + q_s)$	[kWh/m²a]		0,00

			Erzeuger 1	Erzeuger 2	Erzeuger 3
$\alpha_{H,g}$	Tabelle C.3.4a	[--]	0,00	0,00	0,00
$e_{H,g}$	Tabelle C.3.4b,c,d oder e	[--]			
$q_{H,E}$	$\Sigma q \times (e_{g,i} \cdot \alpha_{g,i})$	[kWh/m²a]	0,0	0,0	0,0
$f_{P,i}$	Tabelle C.4.1	[--]			
$q_{H,P}$	$\Sigma q_{E,i} \cdot f_{P,i}$	[kWh/m²a]	0,0	0,0	0,0

0,0 kWh/m²a **Endenergie**

0,0 kWh/m²a **Primärenergie**

HILFSENERGIE (HE)

	Rechenvorschrift / Quelle	Dimension		
$q_{H,ce,HE}$	Tabelle C.3.1	[kWh/m²a]		
$q_{H,d,HE}$	Tabelle C.3.2c	[kWh/m²a]	+	
$q_{H,s,HE}$	Tabelle C.3.3	[kWh/m²a]		

			Erzeuger 1	Erzeuger 2	Erzeuger 3
$\alpha_{H,g}$	Tabelle C.3.4a	[--]	0,00	0,00	0,00
$q_{H,g,HE}$	Tabelle C.3.4b-e	[--]			
$\alpha \cdot q_{g,HE}$		[kWh/m²a]	0,00	0,00	0,00

$\Sigma q_{H,HE,E}$	$(q_{ce,HE} + q_{d,HE} + q_{s,HE} + \Sigma \alpha q_{g,HE})$	[kWh/m²a]	0,00
f_P	Tabelle C.4.1	[--]	3,0
$q_{H,HE,P}$	$\Sigma q_{HE,E} \cdot f_P$	[kWh/m²a]	0,0

0,0 kWh/m²a **Endenergie**

0,0 kWh/m²a **Primärenergie**

$Q_{H,E}$	$\Sigma q_E \cdot A$	WÄRME	0 kWh/a	**ENDENERGIE**
	$\Sigma q_{HE,E} \cdot A_N$	HILFSENERGIE	0 kWh/a	
$Q_{H,P}$	$(\Sigma q_P + \Sigma q_{HE,P}) \cdot A_N$		0 kWh/a	**PRIMÄRENERGIE**

LÜFTUNG

Bereich:

Lüftungs-Strang:

$A_N =$	0,0 m²	aus DIN V 4108-6
$F_{GT} =$	KWh/a	Tabelle 5.2 oder DIN 4108-6
$n_A =$	1/h	
$f_g =$	[-]	Tabelle 5.2-3

WÄRME (WE)

	Rechen-vorschrift / Quelle	Dimension	Erzeuger WRG mit WÜT	Erzeuger L/L-WP	Erzeuger Heiz-register	Verteilung (Tabelle C.2-2)	Übergabe (Tabelle C.2-1)	Luftwechsel Korrektur (Tabelle C.2-4)	Lüftungsbeitrag am Q_h
$q_{L,g}$	Abschnitt C.2.3.1	[kWh/m²a]	+	+		−	−	−	= 0,0
$e_{L,g}$	Abschnitt C.2.3.1	[kWh/m²a]	0,00			$q_{L,d}$ [kWh/m²a]	$q_{L,ce}$ [kWh/m²a]	$q_{h,n}$ [kWh/m²a]	$q_{h,L}$ [kWh/m²a]
$q_{L,g,E}$	$q_{L,g,i} \cdot e_{L,g,i}$	[kWh/m²a]		0,00 +	0,00				
f_P	Tabelle C.4.1	[-]							
$q_{L,P}$	$q_{L,g,E,i} \cdot f_{P,i}$	[kWh/m²a]		0,00 +	0,00				

0,0   kWh/m²   **Endenergie**

0,0   kWh/m²   **Primärenergie**

HILFSENERGIE (HE)

	Rechen-vorschrift / Quelle	Dimension	Erzeuger WRG mit WÜT	Erzeuger L/L-WP	Erzeuger Heiz-register
$q_{L,g,HE}$	Abschnitt C.2.3.1	[kWh/m²a]	+		+
$q_{L,ce,HE}$	Abschnitt C.2.1	[kWh/m²a]			
$q_{L,d,HE}$	Abschnitt C2.2	[kWh/m²a]			
$q_{L,HE,E}$	$\Sigma\, q_{L,g,HE,i} + q_{L,ce,HE} + q_{L,d,HE}$	[kWh/m²a]		0,00	
f_P	Tabelle C.4-1	[-]			
$q_{L,HE,P}$	$\Sigma\, q_{L,HE,E} \cdot f_P$	[kWh/m²a]		0,00	

0,0   kWh/m²   **Endenergie**

0,0   kWh/m²   **Primärenergie**

$Q_{L,E}$	$\Sigma q_{L,E} \cdot A_N$	WÄRME	0 kWh/a	**ENDENERGIE**
	$\Sigma q_{L,HE,E} \cdot A_N$	HILFS-ENERGIE	0 kWh/a	
$Q_{L,P}$	$(\Sigma q_{L,P} + \Sigma q_{L,HE,P}) \cdot A_N$		0 kWh/a	**PRIMÄRENERGIE**

9.3 Detailliertes Verfahren

Die Vorgehensweise beim detaillierten Verfahren entspricht der des Tabellenverfahrens. Der wesentliche Unterschied zwischen beiden Methoden liegt darin, dass beim Tabellenverfahren für die haustechnischen Geräte und Anlagen sowie für die Rohrverteilungen standardisierte Werte verwendet werden, während beim detaillierten Verfahren die herstellerspezifischen Kennwerte der einzelnen Komponenten einzusetzen sind. Außerdem ist es beim detaillierten Verfahren erforderlich, die Leitungsverluste entsprechend der tatsächlichen Länge und Lage zu berücksichtigen.

Aus diesen Vorgaben folgt, dass das detaillierte Verfahren nur von Fachingenieuren für Haustechnik angewendet werden kann und außerdem auch nur dann zum Einsatz kommen kann, wenn die Geräte und die Leitungsführungen eindeutig festgelegt sind.

10   Berechnungsbeispiele

Mit den folgenden Beispielen soll dargestellt werden, welche Nachweise bei unterschiedlichen Gebäuden zu führen sind und ob bzw. in welchem Rahmen sich bei einem Nachweis nach dem Heizperiodenbilanzverfahren oder dem Monatsbilanzverfahren Unterschiede ergeben.

Im Einzelnen werden folgende Gebäude untersucht:

- Zweifamilienwohngebäude mit beheiztem Keller

- Mehrfamilienwohngebäude mit Tiefgarage

- Bürogebäude

- Lagerhalle mit niedrigen Innentemperaturen

Für die Beispiele 10.1 bis 10.3 wird im Rahmen der vorliegenden Berechnungen zunächst untersucht, ob das Heizperiodenbilanzverfahren angewendet werden kann oder ob das Monatsbilanzverfahren eingesetzt werden muss.
Wenn sowohl das Heizperiodenbilanz- als auch das Monatsbilanzverfahren möglich ist, erfolgt ein Nachweis von Q''_P nach beiden Varianten.

Da eine detaillierte Darstellung der Nachweise nach dem Monatsbilanzverfahren für den vorliegenden Kommentar zu umfassend wäre, wird bei den einzelnen Gebäude nur gezeigt, in welchem Rahmen sich die Werte des Jahres-Heizwärmebedarfs bewegen, wenn bei der Berechnung von Q_h unterschiedliche, nach EnEV zulässige Randbedingungen verwendet werden. Außerdem wird die Auswirkung dieser Variationen in Verbindung mit verschiedenen haustechnischen Systemen auf den Jahres-Primärenergiebedarf vorh. Q_P erläutert.

Bei der Berechnung des Jahres-Heizwärmebedarfs Q_h wurden folgende Parametervariationen vorgenommen:

- Gebäude mit / ohne Luftdichtheitsprüfung, d. h. Luftwechselraten von $n = 0{,}6\ \mathrm{h}^{-1}$ bzw. $n = 0{,}7\ \mathrm{h}^{-1}$

- Anschlussdetails zur Verminderung der Wirkung von Wärmebrücken analog den Konstruktionen nach Beiblatt 2 zu DIN 4108 bzw. Detailausbildung von Anschlüssen ohne Berücksichtigung der Wärmebrückenwirkung, d. h. ein pauschaler Wärmebrückenverlustkoeffizient von $\Delta U_{WB} = 0{,}05$ W/(m²K) respektive $\Delta U_{WB} = 0{,}10$ W/(m²K)

- zusätzliche Berücksichtigung stationärer Wärmeverluste über das Erdreich oder einer instationären Betrachtungsweise beim Monatsbilanzverfahren.

Als maximale Randbedingung wird in den folgenden Berechnungen eine Kombination aus einer Luftwechselrate $n = 0{,}7\ \mathrm{h}^{-1}$, einem Wärmebrückenzuschlag $\Delta U_{WB} = 0{,}10$ W/(m²K) und der Berücksichtigung der Wärmeverluste über erdberührte Bauteile mittels der Faktoren $F_{x,i}$ eingestuft (siehe Tabelle 10.3). Als minimale Randbedingung gilt $n = 0{,}6\ \mathrm{h}^{-1}$, $\Delta U_{WB} = 0{,}05$ W/(m²K) und eine genaue Berechnung der Wärmeverluste über erdberührte Bauteile an die Außenluft nach DIN EN ISO 13370 (siehe Tabelle 10.4).

Da alle Annahmen, die in diesem Zusammenhang getroffen werden können, nach EnEV zulässig sind, zeigt bereits diese Einteilung, dass ein eindeutiges Ergebnis beim Nachweis der Anforderungen nach Energieeinsparverordnung nicht möglich ist. Vielmehr hängt der vorhandene Jahres-Primärenergiebedarf Q_P stark von den im Vorfeld gewählten Annahmen ab. Wie weit diese dann bei oder nach der Bauausführung realisiert werden, ist eine Frage vertraglicher Vereinbarungen zwischen den verschiedenen am Bau beteiligten Parteien.

Ein weiterer Unsicherheitsfaktor bei der Interpretation der Ergebnisse nach EnEV liegt in der Wahl des Wärmebrückenverlustkoeffizienten ΔU_{WB}. Selbst wenn man bei der Erstellung des Nachweises nach EnEV davon ausgeht, dass Bauteilan- und -abschlüsse analog Bbl. 2 zu DIN 4108 verwendet werden, lässt dies noch keinen Rückschluss auf die im Gesamtgebäude vorhandenen Wärmebrücken zu. Der Grund dafür liegt in dem Umstand, dass Beiblatt 2 zu DIN 4108 zum einen nur einen kleinen Ausschnitt aller im Bauwesen möglichen und gebräuchlichen Anschlüsse widerspiegelt und dass zum anderen die Darstellungen nur eine einzige Ausführungsvariante aufzeigen.

Um die Parameterstudien zu vervollständigen, wurde ergänzend zu den baulichen Varianten untersucht, welche Auswirkungen unterschiedliche haustechnische Anlagen und Einrichtungen auf den Jahres-Primärenergiebedarf Q_P haben. Zur Vergleichbarkeit der Ergebnisse aus den verschiedenen Geräteausstattungen und baulichen Konfigurationen wird zunächst der vorhandene Jahres-Heizwärmebedarf Q_h bei minimalen bzw. maximalen Randbedingungen berechnet und im Anschluss durch die Anlagenaufwandszahlen aus folgenden drei Heizungssystemen vervollständigt:

System 1: Brennwertanlage

System 2: Niedertemperaturanlage

System 3: Konstanttemperaturanlage

10.1　Zweifamilienwohngebäude

Eine Zusammenstellung der verschiedenen Bauteile und ihrer Flächenanteile kann Tabelle 10.1 entnommen werden:

Bauteil	Fläche insgesamt [m²]	Flächen mit Orientierung [m²]			
		Nord	Ost	Süd	West
Außenwand	183,52	53,56	44,45	19,15	66,36
Außenwand gegen unbeheizten Glasvorbau	14,70	-	1,14	7,76	5,80
Fenster	46,75	9,35	12,07	7,69	17,64
Fenster gegen unbeheizten Glasvorbau	13,41	-	3,51	9,90	-
Dach	35,74	7,07	10,80	7,07	10,8
Decke gegen Außenluft nach oben	4,18	-	-	-	-
Decke gegen unbeheizten Dachraum	99,88	-	-	-	-
Wand gegen Erdreich	107,30	-	-	-	-
Boden gegen Erdreich	97,50	-	-	-	-
beheiztes Volumen: V_e = 894,48 m³					

Tabelle 10.1: Zusammenstellung der wesentlichen Gebäudedaten

Bei dem betrachteten Gebäude handelt es sich um ein frei stehendes Zweifamilienwohngebäude. Um die Nutzung möglichst flexibel zu gestalten, wurde der Keller als beheizt eingestuft. Das Treppenhaus wird gleichfalls dem beheizten Bereich zugeordnet. Dies hat den Vorteil, dass bei den verschiedenen Bauteilen eine Funktionstrennung vorgenommen werden kann. D. h. die wärmedämmenden Bauteile befinden sich auf der Außenseite des Treppenhauses, die für den Schallschutz maßgeblichen Treppenhauswände bleiben davon unberührt. Auf der Südseite des Gebäudes ist ein unbeheizter Glasvorbau angeordnet. Die Belüftung der daran angrenzenden Räume erfolgt ohne einen Luftaustausch mit dem unbeheizten Glasvorbau. Diese Festlegung ist im Rahmen des Nachweises zum sommerlichen Wärmeschutz erforderlich (siehe auch Kapitel 6 dieses Kommentars).

Wie bereits zu Beginn des Kapitels 10 ausgeführt, bezieht sich der Nachweis des sommerlichen Wärmeschutzes auf die Version nach DIN 4108-2:2003.

Die wesentlichen Unterschiede bei der Berechnung des Jahres-Primärenergiebedarfs Q''_P werden anhand des Heizperiodenbilanzverfahrens und des Monatsbilanzverfahren aufgezeigt. Beim Heizperiodenbilanzverfahren wird die Anlagenaufwandszahl e_P für eine Anlagenkonfiguration nach dem Diagrammverfahren bestimmt, im Rahmen des Monatsbilanzverfahrens erfolgt die Berechnung mittels dem Tabellenverfahren für eine Brennwertanlage jeweils ohne bzw. mit solarthermischer Trinkwassererwärmung. Vervollständigt werden die Untersuchungen durch die Variation der Randbedingungen und die e_P-Werte für eine Niedertemperatur- und eine Konstanttemperaturanlage.

Eine Darstellung des Gebäudes kann den folgenden Planunterlagen entnommen werden.

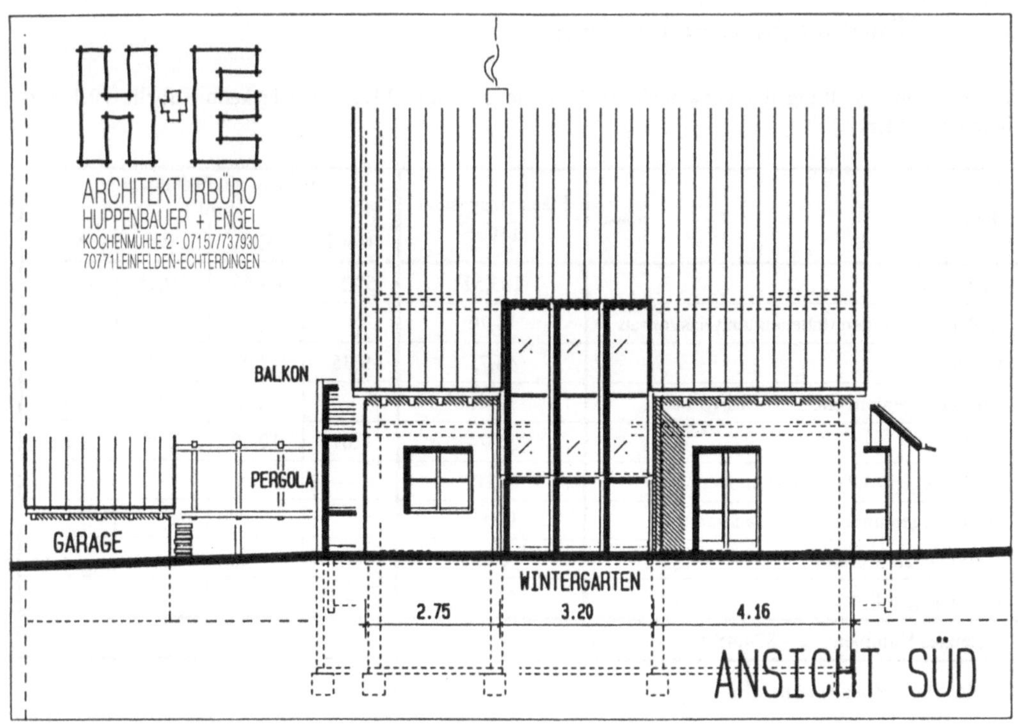
H+E
ARCHITEKTURBÜRO
HUPPENBAUER + ENGEL
KOCHENMÜHLE 2 · 07157/737930
70771 LEINFELDEN-ECHTERDINGEN
BALKON
PERGOLA
GARAGE
WINTERGARTEN
2.75
3.20
4.16
ANSICHT SÜD

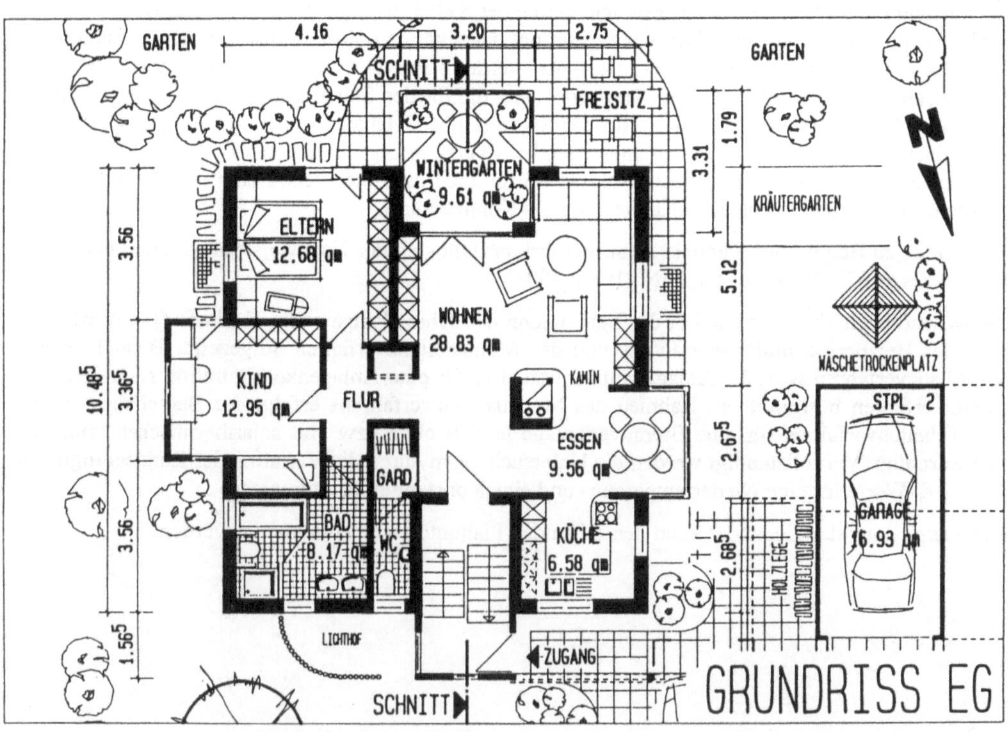
GARTEN
4.16
3.20
2.75
GARTEN
SCHNITT
FREISIZ
N
1.79
3.31
KRÄUTERGARTEN
WINTERGARTEN
9.61 qm
5.12
ELTERN
12.68 qm
WÄSCHETROCKENPLATZ
WOHNEN
28.83 qm
KAMIN
STPL. 2
10.48,5
3.56
3.36,5
KIND
12.95 qm
FLUR
ESSEN
9.56 qm
2.67,5
GARAGE
16.93 qm
GARD.
BAD
8.17 qm
WC
KÜCHE
6.58 qm
2.68,5
HOLZLEGE
3.56
1.56,5
LICHTHOF
ZUGANG
SCHNITT
GRUNDRISS EG

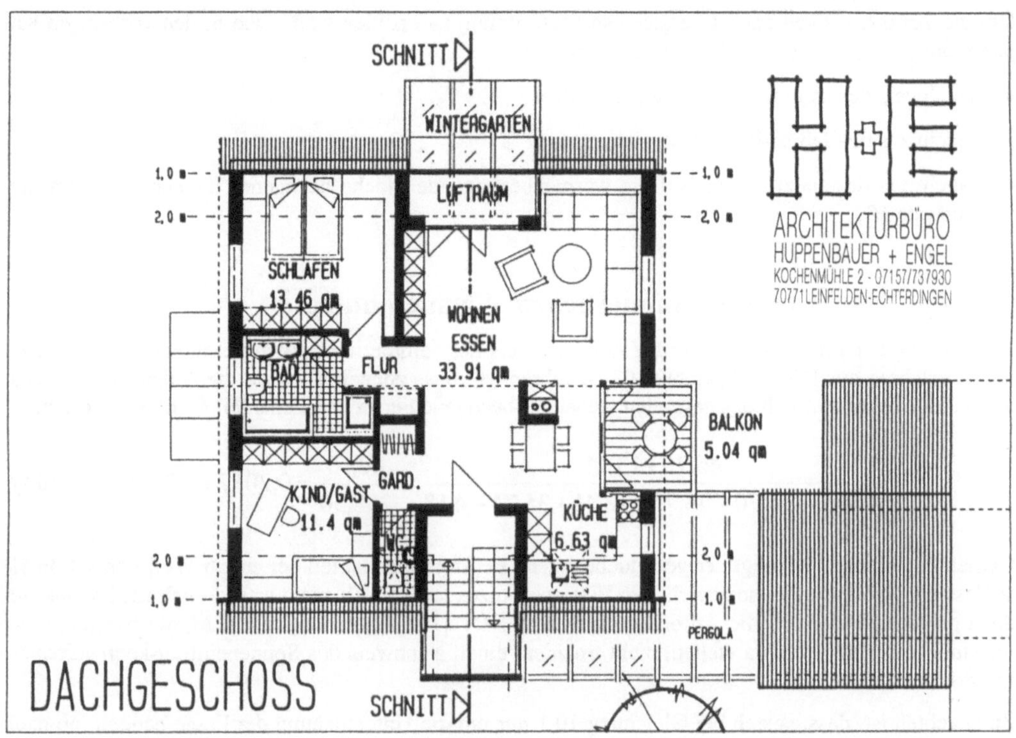

SCHNITT
WINTERGARTEN
LUFTRAUM
1,0 m
2,0 m
1,0 m
2,0 m
SCHLAFEN
13.46 qm
WOHNEN
ESSEN
33.91 qm
BAD
FLUR
BALKON
5.04 qm
KIND/GAST
11.4 qm
GARD.
KÜCHE
6.63 qm
WC
2,0 m
1,0 m
2,0 m
1,0 m
PERGOLA
DACHGESCHOSS
SCHNITT
H+E
ARCHITEKTURBÜRO
HUPPENBAUER + ENGEL
KOCHENMÜHLE 2 · 07157/737930
70771 LEINFELDEN-ECHTERDINGEN

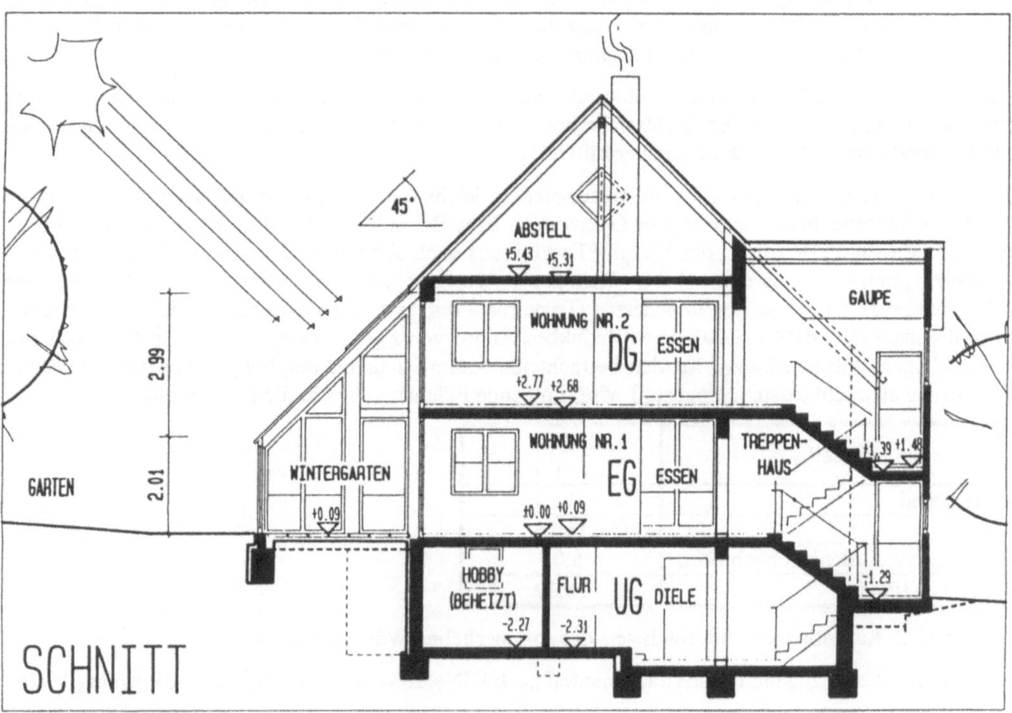

45°
ABSTELL
+5.43 +5.31
WOHNUNG NR.2
DG
ESSEN
GAUPE
+2.77 +2.68
2.99
WOHNUNG NR.1
EG
ESSEN
TREPPEN-
HAUS
+1.39 +1.48
WINTERGARTEN
+0.09
2.01
±0.00 +0.09
GARTEN
-1.29
HOBBY
(BEHEIZT)
FLUR
UG
DIELE
-2.27
-2.31
SCHNITT

Um die Anforderungen nach Energieeinsparverordnung zu erfüllen sind - wie in den vorherigen Kapiteln dargestellt - folgende Nachweise zu erbringen:

- Nachweis des sommerlichen Wärmeschutzes

- Nachweis des Jahres-Primärenergiebedarfs Q''_P

- Nachweis der spezifischen, auf die wärmeübertragende Fläche bezogenen Transmissionswärmeverluste H'_T

10.1.1   Nachweis des sommerlichen Wärmeschutzes

Zur Klärung der Frage, ob nach EnEV ein Nachweis des sommerlichen Wärmeschutzes entsprechend dem Verfahren aus DIN 4108-2:2001-03 zu führen ist, muss zunächst der auf die Außenwände, Fenster und das beheizte Dach <u>des gesamten Gebäudes</u> bezogene Fensterflächenanteil f ermittelt werden.

$$f = \frac{46,75+13,41}{183,52+14,70+46,75+13,41+35,74+4,18} = \frac{60,16}{298,30} = 0,2017 \equiv 20,17\% \qquad (10.1)$$

Gemäß Gleichung 10.1 liegt der gebäudebezogene Fensterflächenanteil bei einem Wert von $f \leq 30\ \%$, so dass ein Nachweis des sommerlichen Wärmeschutzes nach EnEV nicht erforderlich ist. Es muss jedoch geprüft werden, ob die Anforderungen nach DIN 4108-2:2003, die einen Mindestwärmeschutz im Sinne von EnEV § 6 darstellen, nicht trotzdem einen Nachweis des Sonneneintragskennwertes erforderlich machen.

Zu beachten ist, dass es sich bei Gleichung 10.1 nur um die Untersuchung der Frage handelt, ob nach EnEV ein Nachweis geführt werden muss oder nicht. Ist ein Nachweis erforderlich, dann erfolgt die eigentliche Überprüfung des sommerlichen Wärmeschutzes nach DIN 4108-2:2003 Abschnitt 8 nicht unter Bezug auf das Gebäude in seiner Gesamtheit, sondern unter Bezug auf dessen kritischsten Raum (für weitere Erläuterungen siehe auch Kapitel 6 dieses Kommentars).

Nach DIN 4108-2:2003 ist eine Nachweisführung bei Ein- und Zweifamilienwohngebäuden zwar nicht notwendig, im Sinne der Rechtssicherheit empfiehlt es sich jedoch, auch bei diesen Gebäuden den sommerlichen Wärmeschutz zu überprüfen.

Als kritischer Raum gilt im vorliegenden Beispiel der Wohn- / Essbereich im EG. Dieser Raum grenzt auf seiner Südseite an den unbeheizten Glasvorbau. Eine Betrachtung der räumlichen Zuordnung lässt erkennen, dass eine Belüftung des Wohn- / Esszimmers auch ohne einen Luftaustausch mit dem Glasvorbau möglich ist. Außerdem wird im Rahmen des Nachweises zum sommerlichen Wärmeschutzes davon ausgegangen, dass der unbeheizte Glasvorbau mit einer Sonnenschutzvorrichtung versehen wird, die nach DIN 4108-2:2003 einen Reduktionsfaktor von $F_C \leq 0,3$ rechtfertigt. Ein Nachweis des sommerlichen Wärmeschutzes für den betrachteten Raum ist damit möglich, wobei der unbeheizte Glasvorbau als nicht existent eingestuft wird. Folgende Flächen gehen in die Berechnung ein:

Bauteil	Fläche [m²]
Außenwand	31,03
Fenster	16,16
Decke gegen Außenluft nach oben	5,04
Raumgrundfläche	38,39

Tabelle 10.2: Raumflächen zum Nachweis des sommerlichen Wärmeschutzes

Der grundflächenbezogene Fensterflächenanteil nach DIN 4108-2:2003 beträgt nach Gleichung 10.2:

$$f_{AG} = \frac{16,16}{38,39} = 0,4209 \equiv 42,09\% \qquad (10.2)$$

Aus den bisherigen Betrachtungen folgt, dass aufgrund der Vorgaben aus der EnEV § 3 Absatz 3 auf einen Nachweis des sommerlichen Wärmeschutzes verzichtet werden könnte; da der grundflächenbezogene Fensterflächenanteil f_{AG} aber den Grenzwert nach DIN 4108-2:2003 von $f_{AG} = 10\ \%$ übersteigt, müssen die Mindestanforderungen nachgewiesen werden.

Als weitere Randbedingungen gelten:

- Das Gebäude soll in der Klimaregion B errichtet werden

- Auf eine Berechnung der wirksamen Speicherfähigkeit wird verzichtet

- Eine erhöhte Lüftung während der Nachtzeit wird vorausgesetzt

Zur besseren Übersicht wird der Nachweis des sommerlichen Wärmeschutzes im Folgenden unter Verwendung des Formblattes aus Kapitel 6 dieses Kommentars geführt.

Objekt: Zweifamilienwohngebäude	
1	**1 Lagebeschreibung des betrachteten Raums**
2	Geschoss: EG Raumart / Raumnummer: Wohn- / Esszimmer
3	**2 Sonneneintragskennwert**
4	**2.1 vorhandener Sonneneintragskennwert S**
5	**2.1.1 Fensterfläche und Netto-Grundfläche**
6	Fensterfläche des betrachteten Raums oder Raumbereichs [a] $A_W =$ __16,16__ m²
9	Netto-Grundfläche des betrachteten Raums oder Raumbereichs [b] $A_G =$ __38,39__ m²
10	**2.1.2 g-Wert der Verglasung einschließlich Sonnenschutz**
11	Gesamtenergiedurchlassgrad nach DIN 410 oder Herstellerangabe $g =$ 0,62
12	**Anhaltswerte von Abminderungsfaktoren fest installierter Sonneschutzvorrichtungen**
13	Beschaffenheit der Sonnenschutzvorrichtung [c] Faktor F_C
14	**ohne Sonnenschutzvorrichtung** 1,0
15	**innen liegend bzw. zwischen den Scheiben [d]**
15.1	- weiße oder reflektierende Oberflächen mit geringer Transparenz [e] 0,75
15.2	- helle Farben oder geringe Transparenz [e] 0,80
15.3	- dunkle Farben oder höhere Transparenz 0,90
16	**außen liegend**
16.1	- drehbare Lamellen, hinterlüftet 0,25
16.2	- Jalousien und Stoffe mit geringer Transparenz [e], hinterlüftet 0,25
16.2	- Jalousien, allgemein 0,40
16.3	- Rollläden, Fensterläden 0,30
16.4	- Vordächer, Loggien, freistehende Lamellen [f] 0,50
16.5	- Markisen [f], oben und seitlich ventiliert 0,40
16.6	- Markisen [f], allgemein 0,50
17	$g_{total} = g \cdot F_C =$ __0,62__ · __0,30__ $=$ [g] $g_{total} =$ **0,186**

[a]   Es gelten die Maße der lichten Rohbauöffnung.

[b]   Die Netto-Grundfläche A_G wird aus den lichten Innenraumabmessungen berechnet. Aufgrund der verminderten Einstrahlung ist bei großen Räumen die zur Bestimmung von A_G anzusetzende Raumtiefe zu begrenzen. Die größtmögliche Raumtiefe muss kleiner als die dreifache lichte Raumhöhe sein. Bei Räumen mit gegenüberliegenden Fassaden mit Fenstern ergibt sich keine Begrenzung der anzusetzenden Raumtiefe, wenn deren lichter Abstand kleiner oder gleich der sechsfachen lichten Raumhöhe ist. Bei Räumen mit gegenüberliegenden Fassaden, bei denen die lichten Abstände der Außenwände mehr als das Sechsfache der lichten Höhe betragen, muss der Nachweis für die beiden Fassaden unter Berücksichtigung der zugehörigen Netto-Grundflächen A_G getrennt geführt werden.

[c]   Die Sonnenschutzvorrichtung muss fest installiert sein. Übliche dekorative Vorhänge sind keine Sonnenschutzvorrichtung.

[d]   Für innen und zwischen den Scheiben liegende Sonnenschutzvorrichtungen ist eine genauere Ermittlung zu empfehlen, da sich erheblich günstigere Werte ergeben können. Ohne Nachweis ist der ungünstigere Wert zu verwenden.

[e]   Eine Transparenz der Sonnenschutzvorrichtung unter 15 % gilt als gering.

[f]   Es muss sichergestellt sein, dass keine direkte Besonnung des Fensters erfolgt. Dies ist der Fall, wenn
- bei einer Süd-Orientierung der Abdeckwinkel $\beta \geq 50°$ ist;
- bei Ost- oder West-Orientierung der Abdeckwinkel entweder $\beta \geq 85°$ oder $\gamma \geq 115°$ beträgt.

Zur jeweiligen Orientierung einer Himmelsrichtung gehören Winkelbereiche von ± 22,5°. Bei Zwischenorientierungen ist der Abdeckwinkel $\beta \geq 80°$ erforderlich.

Vertikalschnitt durch die Fassade   Horizontalschnitt durch die Fassade

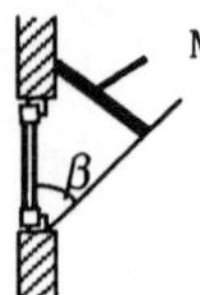

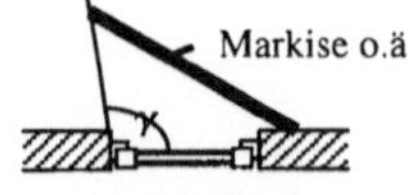

[g]   Werden in einem Raum Verglasungen mit unterschiedlichen g-Werten oder unterschiedliche Verschattungen verwendet, ist der flächengewichtete Mittelwert $g_{total, Mittel}$ zu verwenden:

$$g_{total,Mittel} = \frac{g_{total,1} \cdot A_{W,1} + g_{total,2} \cdot A_{W,2} + \ldots + g_{total,i} \cdot A_{W,i}}{A_{W,1} + A_{W,2} + \ldots + A_{W,i}}$$

18	**2.1.3 Berechnung des vorhandenen Sonneneintragskennwertes S**		
19	$S = \dfrac{\sum\limits_{i=1}^{n}\left(A_{W,i} \cdot g_{total,i}\right)}{A_G} = \dfrac{16{,}16 \cdot 0{,}186}{38{,}39}$ vorh. $S =$		**0,0783**
20	**2.2 Zulässiger Sonneneintragskennwert S_{zul}**		
21	**2.2.1 Anteilige Sonneneintragskennwerte S_x** Gebäudelage, Bauart, Fensterneigung und Orientierung		anteiliger Wert S_x
22	**Klimaregion**		
23.1	Gebäude in Klimaregion A		+ 0,04
23.2	Gebäude in Klimaregion B		+ 0,03
23,3	Gebäude in Klimaregion C		+ 0,015
24	**Bauart**		
24.1	leichte Bauart: $C_{wirk} / A_G < 50$ Wh/(Km²) bzw. ohne Nachweis von C_{wirk} [h]	$+ 0{,}06 \cdot f_{gew}$ [k]	+ 0,0406
24.1	mittlere Bauart: 50 Wh/(Km²) $\leq C_{wirk} / A_G \leq 130$ Wh/(Km²) [h]	$+ 0{,}10 \cdot f_{gew}$ [k]	+
24.1	schwere Bauart: $C_{wirk} / A_G > 130$ Wh/(Km²) [h]	$+ 0{,}115 \cdot f_{gew}$ [k]	+
25	**Erhöhte Nachtlüftung während der zweiten Nachthälfte mit $n \geq 1{,}5$ h^{-1} [l]**		
25.1	bei leichter und mittlerer Bauart		+ 0,02
25.1	bei schwerer Bauart		+ 0,03
26	**Sonnenschutzverglasung mit $g < 0{,}4$ [m]**		+ 0,03
27	**Fensterneigung** $0° \leq$ Neigung $\leq 60°$ (gegenüber der Horizontalen)	$- 0{,}12 \cdot f_{neig}$ [n]	-
28	**Orientierung** nordwest- über nord- bis nordostorientierte Fenster mit einer Neigung gegenüber der Horizontalen von $\alpha > 60°$ und Fenster, die andauernd durch das Gebäude selbst verschattet werden	$+ 0{,}10 \cdot f_{nord}$ [o]	+
29	**2.2.2 Berechnung des zulässigen Höchstwertes S_{zul}**		
30	$S_{zul} = \sum S_x = \; 0{,}03 + 0{,}0406 + 0{,}02 + 0 - 0 + 0$ $S_{zul} =$		**0,0906**
31	**3 Nachweis des sommerlichen Wärmeschutzes**		
32	**Der Nachweis an den sommerlichen Wärmeschutz ist erbracht, wenn gilt:** vorh. $S = \quad 0{,}0783 \quad \leq \quad 0{,}0906 \quad = S_{zul}$		

[h]   Für den genauen Nachweis kann die wirksame Speicherkapazität C_{wirk} nach DIN V 4108-6 ermittelt werden.

[k]   Der Faktor f_{gew} zur Berücksichtigung der auf die Netto-Grundfläche A_G bezogenen Außenflächen wird wie folgt berechnet:
$$f_{gew} = (A_W + 0{,}3 \cdot A_{AW} + 0{,}1 \cdot A_D) / A_G$$
Dabei bedeutet A_W die Fensterfläche einschließlich möglicher Dachfenster nach Zeile 6; A_{AW} die Fläche der Außenwände; A_D die Trennfläche von Dächern oder Decken gegen Außenluft nach oben oder unten sowie Decken und Wände gegen unbeheizte Keller- oder Dachräume und Wände und Böden gegen Erdreich; A_G die Netto-Grundfläche nach Zeile 7.

[l]   Bei Ein- und Zweifamilienwohngebäuden kann in der Regel von einer erhöhten Nachtlüftung ausgegangen werden.

[m]   Als gleichwertige Maßnahme gilt eine Sonnenschutzvorrichtung, die die diffuse Strahlung permanent reduziert und für die gilt: $g_{total} < 0{,}4$.

[n]   Bei der Berechnung von f_{neig} gilt:
$$f_{neig} = A_{W,neig} / A_G$$
mit: $A_{W,neig}$ die Fläche der Fenster des Raumes mit einer Neigung gegenüber der Horizontalen von $\alpha \leq 60°$, ermittelt über das lichte Rohbaumaß, und A_G die Netto-Grundfläche nach Zeile 7.

[o]   Der Faktor zur Berücksichtigung nordorientierter Fenster wird wie folgt bestimmt:
$$f_{nord} = A_{W,nord} / A_{W,gesamt}$$
Dabei bedeutet $A_{W,nord}$ die Fläche aller nordorientierten oder dauernd verschatteten Fenster gemäß Definition nach Zeile 28 und $A_{W,gesamt}$ die Gesamtfensterfläche nach Zeile 6.

10.1.2 Nachweis des Jahres-Primärenergiebedarfs Q''_P

Vor einer Nachweisführung ist zunächst zu prüfen, ob gemäß EnEV das Heizperiodenbilanzverfahren angewendet werden <u>kann</u> oder ob das Monatsbilanzverfahren zum Einsatz kommen <u>muss</u>. Das entscheidende Kriterium für eine solche Entscheidung ist nach EnEV § 3 Abs. 2 der Fensterflächenanteil f. Dabei gilt, dass bei Wohngebäuden mit einem Fensterflächenanteil $f \leq 30\ \%$ das vereinfachte Verfahren, d. h. das Heizperiodenbilanzverfahren, angewendet werden kann. Für alle Nichtwohngebäude und bei Wohngebäuden mit einem Fensterflächenanteil $f > 30\ \%$ ist das Monatsbilanzverfahren maßgeblich.

Die Berechnung des Fensterflächenanteils f erfolgt im Rahmen der EnEV nach deren Anhang 1 Ziffer 2.8. Da dieser Rechengang dem der Gleichung 10.1 entspricht, ergibt sich für das betrachtete Gebäude ein Fensterflächenanteil von $f = 20{,}17\ \%$. Die Verwendung des Heizperiodenbilanzverfahrens zum Nachweis der Anforderungen nach EnEV ist damit zulässig.

Um die Unterschiede zwischen dem Heizperiodenbilanz- und dem Monatsbilanzverfahren herausstellen zu können, wird für das vorliegende Gebäude die Berechnung des Jahres-Heizwärmebedarfs Q_h sowohl nach dem Heizperiodenbilanz- als auch nach dem Monatsbilanzverfahren durchgeführt. Außerdem werden mit dem Diagrammverfahren und dem Tabellenverfahren die unterschiedlichen Möglichkeiten zur Bestimmung der Anlagenaufwandszahl e_P vorgestellt. Zur Ermittlung des Jahres-Primärenergiebedarfs Q''_P erfolgt eine Koppelung des Heizperiodenbilanzverfahrens mit dem Diagrammverfahren und des Monatsbilanzverfahrens mit dem Tabellenverfahren, wobei es nach EnEV auch möglich ist, das Heizperiodenbilanzverfahren mit dem Tabellenverfahren und das Monatsbilanzverfahren mit dem Diagrammverfahren zu verknüpfen.

10.1.2.1 Jahres-Heizwärmebedarf Q_h nach dem Heizperiodenbilanzverfahren und Anlagenaufwandszahl e_P nach dem Diagrammverfahren

Da es sich bei dem betrachteten Gebäude um

- ein Wohngebäude
- mit einem Fensterflächenanteil f – in Bezug auf die wärmeübertragenden Außenwände, Fenster und Dächer - von weniger als 30 %

handelt, ist nach EnEV § 3 Abs. 2 Nr. 1 ein Nachweis nach dem Heizperiodenbilanzverfahren zulässig.

Es ist jedoch zu berücksichtigen, dass der vorhandene unbeheizte Glasvorbau bei diesem Verfahren nicht berücksichtigt werden darf. Die Trennbauteile zwischen unbeheiztem Glasvorbau und dem Gebäudeinneren werden im HP-Verfahren wie Bauteile gegen Außenluft eingestuft.

Die Ermittlung der Anlagenaufwandszahl e_P erfolgt über das Diagrammverfahren.

Die Vorgehensweise zum Nachweis des Jahres-Heizwärmebedarfs sieht wie folgt aus:

1. Berechnung des Jahres-Heizwärmebedarfs Q_h
2. Ermittlung der Anlagenaufwandszahl e_P
3. Bildung des Produktes aus Q_h sowie e_P und Vergleich mit dem Grenzwert nach EnEV

Diese Schritte werden im Folgenden für das vorliegende Zweifamilienwohngebäude durchgeführt.

Objekt: Zweifamilienwohngebäude mit beheiztem Keller

1	**1. Gebäuderanddaten**					
2	Volumen: $\quad\quad V_e = 894{,}48$ Nutzfläche: $\quad A_N = 0{,}32 * V_e = 0{,}32 * 894{,}48 = 286{,}23$ $A / V_e \quad\quad\quad = 602{,}98 / 894{,}48 = 0{,}674$					
3	**2. Wärmeverluste**					
4	**2.1 Spezifische Transmissionswärmeverluste H_T**					
5	Bauteil	Kurzbe-zeich-nung	Fläche A_i [m²]	Wärmedurch-gangskoeffizient U_i [W/(m²K)]	U_i*A_i [W/K]	Redukti-onsfaktor $F_{x,i}$ [ ]	$F_{x,i}*U_i*A_i$ [W/K]
6	Außenwand	AW 1.1	183,52	0,30	55,06	1,00	55,06
7		AW 1.2	14,70	0,30	4,41	1,00	4,41
8	Wand gegen Abseitenraum	AW 2.1				0,80	
9		AW 2.2				0,80	
10	Fenster	W 1	46,75	1,10	51,43	1,00	51,43
11		W 2	13,41	1,10	14,75	1,00	14,75
12	Wand und Decke zu unbeheiz-tem Raum	IB 1.1				0,50	
13		IB 1.2				0,50	
14	Wand und Decke zu unbeheiz-tem Keller	IB 2.1				0,60	
15		IB 2.2				0,60	
16	Wand und Decke zu Raum mit niedrigen Innentemperaturen [2]	IB 3.1				0,35	
17		IB 3.2				0,35	
18	Wand und Decke zu Raum mit wesentlich niedrigeren Innen-temperaturen [3]	IB 4.1				0,50	
19		IB 4.2				0,50	
20	Decke gegen Außenluft nach unten	DL 1				1,00	
21		DL 2				1,00	
22	Dach	D 1	35,74	0,20	7,15	1,00	7,15
23		D 2	4,18	0,30	1,25	1,00	1,25
24	Decke zum nicht ausgebauten Dachraum	DD 1	99,88	0,20	19,98	0,80	15,98
25		DD 2				0,80	
26	Grundfläche und Wand gegen Erdreich bei beheizten Räumen	G 1	107,30	0,30	32,19	0,60	19,31
27		G 2	97,50	0,30	29,25	0,60	17,55
28	Summe $A =$	602,98					
29	Wärmebrückenverluste: $\Delta U_{WB} = 0{,}05 * A = 0{,}05 * \underline{602{,}98} =$				$\Delta U_{BW} =$		30,15
30	Spezifische Transmissionswärmeverluste:				Summe $H_T =$		217,04
31	**2.1.1 Nachweis der flächenbezogenen spezifischen Transmissionswärmeverluste H'_T**						
32	vorhandene flächenbezogene Transmissionswärmeverluste: vorh. $H'_T = H_T / A$ vorh. $H'_T = \underline{\ 217{,}04\ } / \underline{\ 602{,}98\ } =$			vorh. $H'_T =$			0,36
33	zulässige flächenbezogene Transmissionswärmeverluste: zul. $H'_T = 1{,}05 \quad\quad$ bei $A / V_e < 0{,}2$ zul. $H'_T = 0{,}3 + 0{,}15 / (A / V_e) \quad$ bei $0{,}2 < A / V_e < 1{,}05$ zul. $H'_T = 0{,}44 \quad\quad$ bei $A / V_e \geq 1{,}05$			zul. $H'_T =$			0,52
34	**Der Nachweis an die flächenbezogenen Transmissionswärmeverluste ist erbracht wenn gilt: [4]** vorh. $H'_T = \quad 0{,}36 \quad$ W/(m²K) $\leq \quad 0{,}52 \quad$ W/(m²K) $=$ zul. H'_T						

[1] Bei einem beheizten Dachgeschoss werden die Flächen aller Fenster des beheizten Dachgeschosses in die Fensterfläche A_W und die zur wärmeübertragenden Umfassungsfläche gehörenden Dachflächen in die Fläche der Außenwände A_{AW} einbezogen. Es gilt: $f = A_W / (A_W + A_{AW})$.

[2] Als Räume mit niedrigen Innentemperaturen gelten beheizte Bereiche mit $12\,°C \leq \theta_i < 19\,°C$.

[3] Als Räume mit wesentlich niedrigeren Innentemperaturen gelten Bereich mit $\theta_i < 10\,°C$, aber frostfrei, d.h. mit einer Innentemperatur $\theta_i \geq 5\,°C$.

35	**2.2 Spezifische Lüftungswärmeverluste H_V**	
36	Ohne Dichtheitsprüfung: $H_V = 0{,}19 * V_e = 0{,}19 *$ ___________ = **Spezifische Lüftungswärmeverluste:** $H_V =$	
37	Mit Dichtheitsprüfung: $H_V = 0{,}163 * V_e = 0{,}163 *$ __894,48__ = **Spezifische Lüftungswärmeverluste:** $H_V =$	**145,80**

38	**3. Wärmegewinne**			
39	**3.1 Solare Wärmegewinne Q_S**			

40	Orientierung	Strahlungsintensität I_j [kWh/(m²a)]	Gesamtenergiedurch- lassgrad g_i [ ]	Fenster- Teilfläche A_i [m²]	$0{,}567 * I_j * g_i * A_i$ [kWh/a]
41 42	Südost über Süd bis Südwest	270	0,62	17,59	1669,57
43 44	Nordost über Nord bis Nordwest	100	0,62	9,35	328,69
45	Südwest über West bis Nordwest	155	0,62	15,58	848,93
46	Nordost über Ost bis Südost		0,62	17,64	961,18
47 48	Fenster mit einer Neigung < 30° [5]	225			
49	Solare Wärmegewinne: $Q_S = \Sigma\,(0{,}567 * I_j * g_i * A_i)$ Summe $Q_S =$				3808,64

50	**3.2 Interne Wärmegewinne Q_I**	
51	**Interne Wärmegewinne:** $Q_I = 22 * A_N = 22 *$ __286,23__ $Q_I =$	6297,06

52	**4. Jahres-Heizwärmebedarf Q_h**	
53	**Jahres-Heizwärmebedarf:** $Q_h = 66 * (H_T + H_V) - 0{,}95 * (Q_S + Q_I)$ $Q_h = 66 * (\underline{217{,}04} + \underline{145{,}80}) - 0{,}95 * (\underline{3808{,}64} + \underline{6297{,}06})$ $Q_h =$	**14347,03**

54	**5. Jahres-Trinkwarmwasserbedarf Q_w**	
55	**Jahres-Trinkwarmwasserbedarf:** $Q_w = 12{,}5 * A_N = 12{,}5 *$ __286,23__ $Q_w =$	**3577,88**

56	**6. Anlagenaufwandszahl e_P**	
57	**Anlagenaufwandszahl e_P nach DIN V 4701-10 bzw. Bbl. zu DIN V 4701-10:** [6] $e_P =$	**1,67**

58	**7. Nutzflächenbezogener Jahres-Primärenergiebedarf Q''_P**	
59	vorhandener nutzflächenbezogener Jahres-Primärenergiebedarf: vorh. $Q''_P = [(Q_h + Q_w) * e_P]\,/\,A_N$ **vorh. $Q''_P =$** vorh. $Q''_P = [(\underline{14347{,}03} + \underline{3577{,}88}) * \underline{1{,}67}]\,/\,\underline{286{,}23} =$	**104,58**
60	zulässiger nutzflächenbezogener Jahres-Primärenergiebedarf bei Wohngebäuden mit überwiegender Warmwasserbereitung aus elektrischem Strom: zul. $Q''_P = 88{,}00$ bei $A\,/\,V_e \le 0{,}2$ **zul. $Q''_P =$** zul. $Q''_P = 72{,}94 + 75{,}29 * (A\,/\,V_e)$ bei $0{,}2 < A\,/\,V_e < 1{,}05$ zul. $Q''_P = 152{,}00$ bei $A\,/\,V_e \ge 1{,}05$	
61	zulässiger nutzflächenbezogener Jahres-Primärenergiebedarf bei Wohngebäuden mit <u>nicht</u> überwiegender Warmwasserbereitung aus elektrischem Strom: zul. $Q''_P = 66{,}00 + 2600\,/\,(100 + A_N)$ bei $A\,/\,V_e \le 0{,}2$ **zul. $Q''_P =$** zul. $Q''_P = 50{,}94 + 75{,}29 * (A\,/\,V_e) + 2600\,/\,(100 + A_N)$ bei $0{,}2 < A\,/\,V_e < 1{,}05$ zul. $Q''_P = 130{,}00 + 2600\,/\,(100 + A_N)$ bei $A\,/\,V_e \ge 1{,}05$	**108,42**
62	**Der Nachweis an den Jahres-Primärenergiebedarf ist erbracht, wenn gilt:** [4] vorh. $Q''_P =$ **104,88** kWh/(m²a) $\le$ **108,42** kWh/(m²a) = zul. Q''_P	

[4] Der Nachweis nach Energieeinsparverordnung gilt nur dann als erbracht, wenn sowohl die Anforderungen an die flächenbezogenen Transmissionswärmeverluste H'_T nach Zeile 34 als auch die Anforderungen an den nutzflächenbezogenen Jahres-Primärenergiebedarf Q''_P nach Zeile 62 erfüllt werden.

[5] Fenster mit einer Neigung $\ge$ 30° sind hinsichtlich ihrer Orientierung wie senkrecht stehend einzustufen.

[6] e_P kann sowohl nach dem graphischen Verfahren als auch dem Tabellenverfahren in DIN V 4701-10 bzw. nach Beiblatt zu DIN V 4701-10 ermittelt werden.

Zur Bestimmung der Anlagenaufwandszahl e_P wurde aus DIN V 4701-10:2001-02 Abschnitt C.5.1 die Anlage 1 - Niedertemperatur-Kessel mit gebäudezentraler Trinkwasserwärmung - ausgewählt (siehe Diagramm 10.1). Nachdem der Jahres-Heizwärmebedarf Q_h (in DIN V 4701-10 wird der nutzflächenbezogene Wert als q_h geschrieben) ermittelt ist, kann die Anlagenaufwandszahl e_P in Abhängigkeit von der Nutzfläche A_N aus Diagramm 10.1 abgelesen werden.

Achtung: Da in den Diagrammen für ausgewählte Anlagensysteme nach DIN V 4701-10:2001-02 die Konfiguration einer Niedertemperaturanlage mit horizontaler Verteilung im beheizten Bereich nicht dargestellt wird, erfolgte die Bestimmung von e_P anhand des nächstliegenden ungünstigeren Falls, einer Niedertemperaturanlage mit horizontaler Verteilung außerhalb des beheizten Bereichs. Um die tatsächlichen Gegebenheiten berücksichtigen zu können, müsste e_P mit dem Tabellenverfahren oder mit dem detaillierten Verfahren bestimmt werden.

Diagramm 10.1 liegen folgende Festlegungen zur Gerätekonfiguration und Leitungsführung zugrunde:

Heizung	Übergabe	- Radiatoren - Thermostatventile mit einem Auslegungsbereich von 1 Kelvin
	Speicherung:	- keine
	Verteilung	- maximale Vor- / Rücklauftemperatur 70 °C / 50 °C - horizontale Wärmeverteilung außerhalb der thermischen Hülle - vertikale Stränge innen liegend - geregelte Umwälzpumpe
	Erzeugung	- Niedertemperaturkessel - Aufstellung außerhalb der thermischen Hülle
Trinkwasse rwärmung	Speicherung	- indirekt beheizter Speicher - Aufstellung außerhalb der thermischen Hülle
	Verteilung	- horizontale Wärmeverteilung außerhalb der thermischen Hülle - mit Zirkulationspumpe
	Erzeugung	- gebäudezentrale Erzeugung - Niedertemperaturkessel
Lüftung	Übergabe	- keine
	Verteilung	- keine
	Erzeugung	- keine

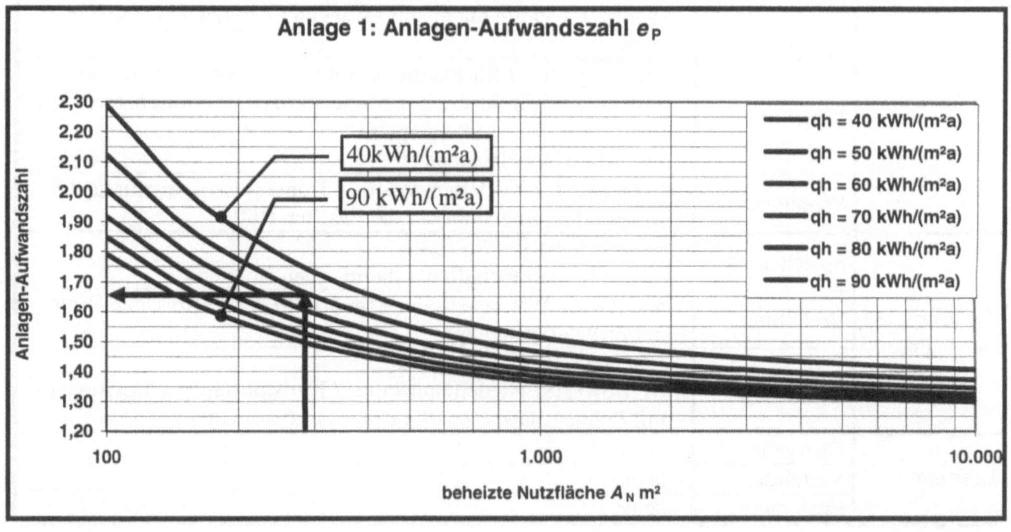

Diagramm 10.1: Anlage 1 - Niedertemperaturanlage mit gebäudezentraler Trinkwassererwärmung

10.1.2.2 Jahres-Heizwärmebedarf Q_h nach dem Monatsbilanzverfahren und Anlagenaufwandszahl e_P nach dem Tabellenverfahren

Bei der Berechnung von Q_h wurden beim Monatsbilanzverfahren im Gegensatz zum Heizperioden-bilanzverfahren folgende Änderungen vorgenommen:

- Das Innenluftvolumen wurde nach der Gleichung $V = 0{,}76 \cdot V_e$ ermittelt.

- Der unbeheizte Glasvorbau wird berücksichtigt.

- Die Wärmeübertragung über das Erdreich erfolgte nicht mehr mittels der pauschalen Reduktions-faktoren $F_{x,i}$ sondern alternativ unter Verwendung von DIN EN ISO 13370.

Setzt man die U-Werte der wärmeübertragenden Bauteile aus dem Heizperiodenbilanzverfahren in das Monatsbilanzverfahren ein, so erhält man für den Jahres-Heizwärmebedarfs Q_h unter Verwendung der minimalen Randbedingungen die Einzelergebnisse nach Tabelle 10.4, bei maximalen Randbedingungen die Einzelergebnisse nach Tabelle 10.5.

Da das UG zum beheizten Volumen zählt, kann man davon ausgehen, dass sich die Heizungsanlage sowie die horizontale Verteilung der Trinkwarmwasser- und Heizungsleitungen im beheizten Bereich befindet. Außerdem sind - im Gegensatz zu den Festlegungen nach DIN V 4701-10:2001-02 Abschnitt C.5.1 - außen liegende vertikale Stränge vorhanden. Die Möglichkeit der genauen Planung führt beim Tabellenverfahren dazu, dass die tatsächliche Anlagensituation abgebildet werden kann und sich für das vorliegende Beispiel - gegenüber dem graphischen Verfahren - einige Änderungen ergeben. Zur besseren Darstellung wurden diese Unterschiede in Tabelle 10.3 fett gedruckt.

Der Berechnungsgang zur Ermittlung der Anlagenaufwandszahl e_P wird anhand einer Brennwertan-lage mit bzw. ohne solarthermische Brauchwassererwärmung bei minimalen bautechnischen Rand-bedingungen dokumentiert. Um darüber hinaus die Bandbreite möglicher Anlagenaufwands-zahlen für unterschiedliche Heizungssysteme darzustellen, erfolgte eine Berechnung von e_P für die folgenden Kesselarten unter Verwendung eines haustechnischen Systems gemäß Beschreibung nach Tabelle 10.3:

- Brennwertanlage: Systemtemperatur 55 °C / 45 °C
- Niedertemperaturanlage: Systemtemperatur 70 °C / 55 °C
- Konstanttemperaturanlage: Systemtemperatur 90 °C / 70 °C

	Übergabe	- Radiatoren - Thermostatventile mit einem Auslegungsbereich von 1 Kelvin
	Speicherung:	- keine
Heizung	Verteilung	- maximale Vor- / Rücklauftemperatur: siehe Kesselbauart oben - horizontale Wärmeverteilung **innerhalb** der thermischen Hülle - vertikale Stränge **außenliegend** - geregelte Umwälzpumpe
	Erzeugung	- **Brennwert-** / Niedertemperatur- / **Konstanttemperaturkessel** - Aufstellung **innerhalb** der thermischen Hülle
	Speicherung	- indirekt beheizter Speicher - Aufstellung **innerhalb** der thermischen Hülle
Trinkwassere rwärmung	Verteilung	- horizontale Wärmeverteilung **innerhalb** der thermischen Hülle - mit Zirkulationspumpe
	Erzeugung	- gebäudezentrale Erzeugung - **Brennwert-** / Niedertemperatur- / **Konstanttemperaturkessel** - **mit** / ohne solarthermische Brauchwasseranlage
	Übergabe	- keine
Lüftung	Verteilung	- keine
	Erzeugung	- keine

Tabelle 10.3: Randbedingungen zur Berechnung von e_P

Zweifamilienwohngebäude: Luftwechselrate $n = 0,7$; $\Delta U_{WB} = 0,10$; schwere Bauweise; unbeheizter Wintergarten; beheizter Keller nach DIN EN ISO 13370

		Januar	Februar	März	April	Mai	Juni	Juli	August	September	Oktober	November	Dezember
L_D	W/K	129,61	129,61	129,61	129,61	129,61	129,61	129,61	129,61	129,61	129,61	129,61	129,61
L_S	W/K	34,57	33,25	32,80	38,50	45,20	73,57	275,75	522,55	106,26	61,80	49,08	41,51
H_U	W/K	9,58	9,58	9,58	9,58	9,58	9,58	9,58	9,58	9,58	9,58	9,58	9,58
ΔH_{WB}	W/K	30,15	30,15	30,15	30,15	30,15	30,15	30,15	30,15	30,15	30,15	30,15	30,15
H_T	W/K	203,91	202,59	202,14	207,84	214,54	242,91	445,09	691,89	275,60	231,14	218,42	210,85
H_V	W/K	138,68	138,68	138,68	138,68	138,68	138,68	138,68	138,68	138,68	138,68	138,68	138,68
H_I	W/K	342,59	341,27	340,82	346,52	353,22	381,59	583,77	830,57	414,28	369,82	357,10	349,53
$Q_{S,opak}$	kWh/a	-18,00	-6,75	7,81	64,95	74,74	90,90	97,73	60,22	36,94	6,09	-14,66	-27,43
ΔQ_{Nacht}	kWh/a	193,74	149,06	122,92	74,02	51,00	31,08	22,34	30,91	50,90	90,59	123,56	163,12
$Q_{I,NA}$	kWh/a	4998,50	4077,41	3647,50	2231,25	1477,33	784,69	314,25	341,44	1284,24	2627,23	3567,78	4467,24
$Q_{S,F}$	kWh/a	341,13	421,30	655,89	1358,10	1455,36	1615,30	1728,27	1290,06	1014,22	639,91	358,26	207,38
$Q_{S,WG}$	kWh/a	124,91	147,41	235,66	473,39	500,19	566,86	592,94	439,24	357,29	226,01	128,11	77,36
Q_I	kWh/a	1064,79	961,74	1064,79	1030,44	1064,79	1030,44	1064,79	1064,79	1030,44	1064,79	1030,44	1064,79
γ	–	0,31	0,38	0,54	1,28	2,04	4,09	10,77	8,18	1,87	0,73	0,43	0,30
τ	h	130,55	131,05	131,22	129,06	126,62	117,20	76,61	53,85	107,96	120,94	125,24	127,95
a	–	9,16	9,19	9,20	9,07	8,91	8,33	5,79	4,37	7,75	8,56	8,83	9,00
η	–	1,00	1,00	1,00	0,76	0,49	0,24	0,09	0,12	0,53	0,98	1,00	1,00
Q_h	kWh/a	3467,69	2547,06	1694,11	56,04	1,29	0,00	0,00	0,00	4,69	735,22	2051,43	3117,72

$Q''_h = $ 47,78 kWh/m²a $\qquad$ $H'_T = $ 0,36 W/(m²K)

Tabelle 10.4: Einzelergebnisse nach dem Monatsbilanzverfahren mit min. Randbedingungen

Zweifamilien-Wohngebäude: Luftwechselrate n = 0,7; ΔU_{WB} = 0,10; schwere Bauweise; unbeheizter Wintergarten; beheizter Keller über Faktoren

		Januar	Februar	März	April	Mai	Juni	Juli	August	September	Oktober	November	Dezember
L_D	W/K	129,61	129,61	129,61	129,61	129,61	129,61	129,61	129,61	129,61	129,61	129,61	129,61
L_S	W/K	33,65	33,65	33,65	33,65	33,65	33,65	33,65	33,65	33,65	33,65	33,65	33,65
H_U	W/K	9,58	9,58	9,58	9,58	9,58	9,58	9,58	9,58	9,58	9,58	9,58	9,58
ΔH_{WB}	W/K	60,30	60,30	60,30	60,30	60,30	60,30	60,30	60,30	60,30	60,30	60,30	60,30
H_T	W/K	233,13	233,13	233,13	233,13	233,13	233,13	233,13	233,13	233,13	233,13	233,13	233,13
H_V	W/K	161,79	161,79	161,79	161,79	161,79	161,79	161,79	161,79	161,79	161,79	161,79	161,79
H_I	W/K	394,93	394,93	394,93	394,93	394,93	394,93	394,93	394,93	394,93	394,93	394,93	394,93
$Q_{S,opak}$	kWh/a	-18,00	-6,75	7,81	64,95	74,74	90,90	97,73	60,22	36,94	6,09	-14,66	-27,43
ΔQ_{Nacht}	kWh/a	193,74	149,06	122,92	74,02	51,00	31,08	22,34	30,91	50,90	90,59	123,56	163,12
$Q_{I,NA}$	kWh/a	5788,92	4740,88	4247,27	2562,33	1666,59	816,37	173,75	114,55	1220,15	2812,19	3957,27	5065,02
$Q_{S,F}$	kWh/a	341,13	421,30	655,89	1358,10	1455,36	1615,30	1728,27	1290,06	1014,22	639,91	358,26	207,38
$Q_{S,WG}$	kWh/a	124,91	147,41	235,66	473,39	500,19	566,86	592,94	439,24	357,29	226,01	128,11	77,36
Q_I	kWh/a	1064,79	961,74	1064,79	1030,44	1064,79	1030,44	1064,79	1064,79	1030,44	1064,79	1030,44	1064,79
γ	-	0,26	0,32	0,46	1,12	1,81	3,94	19,49	24,39	1,97	0,69	0,38	0,27
τ	h	113,25	113,25	113,25	113,25	113,25	113,25	113,25	113,25	113,25	113,25	113,25	113,25
a	-	8,08	8,08	8,08	8,08	8,08	8,08	8,08	8,08	8,08	8,08	8,08	8,08
η	-	1,00	1,00	1,00	0,83	0,55	0,25	0,05	0,04	0,51	0,98	1,00	1,00
Q_h	kWh/a	4258,11	3210,53	2292,94	173,31	6,16	0,00	0,00	0,00	2,53	911,47	2440,86	3715,51

Q'_h = 59,43 kWh/m²a

H'_T = 0,39

Tabelle 10.5: Einzelergebnisse nach dem Monatsbilanzverfahren mit max. Randbedingungen

Anlagenbewertung nach DIN 4701 Teil 10

für ein Gebäude mit normalen Innentemperaturen

Bezeichnung des Gebäudes oder des Gebäudeteils: **Zweifamilienwohngebäude mit beheiztem Keller**

Ort: _______________

Straße u. Hausnummer: _______________

Gemarkung: _______________

Flurstücknummer: _______________

I. Eingaben

$A_N =$ 286,23 m² $t_{HP} =$ 185 Tage

	TRINKWASSER-ERWÄRMUNG	HEIZUNG	LÜFTUNG
absoluter Bedarf	$Q_{tw} =$ 3577,88 kWh/a	$Q_h =$ 13675,24 kWh/a	
bezogener Bedarf	$q_{tw} =$ 12,5 kWh/m²a	$q_h =$ 47,78 kWh/m²a	

II. Systembeschreibung

	TRINKWASSER-ERWÄRMUNG	HEIZUNG	LÜFTUNG
Übergabe	-	Heizkörper, Thermostatventil mit 1 K	-
Verteilung	Verteil. innerhalb der therm. Hülle, mit Zirkulation	Verteil. innerhalb der therm. Hülle, Stränge außenliegend, geregelte Pumpe	-
Speicherung	Indirekt beheizter Speicher, in der therm. Hülle	-	

Erzeugung	Erzeuger 1	Erzeuger 2	Erzeuger 3	Erzeuger 1	Erzeuger 2	Erzeuger 3	Erzeuger WÜT	Erzeuger L/L-WP	Erzeuger Heizregister
Deckungsanteil	1,00			1,00					
Erzeuger	BW-Kessel 55/45°C			BW-Kessel 55/45°C					

III. Ergebnisse

Deckung von Q_h	$q_{h,TW} =$ 2,59 kWh/m²a	$q_{h,H} =$ 45,19 kWh/m²a	$q_{h,L} =$ 0,0 kWh/m²a
Σ WÄRME	$Q_{TW,E} =$ 5913,5 kWh/a	$Q_{H,E} =$ 14258,8 kWh/a	$Q_{L,E} =$ 0,0 kWh/a
Σ HILFSENERGIE	65,8 kWh/a	374,96 kWh/a	0,0 kWh/a
Σ PRIMÄRENERGIE	$Q_{TW,P} =$ 6700,6 kWh/a	$Q_{H,P} =$ 16810,3 kWh/a	$Q_{L,P} =$ 0,0 kWh/a

ENDENERGIE $Q_E =$ 20172,3 kWh/a Σ WÄRME

440,76 kWh/a Σ HILFSENERGIE

PRIMÄRENERGIE $Q_P =$ 23510,9 kWh/a Σ PRIMÄRENERGIE

ANLAGEN-AUFWANDSZAHL $e_P =$ 1,36 [-]

TRINKWASSERERWÄRMUNG

Bereich: Brennwert ohne solar

TW-Strang:

Q_{tw} = 3578,1 [kWh/a]	$q_{tw} \cdot A_N$	
A_N = 286,23 [m²]	aus DIN V 4108-6	
q_{tw} = 12,5 [kWh/m²a]	aus EnEV	

WÄRME (WE)

	Rechenvorschrift / Quelle	Dimension		Erzeuger 1	Erzeuger 2	Erzeuger 3
q_{tw}	aus EnEV	[kWh/m²a]		12,50		
$q_{TW,ce}$	Tabelle C.1.1	[kWh/m²a]		0,00		
$q_{TW,d}$	Tabellen C.1.2 a bzw. C.1.2 c	[kWh/m²a]	+	3,37		
$q_{TW,s}$	Tabelle C.1.3 a	[kWh/m²a]		2,41		
Σ	(q_{tw} + $q_{TW,ce}$ + $q_{TW,d}$ + $q_{TW,s}$)	[kWh/m²a]		18,28		
$\alpha_{TW,g}$	Tabelle C.1.4 a	[--]		1,00	0,0	0,0
$e_{TW,g}$	Tabelle C.1.4 b, c, d, e oder f	[--]		1,13		
$q_{TW,E}$	$\Sigma q_{TW} \cdot (e_{TW,g,i} \cdot \alpha_{TW,g,i})$	[kWh/m²a]		20,66	0,0	0,0
$f_{P,i}$	Tabelle C.4.1	[--]		1,10		
$q_{TW,P}$	$\Sigma q_{TW,E,i} \cdot f_{P,i}$	[kWh/m²a]		22,72	0,0	0,0

Heizwärmegutschriften

$q_{h,TW,d}$	1,53	[kWh/m²a]	Tabelle C.1.2 a
$q_{h,TW,s}$	1,06	[kWh/m²a]	Tabelle C.1.3 a
$q_{h,TW}$	2,59	[kWh/m²a]	$\Sigma q_{h,TW,d} + q_{h,TW,s}$

20,66 kWh/m²a Endenergie

22,72 kWh/m²a Primärenergie

HILFSENERGIE (HE)

(Strom)

	Rechenvorschrift / Quelle	Dimension		Erzeuger 1	Erzeuger 2	Erzeuger 3
$q_{TW,ce,HE}$	Tabelle C.1.1	[kWh/m²a]		0,00		
$q_{TW,d,HE}$	Tabelle C.1.2 b	[kWh/m²a]	+	0,00		
$q_{TW,s,HE}$	Tabelle C.1.3 b	[kWh/m²a]		0,05		
$\alpha_{TW,g}$	Tabelle C.1.4 a	[--]		1,00	0,0	0,0
$q_{TW,g,HE}$	Tabelle C.1.4 b, c, d, e oder f	[--]		0,18		
		[kWh/m²a]		0,00	0,0	0,0
$\Sigma q_{TW,HE,E}$	($q_{TW,ce,HE}$ + $q_{TW,d,HE}$ + $q_{TW,s,HE}$ + $\Sigma \alpha \cdot q_{g,HE}$)	[kWh/m²a]		0,23		
f_P	Tabelle C.4.1	[--]		3,00		
$q_{TW,HE,P}$	$\Sigma q_{TW,HE,E} \cdot f_P$	[kWh/m²a]		0,69		

0,23 kWh/m²a Endenergie

0,69 kWh/m²a Primärenergie

$Q_{TW,E}$	$\Sigma q_{TW,E} \cdot A_N$	WÄRME	5913,5 kWh/a	**ENDENERGIE**
	$\Sigma q_{TW,HE,E} \cdot A_N$	HILFS-ENERGIE	65,8 kWh/a	
$Q_{TW,P}$	($\Sigma q_{TW,P} + \Sigma q_{W,HE,P}) \cdot A_N$		6700,6 kWh/a	**PRIMÄRENERGIE**

HEIZUNG

Bereich:

Heiz-Strang:

Q_h = 13675,24 [kWh/a]	nach Abschnitt 4.1
A_N = 286,23 [m²]	aus DIN V 4108-6
q_h = 47,78 [kWh/m²a]	

WÄRME (WE)

	Rechenvorschrift / Quelle	Dimension		
q_h	nach Abschnitt 4.1	[kWh/m²a]		47,78
$q_{h,TW}$	aus Berechnungsblatt Trinkwassererwärmung	[kWh/m²a]	−	2,59
$q_{h,L}$	aus Berechnungsblatt Lüftung	[kWh/m²a]		0,00
$q_{H,ce}$	Tabelle C.3.1	[kWh/m²a]		1,10
$q_{H,d}$	Tabellen C.3.2 a, b oder d	[kWh/m²a]	+	1,61
$q_{H,s}$	Tabelle C.3.3	[kWh/m²a]		0,00
Σ	$(q_h - q_{h,TW} - q_{h,L} + q_{ce} + q_d + q_s)$	[kWh/m²a]		47,90

			Erzeuger 1	Erzeuger 2	Erzeuger 3
$\alpha_{H,g}$	Tabelle C.3.4 a	[--]	1,00	0,0	0,0
$e_{H,g}$	Tabelle C.3.4 b, c, d oder e	[--]	1,04		
$q_{H,E}$	$\Sigma q \cdot (e_{g,i} \cdot \alpha_{g,i})$	[kWh/m²a]	49,82	0,0	0,0
$f_{P,i}$	Tabelle C.4.1	[--]	1,10		
$q_{H,P}$	$\Sigma q_{E,i} \cdot f_{P,i}$	[kWh/m²a]	54,80	0,0	0,0

49,82 kWh/m²a Endenergie

54,80 kWh/m²a Primärenergie

HILFSENERGIE (HE)

	Rechenvorschrift / Quelle	Dimension		
$q_{H,ce,HE}$	Tabelle C.3.1	[kWh/m²a]		0,00
$q_{H,d,HE}$	Tabelle C.3.2 c	[kWh/m²a]	+	0,82
$q_{H,s,HE}$	Tabelle C.3.3	[kWh/m²a]		0,00

			Erzeuger 1	Erzeuger 2	Erzeuger 3
$\alpha_{H,g}$	Tabelle C.3.4	[--]	1,00	0,0	0,0
$q_{H,g,HE}$	Tabelle C.3.4 b - e	[--]	0,49		
$\alpha \cdot q_{g,HE}$		[kWh/m²a]	0,49	0,0	0,0
$\Sigma q_{H,HE,E}$	$(q_{ce,HE} + q_{d,HE} + q_{s,HE} + \Sigma \alpha q_{g,HE})$	[kWh/m²a]		1,31	
f_P	Tabelle C.4.1	[--]		3,00	
$q_{H,HE,P}$	$\Sigma q_{HE,E} \cdot f_P$	[kWh/m²a]		3,93	

1,31 kWh/m²a Endenergie

3,93 kWh/m²a Primärenergie

$Q_{H,E}$	$\Sigma q_E \cdot A_N$	WÄRME	14258,8 kWh/a	**ENDENERGIE**
	$\Sigma q_{HE,E} \cdot A_N$	HILFS-ENERGIE	374,96 kWh/a	
$Q_{H,P}$	$(\Sigma q_P + \Sigma q_{HE,P}) \cdot A_N$		16810,3 kWh/a	**PRIMÄRENERGIE**

Anlagenbewertung nach DIN 4701 Teil 10
für ein Gebäude mit normalen Innentemperaturen

Bezeichnung des Gebäudes oder des Gebäudeteils: **Zweifamilienwohngebäude mit beheiztem Keller**

Ort: ______________________

Straße u. Hausnummer: ______________________

Gemarkung: ______________________

Flurstücknummer: ______________________

I. Eingaben

$A_N =$ | 286,23 m² | $t_{HP} =$ | 185 Tage

	TRINKWASSER-ERWÄRMUNG	HEIZUNG	LÜFTUNG
absoluter Bedarf	$Q_{tw} =$ 3577,88 kWh/a	$Q_h =$ 13675,24 kWh/a	
bezogener Bedarf	$q_{tw} =$ 12,5 kWh/m²a	$q_h =$ 47,78 kWh/m²a	

II. Systembeschreibung

	TRINKWASSER-ERWÄRMUNG	HEIZUNG	LÜFTUNG
Übergabe	-	Heizkörper, Thermostatventil mit 1 K	-
Verteilung	Verteil. in der therm. Hülle, mit Zirkulation	Verteilung in der therm. Hülle, Stränge außenliegend, geregelte Pumpe	-
Speicherung	Indirekt beheizter Speicher, in der therm. Hülle	-	

	Erzeuger 1	Erzeuger 2	Erzeuger 3	Erzeuger 1	Erzeuger 2	Erzeuger 3	Erzeuger WÜT	Erzeuger L/L-WP	Erzeuger Heizregister
Deckungsanteil	0,41	0,59		1,00					
Erzeuger	BW-Kessel 55/45°C	Solaranlage Flachkollek.		BW-Kessel 55/45°C					

III. Ergebnisse

Deckung von Q_h	$q_{h,TW} =$ 2,59 kWh/m²a	$q_{h,H} =$ 45,19 kWh/m²a	$q_{h,L} =$ 0,0 kWh/m²a
Σ WÄRME	$Q_{TW,E} =$ 2424,36 kWh/a	$Q_{H,E} =$ 14258,8 kWh/a	$Q_{L,E} =$ 0,0 kWh/a
Σ HILFSENERGIE	203,22 kWh/a	374,96 kWh/a	0,0 kWh/a
Σ PRIMÄRENERGIE	$Q_{TW,P} =$ 3280,20 kWh/a	$Q_{H,P} =$ 16810,3 kWh/a	$Q_{L,P} =$ 0,0 kWh/a

ENDENERGIE $Q_E =$ 16683,2 kWh/a   Σ WÄRME

578,18 kWh/a   Σ HILFSENERGIE

PRIMÄRENERGIE $Q_P =$ 20090,5 kWh/a   Σ PRIMÄRENERGIE

ANLAGEN-AUFWANDSZAHL $e_P =$ 1,17 [-]

TRINKWASSERERWÄRMUNG

Bereich:

TW-Strang:

Q_{tw} = 3577,9 [kWh/a] $q_{tw} \cdot A_N$

A_N = 286,23 [m²]   aus DIN V 4108-6

q_{tw} = 12,5 [kWh/m²a]   aus EnEV

WÄRME (WE)

	Rechenvorschrift / Quelle	Dimension			
q_{tw}	aus EnEV	[kWh/m²a]		12,50	
$q_{TW,ce}$	Tabelle C.1.1	[kWh/m²a]		0,00	
$q_{TW,d}$	Tabellen C.1.2 a bzw. C.1.2 c	[kWh/m²a]	**+**	3,37	
$q_{TW,s}$	Tabelle C.1.3 a	[kWh/m²a]		2,41	
Σ	$(q_{tw} + q_{TW,ce} + q_{TW,d} + q_{TW,s})$	[kWh/m²a]		18,28	

Heizwärmegutschriften

$q_{h,TW,d}$	1,53	[kWh/m²a]	Tabelle C.1.2 a
$q_{h,TW,s}$	1,06	[kWh/m²a]	Tabelle C.1.3 a
$q_{h,TW}$	2,59	[kWh/m²a]	$\Sigma q_{h,TW,d} + q_{h,TW,s}$

			Erzeuger 1	Erzeuger 2	Erzeuger 3	
$\alpha_{TW,g}$	Tabelle C.1.4 a	[--]	0,41	0,59	0,0	
$e_{TW,g}$	Tabelle C.1.4 b, c, d, e oder f	[--]	1,13	0,00		
$q_{TW,E}$	$\Sigma q_{TW} \cdot (e_{TW,g,i} \cdot \alpha_{TW,g,i})$	[kWh/m²a]	8,47	0,00	0,0	8,47 kWh/m²a Endenergie
$f_{P,i}$	Tabelle C.4.1	[--]	1,10			
$q_{TW,P}$	$\Sigma q_{TW,E,i} \cdot f_{P,i}$	[kWh/m²a]	9,32	0,00	0,0	9,32 kWh/m²a Primärenergie

HILFSENERGIE (HE)

(Strom) Rechenvorschrift / Quelle   Dimension

	Rechenvorschrift / Quelle	Dimension			
$q_{TW,ce,HE}$	Tabelle C.1.1	[kWh/m²a]		0,00	
$q_{TW,d,HE}$	Tabelle C.1.2 b	[kWh/m²a]	**+**	0,00	
$q_{TW,s,HE}$	Tabelle C.1.3 b	[kWh/m²a]		0,05	

			Erzeuger 1	Erzeuger 2	Erzeuger 3	
$\alpha_{TW,g}$	Tabelle C.1.4 a	[--]	0,41	0,59	0,0	
$q_{TW,g,HE}$	Tabelle C.1.4 b, c, d, e oder f	[--]	0,18	1,00		
		[kWh/m²a]	0,07	0,59	0,0	
$\Sigma q_{TW,HE,E}$	$(q_{TW,ce,HE} + q_{TW,d,HE} + q_{TW,s,HE} + \Sigma\alpha \cdot q_{g,HE})$	[kWh/m²a]		0,71		0,71 kWh/m²a Endenergie
f_P	Tabelle C.4.1	[--]		3,00		
$q_{TW,HE,P}$	$\Sigma q_{TW,HE,E} \cdot f_P$	[kWh/m²a]		2,14		2,14 kWh/m²a Primärenergie

$Q_{TW,E}$	$\Sigma q_{TW,E} \cdot A_N$	WÄRME	2424,36 kWh/a	**ENDENERGIE**
	$\Sigma q_{TW,HE,E} \cdot A_N$	HILFS-ENERGIE	203,22 kWh/a	
$Q_{TW,P}$	$(\Sigma q_{TW,P} + \Sigma q_{W,HE,P}) \cdot A_N$		3280,20 kWh/a	**PRIMÄRENERGIE**

HEIZUNG		$Q_h = 13675{,}24$ [kWh/a]	nach Abschnitt 4.1
Bereich:		$A_N = 286{,}23$ [m²]	aus DIN V 4108-6
Heiz-Strang:		$q_h = 47{,}78$ [kWh/m²a]	

WÄRME (WE)

	Rechenvorschrift / Quelle	Dimension		
q_h	nach Abschnitt 4.1	[kWh/m²a]		47,78
$q_{h,TW}$	aus Berechnungsblatt Trinkwassererwärmung	[kWh/m²a]	**−**	2,59
$q_{h,L}$	aus Berechnungsblatt Lüftung	[kWh/m²a]		0,00
$q_{H,ce}$	Tabelle C.3.1	[kWh/m²a]		1,10
$q_{H,d}$	Tabellen C.3.2 a, b oder d	[kWh/m²a]	**+**	1,61
$q_{H,s}$	Tabelle C.3.3	[kWh/m²a]		0,00
Σ	$(q_h - q_{h,TW} - q_{h,L} + q_{ce} + q_d + q_s)$	[kWh/m²a]		47,90

			Erzeuger 1	Erzeuger 2	Erzeuger 3
$\alpha_{H,g}$	Tabelle C.3.4 a	[--]	1,00	0,0	0,0
$e_{H,g}$	Tabelle C.3.4 b, c, d oder e	[--]	1,04		
$q_{H,E}$	$\Sigma q \cdot (e_{g,i} \cdot \alpha_{g,i})$	[kWh/m²a]	49,82	0,0	0,0
$f_{P,i}$	Tabelle C.4.1	[--]	1,10		
$q_{H,P}$	$\Sigma q_{E,i} \cdot f_{P,i}$	[kWh/m²a]	54,80	0,0	0,0

49,82 kWh/m²a   Endenergie

54,80 kWh/m²a   Primärenergie

HILFSENERGIE (HE)

	Rechenvorschrift / Quelle	Dimension		
$q_{H,ce,HE}$	Tabelle C.3.1	[kWh/m²a]		0,00
$q_{H,d,HE}$	Tabelle C.3.2 c	[kWh/m²a]	**+**	0,82
$q_{H,s,HE}$	Tabelle C.3.3	[kWh/m²a]		0,00

			Erzeuger 1	Erzeuger 2	Erzeuger 3
$\alpha_{H,g}$	Tabelle C.3.4	[--]	1,00	0,0	0,0
$q_{H,g,HE}$	Tabelle C.3.4 b - e	[--]	0,49		
$\alpha \cdot q_{g,HE}$		[kWh/m²a]	0,49	0,0	0,0
$\Sigma q_{H,HE,E}$	$(q_{ce,HE} + q_{d,HE} + q_{s,HE} + \Sigma \alpha q_{g,HE})$	[kWh/m²a]		1,31	
f_P	Tabelle C.4.1	[--]		3,00	
$q_{H,HE,P}$	$\Sigma q_{HE,E} \cdot f_P$	[kWh/m²a]		3,93	

1,31 kWh/m²a   Endenergie

3,93 kWh/m²a   Primärenergie

$Q_{H,E}$	$\Sigma q_E \cdot A_N$	WÄRME	**14258,8** kWh/a	**ENDENERGIE**
	$\Sigma q_{HE,E} \cdot A_N$	HILFS-ENERGIE	**374,96** kWh/a	
$Q_{H,P}$	$(\Sigma q_P + \Sigma q_{HE,P}) \cdot A_N$		**16810,3** kWh/a	**PRIMÄRENERGIE**

Um die Auswirkungen, die sich aus der Wahl unterschiedlich leistungsstarker Heizungsanlagen ergeben, darzustellen, wurde die Anlagenaufwandszahl e_P für die in Abschnitt 10.1 aufgelisteten Heizungssysteme jeweils mit bzw. ohne solarthermische Brauchwassererwärmung ermittelt. Die Berechnung lieferte für das betrachtete Zweifamilienwohngebäude folgende Ergebnisse:

Systembeschreibung		vorh. Jahres-Heizwärmebedarf Q_h [kWh/m²a]		vorh. Trinkwarmwasserbedarf Q_{tw} [kWh/m²a]	Anlagenaufwandszahl e_P [ ]		vorh. Jahres-Primärenergiebedarf vorh. Q''_P [kWh/m²a]		zul. Jahres-Primärenergiebedarf zul. Q''_P [kWh/m²a]
		Min. Randbed.	Max. Randbed.		Min. Randbed.	Max. Randbed.	Min. Randbed.	Max. Randbed.	
Brennwertanlage	mit solarthermischer Brauchwasseranlage				1,17	1,17	**70,53**	79,41	
	ohne solarthermische Brauchwasseranlage				1,36	1,34	81,98	90,96	
Niedertemperaturanlage	mit solarthermischer Brauchwasseranlage	47,78	55,37	12,5	1,25	1,25	75,35	84,84	108,42
	ohne solarthermische Brauchwasseranlage				1,45	1,43	87,64	97,05	
Konstanttemperaturanlage	mit solarthermischer Brauchwasseranlage				1,45	1,45	87,68	98,46	
	ohne solarthermische Brauchwasseranlage				1,74	1,70	104,89	**115,38**	

Tabelle 10.6: Anlagenaufwandszahl e_P und Jahres-Primärenergiebedarf Q''_P für verschiedene Heizungsanlagen und minimale bzw. maximale Randbedingungen

Die baurechtlichen Anforderungen nach Energieeinsparverordnung können bei den gewählten U-Werten der wärmeübertragenden Bauteile - mit Ausnahme der Konstanttemperaturanlage ohne solarthermische Brauchwasseranlage - mit jeder der oben beschriebenen Heizungsanlagen erfüllt werden. Als Entscheidungskriterium bei der Wahl der Bauteile und der haustechnischen Anlagen und Einrichtungen erlangen damit wirtschaftliche Untersuchungen eine wesentliche Bedeutung.

10.1.3 Nachweis der spezifischen Transmissionswärmeverluste H'_T

Auch der Optimierung des baulichen Wärmeschutzes sind Grenzen gesetzt, da der Wert der vorhandenen spezifischen, auf die wärmeübertragende Umfassungsfläche bezogenen Transmissionswärmeverluste vorh. H'_T den Wert zul. $H'_T = 0,52$ W/(m²K) nicht übersteigen darf. D. h. die U-Werte der wärmeübertragenden Bauteile können nicht beliebig vergrößert werden.

10.2   Mehrfamilienwohngebäude mit Tiefgarage

Eine Zusammenstellung der verschiedenen Bauteile und ihrer Flächenanteile kann Tabelle 10.7 entnommen werden:

Bauteil	Fläche insgesamt [m²]	Flächen mit Orientierung [m²]			
		Süd-Ost	Süd-West	Nord-Ost	Nord-West
Außenwand	283,23	61,33	50,64	54,95	85,33
Außenwand als Paneel	33,20	17,61	10,44	3,72	1,43
Wand gegen unbeheizten Glasvorbau	10,63	2,06	5,95	-	2,62
Fenster	176,84	63,75	26,13	53,94	33,03
Fenster gegen unbeheizten Glasvorbau	18,23	4,70	9,39	-	4,14
Dach	308,99	113,33	24,38	146,91	24,38
Decke gegen unbeh. Glasvorbau nach unten	4,32	-	-	-	-
Decke gegen unbeh. Glasvorbau nach oben	8,08	-	-	-	-
Decke gegen Außenluft nach unten	225,54	-	-	-	-
beheiztes Volumen: V_e = 1862,79 m³					

Tabelle 10.7: Zusammenstellung der wesentlichen Gebäudedaten

Bei dem betrachteten Gebäude handelt es sich um ein freistehendes Mehrfamilienwohngebäude. Da das Treppenhaus in den Gebäudekörper eingebunden ist, wird es dem beheizten Bereich zugeordnet. Wie bereits am Beispiel des Zweifamilienwohngebäudes in Kapitel 10.1 dargelegt, hat dies auch im vorliegenden Fall den Vorteil, dass bei den verschiedenen Bauteilen eine Funktionstrennung dahin gehend vorgenommen werden kann, dass sich die wärmedämmenden Bauteile auf der Außenseite des Treppenhauses befinden und die Treppenhauswände nur hinsichtlich Schall- und Brandschutz zu dimensionieren sind.

Der Unterschied in der Gesamtfläche der Außenwände und der Summe der Außenwände mit Orientierung in Tabelle 10.7 resultiert aus dem Umstand, dass die Wände, die das beheizte Treppenhaus gegen die Tiefgarage abgrenzen, zwar wie Außenwände eingestuft werden, da sie keine solaren Wärmegewinne aufweisen, aber keiner Himmelsrichtung zugeordnet werden können.

Auf der Südwestseite des Gebäudes befindet sich ein unbeheizter Glasvorbau. Die Belüftung der daran angrenzenden Räume findet ohne einen Luftaustausch mit dem unbeheizten Glasvorbau statt. Diese Festlegung ist im Rahmen des Nachweises zum sommerlichen Wärmeschutz erforderlich (siehe auch Kapitel 6 dieses Kommentars).

Wie bereits zu Beginn des Kapitels 10 ausgeführt, bezieht sich der Nachweis des sommerlichen Wärmeschutzes auf die Version nach DIN 4108-2:2003.

Bevor der Nachweis des Jahres-Primärenergiebedarfs Q''_P geführt werden kann, ist zu prüfen, ob das Heizperiodenbilanzverfahren angewendet werden darf oder ob das Monatsbilanzverfahren zum Einsatz kommen muss. Dies folgt in Kapitel 10.2.3.

Eine Darstellung des Gebäudes kann den folgenden Planunterlagen entnommen werden.

ZUGANG
ZUFAHRT GARAGE
ANSICHT SÜD-WEST

KOLLEKTOREN
ANSICHT SÜD-OST
H+E
ARCHITEKTURBÜRO
HUPPENBAUER + ENGEL
KOCHENMÜHLE 2 · 07157/737930
70771 LEINFELDEN-ECHTERDINGEN

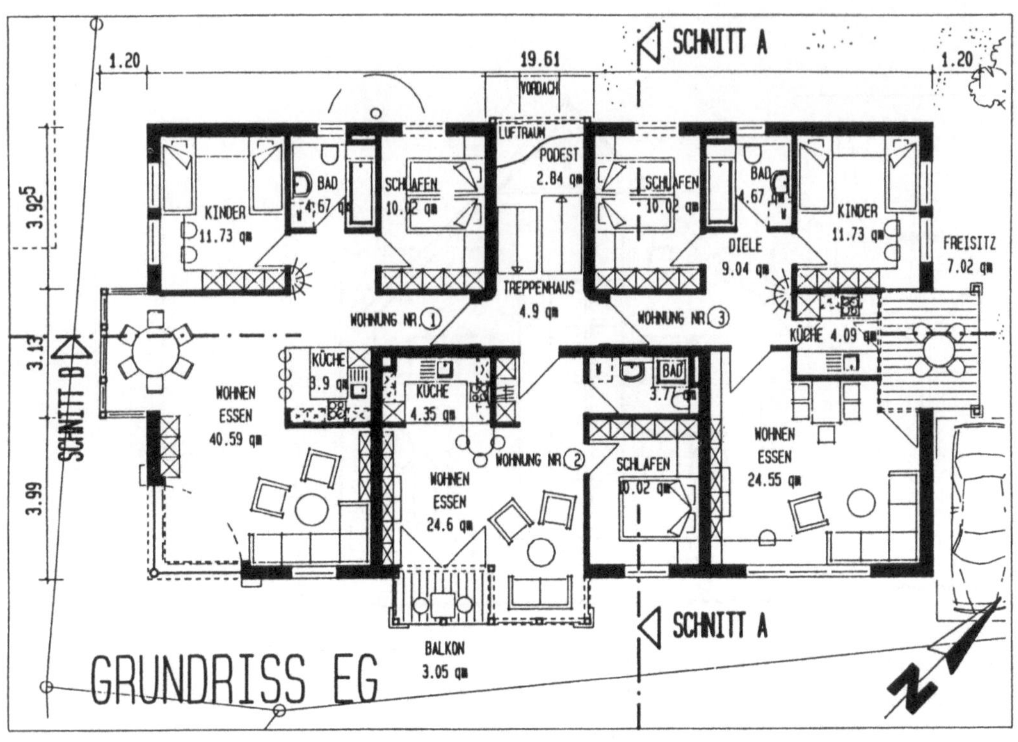
SCHNITT A
1.20
19.61
1.20
VORDACH
LUFTRAUM
PODEST
2.84 qm
KINDER
11.73 qm
BAD
4.67 qm
SCHLAFEN
10.02 qm
SCHLAFEN
10.02 qm
BAD
4.67 qm
KINDER
11.73 qm
DIELE
9.04 qm
FREISITZ
7.02 qm
3.925
3.13
SCHNITT B
WOHNUNG NR. 1
TREPPENHAUS
4.9 qm
WOHNUNG NR. 3
KÜCHE 4.09
KÜCHE
3.9 qm
KÜCHE
4.35 qm
BAD
3.77
3.99
WOHNEN
ESSEN
40.59 qm
WOHNUNG NR. 2
WOHNEN
ESSEN
24.6 qm
SCHLAFEN
10.02 qm
WOHNEN
ESSEN
24.55 qm
SCHNITT A
BALKON
3.05 qm
GRUNDRISS EG
N

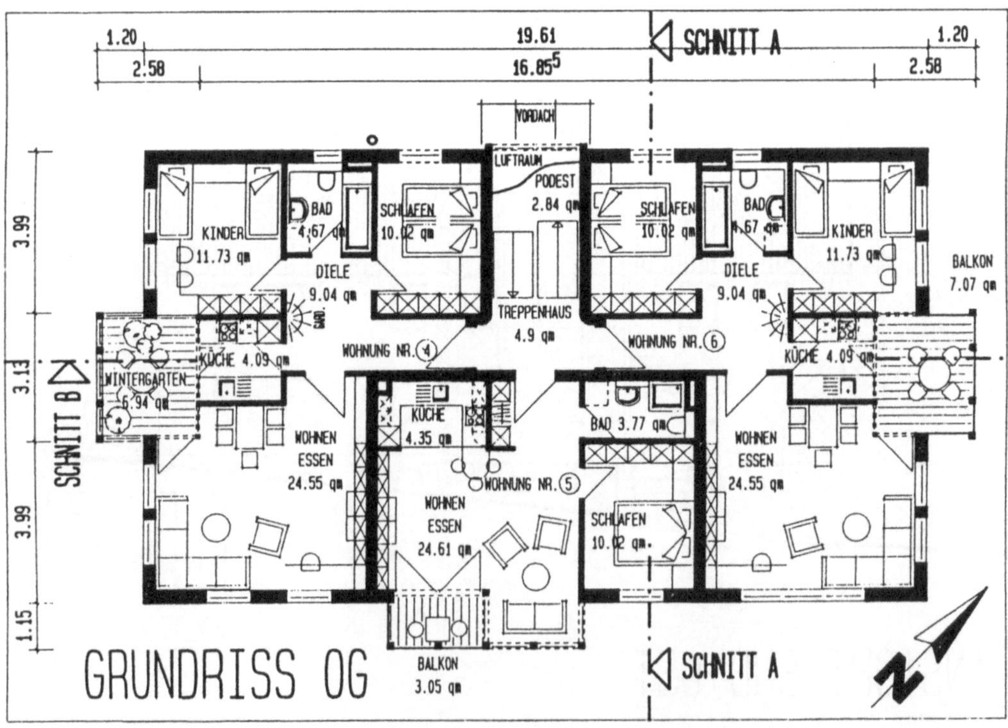
1.20
19.61
SCHNITT A
1.20
2.58
16.855
2.58
VORDACH
LUFTRAUM
PODEST
2.84 qm
3.99
KINDER
11.73 qm
BAD
4.67 qm
SCHLAFEN
10.02 qm
SCHLAFEN
10.02 qm
BAD
4.67 qm
KINDER
11.73 qm
BALKON
7.07 qm
DIELE
9.04 qm
DIELE
9.04 qm
3.13
SCHNITT B
KÜCHE 4.09
KÜCHE 4.09
WINTERGARTEN
6.94 qm
WOHNUNG NR. 4
TREPPENHAUS
4.9 qm
WOHNUNG NR. 6
KÜCHE
4.35 qm
BAD 3.77 qm
3.99
WOHNEN
ESSEN
24.55 qm
WOHNUNG NR. 5
WOHNEN
ESSEN
24.61 qm
WOHNEN
ESSEN
24.55 qm
SCHLAFEN
10.02 qm.
1.15
GRUNDRISS OG
BALKON
3.05 qm
SCHNITT A
N

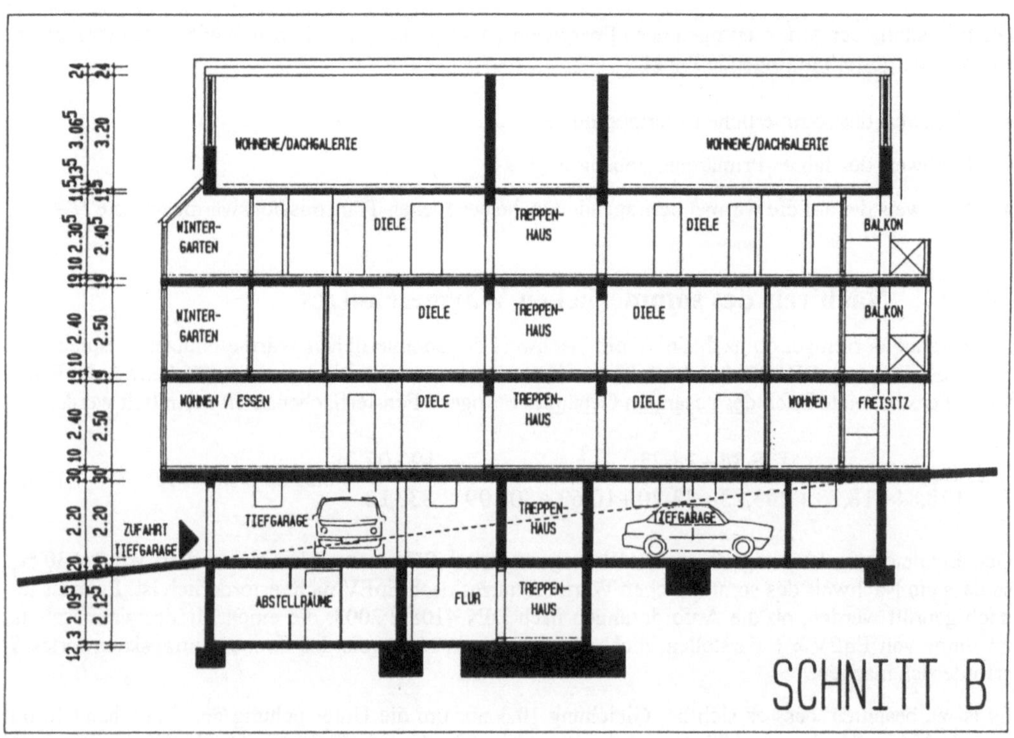
WOHNENE/DACHGALERIE
WOHNENE/DACHGALERIE
WINTERGARTEN
DIELE
TREPPENHAUS
DIELE
BALKON
WINTERGARTEN
DIELE
TREPPENHAUS
DIELE
BALKON
WOHNEN / ESSEN
DIELE
TREPPENHAUS
DIELE
WOHNEN
FREISITZ
ZUFAHRT TIEFGARAGE
TIEFGARAGE
TREPPENHAUS
TIEFGARAGE
ABSTELLRÄUME
FLUR
TREPPENHAUS
SCHNITT B

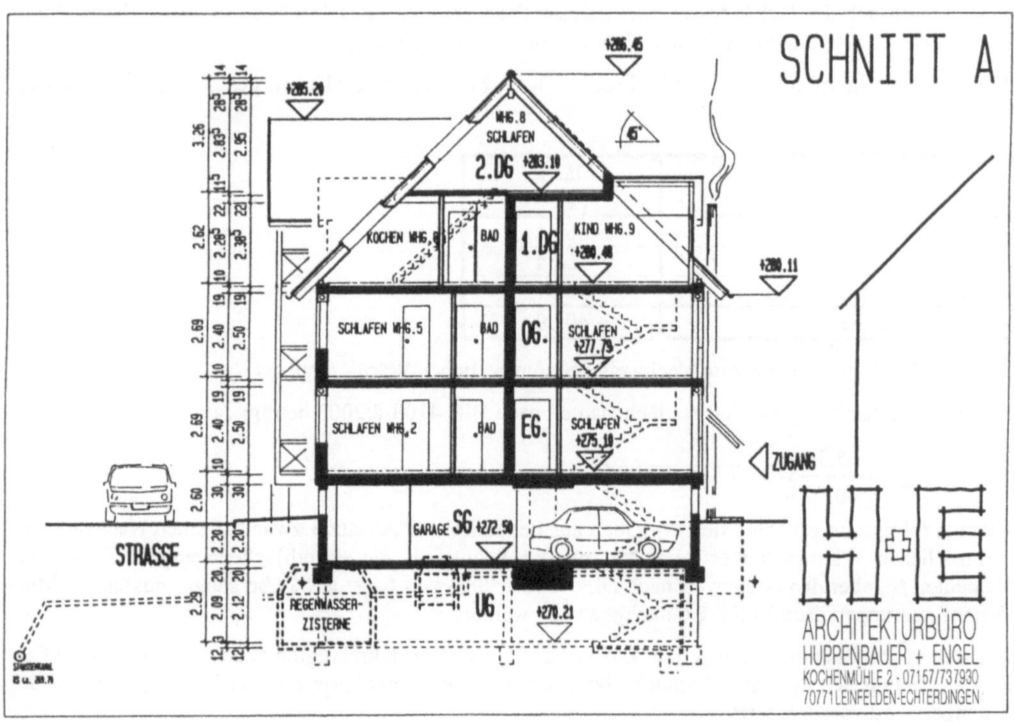
SCHNITT A
+286.45
+285.20
WHG.8
SCHLAFEN
2.DG +283.10
KOCHEN WHG.8
BAD
1.DG
KIND WHG.9
+280.40
+280.11
SCHLAFEN WHG.5
BAD
OG.
SCHLAFEN
+277.79
SCHLAFEN WHG.2
BAD
EG.
SCHLAFEN
+275.10
ZUGANG
GARAGE SG +272.50
STRASSE
REGENWASSER-
ZISTERNE
UG
+270.21
H+E
ARCHITEKTURBÜRO
HUPPENBAUER + ENGEL
KOCHENMÜHLE 2 · 07157/737930
70771 LEINFELDEN-ECHTERDINGEN

Die Einhaltung der Anforderungen nach Energieeinsparverordnung gliedern sich wie in den vorherigen Kapiteln dargestellt in folgende Punkte:

- Nachweis des sommerlichen Wärmeschutzes

- Nachweis des Jahres-Primärenergiebedarfs Q''_P

- Nachweis der auf die wärmeübertragende Fläche bezogenen Transmissionswärmeverluste H'_T

10.2.1   Nachweis des sommerlichen Wärmeschutzes

Zur Klärung der Frage, ob nach EnEV ein Nachweis des sommerlichen Wärmeschutzes entsprechend dem Verfahren aus DIN 4108-2:2001-03 zu führen ist, muss zunächst der auf die Außenwände, Fenster und das beheizte Dach <u>des gesamten Gebäudes</u> bezogene Fensterflächenanteil f ermittelt werden.

$$f = \frac{178,84+18,23}{178,84+18,23+283,23+33,20+10,63+308,99} = \frac{190,07}{833,12} = 0,2365 \equiv 23,65\% \qquad (10.3)$$

Gemäß Gleichung 10.2 liegt der gebäudebezogene Fensterflächenanteil bei einem Wert von $f \leq 30\ \%$, so dass ein Nachweis des sommerlichen Wärmeschutzes nach EnEV nicht erforderlich ist. Es muss jedoch geprüft werden, ob die Anforderungen nach DIN 4108-2:2003, die einen Mindestwärmeschutz im Sinne von EnEV § 6 darstellen, nicht trotzdem einen Nachweis des Sonneneintragskennwertes S erforderlich machen.

Es ist zu beachten, dass es sich bei Gleichung 10.3 nur um die Untersuchung der Frage handelt, ob nach EnEV ein Nachweis geführt werden muss oder nicht. Ist ein Nachweis erforderlich, dann erfolgt die eigentliche Überprüfung des sommerlichen Wärmeschutzes nach DIN 4108-2:2003 Abschnitt 8 nicht hinsichtlich des Gebäudes in seiner Gesamtheit, sondern hinsichtlich dessen kritischsten Raum (für weitere Erläuterungen siehe auch Kapitel 6 dieses Kommentars).

Als kritischer Raum gilt der Wohn- / Essbereich im EG. Folgende Flächen gehen in die Berechnung ein:

Bauteil	Fläche [m²]
Außenwand	26,41
Fenster	15,34
Decke gegen Außenluft nach unten	40,59
Raumgrundfläche	40,59

Tabelle 10.8: Raumflächen zum Nachweis des sommerlichen Wärmeschutzes

Der grundflächenbezogene Fensterflächenanteil nach DIN 4108-2:2003 beträgt damit:

$$f_{AG} = \frac{15,34}{40,59} = 0,3778 \equiv 37,78\% \qquad (10.4)$$

Hieraus folgt, dass aufgrund der Vorgaben aus der EnEV § 3 Absatz 3 zwar auf einen Nachweis des sommerlichen Wärmeschutzes verzichtet werden könnte, da der grundflächenbezogene Fensterflächenanteil f_{AG} aber den Grenzwert nach DIN 4108-2:2003 von $f_{AG} = 10\ \%$ übersteigt, müssen die Mindestanforderungen nach EnEV § 6 nachgewiesen werden.

Als weitere Randbedingungen gelten: Das Gebäude soll in der Klimaregion C errichtet werden, auf eine Berechnung der wirksamen Speicherfähigkeit wird verzichtet, eine erhöhte Lüftung während der Nachtzeit wird vorausgesetzt

Zur besseren Übersicht wird der Nachweis des sommerlichen Wärmeschutzes im Folgenden unter Verwendung des Formblattes aus Kapitel 6 dieses Kommentars geführt.

Objekt: Mehrfamilienwohngebäude	
1	**1 Lagebeschreibung des betrachteten Raums**
2	Geschoss: EG Raumart / Raumnummer: Wohn- / Esszimmer
3	**2 Sonneneintragskennwert**
4	**2.1 Vorhandener Sonneneintragskennwert** S
5	**2.1.1 Fensterfläche und Netto-Grundfläche**
6	Fensterfläche des betrachteten Raums oder Raumbereichs [a] $A_W =$ ___15,34___ m²
9	Netto-Grundfläche des betrachteten Raums oder Raumbereichs [b] $A_G =$ ___40,59___ m²
10	**2.1.2 g-Wert der Verglasung einschließlich Sonnenschutz**
11	Gesamtenergiedurchlassgrad nach DIN 410 oder Herstellerangabe $g =$ 0,62
12	**Anhaltswerte von Abminderungsfaktoren fest installierter Sonneschutzvorrichtungen**
13	Beschaffenheit der Sonnenschutzvorrichtung [c] **Faktor F_C**
14	**ohne Sonnenschutzvorrichtung** 1,0
15	**innen liegend bzw. zwischen den Scheiben** [d]
15.1	- weiß oder reflektierende Oberflächen mit geringer Transparenz [e] 0,75
15.2	- helle Farben oder geringe Transparenz [e] 0,80
15.3	- dunkle Farben oder höhere Transparenz 0,90
16	**außen liegend**
16.1	- drehbare Lamellen, hinterlüftet 0,25
16.2	- Jalousien und Stoffe mit geringer Transparenz [e], hinterlüftet 0,25
16.2	- Jalousien, allgemein 0,40
16.3	- Rollläden, Fensterläden 0,30
16.4	- Vordächer, Loggien, freistehende Lamellen [f] 0,50
16.5	- Markisen [f], oben und seitlich ventiliert 0,40
16.6	- Markisen [f], allgemein 0,50
17	$g_{total} = g \cdot F_C =$ ___0,62___ $\cdot$ ___0,30___ $=$ [g] $g_{total} =$ **0,186**

[a] Es gelten die Maße der lichten Rohbauöffnung.

[b] Die Netto-Grundfläche A_G wird aus den lichten Innenraumabmessungen berechnet. Aufgrund der verminderten Einstrahlung ist bei großen Räumen die zur Bestimmung von A_G anzusetzende Raumtiefe zu begrenzen. Die größtmögliche Raumtiefe muss kleiner als die dreifache lichte Raumhöhe sein. Bei Räumen mit gegenüberliegenden Fassaden mit Fenstern ergibt sich keine Begrenzung der anzusetzenden Raumtiefe, wenn deren lichter Abstand kleiner oder gleich der sechsfachen lichten Raumhöhe ist. Bei Räumen mit gegenüberliegenden Fassaden, bei denen die lichten Abstände der Außenwände mehr als das Sechsfache der lichten Höhe betragen, muss der Nachweis für die beiden Fassaden unter Berücksichtigung der zugehörigen Netto-Grundflächen A_G getrennt geführt werden.

[c] Die Sonnenschutzvorrichtung muss fest installiert sein. Übliche dekorative Vorhänge sind keine Sonnenschutzvorrichtung.

[d] Für innen und zwischen den Scheiben liegende Sonnenschutzvorrichtungen ist eine genauere Ermittlung zu empfehlen, da sich erheblich günstigere Werte ergeben können. Ohne Nachweis ist der ungünstigere Wert zu verwenden.

[e] Eine Transparenz der Sonnenschutzvorrichtung unter 15 % gilt als gering.

[f] Es muss sichergestellt sein, dass keine direkte Besonnung des Fensters erfolgt. Dies ist der Fall, wenn
- bei einer Süd-Orientierung der Abdeckwinkel $\beta \geq 50°$ ist;
- bei Ost- oder West-Orientierung der Abdeckwinkel entweder $\beta \geq 85°$ oder $\gamma \geq 115°$ beträgt.

Zur jeweiligen Orientierung einer Himmelsrichtung gehören Winkelbereiche von $\pm$ 22,5°. Bei Zwischenorientierungen ist der Abdeckwinkel $\beta \geq 80°$ erforderlich.

Vertikalschnitt durch die Fassade

Horizontalschnitt durch die Fassade

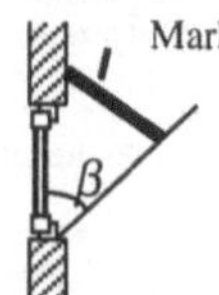

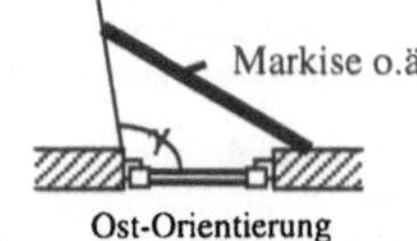

[g] Werden in einem Raum Verglasungen mit unterschiedlichen g-Werten oder unterschiedliche Verschattungen verwendet, ist der flächengewichtete Mittelwert $g_{total,\,Mittel}$ zu verwenden:

$$g_{total,Mittel} = \frac{g_{total,1} \cdot A_{W,1} + g_{total,2} \cdot A_{W,2} + \ldots + g_{total,i} \cdot A_{W,i}}{A_{W,1} + A_{W,2} + \ldots + A_{W,i}}$$

18	**2.1.3 Berechnung des vorhandenen Sonneneintragskennwertes S**	
19	$$S = \frac{\sum\limits_{i=1}^{n}\left(A_{W,i} \cdot g_{total,i}\right)}{A_G} = \frac{15{,}34 \cdot 0{,}186}{40{,}59} \qquad \text{vorh. } S =$$	**0,0703**
20	**2.2 Zulässiger Sonneneintragskennwert S_{zul}**	
	2.2.1 Anteilige Sonneneintragskennwerte S_x	
21	Gebäudelage, Bauart, Fensterneigung und Orientierung	anteiliger Wert S_x
22	**Klimaregion**	
23.1	Gebäude in Klimaregion A		+ 0,04
23.2	Gebäude in Klimaregion B		+ 0,03
23,3	Gebäude in Klimaregion C		+ 0,015
24	**Bauart**	
24.1	leichte Bauart: $C_{wirk} / A_G < 50$ Wh/(Km²) bzw. ohne Nachweis von C_{wirk} [h]	$+ 0{,}06 \cdot f_{gew}$ [k]	**+ 0,0404**
24.1	mittlere Bauart: 50 Wh/(Km²) $\le C_{wirk} / A_G \le 130$ Wh/(Km²) [h]	$+ 0{,}10 \cdot f_{gew}$ [k]	+
24.1	schwere Bauart: $C_{wirk} / A_G > 130$ Wh/(Km²) [h]	$+ 0{,}115 \cdot f_{gew}$ [k]	+
25	**Erhöhte Nachtlüftung während der zweiten Nachthälfte mit $n \ge 1{,}5$ h^{-1}** [l]	
25.1	bei leichter und mittlerer Bauart		+ 0,02
25.1	bei schwerer Bauart		+ 0,03
26	**Sonnenschutzverglasung mit $g < 0{,}4$** [m]		+ 0,03
27	**Fensterneigung** $0° \le$ Neigung $\le 60°$ (gegenüber der Horizontalen)	$- 0{,}12 \cdot f_{neig}$ [n]	-
28	**Orientierung** nordwest- über nord- bis nordost-orientierte Fenster mit einer Neigung gegenüber der Horizontalen von $\alpha > 60°$ und Fenster, die andauernd durch das Gebäude selbst verschattet werden	$+ 0{,}10 \cdot f_{nord}$ [o]	+
29	**2.2.2 Berechnung des zulässigen Höchstwertes S_{zul}**	
30	$$S_{zul} = \sum S_x = 0{,}015 + 0{,}0404 + 0{,}02 + 0 - 0 + 0 \qquad S_{zul} =$$	**0,0754**
31	**3 Nachweis des sommerlichen Wärmeschutzes**	
32	**Der Nachweis an den sommerlichen Wärmeschutz ist erbracht, wenn gilt:** vorh. $S =$ 0,0703 $\le$ 0,0754 $= S_{zul}$	

[h]   Für den genauen Nachweis kann die wirksame Speicherkapazität C_{wirk} nach DIN V 4108-6 ermittelt werden.

[k]   Der Faktor f_{gew} zur Berücksichtigung der auf die Netto-Grundfläche A_G bezogenen Außenflächen wird wie folgt berechnet:
$f_{gew} = (A_W + 0{,}3 \cdot A_{AW} + 0{,}1 \cdot A_D) / A_G$
Dabei bedeutet A_W die Fensterfläche einschließlich möglicher Dachfenster nach Zeile 6; A_{AW} die Fläche der Außenwände; A_D die Trennfläche von Dächern oder Decken gegen Außenluft nach oben oder unten sowie Decken und Wände gegen unbeheizte Keller- oder Dachräume und Wände und Böden gegen Erdreich; A_G die Netto-Grundfläche nach Zeile 7.

[l]   Bei Ein- und Zweifamilienwohngebäuden kann in der Regel von einer erhöhten Nachtlüftung ausgegangen werden.

[m]   Als gleichwertige Maßnahme gilt eine Sonnenschutzvorrichtung, die die diffuse Strahlung permanent reduziert und für die gilt: $g_{total} < 0{,}4$.

[n]   Bei der Berechnung von f_{neig} gilt:
$f_{neig} = A_{W,neig} / A_G$
mit: $A_{W,neig}$ Fläche der Fenster des Raumes mit einer Neigung gegenüber der Horizontalen von $\alpha \le 60°$, ermittelt über das lichte Rohbaumaß, und A_G die Netto-Grundfläche nach Zeile 7.

[o]   Der Faktor zur Berücksichtigung nordorientierter Fenster wird wie folgt bestimmt:
$f_{nord} = A_{W,nord} / A_{W,gesamt}$
Dabei bedeutet $A_{W,nord}$ die Fläche aller nordorientierten oder dauernd verschatteten Fenster gemäß der Definition nach Zeile 28 und $A_{W,gesamt}$ die Gesamtfensterfläche nach Zeile 6.

10.2.2 Nachweis des Jahres-Primärenergiebedarfs Q''_P

Vor einer Nachweisführung ist zunächst zu prüfen, ob gemäß EnEV das Heizperiodenbilanzverfahren angewendet werden <u>kann</u> oder ob das Monatsbilanzverfahren zum Einsatz kommen <u>muss</u>. Das maßgebliche Kriterium für eine solche Entscheidung ist nach EnEV § 3 Abs. 2 der Fensterflächenanteil f. Dabei gilt, dass bei Wohngebäuden mit einem Fensterflächenanteil $f \leq 30\ \%$ das vereinfachte Verfahren, d. h. das Heizperiodenbilanzverfahren, angewendet werden kann. Für alle Nichtwohngebäude und bei Wohngebäuden mit einem Fensterflächenanteil $f > 30\ \%$ ist das Monatsbilanzverfahren maßgeblich.

Die Berechnung des Fensterflächenanteils f erfolgt im Rahmen der EnEV nach deren Anhang 1 Ziffer 2.8. Da dieser Rechengang dem der Gleichung 10.1 entspricht, folgt für das vorliegende Gebäude, dass ein Fensterflächenanteil von $f = 29{,}88\ \%$ vorliegt. Die Verwendung des Heizperiodenbilanzverfahrens zum Nachweis der Anforderungen nach EnEV ist damit zulässig.

Um die Unterschiede zwischen dem Heizperiodenbilanz- und dem Monatsbilanzverfahren herausstellen zu können, wird für das vorliegende Gebäude die Berechnung des Jahres-Heizwärmebedarfs Q_h sowohl nach dem Heizperiodenbilanz- als auch nach dem Monatsbilanzverfahren durchgeführt. Außerdem sollen mit dem Diagrammverfahren und dem Tabellenverfahren die unterschiedlichen Möglichkeiten zur Bestimmung der Anlagenaufwandszahl e_P vorgestellt. Zur Ermittlung des Jahres-Primärenergiebedarfs Q''_P erfolgt eine Koppelung des Heizperiodenbilanzverfahrens mit dem Diagrammverfahren und des Monatsbilanzverfahrens mit dem Tabellenverfahren, wobei es nach EnEV auch möglich ist, das Heizperiodenbilanzverfahren mit dem Tabellenverfahren und das Monatsbilanzverfahren mit dem Diagrammverfahren zu verknüpfen.

10.2.2.1 Jahres-Heizwärmebedarf Q_h nach dem Heizperiodenbilanzverfahren und Anlagenaufwandszahl e_P nach dem Diagrammverfahren

Da es sich bei dem betrachteten Gebäude um

- ein Wohngebäude
- mit einem Fensterflächenanteil f - in Bezug auf die wärmeübertragenden Außenwände, Fenster und Dächer - von weniger als 30 %

handelt, ist nach EnEV § 3 Abs. 2 Nr. 1 ein Nachweis nach dem Heizperiodenbilanzverfahren zulässig.

Es ist jedoch zu berücksichtigen, dass der vorhandene unbeheizte Glasvorbau bei diesem Verfahren nicht berücksichtigt werden darf. Die Trennbauteile zwischen unbeheiztem Glasvorbau und dem Gebäudeinneren werden im HP-Verfahren wie Bauteile gegen Außenluft eingestuft.

Die Ermittlung der Anlagenaufwandszahl e_P erfolgt über das Diagrammverfahren.

Die Vorgehensweise zum Nachweis des Jahres-Heizwärmebedarfs sieht wie folgt aus:

1. Berechnung des Jahres-Heizwärmebedarfs Q_h
2. Ermittlung der Anlagenaufwandszahl e_P
3. Bildung des Produktes aus Q_h sowie e_P und Vergleich mit dem Grenzwert nach EnEV

Diese Schritte werden im Folgenden für das vorliegende Mehrfamilienwohngebäude durchgeführt.

	Objekt: Mehrfamilienwohngebäude mit Tiefgarage						
1	**1. Gebäuderanddaten**						
2	Volumen: V_e = 1862,79 Nutzfläche: A_N = 0,32 * V_e = 0,32 * 1862,79 = 596,09 A / V_e = 1069,06 / 1862,79 = 0,574						
3	**2. Wärmeverluste**						
4	**2.1 Spezifische Transmissionswärmeverluste H_T**						
5	Bauteil	Kurzbe-zeich-nung	Fläche A_i [m²]	Wärmedurch-gangskoeffizient U_i [W/(m²K)]	U_i*A_i [W/K]	Redukti-onsfaktor $F_{x,i}$ [ ]	$F_{x,i}*U_i*A_i$ [W/K]
6	Außenwand	AW 1.1	283,23	0,30	84,97	1,00	84,97
7		AW 1.2	43,83	0,30	13,15	1,00	13,15
8	Wand gegen Abseitenraum	AW 2.1				0,80	
9		AW 2.2				0,80	
10	Fenster	W 1	176,84	1,10	194,53	1,00	194,53
11		W 2	18,23	1,10	20,05	1,00	20,05
12	Wand und Decke zu unbeheiz-	IB 1.1				0,50	
13	tem Raum	IB 1.2				0,50	
14	Wand und Decke zu unbeheiz-	IB 2.1				0,60	
15	tem Keller	IB 2.2				0,60	
16	Wand und Decke zu Raum mit	IB 3.1				0,35	
17	niedrigen Innentemperaturen [2]	IB 3.2				0,35	
18	Wand und Decke zu Raum mit wesentlich niedrigeren Innen-	IB 4.1				0,50	
19	temperaturen [3]	IB 4.2				0,50	
20	Decke gegen Außenluft nach	DL 1	225,54	0,30	67,66	1,00	67,66
21	unten	DL 2	4,32	0,30	1,30	1,00	1,30
22	Dach	D 1	308,99	0,20	61,80	1,00	61,80
23		D 2	8,08	0,30	2,42	1,00	2,42
24	Decke zum nicht ausgebauten	DD 1				0,80	
25	Dachraum	DD 2				0,80	
26	Grundfläche und Wand gegen	G 1				0,60	
27	Erdreich bei beheizten Räumen	G 2				0,60	
28	Summe A = 1069,06						
29	Wärmebrückenverluste: ΔU_{WB} = 0,05 * A = 0,05 * 1069,06 = ΔU_{BW} =						53,45
30	**Spezifische Transmissionswärmeverluste:** **Summe H_T =**						**499,33**
31	**2.1.1 Nachweis der flächenbezogenen spezifischen Transmissionswärmeverluste H'_T**						
32	Vorhandene flächenbezogene Transmissionswärmeverluste: vorh. H'_T = H_T / A vorh. H'_T = 499,33 / 1069,06 = vorh. H'_T =						0,47
33	Zulässige flächenbezogene Transmissionswärmeverluste: zul. H'_T = 1,05 bei A / V_e < 0,2 zul. H'_T = 0,3 + 0,15 / (A / V_e) bei 0,2 < A / V_e < 1,05 zul. H'_T = zul. H'_T = 0,44 bei A / V_e ≥ 1,05						0,56
34	**Der Nachweis an die flächenbezogenen Transmissionswärmeverluste ist erbracht, wenn gilt:** [4] vorh. H'_T = 0,47 W/(m²K) ≤ 0,56 W/(m²K) = zul. H'_T						

[1]   Bei einem beheizten Dachgeschoss werden die Flächen aller Fenster des beheizten Dachgeschosses in die Fensterfläche A_W und die zur wärmeübertragenden Umfassungsfläche gehörenden Dachflächen in die Fläche der Außenwände A_{AW} einbezogen. Es bedeutet $f = A_W / (A_W + A_{AW})$

[2]   Als Räume mit niedrigen Innentemperaturen gelten beheizte Bereiche mit 12 °C ≤ ϑ < 19 °C

[3]   Als Räume mit wesentlich niedrigeren Innentemperaturen gelten Bereich mit ϑ < 10 °C aber frostfrei, d.h. mit einer Innentemperatur ϑ ≥ 5 °C

35	**2.2 Spezifische Lüftungswärmeverluste H_V**				
36	Ohne Dichtheitsprüfung: $H_V = 0{,}19 * V_e = 0{,}19 *$ ___________ $=$ **Spezifische Lüftungswärmeverluste:** $H_V =$				
37	Mit Dichtheitsprüfung: $H_V = 0{,}163 * V_e = 0{,}163 *$ <u>1862,79</u> $=$ **Spezifische Lüftungswärmeverluste:** $H_V =$				**303,64**
38	**3. Wärmegewinne**				
39	**3.1 Solare Wärmegewinne Q_S**				
40	Orientierung	Strahlungsintensität I_j [kWh/(m²a)]	Gesamtenergiedurchlassgrad g_i [ ]	Fenster-Teilfläche A_i [m²]	$0{,}567 * I_j * g_i * A_i$ [kWh/a]
41 / 42	Südost über Süd bis Südwest	270	0,62	89,88	8531,03
43 / 44	Nordost über Nord bis Nordwest	100	0,62	50,68	1781,61
45 / 46	Südwest über West bis Nordwest Nordost über Ost bis Südost	155	0,62	33,03	1799,76
47 / 48	Fenster mit einer Neigung $< 30°$ [5]	225			
49	**Solare Wärmegewinne:** $Q_S = \Sigma\,(0{,}567 * I_j * g_i * A_i)$ **Summe $Q_S =$**				**12112,40**
50	**3.2 Interne Wärmegewinne Q_I**				
51	**Interne Wärmegewinne:** $Q_I = 22 * A_N = 22 *$ <u>596,09</u> $Q_I =$				**13113,98**
52	**4. Jahres-Heizwärmebedarf Q_h**				
53	**Jahres-Heizwärmebedarf:** $Q_h = 66 * (H_T + H_V) - 0{,}95 * (Q_S + Q_I)$ $Q_h = 66 * (499{,}33 + 303{,}64) - 0{,}95 * (12112{,}40 + 13113{,}98)$ $Q_h =$				**29030,96**
54	**5. Jahres-Trinkwarmwasserbedarf Q_w**				
55	**Jahres-Trinkwarmwasserbedarf:** $Q_w = 12{,}5 * A_N = 12{,}5 *$ <u>596,09</u> $Q_w =$				**7451,13**
56	**6. Anlagenaufwandszahl e_P**				
57	**Anlagenaufwandszahl e_P nach DIN V 4701-10 bzw. Bbl. zu DIN V 4701-10:** [6] $e_P =$				**1,51**
58	**7. Nutzflächenbezogener Jahres-Primärenergiebedarf Q''_P**				
59	Vorhandener nutzflächenbezogener Jahres-Primärenergiebedarf: vorh. $Q''_P = [(Q_h + Q_w) * e_P] / A_N$ **vorh. $Q''_P =$** vorh. $Q''_P = [(\underline{29030{,}96} + \underline{7451{,}13}) * \underline{1{,}51}] / \underline{596{,}09} =$				**92,42**
60	Zulässiger nutzflächenbezogener Jahres-Primärenergiebedarf bei Wohngebäuden mit überwiegender Warmwasserbereitung aus elektrischem Strom: zul. $Q''_P = 88{,}00$ bei $A / V_e \leq 0{,}2$ **zul. $Q''_P =$** zul. $Q''_P = 72{,}94 + 75{,}29 * (A / V_e)$ bei $0{,}2 < A / V_e < 1{,}05$ zul. $Q''_P = 152{,}00$ bei $A / V_e \geq 1{,}05$				
61	Zulässiger nutzflächenbezogener Jahres-Primärenergiebedarf bei Wohngebäuden mit <u>nicht</u> überwiegender Warmwasserbereitung aus elektrischem Strom: zul. $Q''_P = 66{,}00 + 2600 / (100 + A_N)$ bei $A / V_e \leq 0{,}2$ **zul. $Q''_P =$** zul. $Q''_P = 50{,}94 + 75{,}29 * (A / V_e) + 2600 / (100 + A_N)$ bei $0{,}2 < A / V_e < 1{,}05$ zul. $Q''_P = 130{,}00 + 2600 / (100 + A_N)$ bei $A / V_e \geq 1{,}05$				**97,88**
62	**Der Nachweis an den Jahres-Primärenergiebedarf ist erbracht, wenn gilt:** [4] vorh. $Q''_P =$ **92,42** kWh/(m²a) $\leq$ **97,88** kWh/(m²a) $=$ zul. Q''_P				

[4]   Der Nachweis nach Energieeinsparverordnung gilt nur dann als erbracht, wenn sowohl die Anforderungen an die flächenbezogenen Transmissionswärmeverluste H'_T nach Zeile 34 als auch die Anforderungen an den nutzflächenbezogenen Jahres-Primärenergiebedarf Q''_P nach Zeile 62 erfüllt werden

[5]   Fenster mit einer Neigung $\geq 30°$ sind hinsichtlich ihrer Orientierung wie senkrecht stehend einzustufen

[6] e_P kann sowohl nach dem graphischen Verfahren als auch dem Tabellenverfahren in DIN V 4701-10 bzw. nach Beiblatt zu DIN V 4701-10 ermittelt werden

Zur Bestimmung der Anlagenaufwandszahl e_P wurde aus DIN V 4701-10:2001-02 Abschnitt C.5.1 die Anlage 1 - Niedertemperatur-Kessel mit gebäudezentraler Trinkwasserwärmung ausgewählt (siehe Diagramm 10.2). Nachdem der Jahres-Heizwärmebedarf Q_h (in DIN V 4701-10 wird der nutzflächenbezogene Wert als q_h geschrieben) ermittelt ist, kann die Anlagenaufwandszahl e_P in Abhängigkeit von der Nutzfläche A_N aus Diagramm 10.2 abgelesen werden.

Achtung: Da in den Diagrammen für ausgewählte Anlagensysteme nach DIN V 4701-10:2001-02 die Konfiguration einer Niedertemperaturanlage mit horizontaler Verteilung im beheizten Bereich nicht dargestellt wird, erfolgte die Bestimmung von e_P anhand des nächstliegenden ungünstigeren Falls, einer Niedertemperaturanlage mit horizontaler Verteilung außerhalb des beheizten Bereichs. Um die tatsächlichen Gegebenheiten berücksichtigen zu können, müsste e_P mit Hilfe des Tabellenverfahrens oder des detaillierten Verfahrens bestimmt werden.

Diagramm 10.2 liegen folgende Festlegungen zur Gerätekonfiguration und Leitungsführung zugrunde:

	Übergabe	- Radiatoren - Thermostatventile mit einem Auslegungsbereich von 1 Kelvin
	Speicherung	- keine
Heizung	Verteilung	- maximale Vor- / Rücklauftemperatur 70 °C / 50 °C - horizontale Wärmeverteilung außerhalb der thermischen Hülle - vertikale Stränge innen liegend - geregelte Umwälzpumpe
	Erzeugung	- Niedertemperaturkessel - Aufstellung außerhalb der thermischen Hülle
	Speicherung	- indirekt beheizter Speicher - Aufstellung außerhalb der thermischen Hülle
Trinkwassererwärmung	Verteilung	horizontale Wärmeverteilung außerhalb der thermischen Hülle - mit Zirkulationspumpe
	Erzeugung	- gebäudezentrale Erzeugung - Niedertemperaturkessel
	Übergabe	- keine
Lüftung	Verteilung	- keine
	Erzeugung	- keine

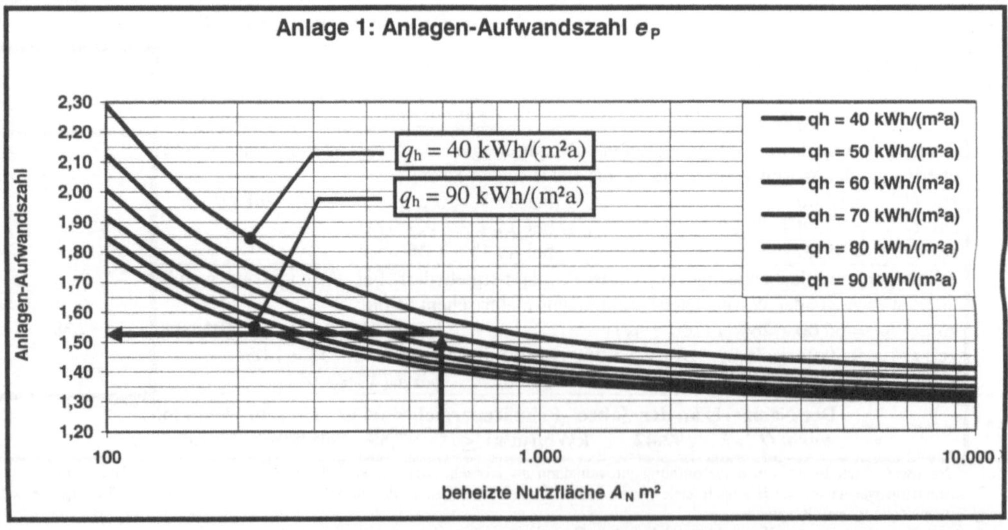

Diagramm 10.2: Anlage 1 – Niedertemperaturanlage mit gebäudezentraler Trinkwassererwärmung

10.2.2.2 Jahres-Heizwärmebedarf Q_h nach dem Monatsbilanzverfahren und Anlagenaufwandszahl e_P nach dem Tabellenverfahren

Bei der Berechnung von Q_h wurden beim Monatsbilanzverfahren im Gegensatz zum Heizperiodenbilanzverfahren folgende Änderungen vorgenommen:

- Der unbeheizte Glasvorbau wird berücksichtigt.

Setzt man die U-Werte der wärmeübertragenden Bauteile aus dem Heizperiodenbilanzverfahren in das Monatsbilanzverfahren ein, so erhält man für den Jahres-Heizwärmebedarfs Q_h unter Verwendung der minimalen Randbedingungen die Einzelergebnisse nach Tabelle 10.10, bei maximalen Randbedingungen die Einzelergebnisse nach Tabelle 10.11.

Da die Tiefgarage wie Außenluft einzustufen ist, kann man davon ausgehen, dass sich die Heizungsanlage sowie die horizontale Verteilung der Trinkwarmwasser- und Heizungsleitungen im unbeheizten Bereich befinden. Im Gegensatz zu den Festlegungen nach DIN V 4701-10:2001-02 Abschnitt C.5.1 sind jedoch außen liegende vertikalen Stränge vorhanden. Die Möglichkeit der genauen Planung führt beim Tabellenverfahren dazu, dass die tatsächliche Anlagensituation abgebildet werden kann und sich für das vorliegende Beispiel - gegenüber dem graphischen Verfahren - einige Änderungen ergeben. Zur besseren Darstellung wurden diese Unterschiede in Tabelle 10.9 fett gedruckt.

Der Berechnungsgang zur Ermittlung der Anlagenaufwandszahl e_P wird anhand einer Brennwertanlage mit bzw. ohne solarthermische Brauchwassererwärmung bei minimalen bautechnischen Randbedingungen dokumentiert. Um darüber hinaus die Bandbreite möglicher Anlagenaufwandszahlen für unterschiedliche Heizungssysteme darzustellen, erfolgte eine Berechnung von e_P für die folgenden Kesselarten unter Verwendung eines haustechnischen Systems gemäß Beschreibung nach Tabelle 10.3:

- Brennwertanlage: Systemtemperatur 55 °C / 45 °C
- Niedertemperaturanlage: Systemtemperatur 70 °C / 55 °C
- Konstanttemperaturanlage: Systemtemperatur 90 °C / 70 °C

Heizung	Übergabe	- Radiatoren - Thermostatventile mit einem Auslegungsbereich von 1 Kelvin
	Speicherung	- keine
	Verteilung	- maximale Vor- / Rücklauftemperatur: siehe Kesselbauart oben - horizontale Wärmeverteilung außerhalb der thermischen Hülle - vertikale Stränge **außen liegend** - geregelte Umwälzpumpe
	Erzeugung	- **Brennwert-** / Niedertemperatur- / **Konstanttemperaturkessel** - Aufstellung außerhalb der thermischen Hülle
Trinkwassere rwärmung	Speicherung	- indirekt beheizter Speicher - Aufstellung außerhalb der thermischen Hülle
	Verteilung	horizontale Wärmeverteilung außerhalb der thermischen Hülle - mit Zirkulationspumpe
	Erzeugung	- gebäudezentrale Erzeugung - **Brennwert-** / Niedertemperatur- / **Konstanttemperaturkessel** - **mit** / ohne solarthermische Brauchwasseranlage
Lüftung	Übergabe	- keine
	Verteilung	- keine
	Erzeugung	- keine

Tabelle 10.9: Randbedingungen zur Berechnung von e_P

Mehrfamilienwohngebäude: Luftwechselrate n = 0,6; ΔU_{WB} = 0,05; schwere Bauweise; unbeheizter Wintergarten;

		Januar	Februar	März	April	Mai	Juni	Juli	August	September	Oktober	November	Dezember
L_D	W/K	418,91	418,91	418,91	418,91	418,91	418,91	418,91	418,91	418,91	418,91	418,91	418,91
L_S	W/K	0,00	0,00	0,00	0,00	0,00	0,00	0,00	0,00	0,00	0,00	0,00	0,00
H_U	W/K	14,72	14,72	14,72	14,72	14,72	14,72	14,72	14,72	14,72	14,72	14,72	14,72
ΔH_{WB}	W/K	53,45	53,45	53,45	53,45	53,45	53,45	53,45	53,45	53,45	53,45	53,45	53,45
H_T	W/K	487,09	487,09	487,09	487,09	487,09	487,09	487,09	487,09	487,09	487,09	487,09	487,09
H_V	W/K	304,01	304,01	304,01	304,01	304,01	304,01	304,01	304,01	304,01	304,01	304,01	304,01
H_I	W/K	791,09	791,09	791,09	791,09	791,09	791,09	791,09	791,09	791,09	791,09	791,09	791,09
$Q_{S,opak}$	kWh/a	-57,67	-28,66	10,14	163,72	188,64	233,41	249,80	148,41	87,95	3,38	-49,54	-82,36
ΔQ_{Nacht}	kWh/a	617,75	476,74	391,46	226,03	149,97	78,51	24,58	17,21	109,44	243,59	359,20	497,79
$Q_{I,NA}$	kWh/a	11387,96	9333,63	8368,14	5021,32	3251,69	1567,72	314,19	246,38	2422,70	5579,91	7835,43	10002,32
$Q_{S,F}$	kWh/a	1342,71	1613,89	2513,02	5167,37	5536,04	6117,03	6567,42	4898,48	3853,87	2417,46	1390,74	833,99
$Q_{S,WG}$	kWh/a	158,10	201,53	332,12	711,14	781,93	894,75	935,19	676,51	519,30	311,78	169,25	100,45
Q_I	kWh/a	2217,46	2002,87	2217,46	2145,93	2217,46	2145,93	2217,46	2217,46	2145,93	2217,46	2145,93	2217,46
γ	-	0,33	0,41	0,60	1,60	2,62	5,84	30,94	31,63	2,69	0,89	0,47	0,32
τ	h	117,73	117,73	117,73	117,73	117,73	117,73	117,73	117,73	117,73	117,73	117,73	117,73
a	-	8,36	8,36	8,36	8,36	8,36	8,36	8,36	8,36	8,36	8,36	8,36	8,36
η	-	1,00	1,00	0,99	0,62	0,38	0,17	0,03	0,03	0,37	0,94	1,00	1,00
Q_h	kWh/a	7669,90	5516,62	3335,79	37,81	0,00	0,00	0,00	0,00	0,00	936,60	4133,25	6850,56

Q''_h = 47,78 kWh/m²a $\qquad$ H'_T = 0,46 W/(m²K)

Tabelle 10.10: Einzelergebnisse nach dem Monatsbilanzverfahren mit min. Randbedingungen

Mehrfamilienwohngebäude: Luftwechselrate n = 0,7; ΔU_{WB} = 0,10; schwere Bauweise; unbeheizter Wintergarten;

		Januar	Februar	März	April	Mai	Juni	Juli	August	September	Oktober	November	Dezember
L_D	W/K	418,91	418,91	418,91	418,91	418,91	418,91	418,91	418,91	418,91	418,91	418,91	418,91
L_S	W/K	0,00	0,00	0,00	0,00	0,00	0,00	0,00	0,00	0,00	0,00	0,00	0,00
H_U	W/K	14,72	14,72	14,72	14,72	14,72	14,72	14,72	14,72	14,72	14,72	14,72	14,72
ΔH_{WB}	W/K	106,90	106,90	106,90	106,90	106,90	106,90	106,90	106,90	106,90	106,90	106,90	106,90
H_T	W/K	540,54	540,54	540,54	540,54	540,54	540,54	540,54	540,54	540,54	540,54	540,54	540,54
H_V	W/K	354,67	354,67	354,67	354,67	354,67	354,67	354,67	354,67	354,67	354,67	354,67	354,67
H_I	W/K	895,21	895,21	895,21	895,21	895,21	895,21	895,21	895,21	895,21	895,21	895,21	895,21
$Q_{S,opak}$	kWh/a	-57,67	-28,66	10,14	163,72	188,64	233,41	249,80	148,41	87,95	3,38	-49,54	-82,36
ΔQ_{Nacht}	kWh/a	617,75	476,74	391,46	226,03	149,97	78,51	24,58	17,21	109,44	243,59	359,20	497,79
$Q_{I,NA}$	kWh/a	12960,51	10621,05	9522,38	5733,50	3724,23	1815,10	391,65	300,61	2767,55	6346,81	8907,45	11373,45
$Q_{S,F}$	kWh/a	1342,71	1613,89	2513,02	5167,37	5536,04	6117,03	6567,42	4898,48	3853,87	2417,46	1390,74	833,99
$Q_{S,WG}$	kWh/a	158,10	201,53	332,12	711,14	781,93	894,75	935,19	676,51	519,30	311,78	169,25	100,45
Q_I	kWh/a	2217,46	2002,87	2217,46	2145,93	2217,46	2145,93	2217,46	2217,46	2145,93	2217,46	2145,93	2217,46
γ	-	0,29	0,36	0,53	1,40	2,29	5,05	24,82	25,92	2,36	0,78	0,42	0,28
τ	h	104,04	104,04	104,04	104,04	104,04	104,04	104,04	104,04	104,04	104,04	104,04	104,04
a	-	7,50	7,50	7,50	7,50	7,50	7,50	7,50	7,50	7,50	7,50	7,50	7,50
η	-	1,00	1,00	1,00	0,70	0,44	0,20	0,04	0,04	0,42	0,96	1,00	1,00
Q_h	kWh/a	9242,46	6803,90	4480,60	139,42	4,17	0,00	0,00	0,00	2,57	1591,29	5204,54	8221,71

Q''_h = $\boxed{59,87\ \text{kWh/m}^2\text{a}}$ H'_T = $\boxed{0,51\ \text{W/(m}^2\text{K)}}$

Tabelle 10.11: Einzelergebnisse nach dem Monatsbilanzverfahren mit max. Randbedingungen

Anlagenbewertung nach DIN 4701 Teil 10

für ein Gebäude mit normalen Innentemperaturen

Bezeichnung des Gebäudes oder des Gebäudeteils: **Zweifamilienwohngebäude mit beheiztem Keller**

Ort: ________________

Straße u. Hausnummer: ________________

Gemarkung: ________________

Flurstücknummer: ________________

I. Eingaben

$A_N =$ | 596,09 m² $t_{HP} =$ | 185 Tage

	TRINKWASSER-ERWÄRMUNG	HEIZUNG	LÜFTUNG
absoluter Bedarf	$Q_{tw} =$ 7451,13 kWh/a	$Q_h =$ 28481,18 kWh/a	
bezogener Bedarf	$q_{tw} =$ 12,5 kWh/m²a	$q_h =$ 47,78 kWh/m²a	

II. Systembeschreibung

	TRINKWASSERERWÄRMUNG	HEIZUNG	LÜFTUNG
Übergabe	-	Heizkörper, Thermostatventil mit 1 K	-
Verteilung	Verteil. innerhalb der therm. Hülle, mit Zirkulation	Verteil. innerhalb der therm. Hülle, Stränge außenliegend, geregelte Pumpe	-
Speicherung	Indirekt beheizter Speicher, in der therm. Hülle	-	

Erzeugung	Erzeuger 1	Erzeuger 2	Erzeuger 3	Erzeuger 1	Erzeuger 2	Erzeuger 3	Erzeuger WÜT	Erzeuger L/L-WP	Erzeuger Heizregister
Deckungsanteil	1,00			1,00					
Erzeuger	BW-Kessel 55/45°C			BW-Kessel 55/45°C					

III. Ergebnisse

	TRINKWASSER	HEIZUNG	LÜFTUNG
Deckung von Q_h	$q_{h,TW} =$ 1,94 kWh/m²a	$q_{h,H} =$ 45,84 kWh/m²a	$q_{h,L} =$ 0,0 kWh/m²a
Σ WÄRME	$Q_{TW,E} =$ 14192,9 kWh/a	$Q_{H,E} =$ 30876,7 kWh/a	$Q_{L,E} =$ 0,0 kWh/a
Σ HILFSENERGIE	280,16 kWh/a	524,56 kWh/a	0,0 kWh/a
Σ PRIMÄRENERGIE	$Q_{TW,P} =$ 16452,1 kWh/a	$Q_{H,P} =$ 35538,0 kWh/a	$Q_{L,P} =$ 0,0 kWh/a

ENDENERGIE $Q_E =$ 45069,6 kWh/a   Σ WÄRME

804,72 kWh/a   Σ HILFSENERGIE

PRIMÄRENERGIE $Q_P =$ 51990,1 kWh/a   Σ PRIMÄRENERGIE

ANLAGEN-AUFWANDSZAHL $e_P =$ 1,45 [-]

TRINKWASSERERWÄRMUNG

Bereich: Brennwert ohne solar

TW-Strang:

Q_{tw} = 7451,1 [kWh/a]	$q_{tw} \cdot A_N$	
A_N = 596,09 [m²]	aus DIN V 4108-6	
q_{tw} = 12,5 [kWh/m²a]	aus EnEV	

WÄRME (WE)

	Rechenvorschrift / Quelle	Dimension		Erzeuger 1	Erzeuger 2	Erzeuger 3
q_{tw}	aus EnEV	[kWh/m²a]	+	12,50		
$q_{TW,ce}$	Tabelle C.1.1	[kWh/m²a]		0,00		
$q_{TW,d}$	Tabellen C.1.2 a bzw. C.1.2 c	[kWh/m²a]		7,41		
$q_{TW,s}$	Tabelle C.1.3 a	[kWh/m²a]		1,35		
Σ	$(q_{tw} + q_{TW,ce} + q_{TW,d} + q_{TW,s})$	[kWh/m²a]		21,26		
$\alpha_{TW,g}$	Tabelle C.1.4 a	[--]		1,00	0,0	0,0
$e_{TW,g}$	Tabelle C.1.4 b, c, d, e oder f	[--]		1,12		
$q_{TW,E}$	$\Sigma q_{TW} \cdot (e_{TW,g,i} \cdot \alpha_{TW,g,i})$	[kWh/m²a]		23,81	0,0	0,0
$f_{P,i}$	Tabelle C.4.1	[--]		1,10		
$q_{TW,P}$	$\Sigma q_{TW,E,i} \cdot f_{P,i}$	[kWh/m²a]		26,19	0,0	0,0

23,81 kWh/m²a Endenergie

26,19 kWh/m²a Primärenergie

Heizwärmegutschriften

$q_{h,TW,d}$	1,94	[kWh/m²a]	Tabelle C.1.2 a
$q_{h,TW,s}$	0	[kWh/m²a]	Tabelle C.1.3 a
$q_{h,TW}$	1,94	[kWh/m²a]	$\Sigma q_{h,TW,d} + q_{h,TW,s}$

HILFSENERGIE (HE) (Strom)

	Rechenvorschrift / Quelle	Dimension		Erzeuger 1	Erzeuger 2	Erzeuger 3
$q_{TW,ce,HE}$	Tabelle C.1.1	[kWh/m²a]	+	0,00		
$q_{TW,d,HE}$	Tabelle C.1.2 b	[kWh/m²a]		0,31		
$q_{TW,s,HE}$	Tabelle C.1.3 b	[kWh/m²a]		0,04		
$\alpha_{TW,g}$	Tabelle C.1.4 a	[--]		1,00	0,0	0,0
$q_{TW,g,HE}$	Tabelle C.1.4 b, c, d, e oder f	[--]		0,12		
		[kWh/m²a]		0,47	0,0	0,0
$\Sigma q_{TW,HE,E}$	$(q_{TW,ce,HE} + q_{TW,d,HE} + q_{TW,s,HE} + \Sigma\alpha \cdot q_{g,HE})$	[kWh/m²a]		0,47		
f_P	Tabelle C.4.1	[--]		3,00		
$q_{TW,HE,P}$	$\Sigma q_{TW,HE,E} \cdot f_P$	[kWh/m²a]		1,41		

0,47 kWh/m²a Endenergie

1,41 kWh/m²a Primärenergie

$Q_{TW,E}$	$\Sigma q_{TW,E} \cdot A_N$	WÄRME	14192,9 kWh/a	**ENDENERGIE**
	$\Sigma q_{TW,HE,E} \cdot A_N$	HILFS-ENERGIE	280,2 kWh/a	
$Q_{TW,P}$	$(\Sigma q_{TW,P} + \Sigma q_{W,HE,P}) \cdot A_N$		16452,1 kWh/a	**PRIMÄRENERGIE**

HEIZUNG						$Q_h = 28481,18$ [kWh/a]	nach Abschnitt 4.1
Bereich:						$A_N = 596,09$ [m²]	aus DIN V 4108-6
Heiz-Strang:						$q_h = 47,78$ [kWh/m²a]	

WÄRME (WE)

	Rechenvorschrift / Quelle	Dimension		Erzeuger 1	Erzeuger 2	Erzeuger 3		
q_h	nach Abschnitt 4.1	[kWh/m²a]		47,78				
$q_{h,TW}$	aus Berechnungsblatt Trinkwassererwärmung	[kWh/m²a]	**−**	1,94				
$q_{h,L}$	aus Berechnungsblatt Lüftung	[kWh/m²a]		0,00				
$q_{H,ce}$	Tabelle C.3.1	[kWh/m²a]		1,10				
$q_{H,d}$	Tabellen C.3.2 a, b oder d	[kWh/m²a]	**+**	3,35				
$q_{H,s}$	Tabelle C.3.3	[kWh/m²a]		0,00				
Σ	$(q_h - q_{h,TW} - q_{h,L} + q_{ce} + q_d + q_s)$	[kWh/m²a]		50,29				
$\alpha_{H,g}$	Tabelle C.3.4 a	[--]		1,00	0,0	0,0		
$e_{H,g}$	Tabelle C.3.4 b, c, d oder e	[--]		1,03				
$q_{H,E}$	$\Sigma q \cdot (e_{g,i} \cdot \alpha_{g,i})$	[kWh/m²a]		51,80	0,0	0,0	51,80 kWh/m²a	Endenergie
$f_{P,i}$	Tabelle C.4.1	[--]		1,10				
$q_{H,P}$	$\Sigma q_{E,i} \cdot f_{P,i}$	[kWh/m²a]		56,98	0,0	0,0	56,98 kWh/m²a	Primärenergie

HILFSENERGIE (HE)

	Rechenvorschrift / Quelle	Dimension		Erzeuger 1	Erzeuger 2	Erzeuger 3		
$q_{H,ce,HE}$	Tabelle C.3.1	[kWh/m²a]		0,00				
$q_{H,d,HE}$	Tabelle C.3.2 c	[kWh/m²a]	**+**	0,53				
$q_{H,s,HE}$	Tabelle C.3.3	[kWh/m²a]		0,00				
$\alpha_{H,g}$	Tabelle C.3.4	[--]		1,00	0,0	0,0		
$q_{H,g,HE}$	Tabelle C.3.4 b - e	[--]		0,35				
$\alpha \cdot q_{g,HE}$		[kWh/m²a]		0,35	0,0	0,0		
$\Sigma q_{H,HE,E}$	$(q_{ce,HE} + q_{d,HE} + q_{s,HE} + \Sigma \alpha q_{g,HE})$	[kWh/m²a]		0,88			0,88 kWh/m²a	Endenergie
f_P	Tabelle C.4.1	[--]		3,00				
$q_{H,HE,P}$	$\Sigma q_{HE,E} \cdot f_P$	[kWh/m²a]		2,64			2,64 kWh/m²a	Primärenergie

$Q_{H,E}$	$\Sigma q_E \cdot A_N$	WÄRME	30876,7 kWh/a	**ENDENERGIE**	
	$\Sigma q_{HE,E} \cdot A_N$	HILFSENERGIE	524,56 kWh/a		
$Q_{H,P}$	$(\Sigma q_P + \Sigma q_{HE,P}) \cdot A_N$		35538,0 kWh/a	**PRIMÄRENERGIE**	

Anlagenbewertung nach DIN 4701 Teil 10

für ein Gebäude mit normalen Innentemperaturen

Bezeichnung des Gebäudes oder des Gebäudeteils:

Zweifamilienwohngebäude mit beheiztem Keller

Ort: _______________________

Straße u. Hausnummer: _______________________

Gemarkung: _______________________

Flurstücknummer: _______________________

I. Eingaben

$A_N =$ | 596,09 | m² $t_{HP} =$ | 185 | Tage

	TRINKWASSER-ERWÄRMUNG	HEIZUNG	LÜFTUNG
absoluter Bedarf	$Q_{tw} =$ 7451,13 kWh/a	$Q_h =$ 28481,18 kWh/a	
bezogener Bedarf	$q_{tw} =$ 12,5 kWh/m²a	$q_h =$ 47,78 kWh/m²a	

II. Systembeschreibung

	TRINKWASSER	HEIZUNG	LÜFTUNG
Übergabe	-	Heizkörper, Thermostatventil mit 1 K	-
Verteilung	Verteil. in der therm. Hülle, mit Zirkulation	Verteilung in der therm. Hülle, Stränge außenliegend, geregelte Pumpe	-
Speicherung	Indirekt beheizter Speicher, in der therm. Hülle	-	

Erzeugung	Erzeuger 1	Erzeuger 2	Erzeuger 3	Erzeuger 1	Erzeuger 2	Erzeuger 3	Erzeuger WÜT	Erzeuger L/L-WP	Erzeuger Heizregister
Deckungsanteil	0,48	0,52		1,00					
Erzeuger	BW-Kessel 55/45°C	Solaranlage Flachkollek.		BW-Kessel 55/45°C					

III. Ergebnisse

Deckung von Q_h	$q_{h,TW} =$ 1,94 kWh/m²a	$q_{h,H} =$ 45,84 kWh/m²a	$q_{h,L} =$ 0,0 kWh/m²a
Σ WÄRME	$Q_{TW,E} =$ 6812,94 kWh/a	$Q_{H,E} =$ 30876,7 kWh/a	$Q_{L,E} =$ 0,0 kWh/a
Σ HILFS-ENERGIE	552,93 kWh/a	524,56 kWh/a	0,0 kWh/a
Σ PRIMÄR-ENERGIE	$Q_{TW,P} =$ 9153,03 kWh/a	$Q_{H,P} =$ 35538,0 kWh/a	$Q_{L,P} =$ 0,0 kWh/a

ENDENERGIE $Q_E =$ | 37689,6 kWh/a | Σ WÄRME

| 1077,49 kWh/a | Σ HILFSENERGIE

PRIMÄRENERGIE $Q_P =$ | 44691,0 kWh/a | Σ PRIMÄRENERGIE

ANLAGEN-AUFWANDSZAHL $e_P =$ | 1,24 | [-]

TRINKWASSERERWÄRMUNG

Bereich:

TW-Strang:

Q_{tw} =	7451,1 [kWh/a]	$q_{tw} \cdot A_N$
A_N =	596,09 [m²]	aus DIN V 4108-6
q_{tw} =	12,5 [kWh/m²a]	aus EnEV

WÄRME (WE)

	Rechenvorschrift / Quelle	Dimension		Wert	
q_{tw}	aus EnEV	[kWh/m²a]		12,50	
$q_{TW,ce}$	Tabelle C.1.1	[kWh/m²a]		0,00	
$q_{TW,d}$	Tabellen C.1.2 a bzw. C.1.2 c	[kWh/m²a]	**+**	7,41	
$q_{TW,s}$	Tabelle C.1.3 a	[kWh/m²a]		1,35	
Σ	$(q_{tw} + q_{TW,ce} + q_{TW,d} + q_{TW,s})$	[kWh/m²a]		21,26	

Heizwärmegutschriften

$q_{h,TW,d}$	1,94	[kWh/m²a]	Tabelle C.1.2 a
$q_{h,TW,s}$	0	[kWh/m²a]	Tabelle C.1.3 a
$q_{h,TW}$	1,94	[kWh/m²a]	$\Sigma q_{h,TW,d} + q_{h,TW,s}$

			Erzeuger 1	Erzeuger 2	Erzeuger 3
$\alpha_{TW,g}$	Tabelle C.1.4 a	[--]	0,48	0,52	0,0
$e_{TW,g}$	Tabelle C.1.4 b, c, d, e oder f	[--]	1,12	0,00	
$q_{TW,E}$	$\Sigma q_{TW} \cdot (e_{TW,g,i} \cdot \alpha_{TW,g,i})$	[kWh/m²a]	11,43	0,00	0,0
$f_{P,i}$	Tabelle C.4.1	[--]	1,10		
$q_{TW,P}$	$\Sigma q_{TW,E,i} \cdot f_{P,i}$	[kWh/m²a]	12,57	0,00	0,0

11,43 kWh/m²a Endenergie

12,57 kWh/m²a Primärenergie

HILFSENERGIE (HE)

(Strom)

	Rechenvorschrift / Quelle	Dimension		Wert	
$q_{TW,ce,HE}$	Tabelle C.1.1	[kWh/m²a]		0,00	
$q_{TW,d,HE}$	Tabelle C.1.2 b	[kWh/m²a]	**+**	0,31	
$q_{TW,s,HE}$	Tabelle C.1.3 b	[kWh/m²a]		0,04	

			Erzeuger 1	Erzeuger 2	Erzeuger 3
$\alpha_{TW,g}$	Tabelle C.1.4 a	[--]	0,48	0,52	0,0
$q_{TW,g,HE}$	Tabelle C.1.4 b, c, d, e oder f	[--]	0,12	1,00	
		[kWh/m²a]	0,06	0,52	0,0
$\Sigma q_{TW,HE,E}$	$(q_{TW,ce,HE} + q_{TW,d,HE} + q_{TW,s,HE} + \Sigma\alpha \cdot q_{g,HE})$	[kWh/m²a]		0,93	
f_P	Tabelle C.4.1	[--]		3,00	
$q_{TW,HE,P}$	$\Sigma q_{TW,HE,E} \cdot f_P$	[kWh/m²a]		2,78	

0,93 kWh/m²a Endenergie

2,78 kWh/m²a Primärenergie

$Q_{TW,E}$	$\Sigma q_{TW,E} \cdot A_N$	WÄRME	6812,94 kWh/a	**ENDENERGIE**
	$\Sigma q_{TW,HE,E} \cdot A_N$	HILFSENERGIE	552,93 kWh/a	
$Q_{TW,P}$	$(\Sigma q_{TW,P} + \Sigma q_{W,HE,P}) \cdot A_N$		9153,03 kWh/a	**PRIMÄRENERGIE**

HEIZUNG

Bereich:

Heiz-Strang:

Q_h = 28481,18 [kWh/a] — nach Abschnitt 4.1

A_N = 596,09 [m²] — aus DIN V 4108-6

q_h = 47,78 [kWh/m²a]

WÄRME (WE)

	Rechenvorschrift / Quelle	Dimension			
q_h	nach Abschnitt 4.1	[kWh/m²a]		47,78	
$q_{h,TW}$	aus Berechnungsblatt Trinkwassererwärmung	[kWh/m²a]	**−**	1,94	
$q_{h,L}$	aus Berechnungsblatt Lüftung	[kWh/m²a]		0,00	
$q_{H,ce}$	Tabelle C.3.1	[kWh/m²a]		1,10	
$q_{H,d}$	Tabellen C.3.2 a, b oder d	[kWh/m²a]	**+**	3,35	
$q_{H,s}$	Tabelle C.3.3	[kWh/m²a]		0,00	
Σ	$(q_h - q_{h,TW} - q_{h,L} + q_{ce} + q_d + q_s)$	[kWh/m²a]		50,29	

			Erzeuger 1	Erzeuger 2	Erzeuger 3
$\alpha_{H,g}$	Tabelle C.3.4 a	[--]	1,00	0,0	0,0
$e_{H,g}$	Tabelle C.3.4 b, c, d oder e	[--]	1,03		
$q_{H,E}$	$\Sigma q \cdot (e_{g,i} \cdot \alpha_{g,i})$	[kWh/m²a]	51,78	0,0	0,0
$f_{P,i}$	Tabelle C.4.1	[--]	1,10		
$q_{H,P}$	$\Sigma q_{E,i} \cdot f_{P,i}$	[kWh/m²a]	56,98	0,0	0,0

51,78 kWh/m²a Endenergie

56,98 kWh/m²a Primärenergie

HILFSENERGIE (HE)

	Rechenvorschrift / Quelle	Dimension			
$q_{H,ce,HE}$	Tabelle C.3.1	[kWh/m²a]		0,00	
$q_{H,d,HE}$	Tabelle C.3.2 c	[kWh/m²a]	**+**	0,53	
$q_{H,s,HE}$	Tabelle C.3.3	[kWh/m²a]		0,00	

			Erzeuger 1	Erzeuger 2	Erzeuger 3
$\alpha_{H,g}$	Tabelle C.3.4	[--]	1,00	0,0	0,0
$q_{H,g,HE}$	Tabelle C.3.4 b - e	[--]	0,35		
$\alpha \cdot q_{g,HE}$		[kWh/m²a]	0,35	0,0	0,0
$\Sigma q_{H,HE,E}$	$(q_{ce,HE} + q_{d,HE} + q_{s,HE} + \Sigma \alpha q_{g,HE})$	[kWh/m²a]		0,88	
f_P	Tabelle C.4.1	[--]		3,00	
$q_{H,HE,P}$	$\Sigma q_{HE,E} \cdot f_P$	[kWh/m²a]		2,64	

0,88 kWh/m²a Endenergie

2,64 kWh/m²a Primärenergie

$Q_{H,E}$	$\Sigma q_E \cdot A_N$	WÄRME	30876,7 kWh/a	**ENDENERGIE**
	$\Sigma q_{HE,E} \cdot A_N$	HILFSENERGIE	524,56 kWh/a	
$Q_{H,P}$	$(\Sigma q_P + \Sigma q_{HE,P}) \cdot A_N$		35538,0 kWh/a	**PRIMÄRENERGIE**

Um die Auswirkungen, die sich aus der Wahl und dem Einsatz unterschiedlich leistungsstarker Heizungsanlagen ergeben, darzustellen, wurde die Anlagenaufwandszahl e_P für die in Abschnitt 10.2 aufgelisteten Heizungssysteme jeweils mit bzw. ohne solarthermische Brauchwassererwärmung ermittelt. Die Berechnung lieferte für das betrachtete Mehrfamilienwohngebäude folgende Ergebnisse:

Systembeschreibung		vorh. Jahres-Heizwärmebedarf Q_h [kWh/m²a]		vorh. Trinkwarmwasserbedarf Q_{tw} [kWh/m²a]	Anlagenaufwandszahl e_P [ ]		vorh. Jahres-Primärenergiebedarf vorh. Q''_P [kWh/m²a]		zul. Jahres-Primärenergiebedarf zul. Q''_P [kWh/m²a]
		Min. Randbed.	Max. Randbed.		Min. Randbed.	Max. Randbed.	Min. Randbed.	Max. Randbed.	
Brennwertanlage	mit solarthermischer Brauchwasseranlage	47,78	59,87	12,5	1,25	1,23	**75,35**	89,02	97,88
	ohne solarthermische Brauchwasseranlage				1,45	1,39	87,41	100,59	
Niedertemperaturanlage	mit solarthermischer Brauchwasseranlage				1,34	1,32	80,78	95,53	
	ohne solarthermische Brauchwasseranlage				1,55	1,50	93,43	108,56	
Konstanttemperaturanlage	mit solarthermischer Brauchwasseranlage				1,53	1,50	92,23	108,56	
	ohne solarthermische Brauchwasseranlage				1,80	1,72	108,50	**124,48**	

Tabelle 10.12: Anlagenaufwandszahl e_P und Jahres-Primärenergiebedarf Q''_P für verschiedene Heizungsanlagen und minimale bzw. maximale Randbedingungen

Die grau hinterlegten Zellen in Tabelle 10.12 erfüllen die baurechtlichen Anforderungen nach Energieeinsparverordnung nicht. Die Bandbreite der Möglichkeiten ist beim vorliegenden Beispiel - im Gegensatz zum Zweifamilienwohngebäude – damit deutlich eingeschränkt.

10.2.3 Nachweis der spezifischen Transmissionswärmeverluste H'_T

Auch der Optimierung des baulichen Wärmeschutzes sind Grenzen gesetzt, da der Wert der vorhandenen spezifischen, auf die wärmeübertragende Umfassungsfläche bezogene Transmissionswärmeverluste vorh. H'_T den Wert zul. $H'_T = 0,56$ W/(m²K) nicht übersteigen darf.

10.3 Bürogebäude

Eine Zusammenstellung der verschiedenen Bauteile und ihrer Flächenanteile kann Tabelle 10.13 entnommen werden:

Bauteil	Fläche insgesamt [m²]	Flächen mit Orientierung [m²]			
		Süd	West	Nord	Ost
Außenwand	462,83	169,02	69,33	155,15	69,33
Fenster	69,88	28,87	16,01	42,75	16,01
Dach	261,36	-	-	-	-
Decke gegen unbeheizten Keller	168,96	-	-	-	-
Decke gegen Außenluft nach unten	116,16	-	-	-	-
beheiztes Volumen: V_e = 2041,46 m³					

Tabelle 10.13: Zusammenstellung der wesentlichen Gebäudedaten

Bei dem betrachteten Gebäude handelt es sich um ein Bürogebäude mit angrenzender niedrig beheizter Lagerhalle. Da das Treppenhaus in den Gebäudekörper eingebunden ist, wird es dem beheizten Bereich zugeordnet.

Beim Nachweis der Anforderungen an den energiesparenden Wärmeschutz nach EnEV und beim Nachweis des sommerlichen Wärmeschutzes wird davon ausgegangen, dass die Lagerhalle nicht vorhanden ist.

Wie bereits zu Beginn dieses Kapitels ausgeführt, bezieht sich der Nachweis des sommerlichen Wärmeschutzes auf die Version nach DIN 4108-2:2003(siehe auch Kapitel 6 dieses Kommentars). Als ungünstigster Raum wurde das Büro 7 im EG eingestuft.

Bevor der Nachweis des Jahres-Primärenergiebedarfs Q''_P geführt werden kann, ist zu prüfen, ob das Heizperiodenbilanzverfahren angewendet werden darf oder ob des Monatsbilanzverfahren zum Einsatz kommen muss. Diese Überprüfung erfolgt in Kapitel 10.2.3.

Eine Darstellung des Gebäudes kann den folgenden Planunterlagen entnommen werden.

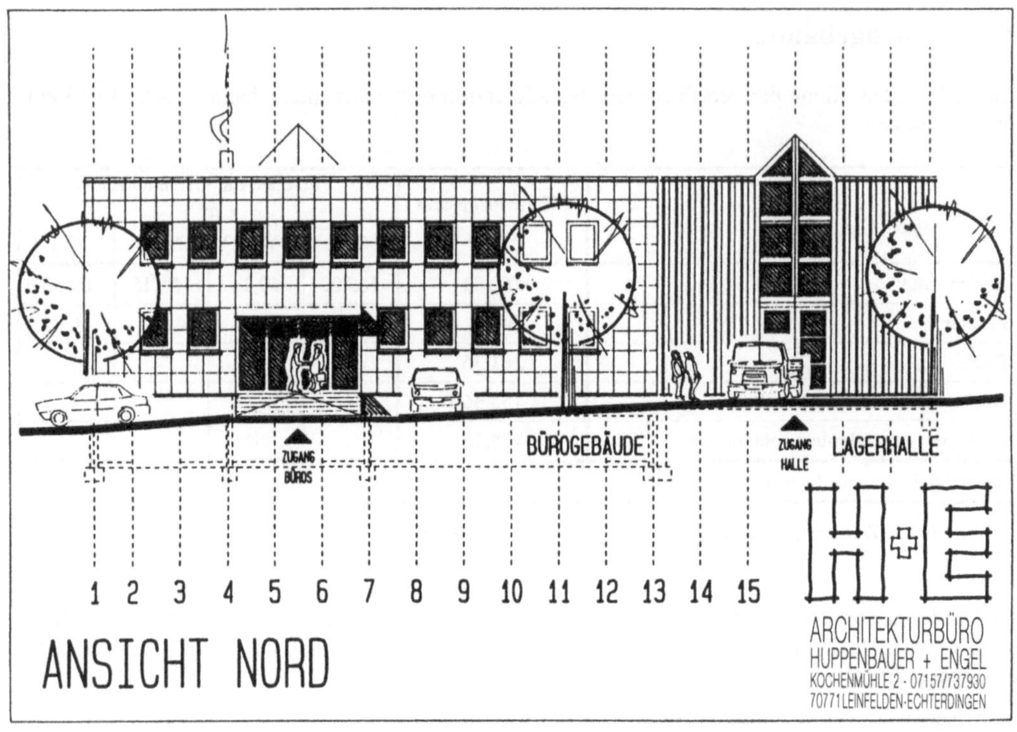
ZUGANG
BÜROS
BÜROGEBÄUDE
ZUGANG
HALLE
LAGERHALLE
1 2 3 4 5 6 7 8 9 10 11 12 13 14 15
H+E
ARCHITEKTURBÜRO
HUPPENBAUER + ENGEL
KOCHENMÜHLE 2 · 07157/737930
70771 LEINFELDEN-ECHTERDINGEN
ANSICHT NORD

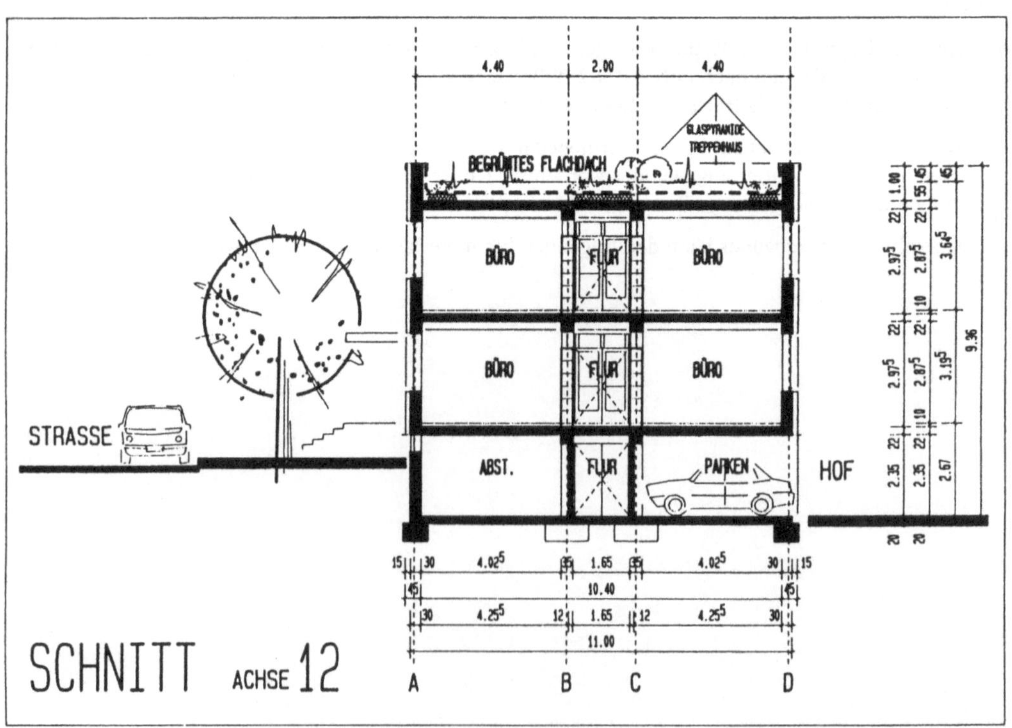
4.40
2.00
4.40
GLASPYRAMIDE
TREPPENHAUS
BEGRÜNTES FLACHDACH
BÜRO
FLUR
BÜRO
BÜRO
FLUR
BÜRO
ABST.
FLUR
PARKEN
STRASSE
HOF
A
B
C
D
SCHNITT ACHSE 12
10.40
11.00

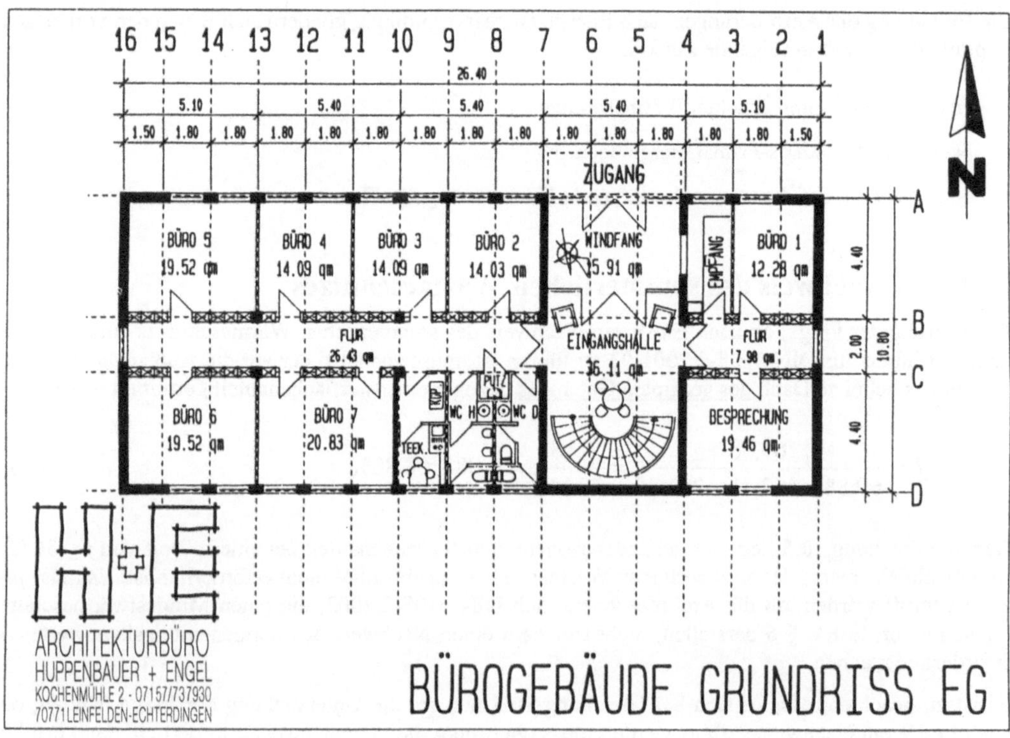

16 15 14 13 12 11 10 9 8 7 6 5 4 3 2 1
26.40
5.10 5.40 5.40 5.40 5.10
1.50 1.80 1.80 1.80 1.80 1.80 1.80 1.80 1.80 1.80 1.80 1.80 1.80 1.80 1.50
ZUGANG
N
A
BÜRO 5
19.52 qm
BÜRO 4
14.09 qm
BÜRO 3
14.09 qm
BÜRO 2
14.03 qm
WINDFANG
5.91 qm
EMPFANG
BÜRO 1
12.28 qm
4.40
B
FLUR
26.43 qm
EINGANGSHALLE
36.11 qm
FLUR
7.98 qm
2.00
10.80
C
BÜRO 6
19.52 qm
BÜRO 7
20.83 qm
PUTZ
WC H
WC D
TEEK.
BESPRECHUNG
19.46 qm
4.40
D
H+E
ARCHITEKTURBÜRO
HUPPENBAUER + ENGEL
KOCHENMÜHLE 2 · 07157/737930
70771 LEINFELDEN-ECHTERDINGEN
BÜROGEBÄUDE GRUNDRISS EG

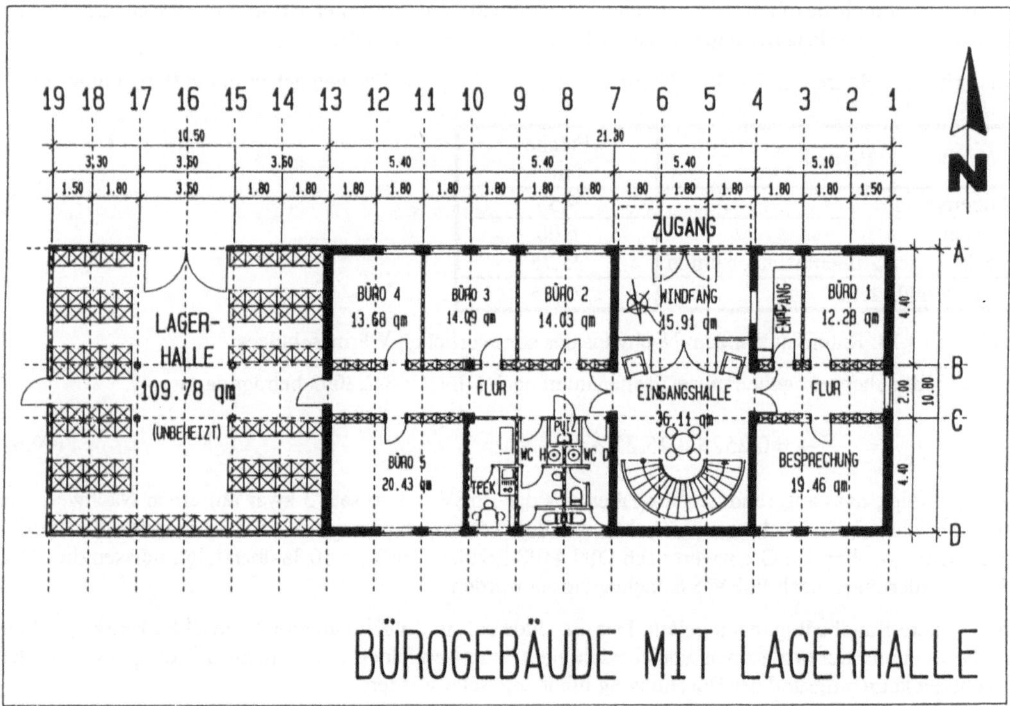

19 18 17 16 15 14 13 12 11 10 9 8 7 6 5 4 3 2 1
10.50 21.30
3.30 3.50 3.50 5.40 5.40 5.40 5.10
1.50 1.80 3.50 1.80 1.80 1.80 1.80 1.80 1.80 1.80 1.80 1.80 1.80 1.80 1.80 1.80 1.50
ZUGANG
N
A
LAGER-
HALLE
109.78 qm
(UNBEHEIZT)
BÜRO 4
13.68 qm
BÜRO 3
14.09 qm
BÜRO 2
14.03 qm
WINDFANG
5.91 qm
EMPFANG
BÜRO 1
12.28 qm
4.40
B
FLUR
EINGANGSHALLE
36.11 qm
FLUR
2.00
10.80
C
BÜRO 5
20.43 qm
PUTZ
WC H
WC D
TEEK
BESPRECHUNG
19.46 qm
4.40
D
BÜROGEBÄUDE MIT LAGERHALLE

Die Einhaltung der Anforderungen nach Energieeinsparverordnung gliedern sich wie in den vorherigen Kapiteln dargestellt in folgende Punkte:

- Nachweis des sommerlichen Wärmeschutzes

- Nachweis des Jahres-Primärenergiebedarfs Q''_P

- Nachweis der auf die wärmeübertragende Fläche bezogenen Transmissionswärmeverluste H'_T

10.3.1   Nachweis des sommerlichen Wärmeschutzes

Zur Klärung der Frage, ob nach EnEV ein Nachweis des sommerlichen Wärmeschutzes entsprechend dem Verfahren aus DIN 4108-2:2001-03 zu führen ist, muss zunächst der auf die Außenwände, Fenster und das beheizte Dach <u>des gesamten Gebäudes</u> bezogene Fensterflächenanteil f ermittelt werden.

$$f = \frac{69{,}88}{69{,}88 + 462{,}83 + 261{,}36} = \frac{69{,}88}{794{,}07} = 0{,}088 \equiv 8{,}80\% \tag{10.5}$$

Gemäß Gleichung 10.5 liegt der gebäudebezogene Fensterflächenanteil bei einem Wert von $f \leq 30\ \%$, so dass ein Nachweis des sommerlichen Wärmeschutzes nach EnEV nicht erforderlich ist. Es muss jedoch geprüft werden, ob die Anforderungen nach DIN 4108-2:2003, die einen Mindestwärmeschutz im Sinne von EnEV § 6 darstellen, nicht trotzdem einen Nachweis des Sonneneintragskennwertes S erforderlich machen.

Es ist zu beachten, dass es sich bei Gleichung 10.5 nur um die Untersuchung der Frage handelt, ob nach EnEV ein Nachweis geführt werden muss oder nicht. Ist ein Nachweis erforderlich, dann erfolgt die eigentliche Überprüfung des sommerlichen Wärmeschutzes nach DIN 4108-2:2003 Abschnitt 8 nicht hinsichtlich des Gebäudes in seiner Gesamtheit, sondern unter Bezug auf dessen kritischsten Raum (für weitere Erläuterungen siehe auch Kapitel 6 dieses Kommentars).

Als kritischer Raum gilt das Büro Nummer 7 im EG. Folgende Flächen gehen in die Berechnung ein:

Bauteil	Fläche [m²]
Außenwand	9,53
Fenster	6,00
Decke gegen Außenluft nach unten	23,76
Raumgrundfläche	23,76

Tabelle 10.14: Raumflächen zum Nachweis des sommerlichen Wärmeschutzes

Der grundflächenbezogene Fensterflächenanteil nach DIN 4108-2:2003 beträgt damit:

$$f_{AG} = \frac{6{,}00}{23{,}76} = 0{,}2525 \equiv 25{,}25\% \tag{10.6}$$

Hieraus folgt, dass aufgrund der Vorgaben aus der EnEV § 3 Absatz 3 zwar auf einen Nachweis des sommerlichen Wärmeschutzes verzichtet werden könnte, da der grundflächenbezogene Fensterflächenanteil f_{AG} aber den Grenzwert nach DIN 4108-2:2003 von $f_{AG} = 10\ \%$ übersteigt, müssen die Mindestanforderungen nach EnEV § 6 nachgewiesen werden.

Als weitere Randbedingungen gelten: Das Gebäude soll in der Klimaregion C errichtet werden, auf eine Berechnung der wirksamen Speicherfähigkeit wird verzichtet, eine erhöhte Lüftung während der Nachtzeit kann aufgrund der Büronutzung nicht angesetzt werden.

Zur besseren Übersicht wird der Nachweis des sommerlichen Wärmeschutzes im Folgenden unter Verwendung des Formblattes aus Kapitel 6 dieses Kommentars geführt.

Objekt: Bürogebäude		
1	**1 Lagebeschreibung des betrachteten Raums**	
2	Geschoss: EG Raumart / Raumnummer: Büro – Nummer 7	
3	**2 Sonneneintragskennwert**	
4	**2.1 Vorhandener Sonneneintragskennwert S**	
5	**2.1.1 Fensterfläche und Netto-Grundfläche**	
6	Fensterfläche des betrachteten Raums oder Raumbereichs [a] $A_W =$	__6,00__ m²
9	Netto-Grundfläche des betrachteten Raums oder Raumbereichs [b] $A_G =$	__23,76__ m²
10	**2.1.2 g-Wert der Verglasung einschließlich Sonnenschutz**	
11	Gesamtenergiedurchlassgrad nach DIN 410 oder Herstellerangabe $g =$	0,62
12	**Anhaltswerte von Abminderungsfaktoren fest installierter Sonneschutzvorrichtungen**	
13	Beschaffenheit der Sonnenschutzvorrichtung [c]	**Faktor F_C**
14	**ohne Sonnenschutzvorrichtung**	1,0
15	**innen liegend bzw. zwischen den Scheiben [d]**	
15.1	- weiß oder reflektierende Oberflächen mit geringer Transparenz [e]	0,75
15.2	- helle Farben oder geringe Transparenz [e]	0,80
15.3	- dunkle Farben oder höhere Transparenz	0,90
16	**außen liegend**	
16.1	- drehbare Lamellen, hinterlüftet	0,25
16.2	- Jalousien und Stoffe mit geringer Transparenz [e], hinterlüftet	0,25
16.2	- Jalousien, allgemein	0,40
16.3	- Rollläden, Fensterläden	0,30
16.4	- Vordächer, Loggien, freistehende Lamellen [f]	0,50
16.5	- Markisen [f], oben und seitlich ventiliert	0,40
16.6	- Markisen [f], allgemein	0,50
17	$g_{total} = g \cdot F_C =$ __0,62__ $\cdot$ __0,25__ $=$ [g] $g_{total} =$	**0,155**

[a] Es gelten die Maße der lichten Rohbauöffnung.

[b] Die Netto-Grundfläche A_G wird aus den lichten Innenraumabmessungen berechnet. Aufgrund der verminderten Einstrahlung ist bei großen Räumen die zur Bestimmung von A_G anzusetzende Raumtiefe zu begrenzen. Die größtmögliche Raumtiefe muss kleiner als die dreifache lichte Raumhöhe sein. Bei Räumen mit gegenüberliegenden Fassaden mit Fenstern ergibt sich keine Begrenzung der anzusetzenden Raumtiefe, wenn deren lichter Abstand kleiner oder gleich der sechsfachen lichten Raumhöhe ist. Bei Räumen mit gegenüberliegenden Fassaden, bei denen die lichten Abstände der Außenwände mehr als das Sechsfache der lichten Höhe betragen, muss der Nachweis für die beiden Fassaden unter Berücksichtigung der zugehörigen Netto-Grundflächen A_G getrennt geführt werden.

[c] Die Sonnenschutzvorrichtung muss fest installiert sein. Übliche dekorative Vorhänge sind keine Sonnenschutzvorrichtung.

[d] Für innen und zwischen den Scheiben liegende Sonnenschutzvorrichtungen ist eine genauere Ermittlung zu empfehlen, da sich erheblich günstigere ergeben können. Ohne Nachweis ist der ungünstigere Wert zu verwenden.

[e] Eine Transparenz der Sonnenschutzvorrichtung unter 15 % gilt als gering.

[f] Es muss sichergestellt sein, dass keine direkte Besonnung des Fensters erfolgt. Dies ist der Fall, wenn
- bei einer Süd-Orientierung der Abdeckwinkel $\beta \geq 50°$ ist;
- bei Ost- oder West-Orientierung der Abdeckwinkel entweder $\beta \geq 85°$ oder $\gamma \geq 115°$ beträgt.

Zur jeweiligen Orientierung einer Himmelsrichtung gehören Winkelbereiche von $\pm$ 22,5°. Bei Zwischenorientierungen ist der Abdeckwinkel $\beta \geq 80°$ erforderlich.

Vertikalschnitt durch die Fassade   Horizontalschnitt durch die Fassade

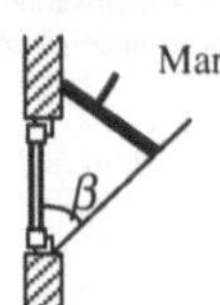

[g] Werden in einem Raum Verglasungen mit unterschiedlichen g-Werten oder unterschiedliche Verschattungen verwendet, ist der flächengewichtete Mittelwert $g_{total,\,Mittel}$ zu verwenden:

$$g_{total,Mittel} = \frac{g_{total,1} \cdot A_{W,1} + g_{total,2} \cdot A_{W,2} + ... + g_{total,i} \cdot A_{W,i}}{A_{W,1} + A_{W,2} + ... + A_{W,i}}$$

18	**2.1.3 Berechnung des vorhandenen Sonneneintragskennwertes S**		
19	$$S = \dfrac{\sum\limits_{i=1}^{n}\left(A_{W,i} \cdot g_{total,i}\right)}{A_G} = \dfrac{6,00 \cdot 0,155}{23,76} \qquad\qquad \text{vorh. } S =$$		**0,0391**
20	**2.2 Zulässiger Sonneneintragskennwert S_{zul}**		
21	**2.2.1 Anteilige Sonneneintragskennwerte S_x**		
21	Gebäudelage, Bauart, Fensterneigung und Orientierung	anteiliger Wert S_x	
22	**Klimaregion**		
23.1	Gebäude in Klimaregion A		+ 0,04
23.2	Gebäude in Klimaregion B		+ 0,03
23,3	Gebäude in Klimaregion C		+ 0,015
24	**Bauart**		
24.1	Leichte Bauart: $C_{wirk} / A_G < 50$ Wh/(Km²) bzw. ohne Nachweis von C_{wirk} [h]	$+\,0,06 \cdot f_{gew}$ [k]	**+ 0,028**
24.1	Mittlere Bauart: 50 Wh/(Km²) $\leq C_{wirk} / A_G \leq 130$ Wh/(Km²) [h]	$+\,0,10 \cdot f_{gew}$ [k]	+
24.1	Schwere Bauart: $C_{wirk} / A_G > 130$ Wh/(Km²) [h]	$+\,0,115 \cdot f_{gew}$ [k]	+
25	**Erhöhte Nachtlüftung während der zweiten Nachthälfte mit $n \geq 1{,}5$ h^{-1} [l]**		
25.1	bei leichter und mittlerer Bauart		+ 0,02
25.1	bei schwerer Bauart		+ 0,03
26	**Sonnenschutzverglasung mit $g < 0{,}4$ [m]**		+ 0,03
27	**Fensterneigung** $0° \leq$ Neigung $\leq 60°$ (gegenüber der Horizontalen)	$-\,0,12 \cdot f_{neig}$ [n]	-
28	**Orientierung** nordwest- über nord- bis nordost-orientierte Fenster mit einer Neigung gegenüber der Horizontalen von $\alpha > 60°$ und Fenster, die andauernd durch das Gebäude selbst verschattet werden	$+\,0,10 \cdot f_{nord}$ [o]	+
29	**2.2.2 Berechnung des zulässigen Höchstwertes S_{zul}**		
30	$$S_{zul} = \sum S_x = 0,03 + 0,028 + 0 + 0 - 0 + 0 \qquad S_{zul} =$$		**0,0528**
31	**3 Nachweis des sommerlichen Wärmeschutzes**		
32	**Der Nachweis an den sommerlichen Wärmeschutz ist erbracht, wenn gilt:** vorh. S = 0,0391 $\leq$ 0,0528 = S_{zul}		

[h] Für den genauen Nachweis kann die wirksame Speicherkapazität C_{wirk} nach DIN V 4108-6 ermittelt werden.

[k] Der Faktor f_{gew} zur Berücksichtigung der auf die Netto-Grundfläche A_G bezogenen Außenflächen wird wie folgt berechnet:
$$f_{gew} = (A_W + 0,3 \cdot A_{AW} + 0,1 \cdot A_D) / A_G$$
Dabei bedeutet A_W die Fensterfläche einschließlich möglicher Dachfenster nach Zeile 6; A_{AW} die Fläche der Außenwände; A_D die Trennfläche von Dächern oder Decken gegen Außenluft nach oben oder unten sowie Decken und Wände gegen unbeheizte Keller- oder Dachräume und Wände und Böden gegen Erdreich; A_G die Netto-Grundfläche nach Zeile 7.

[m] Bei Ein- und Zweifamilienwohngebäuden kann in der Regel von einer erhöhten Nachtlüftung ausgegangen werden.

[m] Als gleichwertige Maßnahme gilt eine Sonnenschutzvorrichtung, die die diffuse Strahlung permanent reduziert und für die gilt: $g_{total} < 0{,}4$.

[n] Bei der Berechnung von f_{neig} gilt:
$$f_{neig} = A_{W,neig} / A_G$$
mit: $A_{W,neig}$ Fläche der Fenster des Raumes mit einer Neigung gegenüber der Horizontalen von $\alpha \leq 60°$, ermittelt über das lichte Rohbaumaß, und A_G die Netto-Grundfläche nach Zeile 7.

[o] Der Faktor zur Berücksichtigung nordorientierter Fenster wird wie folgt bestimmt:
$$f_{nord} = A_{W,nord} / A_{W,gesamt}$$
Dabei bedeutet $A_{W,nord}$ die Fläche aller nordorientierten oder dauernd verschatteten Fenster gemäß der Definition nach Zeile 28 und $A_{W,gesamt}$ die Gesamtfensterfläche nach Zeile 6.

10.3.2 Nachweis des Jahres-Primärenergiebedarfs Q'_P

Da das betrachtete Gebäude als Büro genutzt wird, kann nach EnEV der Nachweis an den energiesparenden Wärmeschutz nur mit dem Monatsbilanzverfahren durchgeführt werden.

10.3.2.1 Jahres-Heizwärmebedarf Q_h nach dem Monatsbilanzverfahren und Anlagenaufwandszahl e_P nach dem Tabellenverfahren

Bei Verwendung der minimalen Randbedingungen erhält man nach dem Monatsbilanzverfahren für den Jahres-Heizwärmebedarf Q_h die Einzelergebnisse nach Tabelle 10.15, beim Ansatz der maximalen Randbedingungen die Einzelergebnisse nach Tabelle 10.16.

Da sich im UG nur Kellerräume befinden, muss man davon ausgehen, dass sich die Heizungsanlage sowie die horizontale Verteilung der Trinkwarmwasser- und Heizungsleitungen im unbeheizten Bereich befinden.

Der Berechnungsgang zur Ermittlung der Anlagenaufwandszahl e_P wird anhand einer Brennwertanlage mit bzw. ohne solarthermische Brauchwassererwärmung bei minimalen bautechnischen Randbedingungen dokumentiert. Um darüber hinaus die Bandbreite möglicher Anlagenaufwandszahlen für unterschiedliche Heizungssysteme darzustellen, erfolgte eine Berechnung von e_P für die folgenden Kesselarten unter Verwendung eines haustechnischen Systems gemäß Beschreibung nach Tabelle 10.17:

- Brennwertanlage: Systemtemperatur 55 °C / 45 °C
- Niedertemperaturanlage: Systemtemperatur 70 °C / 55 °C
- Konstanttemperaturanlage: Systemtemperatur 90 °C / 70 °C

Heizung	Übergabe	- Radiatoren - Thermostatventile mit einem Auslegungsbereich von 1 Kelvin
	Speicherung	- keine
	Verteilung	- maximale Vor- / Rücklauftemperatur: siehe Kesselbauart oben - horizontale Wärmeverteilung außerhalb der thermischen Hülle - vertikale Stränge außen liegend - ungeregelte Umwälzpumpe
	Erzeugung	- Brennwert- / Niedertemperatur- / Konstanttemperaturkessel - Aufstellung außerhalb der thermischen Hülle
Trinkwasser-erwärmung	Speicherung	- keine
	Verteilung	- keine
	Erzeugung	- keine
Lüftung	Übergabe	- keine
	Verteilung	- keine
	Erzeugung	- keine

Tabelle 10.17 Randbedingungen zur Berechnung von e_P

Bürogebäude: Luftwechselrate n = 0,6; ΔU_{WB} = 0,05; schwere Bauweise; unbeheizter Keller nach DIN EN ISO 13370

		Januar	Februar	März	April	Mai	Juni	Juli	August	September	Oktober	November	Dezember
L_D	W/K	339,97	339,97	339,97	339,97	339,97	339,97	339,97	339,97	339,97	339,97	339,97	339,97
L_S	W/K	45,51	42,08	38,26	38,52	35,48	49,01	216,44	522,76	123,94	78,22	64,60	55,29
H_U	W/K	0,00	0,00	0,00	0,00	0,00	0,00	0,00	0,00	0,00	0,00	0,00	0,00
ΔH_{WB}	W/K	55,65	55,65	55,65	55,65	55,65	55,65	55,65	55,65	55,65	55,65	55,65	55,65
H_T	W/K	441,12	437,70	433,88	434,13	431,10	444,62	612,06	918,38	519,56	473,83	460,22	450,90
H_V	W/K	333,17	333,17	333,17	333,17	333,17	333,17	333,17	333,17	333,17	333,17	333,17	333,17
H_I	W/K	774,29	770,86	767,04	767,30	764,26	777,79	945,22	1251,54	852,72	807,00	793,38	784,07
$Q_{S,opak}$	kWh/a	-51,78	-17,67	35,63	220,63	246,22	303,63	321,15	198,53	131,47	29,01	-42,57	-86,65
ΔQ_{Nacht}	kWh/a	617,75	476,74	391,46	226,03	149,97	78,51	24,58	17,21	109,44	243,59	359,20	497,79
$Q_{I,NA}$	kWh/a	11128,28	9072,51	8076,06	4801,67	3072,34	1465,89	357,51	436,07	2583,30	5671,42	7852,05	9914,06
$Q_{S,F}$	kWh/a	766,18	928,32	1456,39	2839,42	3132,81	3554,73	3743,25	2751,22	2145,72	1416,92	806,15	477,78
$Q_{S,WG}$	kWh/a	0,00	0,00	0,00	0,00	0,00	0,00	0,00	0,00	0,00	0,00	0,00	0,00
Q_I	kWh/a	2916,18	2633,97	2916,18	2822,11	2916,18	2822,11	2916,18	2916,18	2822,11	2916,18	2822,11	2916,18
γ	–	0,33	0,39	0,54	1,18	1,97	4,35	18,63	13,00	1,92	0,76	0,46	0,34
τ	h	131,83	132,41	133,07	133,03	133,56	131,23	107,99	81,56	119,70	126,48	128,66	130,18
a	-	9,24	9,28	9,32	9,31	9,35	9,20	7,75	6,10	8,48	8,91	9,04	9,14
η	–	1,00	1,00	1,00	0,81	0,51	0,23	0,05	0,08	0,52	0,98	1,00	1,00
Q_h	kWh/a	7446,00	5510,59	3710,10	192,41	2,69	0,00	0,00	0,00	4,85	1438,32	4225,61	6520,22

Q''_h = 44,47 kWh/m²a $\qquad$ H_T = 0,41 W/(m²K)

Tabelle 10.18: Einzelergebnisse nach dem Monatsbilanzverfahren mit min. Randbedingungen

Bürogebäude: Luftwechselrate n = 0,7; ΔU_{WB} = 0,10; schwere Bauweise; unbeheizter Keller über Faktoren

		Januar	Februar	März	April	Mai	Juni	Juli	August	September	Oktober	November	Dezember
L_D	W/K	339,97	339,97	339,97	339,97	339,97	339,97	339,97	339,97	339,97	339,97	339,97	339,97
L_S	W/K	54,91	54,91	54,91	54,91	54,91	54,91	54,91	54,91	54,91	54,91	54,91	54,91
H_U	W/K	0,00	0,00	0,00	0,00	0,00	0,00	0,00	0,00	0,00	0,00	0,00	0,00
ΔH_{WB}	W/K	111,29	111,29	111,29	111,29	111,29	111,29	111,29	111,29	111,29	111,29	111,29	111,29
H_T	W/K	506,17	506,17	506,17	506,17	506,17	506,17	506,17	506,17	506,17	506,17	506,17	506,17
H_V	W/K	388,69	388,69	388,69	388,69	388,69	388,69	388,69	388,69	388,69	388,69	388,69	388,69
H_I	W/K	894,87	894,87	894,87	894,87	894,87	894,87	894,87	894,87	894,87	894,87	894,87	894,87
$Q_{S,opak}$	kWh/a	-51,78	-17,67	35,63	220,63	246,22	303,63	321,15	198,53	131,47	29,01	-42,57	-86,65
ΔQ_{Nacht}	kWh/a	617,75	476,74	391,46	226,03	149,97	78,51	24,58	17,21	109,44	243,59	359,20	497,79
$Q_{I,NA}$	kWh/a	12949,39	10605,79	9493,05	5674,23	3665,08	1744,06	320,05	250,31	2722,88	6318,64	8896,92	11373,19
$Q_{S,F}$	kWh/a	766,18	928,32	1456,39	2839,42	3132,81	3554,73	3743,25	2751,22	2145,72	1416,92	806,15	477,78
$Q_{S,WG}$	kWh/a	0,00	0,00	0,00	0,00	0,00	0,00	0,00	0,00	0,00	0,00	0,00	0,00
Q_I	kWh/a	2916,18	2633,97	2916,18	2822,11	2916,18	2822,11	2916,18	2916,18	2822,11	2916,18	2822,11	2916,18
γ	-	0,28	0,34	0,46	1,00	1,65	3,66	20,81	22,64	1,82	0,69	0,41	0,30
τ	h	114,06	114,06	114,06	114,06	114,06	114,06	114,06	114,06	114,06	114,06	114,06	114,06
a	-	8,13	8,13	8,13	8,13	8,13	8,13	8,13	8,13	8,13	8,13	8,13	8,13
η	-	1,00	1,00	1,00	0,89	0,60	0,27	0,05	0,04	0,55	0,98	1,00	1,00
Q_h	kWh/a	9267,12	7043,83	5124,80	627,23	24,85	0,00	0,00	0,00	9,31	2051,06	5270,13	7979,35

$Q''_h =$ 57,25 kWh/m²a

$H'_T =$ 0,45 W/(m²K)

Tabelle 10.19: Einzelergebnisse nach dem Monatsbilanzverfahren mit max. Randbedingungen

Anlagenbewertung nach DIN 4701 Teil 10
für ein Gebäude mit normalen Innentemperaturen

Bezeichnung des Gebäudes oder des Gebäudeteils: **Bürogebäude**

Ort: Straße u. Hausnummer:

Gemarkung: Flurstücknummer:

I. Eingaben

A_N = **653,27** m² t_{HP} = **185** Tage

	TRINKWASSERERWÄRMUNG	HEIZUNG	LÜFTUNG
absoluter Bedarf	Q_{tw} = **0,0** kWh/a	Q_h = **29050,79** kWh/a	
bezogener Bedarf	q_{tw} = **0,0** kWh/m²a	q_h = **44,47** kWh/m²a	

II. Systembeschreibung

	TRINKWASSERERWÄRMUNG	HEIZUNG	LÜFTUNG
Übergabe	-	Heizkörper, Thermostatventil mit 1 K	-
Verteilung		Verteil. innerhalb der therm. Hülle, Stränge außenliegend, ungeregelte Pumpe	-
Speicherung		-	

Erzeugung	Erzeuger 1	Erzeuger 2	Erzeuger 3	Erzeuger 1	Erzeuger 2	Erzeuger 3	Erzeuger WÜT	Erzeuger L/L-WP	Erzeuger Heizregister
Deckungsanteil				1,00					
Erzeuger				BW-Kessel 55/45°C					

III. Ergebnisse

Deckung von Q_h	$q_{h,TW}$ = **0,00** kWh/m²a	$q_{h,H}$ = **44,47** kWh/m²a	$q_{h,L}$ = **0,0** kWh/m²a
Σ WÄRME	$Q_{TW,E}$ = **0,0** kWh/a	$Q_{H,E}$ = **32856,0** kWh/a	$Q_{L,E}$ = **0,0** kWh/a
Σ HILFSENERGIE	**0,0** kWh/a	**672,87** kWh/a	**0,0** kWh/a
Σ PRIMÄRENERGIE	$Q_{TW,P}$ = **0,0** kWh/a	$Q_{H,P}$ = **38160,2** kWh/a	$Q_{L,P}$ = **0,0** kWh/a

ENDENERGIE Q_E = **32856,0** kWh/a   Σ WÄRME
                         672,87 kWh/a   Σ HILFSENERGIE

PRIMÄRENERGIE Q_P = **38160,2** kWh/a   Σ PRIMÄRENERGIE

ANLAGEN-AUFWANDSZAHL e_P = **1,31** [-]

HEIZUNG

Bereich:

Heiz-Strang:

Q_h = 29050,79 [kWh/a] — nach Abschnitt 4.1

A_N = 653,27 [m²] — aus DIN V 4108-6

q_h = 44,47 [kWh/m²a]

WÄRME (WE)

	Rechenvorschrift / Quelle	Dimension			
q_h	nach Abschnitt 4.1	[kWh/m²a]		44,47	
$q_{h,TW}$	aus Berechnungsblatt Trinkwassererwärmung	[kWh/m²a]	−	0,00	
$q_{h,L}$	aus Berechnungsblatt Lüftung	[kWh/m²a]		0,00	
$q_{H,ce}$	Tabelle C.3.1	[kWh/m²a]		1,10	
$q_{H,d}$	Tabellen C.3.2 a, b oder d	[kWh/m²a]	+	3,26	
$q_{H,s}$	Tabelle C.3.3	[kWh/m²a]		0,00	
Σ	$(q_h - q_{h,TW} - q_{h,L} + q_{ce} + q_d + q_s)$	[kWh/m²a]		49,97	

			Erzeuger 1	Erzeuger 2	Erzeuger 3
$\alpha_{H,g}$	Tabelle C.3.4 a	[--]	1,00	0,0	0,0
$e_{H,g}$	Tabelle C.3.4 b, c, d oder e	[--]	1,03		
$q_{H,E}$	$\Sigma q \cdot (e_{g,i} \cdot \alpha_{g,i})$	[kWh/m²a]	50,30	0,0	0,0
$f_{P,i}$	Tabelle C.4.1	[--]	1,10		
$q_{H,P}$	$\Sigma q_{E,i} \cdot f_{P,i}$	[kWh/m²a]	55,32	0,0	0,0

50,30 kWh/m²a Endenergie

55,32 kWh/m²a Primärenergie

HILFSENERGIE (HE)

	Rechenvorschrift / Quelle	Dimension			
$q_{H,ce,HE}$	Tabelle C.3.1	[kWh/m²a]		0,00	
$q_{H,d,HE}$	Tabelle C.3.2 c	[kWh/m²a]	+	0,69	
$q_{H,s,HE}$	Tabelle C.3.3	[kWh/m²a]		0,00	

			Erzeuger 1	Erzeuger 2	Erzeuger 3
$\alpha_{H,g}$	Tabelle C.3.4	[--]	1,00	0,0	0,0
$q_{H,g,HE}$	Tabelle C.3.4 b - e	[--]	0,34		
$\alpha \cdot q_{g,HE}$		[kWh/m²a]	0,34	0,0	0,0
$\Sigma q_{H,HE,E}$	$(q_{ce,HE} + q_{d,HE} + q_{s,HE} + \Sigma \alpha q_{g,HE})$	[kWh/m²a]		1,03	
f_P	Tabelle C.4.1	[--]		3,00	
$q_{H,HE,P}$	$\Sigma q_{HE,E} \cdot f_P$	[kWh/m²a]		3,09	

1,03 kWh/m²a Endenergie

3,09 kWh/m²a Primärenergie

$Q_{H,E}$	$\Sigma q_E \cdot A_N$	WÄRME	32856,0 kWh/a	**ENDENERGIE**
	$\Sigma q_{HE,E} \cdot A_N$	HILFSENERGIE	672,87 kWh/a	
$Q_{H,P}$	$(\Sigma q_P + \Sigma q_{HE,P}) \cdot A_N$		38160,2 kWh/a	**PRIMÄRENERGIE**

Um die Auswirkungen die sich aus der Wahl und dem Einsatz unterschiedlich leistungsstarker Heizungsanlagen ergeben, darzustellen, wurde die Anlagenaufwandszahl e_P für die in Abschnitt 10.2 aufgelisteten Heizungssysteme ermittelt. Die Berechnung lieferte für das betrachtete Bürogebäude folgende Ergebnisse:

Systembeschreibung	vorh. Jahres-Heizwärmebedarf Q_h [kWh/m²a]		vorh. Trinkwarmwasserbedarf Q_{tw} [kWh/m²a]	Anlagenaufwandszahl e_P [ ]		vorh. Jahres-Primärenergiebedarf vorh. Q'_P [kWh/m³a]		zul. Jahres-Primärenergiebedarf zul. Q'_P [kWh/m³a]
	Min. Randbed.	Max. Randbed.		Min. Randbed.	Max. Randbed.	Min. Randbed.	Max. Randbed.	
Brennwertanlage				1,31	1,27	18,63	23,27	
Niedertemperaturanlage	44,47	57,25	0	1,43	1,39	20,35	25,47	23,04
Konstanttemperaturanlage				1,61	1,55	22,91	28,40	

Tabelle 10.20: Anlagenaufwandszahl e_P und Jahres-Primärenergiebedarf Q'_P für verschiedene Heizungsanlagen und minimale bzw. maximale Randbedingungen

Die grau hinterlegten Zellen in Tabelle 10.20 erfüllen die baurechtlichen Anforderungen nach Energieeinsparverordnung nicht. Die Bandbreite der Möglichkeiten beschränkt sich im vorliegenden Beispiel auf Heizungssysteme in Kombination mit minimalen Randbedingungen, d. h. auf ein Gebäude mit erfolgreicher Luftdichtheitsmessung, wärmebrückenreduzierten Konstruktionen analog Beiblatt 2 zu DIN 4108 und einer genauen Berechnung der Wärmeverluste über unbeheizten Keller nach DIN EN ISO 13370.

10.3.3　Nachweis der spezifischen Transmissionswärmeverluste H'_T

Auch der Optimierung des baulichen Wärmeschutzes sind Grenzen gesetzt, da der Wert der vorhandenen spezifischen, auf die wärmeübertragende Umfassungsfläche bezogenen Transmissionswärmeverluste vorh. H'_T den Wert zul. $H'_T = 0{,}58$ W/(m²K) nicht übersteigen darf.

10.4   Lagerhalle

Eine Zusammenstellung der verschiedenen Bauteile und ihrer Flächenanteile kann Tabelle 10.21 entnommen werden:

Bauteil	Fläche insgesamt [m²]	Flächen mit Orientierung [m²]			
		Süd	West	Nord	Ost
Außenwand	172,7	63,2	66,8	42,7	-
Fenster	106,5	4,0	40,2	24,5	37,8
Dach	78,8	-	-	-	-
Boden gegen Erdreich	113,4	-	-	-	-
beheiztes Volumen: V_e = 769,0 m³					

Tabelle 10.21: Zusammenstellung der wesentlichen Gebäudedaten

Bei dem betrachteten Gebäude handelt es sich um eine niedrig beheizte Lagerhalle, die an ihrer Ostseite an den normal beheizten Bürotrakt grenzt. Da sich bei dieser Gebäudeanordnung ein Wärmestrom aus dem höher temperierten Bürogebäude in die niedrig beheizte Lagerhalle einstellt, wird die Trennwand zwischen den beiden Nutzungsarten bei der Ermittlung der spezifischen Transmissionswärmeverluste nicht berücksichtigt.

Nach DIN 4108-2 ist ein Nachweis des sommerlichen Wärmeschutzes auch für niedrig beheizte Gebäude erforderlich. Dieser wird anhand der Vorgehensweise nach DIN 4108-2:2003 (siehe auch Kapitel 6 dieses Kommentars) durchgeführt. Als ungünstigster Raum gilt die gesamte Halle.

Eine Darstellung des Gebäudes kann den folgenden Planunterlagen entnommen werden.

Die Anforderungen nach Energieeinsparverordnung gliedern sich - wie in den vorherigen Kapiteln dargestellt - in folgende Punkte:

- Nachweis des sommerlichen Wärmeschutzes

- Nachweis der auf die wärmeübertragende Fläche bezogenen Transmissionswärmeverluste H'_T

10.4.1   Nachweis des sommerlichen Wärmeschutzes

Zur Klärung der Frage, ob nach EnEV ein Nachweis des sommerlichen Wärmeschutzes entsprechend dem Verfahren aus DIN 4108-2:2001-03 zu führen ist, muss zunächst der auf die Außenwände, Fenster und das beheizte Dach des gesamten Gebäudes bezogene Fensterflächenanteil f ermittelt werden.

$$f = \frac{106{,}5}{106{,}5 + 172{,}7 + 78{,}8} = \frac{190{,}07}{833{,}12} = 0{,}2975 \equiv 29{,}75\% \tag{10.7}$$

Gemäß Gleichung 10.7 liegt der gebäudebezogene Fensterflächenanteil bei einem Wert von $f \leq 30\ \%$, so dass ein Nachweis des sommerlichen Wärmeschutzes nach EnEV nicht erforderlich ist. Es muss jedoch geprüft werden, ob die Anforderungen nach DIN 4108-2:2003, die einen Mindestwärmeschutz im Sinne von EnEV § 6 darstellen, nicht trotzdem einen Nachweis des Sonneneintragskennwertes S erforderlich machen.

Es ist zu beachten, dass es sich bei Gleichung 10.7 nur um die Untersuchung der Frage handelt, ob nach EnEV ein Nachweis geführt werden muss oder nicht. Ist ein Nachweis erforderlich, dann erfolgt die eigentliche Überprüfung des sommerlichen Wärmeschutzes nach DIN 4108-2:2003 Abschnitt 8 nicht in Bezug auf das Gebäude in seiner Gesamtheit, sondern hinsichtlich dessen kritischsten Raum (für weitere Erläuterungen siehe auch Kapitel 6 dieses Kommentars).

Als kritischer Raum gilt die Lagerhalle. Folgende Flächen gehen in die Berechnung ein:

Bauteil	Fläche [m²]
Außenwand	172,7
Fenster	106,5
Dach	78,8
Boden gegen Erdreich	113,4
Raumgrundfläche	113,4

Tabelle 10.22: Raumflächen zum Nachweis des sommerlichen Wärmeschutzes

Der grundflächenbezogene Fensterflächenanteil nach DIN 4108-2:2003 beträgt damit:

$$f_{AG} = \frac{106{,}5}{113{,}4} = 0{,}9392 \equiv 93{,}92\% \tag{10.8}$$

Hieraus folgt, dass aufgrund der Vorgaben aus der EnEV § 3 Absatz 3 zwar auf einen Nachweis des sommerlichen Wärmeschutzes verzichtet werden könnte, da der grundflächenbezogene Fensterflächenanteil f_{AG} aber den Grenzwert nach DIN 4108-2:2003 von $f_{AG} = 10\ \%$ übersteigt, müssen die Mindestanforderungen nach EnEV § 6 nachgewiesen werden.

Als weitere Randbedingungen gelten: Das Gebäude soll in der Klimaregion B errichtet werden, auf eine Berechnung der wirksamen Speicherfähigkeit wird verzichtet, eine erhöhte Lüftung während der Nachtzeit kann aufgrund der Nutzung nicht angesetzt werden.

Zur besseren Übersicht wird der Nachweis des sommerlichen Wärmeschutzes im Folgenden unter Verwendung des Formblattes aus Kapitel 6 dieses Kommentars geführt.

	Objekt: Lagerhalle	
1	**1 Lagebeschreibung des betrachteten Raums**	
2	Geschoss: - Raumart / Raumnummer: Lagerhalle	
3	**2 Sonneneintragskennwert**	
4	**2.1 vorhandener Sonneneintragskennwert S**	
5	**2.1.1 Fensterfläche und Netto-Grundfläche**	
6	Fensterfläche des betrachteten Raums oder Raumbereichs [a] $A_W =$	__106,50__ m²
9	Netto-Grundfläche des betrachteten Raums oder Raumbereichs [b] $A_G =$	__113,4__ m²
10	**2.1.2 g-Wert der Verglasung einschließlich Sonnenschutz**	
11	Gesamtenergiedurchlassgrad nach DIN 410 oder Herstellerangabe $g =$	**0,50**
12	**Anhaltswerte von Abminderungsfaktoren fest installierter Sonneschutzvorrichtungen**	
13	Beschaffenheit der Sonnenschutzvorrichtung [c]	**Faktor F_C**
14	**ohne Sonnenschutzvorrichtung**	1,0
15	**innen liegend bzw. zwischen den Scheiben [d]**	
15.1	- weiß oder reflektierende Oberflächen mit geringer Transparenz [e]	0,75
15.2	- helle Farben oder geringe Transparenz [e]	0,80
15.3	- dunkle Farben oder höhere Transparenz	0,90
16	**außen liegend**	
16.1	- drehbare Lamellen, hinterlüftet	0,25
16.2	- Jalousien und Stoffe mit geringer Transparenz [e], hinterlüftet	0,25
16.2	- Jalousien, allgemein	0,40
16.3	- Rollläden, Fensterläden	0,30
16.4	- Vordächer, Loggien, freistehende Lamellen [f]	0,50
16.5	- Markisen [f], oben und seitlich ventiliert	0,40
16.6	- Markisen [f], allgemein	0,50
17	$g_{total} = g \cdot F_C =$ __0,50__ $\cdot$ __0,25__ $=$ [g] $g_{total} =$	**0,125**

[a]   Es gelten die Maße der lichten Rohbauöffnung.

[b]   Die Netto-Grundfläche A_G wird aus den lichten Innenraumabmessungen berechnet. Aufgrund der verminderten Einstrahlung ist bei großen Räumen die zur Bestimmung von A_G anzusetzende Raumtiefe zu begrenzen. Die größtmögliche Raumtiefe muss kleiner als die dreifache lichte Raumhöhe sein. Bei Räumen mit gegenüberliegenden Fassaden mit Fenstern ergibt sich keine Begrenzung der anzusetzenden Raumtiefe, wenn deren lichter Abstand kleiner oder gleich der sechsfachen lichten Raumhöhe ist. Bei Räumen mit gegenüberliegenden Fassaden, bei denen die lichten Abstände der Außenwände mehr als das Sechsfache der lichten Höhe betragen, muss der Nachweis für die beiden Fassaden unter Berücksichtigung der zugehörigen Netto-Grundflächen A_G getrennt geführt werden.

[c]   Die Sonnenschutzvorrichtung muss fest installiert sein. Übliche dekorative Vorhänge sind keine Sonnenschutzvorrichtung.

[d]   Für innen und zwischen den Scheiben liegende Sonnenschutzvorrichtungen ist eine genauere Ermittlung zu empfehlen, da sich erheblich günstigere Werte ergeben können. Ohne Nachweis ist der ungünstigere Wert zu verwenden.

[e]   Eine Transparenz der Sonnenschutzvorrichtung unter 15 % gilt als gering.

[f]   Es muss sichergestellt sein, dass keine direkte Besonnung des Fensters erfolgt. Dies ist der Fall, wenn
-   bei einer Süd-Orientierung der Abdeckwinkel $\beta \geq 50°$ ist;
-   bei Ost- oder West-Orientierung der Abdeckwinkel entweder $\beta \geq 85°$ oder $\gamma \geq 115°$ beträgt.

Zur jeweiligen Orientierung einer Himmelsrichtung gehören Winkelbereiche von ± 22,5°. Bei Zwischenorientierungen ist der Abdeckwinkel $\beta \geq 80°$ erforderlich.

Vertikalschnitt durch die Fassade   Horizontalschnitt durch die Fassade

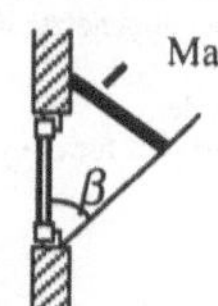

[g]   Werden in einem Raum Verglasungen mit unterschiedlichen g-Werten oder unterschiedliche Verschattungen verwendet, ist der flächengewichtete Mittelwert $g_{total, Mittel}$ zu verwenden:

$$g_{total,Mittel} = \frac{g_{total,1} \cdot A_{W,1} + g_{total,2} \cdot A_{W,2} + \ldots + g_{total,i} \cdot A_{W,i}}{A_{W,1} + A_{W,2} + \ldots + A_{W,i}}$$

18	**2.1.3 Berechnung des vorhandenen Sonneneintragskennwertes S**		
19	$S = \dfrac{\sum\limits_{i=1}^{n}\left(A_{W,i} \cdot g_{total,i}\right)}{A_G} = \dfrac{106{,}50 \cdot 0{,}125}{113{,}40}$	vorh. $S =$	**0,1174**
20	**2.2 Zulässiger Sonneneintragskennwert S_{zul}**		
	2.2.1 Anteilige Sonneneintragskennwerte S_x		
21	Gebäudelage, Bauart, Fensterneigung und Orientierung		anteiliger Wert S_x
22	**Klimaregion**		
23.1	Gebäude in Klimaregion A		+ 0,04
23.2	Gebäude in Klimaregion B		+ 0,03
23,3	Gebäude in Klimaregion C		+ 0,015
24	**Bauart**		
24.1	leichte Bauart: $\quad C_{wirk} / A_G < 50$ Wh/(Km²) bzw. ohne Nachweis von C_{wirk} [h]	+ 0,06 · f_{gew} [k]	+ **0,094**
24.1	mittlere Bauart: $\quad 50$ Wh/(Km²) $\le C_{wirk} / A_G \le 130$ Wh/(Km²) [h]	+ 0,10 · f_{gew} [k]	+
24.1	schwere Bauart: $\quad C_{wirk} / A_G > 130$ Wh/(Km²) [h]	+ 0,115 · f_{gew} [k]	+
25	**Erhöhte Nachtlüftung während der zweiten Nachthälfte mit $n \ge 1{,}5$ h^{-1} [l]**		
25.1	bei leichter und mittlerer Bauart		+ 0,02
25.1	bei schwerer Bauart		+ 0,03
26	**Sonnenschutzverglasung mit $g < 0{,}4$ [m]**		+ 0,03
27	**Fensterneigung** $0° \le$ Neigung $\le 60°$ (gegenüber der Horizontalen)	- 0,12 · f_{neig} [n]	-
28	**Orientierung** nordwest- über nord- bis nordost-orientierte Fenster mit einer Neigung gegenüber der Horizontalen von $\alpha > 60°$ und Fenster, die andauernd durch das Gebäude selbst verschattet werden	+ 0,10 · f_{nord} [o]	+
29	**2.2.2 Berechnung des zulässigen Höchstwertes S_{zul}**		
30	$S_{zul} = \sum S_x = 0{,}03 + 0{,}094 + 0 + 0 - 0 + 0 \qquad S_{zul} =$		**0,124**
31	**3 Nachweis des sommerlichen Wärmeschutzes**		
32	**Der Nachweis an den sommerlichen Wärmeschutz ist erbracht, wenn gilt:** vorh. $S = \quad 0{,}1174 \quad \le \quad 0{,}1240 \quad = S_{zul}$		

[h]   Für den genauen Nachweis kann die wirksame Speicherkapazität C_{wirk} nach DIN V 4108-6 ermittelt werden.

[k]   Der Faktor f_{gew} zur Berücksichtigung der auf die Netto-Grundfläche A_G bezogenen Außenflächen wird wie folgt berechnet:
$f_{gew} = (A_W + 0{,}3 \cdot A_{AW} + 0{,}1 \cdot A_D) / A_G$
Dabei bedeutet A_W die Fensterfläche einschließlich möglicher Dachfenster nach Zeile 6; A_{AW} die Fläche der Außenwände; A_D die Trennfläche von Dächern oder Decken gegen Außenluft nach oben oder unten sowie Decken und Wände gegen unbeheizte Keller- oder Dachräume und Wände und Böden gegen Erdreich; A_G die Netto-Grundfläche nach Zeile 7.

[l]   Bei Ein- und Zweifamilienwohngebäuden kann in der Regel von einer erhöhten Nachtlüftung ausgegangen werden.

[m]   Als gleichwertige Maßnahme gilt eine Sonnenschutzvorrichtung, die die diffuse Strahlung permanent reduziert und für die gilt: $g_{total} < 0{,}4$.

[n]   Bei der Berechnung von f_{neig} gilt:
$f_{neig} = A_{W,neig} / A_G$
mit: $A_{W,neig}$ Fläche der Fenster des Raumes mit einer Neigung gegenüber der Horizontalen von $\alpha \le 60°$, ermittelt über das lichte Rohbaumaß, und A_G die Netto-Grundfläche nach Zeile 7.

[o]   Der Faktor zur Berücksichtigung nordorientierter Fenster wird wie folgt bestimmt:
$f_{nord} = A_{W,nord} / A_{W,gesamt}$
Dabei bedeutet $A_{W,nord}$ die Fläche aller nordorientierten oder dauernd verschatteten Fenster gemäß der Definition nach Zeile 28 und $A_{W,gesamt}$ die Gesamtfensterfläche nach Zeile 6.

10.4.2 Nachweis der spezifischen Transmissionswärmeverluste H'_T

Da es sich bei dem vorliegenden Gebäude um eine Lagerhalle mit niedrigen Innentemperaturen handelt, ist im Rahmen des Nachweises der baurechtlichen Anforderungen nach EnEV zu überprüfen, ob die Grenzwerte der spezifischen, auf die wärmeübertragende Umfassungsfläche bezogenen Transmissionswärmeverluste H'_T eingehalten werden.

Objekt: Lagerhalle

1	**1. Gebäuderanddaten**

2 — Volumen: V_e = **769,00**
A / V_e = **0,61**

3	**2. Wärmeverluste**
4	**2.1 Vorhandene spezifische Transmissionswärmeverluste H_T**

	Bauteil	Kurzbezeichnung	Fläche A_i [m²]	Wärmedurchgangskoeffizient U_i [W/(m²K)]	U_i*A_i [W/K]	Reduktionsfaktor $F_{x,i}$ [ ]	$F_{x,i}*U_i*A_i$ [W/K]
6	Außenwand	AW 1.1	**172,7**	**0,50**	**86,4**	1,00	**86,4**
7		AW 1.2				1,00	
8	Wand gegen Abseitenraum	AW 2.1				0,80	
9		AW 2.2				0,80	
10	Fenster	W 1	**104,1**	**1,40**	**145,7**	1,00	**145,7**
11		W 2	**2,4**	**3,00**	**7,2**	1,00	**7,2**
12	Wand und Decke zu unbeheiztem Raum	IB 1.1				0,50	
13		IB 1.2				0,50	
14	Wand und Decke zu unbeheiztem Keller	IB 2.1				[2]	
15		IB 2.2				[2]	
16	Wand und Decke zu Raum mit wesentlich niedrigeren Innentemperaturen [3]	IB 4.1				0,50	
17		IB 4.2				0,50	
18	Dach	D 1.1	**78,8**	**0,30**	**23,6**	1,00	**23,6**
19		D 1.2				1,00	
20	Decke zum nicht ausgebauten Dachraum	DD 1				0,80	
21		DD 2				0,80	
22	Grundfläche und Wand gegen Erdreich bei beheizten Räumen	G 1	**113,4**	**0,40**	**45,5**	0,65 [2]	**29,6**
23		G 2				[2]	
24		**Summe A =**	**471,4**				

25	Wärmebrückenverluste: $H_{WB} = 0,05 * A = 0,05 * \underline{\ \ 471,4\ \ } =$ bei Bauteilen und Anschlüssen analog der Darstellung in Beiblatt 2 zu DIN 4108:1998-08	$H_{WB} =$	**23,6**
26	Wärmebrückenverluste: $H_{WB} = 0,10 * A = 0,10 * \underline{\ \ \ \ \ \ \ \ } =$ bei Bauteilen und Anschlüssen die <u>nicht</u> Beiblatt 2 zu DIN 4108:1998-08 entsprechen		
27	**Spezifische Transmissionswärmeverluste** **Summe H_T =**		**316,1**

28	**3 Nachweis der zulässigen flächenbezogenen spezifischen Transmissionswärmeverluste H'_T**

29	Vorhandene flächenbezogene Transmissionswärmeverluste: vorh. $H'_T = H_T / A$ vorh. $H'_T = \underline{\ \ 316,1\ \ } / \underline{\ \ 471,4\ \ } =$	vorh. $H'_T =$	0,67
30	Zulässige flächenbezogene Transmissionswärmeverluste: zul. $H'_T = 1,03$ bei $A / V_e < 0,20$ zul. $H'_T = 0,53 + 0,10 / (A / V_e)$ bei $0,2 < A / V_e < 1,00$ zul. $H'_T = 0,63$ bei $A / V_e \geq 1,00$	zul. $H'_T =$	0,70

31	**Der Nachweis an die flächenbezogenen Transmissionswärmeverluste ist erbracht, wenn gilt:** **vorh. H'_T =** **0,67** **W/(m²K) $\leq$** **0,70** **W/(m²K) = zul. H'_T**

[1] Als Räume mit niedrigen Innentemperaturen gelten beheizte Bereiche mit 12 °C $\leq \theta < 19$ °C.

[2] Die Reduktionsfaktoren erdberührter Bauteile sind DIN V 4108-6:2000-11 Tabelle 3 zu entnehmen. Für genauere Berechnungen kann bei erdberührten Bauteilen alternativ zum Produkt $F_{x,i}*U_i*A_i$ auch der harmonische thermische Leitwert L_s nach DIN EN ISO 13370:1998-12 verwendet werden.

[3] Als Räume mit wesentlich niedrigeren Innentemperaturen gelten Bereich mit $\theta < 10$°C aber frostfrei, d. h. mit einer Innentemp. $\theta \geq 5$ °C

Aus dem Nachweis der Anforderungen an den sommerlichen Wärmeschutz und an die spezifischen, auf die wärmeübertragende Umfassungsfläche bezogenen Transmissionswärmeverluste H'_T geht hervor, dass

- der sommerliche Wärmeschutz im vorliegenden Beispiel nur dann erfüllt werden kann, wenn auch Bereiche mit niedrigen Innentemperaturen mit Verschattungsmaßnahmen ausgestattet werden,
- bei Verglasung möglichst niedrige g-Werte anzustreben sind,
- die Betrachtung des Wärmebrückenzuschlages in Hinblick auf die Transmissionswärmeverluste von entscheidender Bedeutung ist.

Verordnung
über energiesparenden Wärmeschutz
und energiesparende Anlagentechnik bei Gebäuden
(Energieeinsparverordnung – EnEV)

Vom 16. November 2001

(Auszug aus dem Bundesgesetzblatt Teil I Nr. 59 vom 21. November 2001
Seite 3085 bis 3102)

[Verkündet im Bundesgesetzblatt (BGBl) Teil I Nr. 59 vom 21. November 2001, Seiten 3085 ff.]

Verordnung
über energiesparenden Wärmeschutz
und energiesparende Anlagentechnik bei Gebäuden
(Energieeinsparverordnung – EnEV*)

Vom 16. November 2001

Auf Grund des § 1 Abs. 2, des § 2 Abs. 2 und 3, des § 3 Abs. 2, der §§ 4 bis 6, des § 7 Abs. 3 bis 5 und des § 8 des Energieeinsparungsgesetzes vom 22. Juli 1976 (BGBl. I S. 1873), von denen die §§ 4 und 5 durch Artikel 1 des Gesetzes vom 20. Juni 1980 (BGBl. I S. 701) geändert worden sind, verordnet die Bundesregierung:

Inhaltsübersicht

Abschnitt 1
Allgemeine Vorschriften

Fußnote für die Verkündung:

*) Die §§ 3 bis 7 und 8 Abs. 3 und die Anhänge 1, 2 und 4 dienen der Umsetzung des Artikels 5 der Richtlinie 93/76/EWG des Rates vom 13. September 1993 zur Begrenzung der Kohlendioxidemissionen durch eine effizientere Energienutzung - SAVE - (ABl. EG Nr. L 237 S. 28), § 13 dient der Umsetzung des Artikels 2 dieser Richtlinie. § 11 Abs. 1 bis 3 und § 18 Nr. 1 dienen der Umsetzung der Richtlinie 92/42/EWG des Rates vom 21. Mai 1992 über die Wirkungsgrade von mit flüssigen oder gasförmigen Brennstoffen beschickten neuen Warmwasserheizkesseln (ABl. EG Nr. L 167 S. 17, L 195 S. 32), geändert durch Artikel 12 der Richtlinie 93/68/EWG des Rates vom 22. Juli 1993 (ABl. EG Nr. L 220 S. 1). Die Verpflichtungen aus der Richtlinie 98/34/EG des Europäischen Parlaments und des Rates vom 22. Juni 1998 über ein Informationsverfahren auf dem Gebiet der Normen und technischen Vorschriften und der Vorschriften für die Dienste der Informationsgesellschaft (ABl. EG Nr. L 204 S. 37), geändert durch die Richtlinie 98/48/EG des Europäischen Parlaments und des Rates vom 20. Juli 1998 (ABl. EG Nr. L 217 S. 18), sind beachtet worden.

Abschnitt 2
Zu errichtende Gebäude

Abschnitt 3
Bestehende Gebäude und Anlagen

Abschnitt 4
Heizungstechnische Anlagen, Warmwasseranlagen

Abschnitt 5
Gemeinsame Vorschriften, Ordnungswidrigkeiten

Abschnitt 6
Schlussbestimmungen

Anhänge

Anhang 1 Anforderungen an zu errichtende Gebäude mit normalen Innentemperaturen (zu § 3)

Anhang 2 Anforderungen an zu errichtende Gebäude mit niedrigen Innentemperaturen (zu § 4)

Anhang 3 Anforderungen bei Änderung von Außenbauteilen bestehender Gebäude (zu § 8 Abs. 1) und bei Errichtung von Gebäuden mit geringem Volumen (§ 7)

Anhang 4 Anforderungen an die Dichtheit und den Mindestluftwechsel (zu § 5)

Anhang 5 Anforderungen zur Begrenzung der Wärmeabgabe von Wärmeverteilungs- und Warmwasserleitungen sowie Armaturen (zu § 12 Abs. 5)

Abschnitt 1
Allgemeine Vorschriften

§1
Geltungsbereich

(1) Diese Verordnung stellt Anforderungen an

1. Gebäude mit normalen Innentemperaturen (§ 2 Nr. 1 und 2) und

2. Gebäude mit niedrigen Innentemperaturen (§ 2 Nr.3) einschließlich ihrer Heizungs-, raumlufttechnischen und zur Warmwasserbereitung dienenden Anlagen.

(2) Diese Verordnung gilt mit Ausnahme des § 11 nicht für

1. Betriebsgebäude, die überwiegend zur Aufzucht oder oder zur Haltung von Tieren genutzt werden,

2. Betriebsgebäude, soweit sie nach ihrem Verwendungszweck großflächig und lang anhaltend offen gehalten werden müssen,

3. unterirdische Bauten,

4. Unterglasanlagen und Kulturräume für Aufzucht, Vermehrung und Verkauf von Pflanzen,

5. Traglufthallen, Zelte und sonstige Gebäude, die dazu bestimmt sind, wiederholt aufgestellt und zerlegt zu werden.

Auf Bestandteile des Heizsystems, die sich nicht im räumlichen Zusammenhang mit Gebäuden nach Absatz 1 befinden, ist nur § 11 anzuwenden.

§ 2
Begriffsbestimmungen

Im Sinne dieser Verordnung

1. sind Gebäude mit normalen Innentemperaturen solche Gebäude, die nach ihrem Verwendungszweck auf eine Innentemperatur von 19 Grad Celsius und mehr und jährlich mehr als vier Monate beheizt werden,

2. sind Wohngebäude solche Gebäude im Sinne von Nummer 1, die ganz oder deutlich überwiegend zum Wohnen genutzt werden,

3. sind Gebäude mit niedrigen Innentemperaturen solche Gebäude, die nach ihrem Verwendungszweck auf eine Innentemperatur von mehr als 12 Grad Celsius und weniger als 19 Grad Celsius und jährlich mehr als vier Monate beheizt werden,

4. sind beheizte Räume solche Räume, die auf Grund bestimmungsgemäßer Nutzung direkt oder durch Raumverbund beheizt werden,

5. sind erneuerbare Energien zu Heizungszwecken, zur Warmwasserbereitung oder zur Lüftung von Gebäuden eingesetzte und im räumlichen Zusammenhang dazu gewonnene Solarenergie, Umweltwärme, Erdwärme und Biomasse,

6. ist ein Heizkessel der aus Kessel und Brenner bestehende Wärmeerzeuger, der zur Übertragung der durch die Verbrennung freigesetzten Wärme an den Wärmeträger Wasser dient,

7. sind Geräte der mit einem Brenner auszurüstende Kessel und der zur Ausrüstung eines Kessels bestimmte Brenner,

8. ist die Nennwärmeleistung die höchste von dem Heizkessel im Dauerbetrieb nutzbar abgegebene Wärmemenge je Zeiteinheit; ist der Heizkessel für einen Nennwärmeleistungsbereich eingerichtet, so ist die Nennwärmeleistung die in den Grenzen des Nennwärmeleistungsbereichs fest eingestellte und auf einem Zusatzschild angegebene höchste nutzbare Wärmeleistung; ohne Zusatzschild gilt als Nennwärmeleistung der höchste Wert des Nennwärmeleistungsbereichs,

9. ist ein Standardheizkessel ein Heizkessel, bei dem die durchschnittliche Betriebstemperatur durch seine Auslegung beschränkt sein kann,

10. ist ein Niedertemperatur-Heizkessel ein Heizkessel, der kontinuierlich mit einer Eintrittstemperatur von 35 bis 40 Grad Celsius betrieben werden kann und in dem es unter bestimmten Umständen zur Kondensation des in den Abgasen enthaltenen Wasserdampfes kommen kann,

11. ist ein Brennwertkessel ein Heizkessel, der für die Kondensation eines Großteils des in den Abgasen enthaltenen Wasserdampfes konstruiert ist.

Abschnitt 2
Zu errichtende Gebäude

§ 3
Gebäude mit normalen Innentemperaturen

(1) Zu errichtende Gebäude mit normalen Innentemperaturen sind so auszuführen, dass

1. bei Wohngebäuden der auf die Gebäudenutzfläche bezogene Jahres Primärenergiebedarf und

2. bei anderen Gebäuden der auf das beheizte Gebäudevolumen bezogene Jahres-Primärenergiebedarf sowie der spezifische, auf die wärmeübertragende

gende Umfassungsfläche bezogene Transmissions-wärmeverlust die Höchstwerte in Anhang 1 Tabelle 1 nicht überschreiten.

(2) Der Jahres-Primärenergiebedarf und der spezifische, auf die wärmeübertragende Umfassungsfläche bezogene Transmissionswärmeverlust sind zu berechnen

1. bei Wohngebäuden, deren Fensterflächenanteil 30 vom Hundert nicht überschreitet, nach dem vereinfachten Verfahren nach Anhang 1 Nr. 3 oder nach dem in Anhang 1 Nr. 2 festgelegten Nachweisverfahren,

2. bei anderen Gebäuden nach dem in Anhang 1 Nr. 2 festgelegten Nachweisverfahren.

(3) Die Begrenzung des Jahres-Primärenergiebedarfs nach Absatz 1 gilt nicht für Gebäude, die beheizt werden

1. mindestens zu 70 vom Hundert durch Wärme aus Kraft-Wärme-Kopplung,

2. mindestens zu 70 vom Hundert durch erneuerbare Energien mittels selbsttätig arbeitender Wärmeerzeuger,

3. überwiegend durch Einzelfeuerstätten für einzelne Räume oder Raumgruppen sowie sonstige Wärmeerzeuger, für die keine Regeln der Technik vorliegen.

Bei Gebäuden nach Satz 1 Nr. 3 darf der spezifische, auf die wärmeübertragende Umfassungsfläche bezogene Transmissionswärmeverlust 76 vom Hundert des jeweiligen Höchstwertes nach Anhang 1 Tabelle 1 Spalte 5 nicht überschreiten.

(4) Um einen energiesparenden sommerlichen Wärmeschutz sicherzustellen, sind bei Gebäuden, deren Fensterflächenanteil 30 vom Hundert überschreitet, die Anforderungen an die Sonneneintragskennwerte oder die Kühlleistung nach Anhang 1 Nr. 2.9 einzuhalten.

§ 4
Gebäude mit niedrigen Innentemperaturen

Bei zu errichtenden Gebäuden mit niedrigen Innentemperaturen darf der nach Anhang 2 Nr. 2 zu bestimmende spezifische, auf die wärmeübertragende Umfassungsfläche bezogene Transmissionswärmeverlust die Höchstwerte in Anhang 2 Nr. 1 nicht überschreiten.

§ 5
Dichtheit, Mindestluftwechsel

(1) Zu errichtende Gebäude sind so auszuführen, dass die wärmeübertragende Umfassungsfläche einschließlich der Fugen dauerhaft luftundurchlässig entsprechend dem Stand der Technik abgedichtet ist. Dabei muss die Fugendurchlässigkeit außen liegender Fenster, Fenstertüren und Dachflächenfenster Anhang 4 Nr. 1 genügen. Wird die Dichtheit nach den Sätzen 1 und 2 überprüft, ist Anhang 4 Nr. 2 einzuhalten.

(2) Zu errichtende Gebäude sind so auszuführen, dass der zum Zwecke der Gesundheit und Beheizung erforderliche Mindestluftwechsel sichergestellt ist. Werden dazu andere Lüftungseinrichtungen als Fenster verwendet, müssen diese Anhang 4 Nr. 3 entsprechen.

§ 6
Mindestwärmeschutz, Wärmebrücken

(1) Bei zu errichtenden Gebäuden sind Bauteile, die gegen die Außenluft, das Erdreich oder Gebäudeteile mit wesentlich niedrigeren Innentemperaturen abgrenzen, so auszuführen, dass die Anforderungen des Mindestwärmeschutzes nach den anerkannten Regeln der Technik eingehalten werden.

(2) Zu errichtende Gebäude sind so auszuführen, dass der Einfluss konstruktiver Wärmebrücken auf den Jahres-Heizwärmebedarf nach den Regeln der Technik und den im jeweiligen Einzelfall wirtschaftlich vertretbaren Maßnahmen so gering wie möglich gehalten wird. Der verbleibende Einfluss der Wärmebrücken ist bei der Ermittlung des spezifischen, auf die wärmeübertragende Umfassungsfläche bezogene Transmissionswärmeverlusts und des Jahres-Primärenergiebedarfs nach Anhang 1 Nr. 2.5 zu berücksichtigen.

§ 7
Gebäude mit geringem Volumen

Übersteigt das beheizte Gebäudevolumen eines zu errichtenden Gebäudes 100 Kubikmeter nicht und werden die Anforderungen des Abschnitts 4 eingehalten, gelten die übrigen Anforderungen dieser Verordnung als erfüllt, wenn die Wärmedurchgangskoeffizienten der Außenbauteile die in Anhang 3 Tabelle 1 genannten Werte nicht überschreiten.

Abschnitt 3
Bestehende Gebäude und Anlagen

§ 8
Änderung von Gebäuden

(1) Soweit bei beheizten Räumen in Gebäuden nach § 1 Abs. 1 Änderungen gemäß Anhang 3 Nr. 1 bis 5 durchgeführt werden, dürfen die in Anhang 3 Tabelle 1 festgelegten Wärmedurchgangskoeffizienten der betroffenen Außenbauteile nicht überschritten werden. Dies gilt nicht für Änderungen, die

1. bei Außenwänden, außen liegenden Fenstern, Fenstertüren und Dachflächenfenstern weniger als 20 vom Hundert der Bauteilflächen gleicher Orientierung im Sinne von Anhang 1 Tabelle 2 Zeile 4 Spalte 3 oder

2. bei anderen Außenbauteilen weniger als 20 vom Hundert der jeweiligen Bauteilfläche betreffen.

(2) Absatz 1 Satz 1 gilt als erfüllt, wenn das geänderte Gebäude insgesamt den jeweiligen Höchstwert nach Anhang 1 Tabelle 1 oder Anhang 2 Tabelle 1 um nicht mehr als 40 vom Hundert überschreitet.

(3) Bei der Erweiterung des beheizten Gebäudevolumens um zusammenhängend mindestens 30 Kubikmeter sind für den neuen Gebäudeteil die jeweiligen Vorschriften für zu errichtende Gebäude einzuhalten. Ein Energiebedarfsausweis ist nur unter den Voraussetzungen des § 13 Abs. 2 auszustellen.

§ 9
Nachrüstung bei Anlagen und Gebäuden

(1) Eigentümer von Gebäuden müssen Heizkessel, die mit flüssigen oder gasförmigen Brennstoffen beschickt werden und vor dem 1. Oktober 1978 eingebaut oder aufgestellt worden sind, bis zum 31. Dezember 2006 außer Betrieb nehmen. Heizkessel nach Satz 1, die nach § 11 Abs. 1 in Verbindung mit § 23 der Verordnung über kleine und mittlere Feuerungsanlagen so ertüchtigt wurden, dass die zulässigen Abgasverlustgrenzwerte eingehalten sind, oder deren Brenner nach dem 1. November 1996 erneuert worden sind, müssen bis zum 31. Dezember 2008 außer Betrieb genommen werden.

Die Sätze 1 und 2 sind nicht anzuwenden, wenn die vorhandenen Heizkessel Niedertemperatur-Heizkessel oder Brennwertkessel sind, sowie auf heizungstechnische Anlagen, deren Nennwärmeleistung weniger als 4 Kilowatt oder mehr als 400 Kilowatt beträgt, und auf Heizkessel nach § 11 Abs. 3 Nr. 2 bis 4.

(2) Eigentümer von Gebäuden müssen bei heizungstechnischen Anlagen ungedämmte, zugängliche Wärmeverteilungs- und Warmwasserleitungen sowie Armaturen, die sich nicht in beheizten Räumen befinden, bis zum 31. Dezember 2006 nach Anhang 5 zur Begrenzung der Wärmeabgabe dämmen.

(3) Eigentümer von Gebäuden mit normalen Innentemperaturen müssen nicht begehbare, aber zugängliche oberste Geschossdecken beheizter Räume bis zum 31. Dezember 2006 so dämmen, dass der Wärmedurchgangskoeffizient der Geschossdecke 0,30 Watt/(m^2 · K) nicht überschreitet.

(4) Bei Wohngebäuden mit nicht mehr als zwei Wohnungen, von denen zum Zeitpunkt des Inkrafttretens dieser Verordnung eine der Eigentümer selbst bewohnt, sind die Anforderungen nach den Absätzen 1 bis 3 nur im Falle eines Eigentümerwechsels zu erfüllen. Die Frist beträgt zwei Jahre ab dem Eigentumsübergang; sie läuft jedoch nicht vor dem 31. Dezember 2006, in den Fällen des Absatzes 1 Satz 2 nicht vor dem 31. Dezember 2008, ab.

§ 10
Aufrechterhaltung der energetischen Qualität

(1) Außenbauteile dürfen nicht in einer Weise verändert werden, dass die energetische Qualität des Gebäudes verschlechtert wird. Das Gleiche gilt für Anlagen nach dem Abschnitt 4, soweit sie zum Nachweis der Anforderungen energieeinsparrechtlicher Vorschriften des Bundes zu berücksichtigen waren.

(2) Energiebedarfssenkende Einrichtungen in Anlagen nach Absatz 1 sind betriebsbereit zu erhalten und bestimmungsgemäß zu nutzen. Satz 1 gilt als erfüllt, soweit der Einfluss einer energiebedarfssenkenden Einrichtung auf den Jahres-Primärenergiebedarf durch anlagentechnische oder bauliche Maßnahmen ausgeglichen wird.

(3) Heizungs- und Warmwasseranlagen sowie raumlufttechnische Anlagen sind sachgerecht zu bedienen, zu warten und instand zu halten. Für die Wartung und Instandhaltung ist Fachkunde erforderlich. Fachkundig ist, wer die zur Wartung und Instandhaltung notwendigen Fachkenntnisse und Fertigkeiten besitzt.

Abschnitt 4
Heizungstechnische Anlagen, Warmwasseranlagen

§ 11
Inbetriebnahme von Heizkesseln

(1) Heizkessel, die mit flüssigen oder gasförmigen Brennstoffen beschickt werden und deren Nennwärmeleistung mindestens 4 Kilowatt und höchstens 400 Kilowatt beträgt, dürfen zum Zwecke der Inbetriebnahme in Gebäuden nur eingebaut oder aufgestellt werden, wenn sie mit der CE-Kennzeichnung nach § 5 Abs. 1 und 2 der Verordnung über das Inverkehrbringen von Heizkesseln und Geräten nach dem Bauproduktengesetz vom 28. April 1998 (BGBl. I S. 796) oder nach Artikel 7 Abs. 1 Satz 2 der Richtlinie 92/42/EWG des Rates vom 21. Mai 1992 über die Wirkungsgrade von mit flüssigen oder gasförmigen Brennstoffen beschickten neuen Warmwasserheizkesseln (ABl. EG Nr. L 167 S. 17, L 195 S. 32), geändert durch Artikel 12 der Richtlinie 93/68/EWG des Rates vom 22. Juli 1993 (ABl. EG Nr. L 220 S. 1), versehen sind. Satz 1 gilt auch für Heizkessel, die aus Geräten zusammengefügt werden. Dabei sind die Parameter zu beachten, die sich aus der den Geräten beiliegenden EG-Konformitätserklärung ergeben.

(2) Soweit Gebäude, deren Jahres-Primärenergiebedarf nicht nach § 3 Abs. 1 begrenzt ist, mit Heizkesseln nach Absatz 1 ausgestattet werden, müssen diese Niedertemperatur-Heizkessel oder Brennwertkessel sein. Ausgenommen sind bestehende Gebäude mit normalen Innentemperaturen, wenn der Jahres-Primärenergiebedarf den jeweiligen Höchstwert nach Anhang 1 Tabelle 1 um nicht mehr als 40 vom Hundert überschreitet.

(3) Absatz 1 ist nicht anzuwenden auf

1. einzeln produzierte Heizkessel,

2. Heizkessel, die für den Betrieb mit Brennstoffen ausgelegt sind, deren Eigenschaften von den marktüblichen flüssigen und gasförmigen Brennstoffen erheblich abweichen,

3. Anlagen zur ausschließlichen Warmwasserbereitung,

4. Küchenherde und Geräte, die hauptsächlich zur Beheizung des Raumes, in dem sie eingebaut oder aufgestellt sind, ausgelegt sind, daneben aber auch Warmwasser für die Zentralheizung und für sonstige Gebrauchszwecke liefern,

5. Geräte mit einer Nennwärmeleistung von weniger als 6 Kilowatt zur Versorgung eines Warmwasserspeichersystems mit Schwerkraftumlauf.

(4) Heizkessel, deren Nennwärmeleistung kleiner als 4 Kilowatt oder größer als 400 Kilowatt ist, und Heizkessel nach Absatz 3 dürfen nur dann zum Zwecke der Inbetriebnahme in Gebäuden eingebaut oder aufgestellt werden, wenn sie nach anerkannten Regeln der Technik gegen Wärmeverluste gedämmt sind.

§ 12
Verteilungseinrichtungen und Warmwasseranlagen

(1) Wer Zentralheizungen in Gebäude einbaut oder einbauen lässt, muss diese mit zentralen selbsttätig wirkenden Einrichtungen zur Verringerung und Abschaltung der Wärmezufuhr sowie zur Ein- und Ausschaltung elektrischer Antriebe in Abhängigkeit von

1 . der Außentemperatur oder einer anderen geeigneten Führungsgröße und

2. der Zeit

ausstatten. Soweit die in Satz 1 geforderten Ausstattungen bei bestehenden Gebäuden nicht vorhanden sind, muss der Eigentümer sie nachrüsten oder nachrüsten lassen. Bei Wasserheizungen, die ohne Wärmeübertrager an eine Nah- oder Fernwärmeversorgung angeschlossen sind, gilt die Vorschrift hinsichtlich der Verringerung und Abschaltung der Wärmezufuhr auch ohne entsprechende Einrichtungen in den Haus- und Kundenanlagen als erfüllt, wenn die Vorlauftemperatur des Nah- oder Fernheiznetzes in Abhängigkeit von der Außentemperatur und der Zeit durch entsprechende Einrichtungen in der zentralen Erzeugungsanlage geregelt wird.

(2) Wer heizungstechnische Anlagen mit Wasser als Wärmeträger in Gebäude einbaut oder einbauen lässt, muss diese mit selbsttätig wirkenden Einrichtungen zur raumweisen Regelung der Raumtemperatur ausstatten. Dies gilt nicht für Einzelheizgeräte, die zum Betrieb mit festen oder flüssigen Brennstoffen eingerichtet sind. Mit Ausnahme von Wohngebäuden ist für Gruppen von Räumen gleicher Art und Nutzung eine Gruppenregelung zulässig. Fußbodenheizungen in Gebäuden, die vor dem Inkrafttreten dieser Verordnung errichtet worden sind, dürfen abweichend von Satz 1 mit Einrichtungen zur raumweisen Anpassung der Wärmeleistung an die Heizlast ausgestattet werden. Soweit die in Satz 1 bis 3 geforderten Ausstattungen bei bestehenden Gebäuden nicht vorhanden sind, muss der Eigentümer sie nachrüsten.

(3) Wer Umwälzpumpen in Heizkreisen von Zentralheizungen mit mehr als 25 Kilowatt Nennwärmeleistung erstmalig einbaut, einbauen lässt oder vorhandene ersetzt oder ersetzen lässt, hat dafür Sorge zu tragen, dass diese so ausgestattet oder beschaffen sind, dass die elektrische Leistungsaufnahme dem betriebsbedingten Förderbedarf selbsttätig in mindestens drei Stufen angepasst wird, soweit sicherheitstechnische Belange des Heizkessels dem nicht entgegenstehen.

(4) Wer in Warmwasseranlagen Zirkulationspumpen einbaut oder einbauen lässt, muss diese mit selbsttätig wirkenden Einrichtungen zur Ein- und Ausschaltung ausstatten.

(5) Wer Wärmeverteilungs- und Warmwasserleitungen sowie Armaturen in Gebäuden erstmalig einbaut oder vorhandene ersetzt, muss deren Wärmeabgabe nach Anhang 5 begrenzen.

(6) Wer Einrichtungen, in denen Heiz- oder Warmwasser gespeichert wird, erstmalig in Gebäude einbaut oder vorhandene ersetzt, muss deren Wärmeabgabe nach anerkannten Regeln der Technik begrenzen.

Abschnitt 5
Gemeinsame Vorschriften, Ordnungswidrigkeiten

§ 13
Ausweise über Energie- und Wärmebedarf, Energieverbrauchskennwerte

(1) Für zu errichtende Gebäude mit normalen Innentemperaturen sind die wesentlichen Ergebnisse der nach dieser Verordnung erforderlichen Berechnungen, insbesondere die spezifischen Werte des Transmissionswärmeverlusts, der Anlagenaufwandszahl der Anlagen für Heizung, Warmwasserbereitung und Lüftung, des Endenergiebedarfs nach einzelnen Energieträgern und des Jahres-Primärenergiebedarfs in einem Energiebedarfsausweis zusammenzustellen. In dem Ausweis ist auf die normierten Bedingungen hinzuweisen. Einzelheiten über den Energiebedarfsausweis werden in einer Allgemeinen Verwaltungsvorschrift der Bundesregierung mit Zustimmung des Bundesrates bestimmt. Rechte Dritter werden durch den Ausweis nicht berührt.

(2) Für Gebäude mit normalen Innentemperaturen, die wesentlich geändert werden, ist ein Energiebedarfsausweis entsprechend Absatz 1 auszustellen, wenn im Zusammenhang mit den wesentlichen Änderungen die erforderlichen Berechnungen in entsprechender Anwendung des Absatzes 1 durchgeführt worden sind. Einzelheiten, insbesondere bezüglich der erleichterten Feststellung der Eigenschaften von Gebäudeteilen, die von der Änderung nicht betroffen sind, werden in der Allgemeinen Verwaltungsvorschrift nach Absatz 1 Satz 3 geregelt. Eine wesentliche Änderung liegt vor, wenn

1. innerhalb eines Jahres mindestens drei der in Anhang 3 Nr. 1 bis 5 genannten Änderungen in Verbindung mit dem Austausch eines Heizkessels oder der Umstellung einer Heizungsanlage auf einen anderen Energieträger durchgeführt werden oder

2. das beheizte Gebäudevolumen um mehr als 50 vom Hundert erweitert wird.

(3) Für zu errichtende Gebäude mit niedrigen Innentemperaturen sind die wesentlichen Ergebnisse der Berechnungen nach dieser Verordnung, insbesondere der spezifische, auf die wärmeübertragende Umfassungsfläche bezogene Transmissionswärmeverlust, in einem Wärmebedarfsausweis zusammenzustellen. Absatz 1 Satz 2 bis 4 gilt entsprechend.

(4) Der Energiebedarfsausweis nach den Absätzen 1 und 2 oder der Wärmebedarfsausweis nach Absatz 3 ist den nach Landesrecht zuständigen Behörden auf Verlangen vorzulegen und Käufern, Mietern und sonstigen Nutzungsberechtigten der Gebäude auf Anforderung zur Einsichtnahme zugänglich zu machen.

(5) Soweit ein Energiebedarfsausweis nach den Absätzen 1 oder 2 nicht zu erstellen ist, können insbesondere die Eigentümer von Wohngebäuden, die zur verbrauchsabhängigen Abrechnung der Heizkosten nach der Verordnung über die Heizkostenabrechnung verpflichtet sind, den Käufern, Mietern, sonstigen Nutzungsberechtigten und Miet- und Kaufinteressenten den Energieverbrauchskennwert zusammen mit den wesentlichen Gebäude- und Nutzungsmerkmalen gemäß

Absatz 6 Satz 2 mitteilen. Energieverbrauchskennwerte im Sinne dieser Vorschrift sind die witterungsbereinigten Energieverbräuche für Raumheizung in Kilowattstunden pro Quadratmeter Wohnfläche des Gebäudes und Jahr. Für die Witterungsbereinigung des Energieverbrauchs ist das in VDI 3807 Juni 1994*) angegebene Verfahren anzuwenden. Die für die Witterungsbereinigung erforderlichen Daten sind den Bekanntmachungen nach Absatz 6 zu entnehmen.

(6) Als Vergleichsmaßstab für Energieverbrauchskennwerte nach Absatz 5 gibt das Bundesministerium für Verkehr, Bau- und Wohnungswesen im Einvernehmen mit dem Bundesministerium für Wirtschaft und Technologie im Bundesanzeiger durchschnittliche Energieverbrauchskennwerte und deren Bandbreiten, die den topographischen Unterschieden in den einzelnen Klimazonen Rechnung tragen, sowie die für die Witterungsbereinigung erforderlichen Daten bekannt. Bei der Bekanntmachung durchschnittlicher Energieverbrauchskennwerte ist sachgerecht nach den wesentlichen Gebäude- und Nutzungsmerkmalen zu unterscheiden.

(7) Die Ausweise nach den Absätzen 1 bis 3 und die Energieverbrauchskennwerte nach Absatz 5 sind energiebezogene Merkmale eines Gebäudes im Sinne der Richtlinie 93/76/EWG des Rates vom 13. September 1993 zur Begrenzung der Kohlendioxidemissionen durch eine effizientere Energienutzung (ABl. EG Nr. L 237 S. 28).

§ 14
Getrennte Berechnungen für Teile eines Gebäudes

Teile eines Gebäudes dürfen wie eigenständige Gebäude behandelt werden, insbesondere wenn sie sich hinsichtlich der Nutzung, der Innentemperatur oder des Fensterflächenanteils unterscheiden. Für die Trennwände zwischen den Gebäudeteilen gelten Anhang 1 Nr. 2.7 und Anhang 2 Nr. 2 Satz 3 entsprechend. Soweit im Einzelfall nach Satz 1 verfahren wird, ist dies für dieses Gebäude in den Ausweisen nach § 13 Abs. 1 bis 3 deutlich zu machen.

§ 15
Regeln der Technik

(1) Das Bundesministerium für Verkehr, Bau- und Wohnungswesen kann im Einvernehmen mit dem Bundesministerium für Wirtschaft und Technologie durch Bekanntmachung im Bundesanzeiger auf Veröffentlichungen sachverständiger Stellen über anerkannte Regeln der Technik hinweisen, soweit in dieser Verordnung auf solche Regeln Bezug genommen wird.

(2) Zu den anerkannten Regeln der Technik gehören auch Normen, technische Vorschriften oder sonstige Bestimmungen anderer Mitgliedstaaten der Europäischen Gemeinschaft oder sonstiger Vertragsstaaten des Abkommens über den Europäischen Wirtschaftsraum, wenn ihre Einhaltung das geforderte Schutzniveau in Bezug auf Energieeinsparung und Wärmeschutz dauerhaft gewährleistet.

____

*) Veröffentlicht im Beuth-Verlag GmbH, Berlin

(3) Soweit eine Bewertung von Baustoffen, Bauteilen und Anlagen im Hinblick auf die Anforderungen dieser Verordnung auf Grund anerkannter Regeln der Technik nicht möglich ist, weil solche Regeln nicht vorliegen oder wesentlich von ihnen abgewichen wird, sind gegenüber der nach Landesrecht zuständigen Behörde die für eine Bewertung erforderlichen Nachweise zu führen. Der Nachweis nach Satz 1 entfällt für Baustoffe, Bauteile und Anlagen,

1. die nach den Vorschriften des Bauproduktengesetzes oder anderer Rechtsvorschriften zur Umsetzung von Richtlinien der Europäischen Gemeinschaften, deren Regelungen auch Anforderungen zur Energieeinsparung umfassen, mit der CE-Kennzeichnung versehen sind und nach diesen Vorschriften zulässige und von den Ländern bestimmte Klassen- und Leistungsstufen aufweisen, oder

2. bei denen nach bauordnungsrechtlichen Vorschriften über die Verwendung von Bauprodukten auch die Einhaltung dieser Verordnung sichergestellt wird.

§ 16
Ausnahmen

(1) Soweit bei Baudenkmälern oder sonstiger besonders erhaltenswerter Bausubstanz die Erfüllung der Anforderungen dieser Verordnung die Substanz oder das Erscheinungsbild beeinträchtigen und andere Maßnahmen zu einem unverhältnismäßig hohen Aufwand führen würden, lassen die nach Landesrecht zuständigen Behörden auf Antrag Ausnahmen zu.

(2) Soweit die Ziele dieser Verordnung durch andere als in dieser Verordnung vorgesehene Maßnahmen im gleichen Umfang erreicht werden, lassen die nach Landesrecht zuständigen Behörden auf Antrag Ausnahmen zu. In einer Allgemeinen Verwaltungsvorschrift kann die Bundesregierung mit Zustimmung des Bundesrates bestimmen, unter welchen Bedingungen die Voraussetzungen nach Satz 1 als erfüllt gelten.

§ 17
Befreiungen

Die nach Landesrecht zuständigen Behörden können auf Antrag von den Anforderungen dieser Verordnung befreien, soweit die Anforderungen im Einzelfall wegen besonderer Umstände durch einen unangemessenen Aufwand oder in sonstiger Weise zu einer unbilligen Härte führen. Eine unbillige Härte liegt insbesondere vor, wenn die erforderlichen Aufwendungen innerhalb der üblichen Nutzungsdauer, bei Anforderungen an bestehende Gebäude innerhalb angemessener Frist durch die eintretenden Einsparungen nicht erwirtschaftet werden können.

§ 18
Ordnungswidrigkeiten

Ordnungswidrig im Sinne des § 8 Abs. 1 Nr. 1 des Energieeinsparungsgesetzes handelt, wer vorsätzlich oder fahrlässig

1. entgegen § 11 Abs. 1 Satz 1, auch in Verbindung mit Satz 2, einen Heizkessel einbaut oder aufstellt,

2. entgegen § 12 Abs. 1 Satz 1 oder Abs. 2 Satz 1 eine Zentralheizung oder eine heizungstechnische Anlage nicht oder nicht rechtzeitig ausstattet,

3. entgegen § 12 Abs. 3 nicht dafür Sorge trägt, dass Umwälzpumpen in der dort genannten Weise ausgestattet oder beschaffen sind oder

4. entgegen § 12 Abs. 5 die Wärmeabgabe von Wärmeverteilungs- und Warmwasserleitungen sowie Armaturen nicht oder nicht rechtzeitig begrenzt.

Abschnitt 6
Schlussbestimmungen

§ 19
Übergangsvorschrift

Diese Verordnung ist nicht anzuwenden auf die Errichtung und die Änderung von Gebäuden, wenn für das Vorhaben vor dem Inkrafttreten dieser Verordnung der Bauantrag gestellt oder die Bauanzeige erstattet ist. Auf genehmigungs- und anzeigefreie Bauvorhaben ist diese Verordnung nicht anzuwenden, wenn mit der Bauausführung vor dem Inkrafttreten dieser Verordnung begonnen worden ist. Auf Bauvorhaben nach den Sätzen 1 und 2 sind die bis zum 31. Januar 2002 geltenden Vorschriften der Wärmeschutzverordnung vom 16. August 1994 (BGBl. I S. 2121) und der Heizungsanlagen-Verordnung in der Fassung der Bekanntmachung vom 4. Mai 1998 (BGBl. I S. 851) weiter anzuwenden.

§ 20
Inkrafttreten, Außerkrafttreten

(1) § 13 Abs. 1 Satz 3, § 15 und § 16 Abs. 2 dieser Verordnung treten am Tage nach der Verkündung in Kraft. Im Übrigen tritt diese Verordnung am 1. Februar 2002 in Kraft.

(2) Am 1. Februar 2002 treten die Wärmeschutzverordnung vom 16. August 1994 (BGBl. I S. 2121), geändert durch Artikel 350 der Verordnung vom 29. Oktober 2001 (BGBl. I S. 2785), und die Heizungsanlagen-Verordnung in der Fassung der Bekanntmachung vom 4. Mai 1998 (BGBl. I S. 851), geändert durch Artikel 349 der Verordnung vom 29. Oktober 2001 (BGBl. I S. 2785), außer Kraft.

Der Bundesrat hat zugestimmt.

Anhang 1

Anforderungen an zu errichtende Gebäude mit normalen Innentemperaturen (zu § 3)

1. Höchstwerte des Jahres-Primärenergiebedarfs und des spezifischen Transmissionswärmeverlusts (zu § 3 Abs. 1)

1.1 Tabelle der Höchstwerte

Tabelle 1
Höchstwerte des auf die Gebäudenutzfläche und des auf das beheizte Gebäudevolumen bezogenen Jahres-Primärenergiebedarfs und des spezifischen, auf die wärmeübertragende Umfassungsfläche bezogenen Transmissionswärmeverlusts in Abhängigkeit vom Verhältnis A/V_0

Verhältnis A/V_e	Jahres-Primärenergiebedarf			Spezifischer, auf die wärmeübertragende Umfassungsfläche bezogener Transmissionswärmeverlust	
	$Q_p{}''$ in kWh/(m²·a) bezogen auf die Gebäudenutzfläche		$Q_p{}'$ in kWh/(m³·a) bezogen auf das beheizte Gebäudevolumen	$H_T{}'$ in W/(m²·K)	
	Wohngebäude außer solchen nach Spalte 3	Wohngebäude mit überwiegender Warmwasserbereitung aus elektrischem Strom	andere Gebäude	Nichtwohngebäude mit einem Fensterflächenanteil ≤30% und Wohngebäude	Nichtwohngebäude mit einem Fensterflächenanteil >30%
1	2	3	4	5	6
≤0,2	66,00 + 2600/(100+A_N)	88,00	14,72	1,05	1,55
0,3	73,53 + 2600/(100+A_N)	95,53	17,13	0,80	1,15
0,4	81,06 + 2600/(100+A_N)	103,06	19,54	0,68	0,95
0,5	88,58 + 2600/(100+A_N)	110,58	21,95	0,60	0,83
0,6	96,11 + 2600/(100+A_N)	118,11	24,36	0,55	0,75
0,7	103,64 + 2600/(100+A_N)	125,64	26,77	0,51	0,69
0,8	111,17 + 2600/(100+A_N)	133,17	29,18	0,49	0,65
0,9	118,70 + 2600/(100+A_N)	140,70	31,59	0,47	0,62
1	126,23 + 2600/(100+A_N)	148,23	34,00	0,45	0,59
≥1,05	130,00 + 2600/(100+A_N)	152,00	35,21	0,44	0,58

1.2 Zwischenwerte zu Tabelle 1

Zwischenwerte zu den in Tabelle 1 festgelegen Höchstwerten sind nach folgenden Gleichungen zu ermitteln:

Spalte 2 $Q_p{}'' = 50,94 + 75,29 \cdot A/V_e + 2600/(100+ A_N)$ in kWh/(m² · a)

Spalte 3 $Q_p{}'' = 72,94 + 75,29 \cdot A/V_e$ in kWh/(m² · a)

Spalte 4 $Q_p{}' = 9,9 + 24,1 \cdot A/V_e$ in kWh/(m² · a)

Spalte 5 $H_T{}' = 0,3 + 0,15/(A/V_e)$ in kWh/(m² · a)

Spalte 6 $H_T{}' = 0,35 + 0,24/(A/V_e)$ in kWh/(m² · a)

1.3 Definition der Bezugsgrößen

1.3.1 Die wärmeübertragende Umfassungsfläche A eines Gebäudes in m^2 ist nach Anhang B der DIN EN ISO 13789 : 1999-10, Fall „Außenabmessung"[*]), zu ermitteln. Die zu berücksichtigenden Flächen sind die äußere Begrenzung einer abgeschlossenen beheizten Zone. Außerdem ist die wärmeübertragende Umfassungsfläche A so festzulegen, dass ein in DIN EN 832 : 1998-12 beschriebenes Ein-Zonen-Modell entsteht, das mindestens die beheizten Räume einschließt.

[*]) Alle zitierten DIN-Normen sind im Beuth-Verlag GmbH, Berlin, veröffentlicht.

1.3.2 Das beheizte Gebäudevolumen V_e in m^3 ist das Volumen, das von der nach Nr. 1.3.1 ermittelten wärmeübertragende Umfassungsfläche A umschlossen wird.

1.3.3 Das Verhältnis A/V_e in m^{-1} ist die errechnete wärmeübertragende Umfassungsfläche nach Nr. 1.3.1 bezogen auf das beheizte Gebäudevolumen nach Nr. 1.3.2.

1.3.4 Die Gebäudenutzfläche A_N in m^2 wird bei Wohngebäuden wie folgt ermittelt: $A_N = 0{,}32\ V_e$

2. Rechenverfahren zur Ermittlung der Werte des zu errichtenden Gebäudes (zu § 3 Abs. 2 und 4)

2.1 Berechnung des Jahres-Primärenergiebedarfs

2.1.1 Der Jahres-Primärenergiebedarf Q_p für Gebäude ist nach DIN EN 832 : 1998-12 in Verbindung mit DIN V 4108-6 : 2000-11 und DIN V 4701-10 : 2001-02 zu ermitteln. Der in diesem Rechengang zu bestimmende Jahres-Heizwärmebedarf Q_h ist nach dem Monatsbilanzverfahren nach DIN EN 832 : 1998-12 mit den in DIN V 4108-6: 2000-11 Anhang D genannten Randbedingungen zu ermitteln. In DIN V 4108 6: 2000-11 angegebene Vereinfachungen für den Berechnungsgang nach DIN EN 832 : 1998-12 dürfen angewandt werden. Zur Berücksichtigung von Lüftungsanlagen mit Wärmerückgewinnung sind die methodischen Hinweise unter Nr. 4.1 der DIN V 4701-10 : 2001-02 zu beachten.

2.1.2 Bei Gebäuden, die zu 80 vom Hundert oder mehr durch elektrische Speicherheizsysteme beheizt werden, darf der Primärenergiefaktor bei den Nachweisen nach § 3 Abs. 2 für den für Heizung und Lüftung bezogenen Strom für die Dauer von acht Jahren ab dem Inkrafttreten dieser Verordnung abweichend von der DIN V 4701-10: 2001-02 mit 2,0 angesetzt werden. Soweit bei diesen Gebäuden eine dezentrale elektrische Warmwasserbereitung vorgesehen wird, darf die Regelung nach Satz 1 auch auf den von diesem System bezogenen Strom angewandt werden. Die Regelungen nach Satz 1 und 2 erstrecken sich nicht auf die Angaben nach § 13 Abs. 1. Elektrische Speicherheizsysteme im Sinne des Satzes 1 sind Heizsysteme mit unterbrechbarem Strombezug in Verbindung mit einer lufttechnischen Anlage mit einer Wärmerückgewinnung, die nur in den Zeiten außerhalb des unterbrochenen Betriebes durch eine Widerstandsheizung Wärme in einem geeigneten Speichermedium speichern.

2.1.3 Werden Ein- und Zweifamilienhäuser mit Niedertemperaturkesseln ausgestattet, deren Systemtemperatur 55/45 °C überschreitet, erhöht sich bei monolithischer Außenwandkonstruktion der Höchstwert des zulässigen Jahres-Primärenergiebedarfs $Q_p{''}$ in Tabelle 1 jeweils um 3 vom Hundert. Diese Regelung gilt für die Dauer von fünf Jahren ab dem 1. Februar 2002.

2.2 Berücksichtigung der Warmwasserbereitung bei Wohngebäuden

Bei Wohngebäuden ist der Energiebedarf für Warmwasser in der Berechnung des Jahres-Primärenergiebedarfs zu berücksichtigen. Als Nutz-Wärmebedarf für die Warmwasserbereitung q_W im Sinne von DIN V 4701-10: 2001-02 sind 12,5 kWh/($m^2 \cdot$ a) anzusetzen.

2.3 Berechnung des spezifischen Transmissionswärmeverlusts

Der spezifische Transmissionswärmeverlust H_T ist nach DIN EN 832 : 1998-12 mit den in DIN V 4108-6 : 2000-11 Anhang D genannten Randbedingungen zu ermitteln. In DIN V 4108-6 : 2000-11 angegebene Vereinfachungen für den Berechnungsgang nach DIN EN 832 : 1998-12 dürfen angewandt werden.

2.4 Beheiztes Luftvolumen

Bei den Berechnungen gemäß Nr. 2.1 ist das beheizte Luftvolumen V nach DIN EN 832 :1998-12 zu ermitteln. Vereinfacht darf es wie folgt berechnet werden:

$V = 0{,}76\ V_e$ bei Gebäuden bis zu 3 Vollgeschossen

$V = 0{,}80\ V_e$ in den übrigen Fällen.

2.5 Wärmebrücken

Wärmebrücken sind bei der Ermittlung des Jahres-Heizwärmebedarfs auf eine der folgenden Arten zu berücksichtigen:

a) Berücksichtigung durch Erhöhung der Wärmedurchgangskoeffizienten um $\Delta U_{WB} = 0{,}10$ W/($m^2 \cdot$ K) für die gesamte wärmeübertragende Umfassungsfläche,

b) bei Anwendung von Planungsbeispielen nach DIN 4108 Bbl 2 : 1998-08 Berücksichtigung durch Erhöhung der Wärmedurchgangskoeffizienten um $\Delta U_{WB} = 0{,}05$ W/($m^2 \cdot$ K) für die gesamte wärmeübertragende Umfassungsfläche,

c) durch genauen Nachweis der Wärmebrücken nach DIN V 4108-6 : 2000-11 in Verbindung mit weiteren anerkannten Regeln der Technik.

Soweit der Wärmebrückeneinfluss bei Außenbauteilen bereits bei der Bestimmung des Wärmedurchlasskoeffizienten U berücksichtigt worden ist, darf die wärmeübertragende Umfassungsfläche A bei der Berücksichtigung des Wärmebrückeneinflusses nach Buchstabe a, b oder c um die entsprechende Bauteilfläche vermindert werden.

2.6 Ermittlung der solaren Wärmegewinne bei Fertighäusern und vergleichbaren Gebäuden

Werden Gebäude nach Plänen errichtet, die für mehrere Gebäude an verschiedenen Standorten erstellt worden sind, dürfen bei der Berechnung die solaren Gewinne so ermittelt werden, als wären alle Fenster dieser Gebäude nach Osten oder Westen orientiert.

2.7 Aneinander gereihte Bebauung

Bei der Berechnung von aneinander gereihten Gebäuden werden Gebäudetrennwände

a) zwischen Gebäuden mit normalen Innentemperaturen als nicht wärmedurchlässig angenommen und und bei der Ermittlung der Werte A und A/V_e nicht berücksichtigt,

b) zwischen Gebäuden mit normalen Innentemperaturen und Gebäuden mit niedrigen Innentemperaturen bei der Berechnung des Wärmedurchgangskoeffizienten mit einem Temperatur-Korrekturfaktor F_u nach DIN V 4108-6: 2000-11 gewichtet und

c) zwischen Gebäuden mit normalen Innentemperaturen und Gebäuden mit wesentlich niedrigeren Innentemperaturen im Sinne von DIN 4108-2 : 2001-03 bei der Berechnung des Wärmedurchgangskoeffizienten mit einem Temperatur-Korrekturfaktor $F_u = 0,5$ gewichtet.

Werden beheizte Teile eines Gebäudes getrennt berechnet, gilt Satz 1 Buchstabe a sinngemäß für die Trennflächen zwischen den Gebäudeteilen. Werden aneinander gereihte Gebäude gleichzeitig erstellt, dürfen sie hinsichtlich der Anforderungen des § 3 wie ein Gebäude behandelt werden. § 13 bleibt unberührt.

Ist die Nachbarbebauung bei aneinander gereihter Bebauung nicht gesichert, müssen die Trennwände mindestens den Mindestwärmeschutz nach § 6 Abs. 1 aufweisen.

2.8 Fensterflächenanteil (zu § 3 Abs. 2 und 4 und zu Anhang 1 Nr. 1)

Der Fensterflächenanteil des gesamten Gebäudes f nach § 3 Abs. 2 und 4 ist wie folgt zu ermitteln:

$$F = \frac{A_W}{A_W + A_{AW}}$$

mit
A_W Fläche der Fenster
A_{AW} Fläche der Außenwände.

Wird ein Dachgeschoss beheizt, so sind bei der Ermittlung des Fensterflächenanteils die Fläche aller Fenster des beheizten Dachgeschosses in die Fläche A_W und die Fläche der zur wärmeübertragenden Umfassungsfläche gehörenden Dachschrägen in die Fläche A_{AW} einzubeziehen.

2.9 Sommerlicher Wärmeschutz (zu § 3 Abs. 4)

2.9.1 Als höchstzulässige Sonneneintragskennwerte nach § 3 Abs. 4 sind die in DIN 4108-2 : 2001-03 Abschnitt 8 festgelegten Werte einzuhalten. Der Sonneneintragskennwert des zu errichtenden Gebäudes ist nach dem dort genannten Verfahren zu bestimmen.

2.9.2 Werden Gebäude mit Ausnahme von Wohngebäuden nutzungsbedingt mit Anlagen ausgestattet, die Raumluft unter Einsatz von Energie kühlen, so dürfen diese Gebäude abweichend von Nr. 2.9.1 auch so ausgeführt werden, dass die Kühlleistung bezogen auf das gekühlte Gebäudevolumen nach dem Stand der Technik und den im Einzelfall wirtschaftlich vertretbaren Maßnahmen so gering wie möglich gehalten wird. Dabei sind insbesondere die Maßnahmen zu berücksichtigen, die das unter Nr. 2.9.1 angegebene Berechnungsverfahren zur Verminderung des Sonneneintragskennwertes vorsieht.

2.10 Voraussetzungen für die Anrechnung mechanisch betriebener Lüftungsanlagen (zu § 3 Abs. 2)

Im Rahmen der Berechnung nach Nr. 2 ist bei mechanischen Lüftungsanlagen die Anrechnung der Wärmerückgewinnung oder einer regelungstechnisch verminderten Luftwechselrate nur zulässig, wenn

a) die Dichtheit des Gebäudes nach Anhang 4 Nr. 2 nachgewiesen wird,

b) in der Lüftungsanlage die Zuluft nicht unter Einsatz von elektrischer oder aus fossilen Brennstoffen gewonnener Energie gekühlt wird und

c) der mit Hilfe der Anlage erreichte Luftwechsel § 5 Abs. 2 genügt.

Die bei der Anrechnung der Wärmerückgewinnung anzusetzenden Kennwerte der Lüftungsanlagen sind nach anerkannten Regeln der Technik zu bestimmen oder den allgemeinen bauaufsichtlichen Zulassungen der verwendeten Produkte zu entnehmen. Lüftungsanlagen müssen mit Einrichtungen ausgestattet sein, die eine Beeinflussung der Luftvolumenströme jeder Nutzeinheit durch den Nutzer erlauben. Es muss sichergestellt sein, dass die aus der Abluft gewonnene Wärme vorrangig vor der vom Heizsystem bereitgestellten Wärme genutzt wird.

3. Vereinfachtes Verfahren für Wohngebäude (zu § 3 Abs. 2 Nr. 1)

Der Jahres-Primärenergiebedarf ist vereinfacht wie folgt zu ermitteln:

$$Q_p = (Q_h + Q_W) \cdot e_P$$

Dabei bedeuten

Q_h der Jahres-Heizwärmebedarf
Q_W der Zuschlag für Warmwasser nach Nr. 2.2
e_p die Anlagenaufwandszahl nach DIN V 4701-10 : 2001-02 Nr. 4.2.6 in Verbindung mit Anhang C.5

(grafisches Verfahren); auch die ausführlicheren Rechengänge nach DIN V 4701-10 : 2001-02 dürfen zur Ermittlung von e_p angewandt werden.

Der Einfluss der Wärmebrücken ist durch Anwendung der Planungsbeispiele nach DIN 4108 Bbl 2 :1998-08 zu begrenzen.

Die Nr. 2.1.2, 2.6 und 2.7 gelten entsprechend.

Der Jahres-Heizwärmebedarf ist nach Tabelle 2 und 3 zu ermitteln:

Tabelle 2
Vereinfachte Verfahren zur Ermittlung des Jahres-Heizwärmebedarfs

Zeile	Zu ermittelnde Größen	Gleichung	Zu verwendende Randbedingung	
	1	2	3	
1	Jahres-Heizwärmebedarf Q_h	$Q_h = 66\,(H_T + H_V) - 0,95\,(Q_s + Q_i)$		
2	Spezifischer Transmissionswärmeverlust H_T	$H_T = \Sigma\,(F_{xi}\,U_i\,A_i) + 0,05\,A$ [1]	Temperatur-Korrekturfaktoren F_{xi} nach Tabelle 3	
	bezogen auf die wärmeübertragende Umfassungsfläche	$H_T{'} = \dfrac{H_T}{A}$		
3	Spezifischer Lüftungswärmeverlust H_V	$H_V = 0,19\,V_e$	ohne Dichtheitsprüfung nach Anhang 4 Nr. 2	
		$H_V = 0,163\,V_e$	mit Dichtheitsprüfung nach Anhang 4 Nr. 2	
4	Solare Gewinne Q_s	$Q_s = \Sigma\,(I_s)_{j,HP}\,\Sigma\,0,567\,g\,A_i$ [2]	Solare Einstrahlung:	
			Orientierung	$\Sigma(I_s)_{j,HP}$
			Südost bis Südwest	270 kWh/(m²·a)
			Nordwest bis Nordost	100 kWh/(m²·a)
			übrige Richtungen	155 kWh/(m²·a)
			Dachflächenfenster mit Neigungen < 30° [3]	225 kWh/(m²·a)
			Die Fläche der Fenster A_i mit der Orientierung j (Süd, West, Ost, Nord und horizontal) ist nach den lichten Fassadenöffnungsmaßen zu ermitteln.	
5	Interne Gewinne Q_i	$Q_i = 22\,A_N$	A_N: Gebäudenutzfläche nach Nr. 1.3.4	

1) Die Wärmedurchgangskoeffizienten der Bauteile u sind nach DIN EN ISO 6946 : 1996-11 und nach DIN EN ISO 10077-1 : 2000-11 zu ermitteln oder sind technischen Produkt-Spezifikationen (z.B. für Dachflächenfenster) zu entnehmen. Bei an das Erdreich grenzenden Bauteilen ist der äußere Wärmeübergangswiderstand gleich Null zu setzen.

2) Der Gesamtenergiedurchlassgrad g_i (für senkrechte Einstrahlung) ist technischen Produkt-Spezifikationen zu entnehmen oder nach DIN EN 410: 1998-12 zu ermitteln. Besondere energiegewinnende Systeme, wie z.B. Wintergärten oder transparente Wärmedämmung, können im vereinfachten Verfahren keine Berücksichtigung finden.

3) Dachflächenfenster mit Neigungen > 30° sind hinsichtlich der Orientierung wie senkrechte Fenster zu behandeln.

Tabelle 3
Temperatur-Korrekturfaktoren F_{xi}

Wärmestrom nach außen über Bauteil i	Temperatur-Korrekturfaktor F_{xi}
Außenwand, Fenster	1
Dach (als Systemgrenze)	1
Oberste Geschossdecke (Dachraum nicht ausgebaut)	0,8
Abseitenwand (Drempelwand)	0,8
Wände und Decken zu unbeheizten Räumen	0,5
Unterer Gebäudeabschluss: - Kellerdecke/-wände zu unbeheiztem Keller - Fußboden auf Erdreich - Flächen des beheizten Kellers gegen Erdreich	0,6

Anhang 2

Anforderungen an zu errichtende Gebäude mit niedrigen Innentemperaturen (zu § 4)

1. Höchstwerte des spezifischen, auf die wärmeübertragende Umfassungsfläche bezogenen Transmissionswärmeverlusts

Tabelle 1
Höchstwerte in Abhängigkeit vom Verhältnis A/V_e

A/V_e [1] in m^{-1}	Höchstwerte H_T' in $W/(m^2 \cdot K)$ [2]
$\leq$ 0,20	1,03
0,30	0,86
0,40	0,78
0,50	0,73
0,60	0,70
0,70	0,67
0,80	0,66
0,90	0,64
$\geq$ 1,00	0,63

[1] Die A/V_e-Werte sind nach Anhang 1 Nr. 1.3 zu ermitteln.

[2] Zwischenwerte sind nach folgender Gleichung zu ermitteln:

$$H_T' = 0,53 + 0,1 \cdot V_e/A \qquad \text{in } W/(m^2 \cdot K)$$

2. Berechnung des spezifischen, auf die wärmeübertragende Umfassungsfläche bezogenen Transmissionswärmeverlusts H_T'

Der spezifische, auf die wärmeübertragende Umfassungsfläche bezogene Transmissionswärmeverlust H_T' ist aus dem spezifischen Transmissionswärmeverlust H_T zu bestimmen, der nach DIN EN 832 : 1998-12 in Verbindung mit DIN V 4108-6: 2000-11 zu berechnen ist.

Bei der Berechnung von H_T dürfen die Temperatur-Reduktionsfaktoren nach DIN V 4108-6 : 2000-11 verwendet werden. Bei aneinander gereihten Gebäuden dürfen die Gebäudetrennwände als wärmeundurchlässig angenommen werden.

Anhang 3

**Anforderungen bei Änderung von Außenbauteilen bestehender Gebäude (zu § 8 Abs. 1)
und bei Errichtung von Gebäuden mit geringerem Volumen (§ 7)**

1. Außenwände

Soweit bei beheizten Räumen Außenwände

a) ersetzt, erstmalig eingebaut

oder in der Weise erneuert werden, dass

b) Bekleidungen in Form von Platten oder plattenartigen Bauteilen oder Verschalungen sowie Mauerwerks-Vorsatzschalen angebracht werden,

c) auf der Innenseite Bekleidungen oder Verschalungen aufgebracht werden,

d) Dämmschichten eingebaut werden,

e) bei einer bestehenden Wand mit einem Wärmedurchgangskoeffizienten größer 0,9 W/(m² · K) der Außenputz erneuert wird oder

f) neue Ausfachungen in Fachwerkwände eingesetzt werden,

sind die jeweiligen Höchstwerte der Wärmedurchgangskoeffizienten nach Tabelle 1 Zeile 1 einzuhalten. Bei einer Kerndämmung von mehrschaligem Mauerwerk gemäß Buchstabe d gilt die Anforderung als erfüllt, wenn der bestehende Hohlraum zwischen den Schalen vollständig mit Dämmstoff ausgefüllt wird.

2. Fenster, Fenstertüren und Dachflächenfenster

Soweit bei beheizten Räumen außen liegende Fenster, Fenstertüren oder Dachflächenfenster in der Weise erneuert werden, dass

a) das gesamte Bauteil ersetzt oder erstmalig eingebaut wird,

b) zusätzliche Vor- oder Innenfenster eingebaut werden oder

c) die Verglasung ersetzt wird,

sind die Anforderungen nach Tabelle 1 Zeile 2 einzuhalten. Satz 1 gilt nicht für Schaufenster und Türanlagen aus Glas. Bei Maßnahmen gemäß Buchstabe c gilt Satz 1 nicht, wenn der vorhandene Rahmen zur Aufnahme der vorgeschriebenen Verglasung ungeeignet ist. Werden Maßnahmen nach Buchstabe c an Kasten- oder Verbundfenstern durchgeführt, so gelten die Anforderungen als erfüllt, wenn eine Glastafel mit einer infrarot-reflektierenden Beschichtung mit einer Emissivität $\varepsilon_n <$ 0,20 eingebaut wird. Werden bei Maßnahmen nach Satz

1. Schallschutzverglasungen mit einem bewerteten Schalldämmmaß der Verglasung von $R_{W,R} = 40$ dB nach DIN EN ISO 717-1 : 1997-01 oder einer vergleichbaren Anforderung oder

2. Isolierglas-Sonderaufbauten zur Durchschusshemmung, Durchbruchhemmung oder Sprengwirkungshemmung nach den Regeln der Technik oder

3. Isolierglas-Sonderaufbauten als Brandschutzglas mit einer Einzelelementdicke von mindestens 18 mm nach DIN 4102-13 : 1990-05 oder einer vergleichbaren Anforderung verwendet, sind abweichend von Satz 1 die Anforderungen nach Tabelle 1 Zeile 3 einzuhalten.

3. Außentüren

Bei der Erneuerung von Außentüren dürfen nur Außentüren eingebaut werden, deren Türfläche einen Wärmedurchgangskoeffizienten von 2,9 W/m² · K nicht überschreitet. Nr. 2 Satz 2 bleibt unberührt.

4. Decken, Dächer und Dachschrägen

4.1 Steildächer

Soweit bei Steildächern Decken unter nicht ausgebauten Dachräumen sowie Decken und Wände (einschließlich Dachschrägen), die beheizte Räume nach oben gegen die Außenluft abgrenzen,

a) ersetzt, erstmalig eingebaut oder in der Weise erneuert werden, dass

b) die Dachhaut bzw. außenseitige Bekleidungen oder Verschalungen ersetzt oder neu aufgebaut werden,

c) innenseitige Bekleidungen oder Verschalungen aufgebracht oder erneuert werden,

d) Dämmschichten eingebaut werden,

e) zusätzliche Bekleidungen oder Dämmschichten an Wänden zum unbeheizten Dachraum eingebaut werden,

sind für die betroffenen Bauteile die Anforderungen nach Tabelle 1 Zeile 4 a einzuhalten. Wird bei Maßnahmen nach Buchstabe b oder d der Wärmeschutz als Zwischensparrendämmung ausgeführt und ist die Dämmschichtdicke wegen einer innenseitigen Bekleidung und der Sparrenhöhe begrenzt, so gilt die Anforderung als erfüllt, wenn die nach den Regeln der Technik höchstmögliche Dämmschichtdicke eingebaut wird.

4.2 Flachdächer

Soweit bei beheizten Räumen Flachdächer

a) ersetzt, erstmalig eingebaut

oder in der Weise erneuert werden, dass

b) die Dachhaut bzw. außenseitige Bekleidungen oder Verschalungen ersetzt oder neu aufgebaut werden,

c) innenseitige Bekleidungen oder Verschalungen aufgebracht oder erneuert werden,

d) Dämmschichten eingebaut werden,

sind die Anforderungen nach Tabelle 1 Zeile 4 b einzuhalten. Werden bei der Flachdacherneuerung Gefälledächer durch die keilförmige Anordnung einer Dämmschicht aufgebaut, so ist der Wärmedurchgangskoeffizient nach DIN EN ISO 6946 : 1996-11, Anhang C zu ermitteln. Der Bemessungswert des Wärmedurchgangswiderstandes am tiefsten Punkt der neuen Dämmschicht muss den Mindestwärmeschutz nach § 6 Abs. 1 gewährleisten.

5. Wände und Decken gegen unbeheizte Räume und gegen Erdreich

Soweit bei beheizten Räumen Decken und Wände, die an unbeheizte Räume oder an Erdreich grenzen,

a) ersetzt, erstmalig eingebaut

oder in der Weise erneuert werden, dass

b) außenseitige Bekleidungen oder Verschalungen, Feuchtigkeitssperren oder Drainagen angebracht oder erneuert,

c) innenseitige Bekleidungen oder Verschalungen an Wände angebracht,

d) Fußbodenaufbauten auf der beheizten Seite aufgebaut oder erneuert,

e) Deckenbekleidungen auf der Kaltseite angebracht oder

f) Dämmschichten eingebaut werden,

sind die Anforderungen nach Tabelle 1 Zeile 5 einzuhalten. Die Anforderungen nach Buchstabe d gelten als erfüllt, wenn ein Fußbodenaufbau mit der ohne Anpassung der Türhöhen höchstmöglichen Dämmschichtdicke (bei einem Bemessungswert der Wärmeleitfähigkeit $\lambda = 0{,}04$ W/(m · K) ausgeführt wird.

6. Vorhangfassaden

Soweit bei beheizten Räumen Vorhangfassaden in der Weise erneuert werden, dass

a) das gesamte Bauteil ersetzt oder erstmalig eingebaut wird,

b) die Füllung (Verglasung oder Paneele) ersetzt wird,

sind die Anforderungen nach Tabelle 1 Zeile 2 c einzuhalten. Werden bei Maßnahmen nach Satz 1 Sonderverglasungen entsprechend Nr. 2 Satz 2 verwendet, sind abweichend von Satz 1 die Anforderungen nach Tabelle 1 Zeile 3 c einzuhalten.

7. Anforderungen

Tabelle 1

Höchstwerte der Wärmedurchgangskoeffizienten bei erstmaligem Einbau, Ersatz und Erneuerung von Bauteilen

Zeile	Bauteil	Maßnahme nach	Gebäude nach § 1 Abs. 1 Nr. 1	Gebäude nach § 1 Abs. 1 Nr. 2
			maximaler Wärmedurchgangskoeffizient U_{max}[1] in W / (m²·K)	
	1	2	3	4
1 a	Außenwände	allgemein	0,45	0,75
b		Nr. 1 b, d und e	0,35	0,75
2 a	Außen liegende Fenster, Fenstertüren, Dachflächenfenster	Nr. 2 a und b	1,7 [2]	2,8 [2]
b	Verglasungen	Nr. 2 c	1,5 [3]	keine Anforderung
c	Vorhangfassaden	allgemein	1,9 [4]	3,0 [4]
3 a	Außen liegende Fenster, Fenstertüren, Dachflächenfenster mit Sonderverglasungen	Nr. 2 a und b	2,0 [2]	2,8 [2]
b	Sonderverglasungen	Nr. 2 c	1,6 [3]	keine Anforderung
c	Vorhangfassaden mit Sonderverglasungen	Nr. 6 Satz 2	2,3 [4]	3,0 [4]
4 a	Decken, Dächer und Dachschrägen	Nr. 4.1	0,30	0,40
b	Dächer	Nr. 4.2	0,25	0,40
5 a	Decken und Wände gegen unbeheizte Räume oder Erdreich	Nr. 5 b und e	0,40	keine Anforderung
b		Nr. 5 a, c, d und f	0,50	keine Anforderung

[1] Wärmedurchgangskoeffizient des Bauteils unter Berücksichtigung der neuen und der vorhandenen Bauteilschichten; für die Berechnung opaker Bauteile ist DIN EN ISO 6946 : 1996-11 zu verwenden.

[2] Wärmedurchgangskoeffizient des Fensters; er ist technischen Produkt-Spezifikationen zu entnehmen oder nach DIN EN ISO 10077-1 : 2000-11 zu ermitteln.

[3] Wärmedurchgangskoeffizient der Verglasung; er ist technischen Produkt-Spezifikationen zu entnehmen oder nach DIN EN 673 : 2001-1 zu ermitteln.

[4] Wärmedurchgangskoeffizient der Vorhangfassade; er ist nach anerkannten Regeln der Technik zu ermitteln.

Anhang 4

Anforderungen an die Dichtheit und den Mindestluftwechsel (zu § 5)

1. Anforderungen an außen liegende Fenster, Fenstertüren und Dachflächenfenster

Außen liegende Fenster, Fenstertüren und Dachflächenfenster müssen den Klassen nach Tabelle 1 entsprechen.

Tabelle 1

Klassen der Fugendurchlässigkeit von außen liegenden Fenstern, Fenstertüren und Dachflächenfenstern

Zeile	Anzahl der Vollgeschosse des Gebäudes	Klasse der Fugendurchlässigkeit nach DIN EN 12 207 - 1 : 2000-06
1	bis zu 2	2
2	mehr als 2	3

2. Nachweis der Dichtheit des gesamten Gebäudes

Wird eine Überprüfung der Anforderungen nach § 5 Abs. 1 durchgeführt, so darf der nach DIN EN 13 829 : 2001-02 bei einer Druckdifferenz zwischen Innen und Außen von 50 Pa gemessene Volumenstrom bezogen auf das beheizte Luftvolumen – bei Gebäuden

- ohne raumlufttechnische Anlagen 3 h^{-1} und

- mit raumlufttechnischen Anlagen 1,5 h^{-1}

nicht überschreiten.

3. Anforderungen an Lüftungseinrichtungen

Lüftungseinrichtungen in der Gebäudehülle müssen einstellbar und leicht regulierbar sein. Im geschlossenen Zustand müssen sie der Tabelle 1 genügen. Soweit in anderen Rechtsvorschriften Anforderungen an die Lüftung gestellt werden, bleiben diese Vorschriften unberührt. Satz 1 ist nicht anzuwenden, wenn als Lüftungseinrichtungen selbsttätig regelnde Außenluftdurchlässe unter Verwendung einer geeigneten Führungsgröße eingesetzt werden.

Anhang 5

**Anforderungen zur Begrenzung der Wärmeabgabe
von Wärmeverteilungs und Warmwasserleitungen sowie Armaturen (zu § 12 Abs. 5)**

1. Die Wärmeabgabe von Wärmeverteilungs- und Warmwasserleitungen sowie Armaturen ist durch Wärmedämmung nach Maßgabe der Tabelle 1 zu begrenzen.

Tabelle 1
Wärmedämmung von Wärmeverteilungs- und Warmwasserleitungen sowie Armaturen

Zeile	Art der der Leitungen/Armaturen	Mindestdicke der Dämmschicht, bezogen auf eine Wärmeleitfähigkeit von 0,035 W/(m·K)
1	Innendurchmesser bis 22 mm	20 mm
2	Innendurchmesser über 22 mm bis 35 mm	30 mm
3	Innendurchmesser über 35 mm bis 100 mm	gleich Innendurchmesser
4	Innendurchmesser über 100 mm	100 mm
5	Leitungen und Armaturen nach den Zeilen 1 bis 4 in Wand- und Deckendurchbrüchen, im Kreuzungsbereich von Leitungen, an Leitungsverbindungsstellen, bei zentralen Leitungsnetzverteilern	1/2 der Anforderungen der Zeilen 1 bis 4
6	Leitungen von Zentralheizungen nach den Zeilen 1 bis 4, die nach Inkrafttreten dieser Verordnung in Bauteilen zwischen beheizten Räumen verschiedener Nutzer verlegt werden	1/2 der Anforderungen der Zeilen 1 bis 4
7	Leitungen nach Zeile 6 im Fußbodenaufbau	6 mm

Soweit sich Leitungen von Zentralheizungen nach den Zeilen 1 bis 4 in beheizten Räumen oder in Bauteilen zwischen beheizten Räumen eines Nutzers befinden und ihre Wärmeabgabe durch freiliegende Absperreinrichtungen beeinflusst werden kann, werden keine Anforderungen an die Mindestdicke der Dämmschicht gestellt. Dies gilt auch für Warmwasserleitungen in Wohnungen bis zum Innendurchmesser 22 mm, die weder in den Zirkulationskreislauf einbezogen noch mit elektrischer Begleitheizung ausgestattet sind.

2. Bei Materialien mit anderen Wärmeleitfähigkeiten als 0,035 W/(m · K) sind die Mindestdicken der Dämmschichten entsprechend umzurechnen. Für die Umrechnung und die Wärmeleitfähigkeit des Dämmmaterials sind die in Regeln der Technik enthaltenen Rechenverfahren und Rechenwerte zu verwenden.

3. Bei Wärmeverteilungs- und Warmwasserleitungen dürfen die Mindestdicken der Dämmschichten nach Tabelle 1 insoweit vermindert werden, als eine gleichwertige Begrenzung der Wärmeabgabe auch bei anderen Rohrdämmstoffanordnungen und unter Berücksichtigung der Dämmwirkung der Leitungswände sichergestellt ist.

Allgemeine Verwaltungsvorschrift
zu § 13 der Energieeinsparverordnung
(AVV – Energiebedarfausweis)

Vom 7. März 2002

(Auszug aus dem Bundesanzeiger Nr. 52 vom 15. März 2002
Seite 4865)

Veröffentlicht in Bundesanzeiger Nr. 52 vom 15. 3. 2002 (S. 4865)

Allgemeine Verwaltungsvorschrift
zu § 13 der Energieeinsparverordnung
((AVV – Energiebedarfsausweis)
Vom 7. März 2002

Nach § 13 Abs. 1 Satz 3, Abs. 2 Satz 2 und Abs. 3 der Energieeinsparverordnung vom 16. November 2001 (BGBl. S. 3085) erlässt die Bundesregierung die folgende Allgemeine Verwaltungsvorschrift:

§ 1
Zweck, Geltungsbereich

(1) Diese Allgemeine Verwaltungsvorschrift regelt Inhalt und Aufbau

1. der Energiebedarfsausweise nach § 13 Abs. 1 der Energieeinsparverordnung (EnEV) für zu errichtende Gebäude mit normalen Innentemperaturen sowie nach § 13 Abs. 2 EnEV für die Änderung und Erweiterung bestehender Gebäude mit normalen Innentemperaturen (Muster A im Anhang) und

2. der Wärmebedarfsausweise für Gebäude mit niedrigen Innentemperaturen nach § 13 Abs. 3 EnEV (Muster B im Anhang).

(2) Der Energie- und der Wärmebedarfsausweis enthalten wesentliche Ergebnisse rechnerischer Nachweise eines Gebäudes oder Gebäudeteiles auf Grund der Energieeinsparverordnung. Diese stellen die energiebezogenen Merkmale dieses Gebäudes oder Gebäudeteiles im Sinne des Artikels 2 der Richtlinie 93/76/EWG des Rates vom 13. September 1993 zur Begrenzung der Kohlendioxidemissionen durch eine effizientere Energienutzung -SAVE- (ABl. EG Nr. L 237 S. 28) dar.

(3) Für Gebäude mit geringem Volumen nach § 7 EnEV brauchen Energie- und Wärmebedarfsausweise nicht ausgestellt zu werden.

§ 2
Allgemeine Angaben

Energie- und Wärmebedarfsausweise müssen folgende allgemeine Angaben enthalten

1. die Bezeichnung des Gebäudes oder Gebäudeteils sowie Ort mit Postleitzahl, Straße, Hausnummer und Baujahr,

2. die Nutzungsart, insbesondere, ob es sich um ein Wohngebäude nach § 2 Nr. 2 EnEV handelt,

3. die wärmeübertragende Umfassungsfläche A nach Anhang 1 Nr. 1.3.1 EnEV,

4. das beheizte Gebäudevolumen V_e nach Anhang 1 Nr. 1.3.2 EnEV,

5. das Verhältnis ANe nach Anhang 1 Nr. 1.3.3 EnEV,

6. für Wohngebäude die Gebäudenutzfläche A_N nach Anhang 1 Nr. 1.3.4 EnEV,

7. die Art der Beheizung und der Warmwasserbereitung sowie die Art und den Anteil erneuerbarer Energien,

8. das Datum der Ausstellung des Ausweises,

9. den Namen, die Anschrift, die Funktion oder Firma und die eigenhändige Unterschrift des für die Angaben verantwortlichen Ausstellers.

Die Angaben nach den Nummern 8 und 9 stehen am Schluss der Ausweise.

§ 3
Aufbau der Energiebedarfsausweise für zu errichtende Gebäude mit normalen Innentemperaturen

(1) Die Energiebedarfsausweise für zu errichtende Gebäude mit normalen Innentemperaturen müssen entsprechend dem Muster A im Anhang gegliedert werden. Sie bestehen aus den Abschnitten

1. „I. Objektbeschreibung",

2. „II. Energiebedarf" und

3. „III. Weitere energiebezogene Merkmale".

(2) Den Energiebedarfsausweisen können Anlagen beigefügt werden, welche insbesondere die Angaben in den Abschnitten II und III dokumentieren. Dies können insbesondere sein

1. die Dokumentation einer durchgeführten Dichtheits- nach § 5 Abs. 1 Satz 3 in Verbindung mit Anhang 4 Nr. 2 EnEV,

2. Einzelberechnungen zum Wärmeschutz mit den geometrischen und therrnischen Eigenschaften der Außenbauteile einschließlich der Berücksichtigung von Wärmebrücken,

3. die Berechnungsblätter für die Anlagentechnik nach DIN V 4701-10 : 2001-02 Anhang A,

4. Dokumente über die energetischen Eigenschaften wesentlicher Bauteile, insbesondere der Anlagentechnik, wenn nicht von Standardwerten Gebrauch gemacht wird,

5. Nachweise nach § 15 Abs. 3 EnEV, erteilte Ausnahmen nach § 16 EnEV und Befreiungen nach § 17 EnEV und

6. Angaben und Erläuterungen zum Wesen und Verständnis der in den Energiebedarfsausweisen angegebenen Kennwerte, zum Beispiel nach Maßgabe des „Musters einer Anlage gemäß § 3 Abs. 2 Nr. 6" im Anhang.

Soweit solche Anlagen beigefügt werden, ist in den Energiebedarfsausweisen darauf hinzuweisen.

§ 4
Energiebedarfsausweise für zu errichtende Gebäude mit normalen Innentemperaturen; Hinweis auf normierte Randbedingungen

(1) Abschnitt I der Energiebedarfsausweise enthält die Angaben nach § 2 Satz 1 Nr. 1 bis 7.

(2) In Abschnitt II der Energiebedarfsausweise sind anzugeben

1. der zulässige Höchstwert des Jahres-Primärenergiebedarfs für das Gebäude nach § 3 Abs. 1 in Verbindung mit Anhang 1 Nr. 1 EnEV,

2. der Wert des nach § 3 Abs. 2 in Verbindung mit Anhang 1 Nr. 2 oder 3 EnEV für das Gebäude berechneten Jahres-Primärenergiebedarfs und

3. die Werte des nach Anhang 1 EnEV in Verbindung mit DIN V 4701-10 : 2001-02 berechneten Endenergiebedarfs, getrennt nach eingesetzten Energieträgern, als absolute Angabe für das ganze Gebäude und als spezifischer Wert.

Die Werte nach den Nummern 1 und 2 sowie die spezifischen Werte nach Nummer 3 sind für Wohngebäude bezogen auf die Gebäudenutzfläche (A_N) in Kilowattstunden pro Quadratmeter und Jahr (kWh/(m^2 · a)) und bei anderen Gebäuden mit normalen Innentemperaturen bezogen auf das beheizte Gebäudevolumen (V_e) in Kilowattstunden pro Kubikmeter und Jahr (kWh/(m^3 · a)) anzugeben.

(3) Zusätzlich dürfen bei Wohngebäuden angegeben werden in Abschnitt I die Wohnfläche nach § 44 Abs. 1 der II. Berechnungsverordnung in der Fassung der Bekanntmachung vom 12. Oktober 1990 (BGBl. I S. 2178), die zuletzt durch Artikel 8 des Gesetzes vom 13. September 2001 (BGBl. I S. 2376) geändert worden ist, und in Abschnitt II die darauf bezogenen Werte des nach Anhang 1 EnEV in Verbindung mit DIN V 4701-10 : 2001-02 berechneten Endenergiebedarfs, getrennt nach eingesetzten Energieträgern.

(4) Wird von der Regelung nach Anhang 1 Nr. 2.1.2 EnEV bis zum 31. Januar 2010 Gebrauch gemacht, ist in Abschnitt II in Verbindung mit dem Hinweis nach Absatz 8 zusätzlich folgender Hinweis aufzunehmen: „Dieses Gebäude wird zu mindestens 80 vom Hundert durch ein elektrisches Speicherheizsystem beheizt. Bei der Berechnung des Jahres-Primärenergiebedarfs darf der Primärenergiefaktor für Heizung und Lüftung und ggf. Warmwasserbereitung nach Anhang 1 Nr. 2.1.2 EnEV abweichend von DIN V 4701-10 : 2001-02 mit 2,0 angesetzt werden. Aus diesem Grunde darf der vorstehende, nach DIN V 4701-10 : 2001-02 rnit einem Primärenergiefaktor 3,0 berechnete Wert den angegebenen zulässigen Höchstwert übersteigen. Der mit dem Primärenergiefaktor 2,0 berechnete Wert beträgt ... kWh/(m^2 · a)."

(5) Wird von der Regelung nach Anhang 1 Nr. 2.1.3 EnEV bis zum 31. Januar 2007 Gebrauch gemacht, ist in Abschnitt II in Verbindung mit dem Hinweis nach Absatz 8 zusätzlich folgender Hinweis aufzunehmen: „Da dieses Gebäude eine monolithische Außenwandkonstruktion hat und mit einem Niedertemperaturkessel ausgestattet ist, dessen Systemtemperatur 55/45°C überschreitet, wurde der für dieses Gebäude zulässige Höchstwert des Jahres-Primärenergiebedarfs nach Anhang 1 Nr. 2.1.3 EnEV um 3 vom Hundert höher angesetzt."

(6) In Abschnitt III der Energiebedarfsausweise sind anzugeben

1. der nach § 3 Abs.1 in Verbindung mit Anhang 1 Nr. 1 EnEV für das Gebäude zulässige Höchstwert des Transmissionswärmeverlusts,

2. der nach § 3 Abs. 2 in Verbindung mit Anhang 1 Nr. 2 oder 3 EnEV für das Gebäude berechnete Transmissionswärmeverlust,

3. die Anlagenaufwandszahl e_P nach Anhang 1 Nr. 2 oder 3 EnEV in Verbindung mit DIN V 4701-10 : 2001-02 Nr. 4.2.6 sowie eine Angabe über die Begrenzung der Wärmeabgabe von Wärme- und Warm-

Warmwasserverteilungsleitungen gemäß § 12 Abs. 5 in Verbindung mit Anhang 5 EnEV,

4. die Ansätze zur Berücksichtigung von Wärmebrücken,

5. ob die Nachweise zur Energieeinsparverordnung einen Dichtheitsnachweis einschließen,

6. wie der Mindestluftwechsel nach § 5 Abs. 2 EnEV erfolgen soll (Fenster-, mechanische oder andere Lüftung),

7. ob und auf welche Art ein Nachweis über den sommerlichen Wärmeschutz nach § 3 Abs. 4 EnEV geführt wurde und

8. ob und inwieweit Nachweise nach § 15 Abs. 3 EnEV geführt sowie Ausnahmen nach § 16 EnEV und Befreiungen nach § 17 EnEV erteilt wurden.

(7) Für Gebäude, deren Jahres-Primärenergiebedarf auf Grund von § 3 Abs. 3 EnEV nicht begrenzt ist, sind die Angaben nach den Absätzen 2, 3 und 6 Nr. 3 freigestellt. Werden Angaben nach Satz 1 gemacht, ist in dem Ausweis darauf hinzuweisen, dass der Jahres-Primärenergiebedarf und die Anlagenaufwandszahl für das Gebäude durch die Energieeinsparverordnung nicht begrenzt sind.

(8) Die Energiebedarfsausweise müssen in Abschnitt II folgenden Hinweis enthalten: „Die angegebenen Werte des Jahres-Primärenergiebedarfs und des Endenergiebedarfs sind vornehmlich für die überschlägig vergleichende Beurteilung von Gebäuden und Gebäudeentwürfen vorgesehen. Sie wurden auf der Grundlage von Planunterlagen ermittelt. Sie erlauben nur bedingt Rückschlüsse auf den tatsächlichen Energieverbrauch, weil der Berechnung dieser Werte auch normierte Randbedingungen etwa hinsichtlich des Klimas, der Heizdauer, der Innentemperaturen, des Luftwechsels, der solaren und internen Wärmegewinne und des Warmwasserbedarfs zugrunde liegen. Die normierten Randbedingungen sind für die Anlagentechnik in DIN V 4701-10 : 200102 Nr. 5 und im Übrigen in DIN V 4108-6 : 2000-11 Anhang D festgelegt. Die Angaben beziehen sich auf Gebäude und sind nur bedingt auf einzelne Wohnungen oder Gebäudeteile übertragbar."

§ 5
Energiebedarfsausweise für Änderung und
Erweiterung bestehender Gebäude mit normalen
Innentemperaturen; vereinfachte Feststellung
von Eigenschaften

(1) Die §§ 3 und 4 gelten mit folgenden Maßgaben auch für Energiebedarfsausweise, die anlässlich einer Änderung oder Erweiterung bestehender Gebäude mit normalen Innentemperaturen aufgestellt werden:

1. Wird der Energiebedarfsausweis anlässlich einer wesentlichen Änderung gemäß § 13 Abs. 2 EnEV aufgestellt, ist in Abschnitt I ist zusätzlich zum Baujahr das Jahr der baulichen Änderung anzugeben. In Abschnitt II sind der Hinweis „Dieser Energiebedarfsausweis wurde anlässlich einer wesentlichen Änderung des Gebäudes aufgestellt. Von der wesentlichen Änderung sind folgende Bauteile betroffen" und eine Aufzählung der von der wesentlichen Änderung betroffenen Bauteile anzufügen.

2. Wird der Energiebedarfsausweis für ein bestehendes Gebäude freiwillig aufgestellt, ist in Abschnitt II folgender Hinweis aufzunehmen: „Dieser Energiebedarfsausweis wurde freiwillig für ein bestehendes Gebäude aufgestellt."

3. Wird der Energiebedarfsausweis anlässlich eines Nachweises gemäß § 8 Abs. 2 EnEV freiwillig aufgestellt, ist in Abschnitt I zusätzlich zum Baujahr das Jahr der baulichen Änderung anzugeben. In Abschnitt II ist folgender Hinweis anzufügen: „Dieser Energiebedarfsausweis wurde aufgestellt, um anlässlich einer baulichen Änderung des Gebäudes nachzuweisen, dass der für ein gleichartiges neu zu errichtendes Gebäude zulässige Höchstwert um nicht mehr als 40 vom Hundert überschritten wird." Neben diesem Hinweis sind in diesen Fällen die zulässigen Höchstwerte nach § 4 Abs. 2 Satz 1 Nr. 1 (Jahres-Primärenergiebedarf) und nach § 4 Abs. 6 Nr. 1 (Transmissionswärmeverlust) für ein gleichartiges neu zu errichtendes Gebäude erkennbar mit einem Zuschlag von 40 vom Hundert versehen anzugeben.

4. Wird bei der Aufstellung der Energiebedarfsausweise von Absatz 2 Gebrauch gemacht, ist dem Hinweis nach § 4 Abs. 8 folgender Satz anzufügen: „Hinsichtlich der Berücksichtigung von Gebäudeteilen, die nicht von der Änderung betroffen sind, liegen der Berechnung vereinfachte Annahmen auf Grund von § 13 Abs. 2 Satz 2 EnEV zugrunde."

(2) Soweit die für die Aufstellung der Energiebedarfsausweise erforderlichen energiebezogenen Merkmale für Gebäudeteile, die von der Änderung nicht betroffen sind, nicht aus vorliegenden Bauunterlagen ermittelt werden können, dürfen sie in Anlehnung an einschlägige technische Regeln in geeigneter Weise angenommen werden.

§ 6
Wärmebedarfsausweise
für Gebäude mit niedrigen Innentemperaturen

(1) Die Wärmebedarfsausweise für Gebäude mit niedrigen Innentemperaturen müssen dem Muster B im Anhang entsprechend gegliedert werden. Sie bestehen aus den Abschnitten

1. „I. Objektbeschreibung",

2. „II. Transmissionswärmeverlust" und

3. „III. Weitere energiebezogene Merkmale".

§ 3 Abs. 2 Satz 2 Nr. 1, 2 sowie 5 und 6 sowie Satz 3 ist entsprechend anzuwenden.

(2) Abschnitt I der Wärmebedarfsausweise enthält die Angaben nach § 2 Satz 1 Nr. 1 bis 5 sowie Nr. 8 und 9. § 2 Satz 2 ist anzuwenden.

(3) In Abschnitt II der Wärmebedarfsausweise sind anzugeben

1. der nach § 4 in Verbindung mit Anhang 2 Nr. 1 EnEV für das Gebäude zulässige Höchstwert des Transmissionswärmeverlusts,

2. der nach § 4 in Verbindung mit Anhang 2 Nr. 2 EnEV für das Gebäude berechnete Transmissionswärmeverlust.

(4) In Abschnitt III der Wärmebedarfsausweise ist anzugeben, ob und inwieweit Nachweise nach § 15 Abs. 3 EnEV geführt sowie Ausnahmen nach § 16 EnEV und Befreiungen nach § 17 EnEV erteilt wurden.

(5) Werden Wärmebedarfsausweise freiwillig für bestehende Gebäude aufgestellt, ist § 5 Abs. 1 Nr. 2 bis 4 entsprechend anzuwenden.

(6) Die Wärmebedarfsausweise müssen in Abschnitt II folgenden Hinweis enthalten: „Die Angaben des Transmissionswärmeverlusts sind vornehmlich zur überschlägig vergleichenden Beurteilung von Gebäuden und Gebäudeentwürfen vorgesehen. Sie wurden auf der Grundlage von Planunterlagen ermittelt. Sie erlauben nur bedingt Rückschlüsse auf den tatsächlichen Energieverbrauch, weil sich die Randbedingungen weitgehend auf normierte Werte stützen, das Klima und die Nutzung nicht einbezogen sind und die Einflüsse von Lüftung, solaren und internen Gewinnen sowie die gesamte Anlagentechnik nicht Gegenstand der Berechnungen sind."

§ 7
Inkrafttreten

Diese Allgemeine Verwaltungsvorschrift tritt am ... [einsetzen: Tag nach der Veröffentlichung] in Kraft.

Der Bundesrat hat zugestimmt.

Anhang:
Muster A und B
Muster einer Anlage gemäß § 3 Abs. 2 Nr. 6

Muster A

Energiebedarfsausweis nach § 13 Energieeinsparverordnung

I. Objektbeschreibung

Gebäude / -teil

Nutzungsart ☐ Wohngebäude ☐

PLZ, Ort

Straße, Haus-Nr.

Baujahr

Jahr der baulichen Änderung

Geometrische Angaben

Wärmeübertragende Umfassungsfläche A m^2

Bei Wohngebäuden:

Beheiztes Gebäudevolumen V_e m^3

Gebäudenutzfläche A_N m^2

Verhältnis A/V_e m^{-1}

Wohnfläche (Angabe freigestellt) m^2

Beheizung und Warmwasserbereitung

Art der Beheizung

Art der Warmwasserbereitung

Art der Nutzung erneuerbarer Energien

Anteil erneuerbarer Energien ____ % am Heizwärmebedarf

II. Energiebedarf

Jahres-Primärenergiebedarf

Zulässiger Höchstwert ⇔ **Berechneter Wert**

Endenergiebedarf nach eingesetzten Energieträgern

	Energieträger 1	Energieträger 2
Endenergiebedarf (absolut)	kWh/a	kWh/a

Endenergiebedarf bezogen auf

Nicht-Wohngebäude

	Energieträger 1	Energieträger 2
das beheizte Gebäudevolumen	kWh/(m³·a)	kWh/(m³·a)
die Gebäudenutzfläche A_N	kWh/(m²·a)	kWh/(m²·a)
die Wohnfläche (Angabe freigestellt)	kWh/(m²·a)	kWh/(m²·a)

Wohngebäude

Hinweis:

Die angegebenen Werte des Jahres-Primärenergiebedarfs und des Endenergiebedarfs sind vornehmlich für die überschlägig vergleichende Beurteilung von Gebäuden und Gebäudeentwürfen vorgesehen. Sie wurden auf der Grundlage von Planunterlagen ermittelt. Sie erlauben nur bedingt Rückschlüsse auf den tatsächlichen Energieverbrauch, weil der Berechnung dieser Werte auch normierte Randbedingungen etwa hinsichtlich des Klimas, der Heizdauer, der Innentemperaturen, des Luftwechsels, der solaren und internen Wärmegewinne und des Warmwasserbedarfs zugrunde liegen. Die normierten Randbedingungen sind für die Anlagentechnik in DIN V 4701-10 : 2001-02 Nr. 5 und im Übrigen in DIN V 4108-6 : 2000-11 Anhang D festgelegt. Die Angaben beziehen sich auf Gebäude.

III. Weitere energiebezogene Merkmale

Transmissionswärmeverlust

    Zulässiger Höchstwert   ⇔   **Berechneter Wert**

    [   ] W/(m²·K)   [   ] W/(m²·K)

Anlagentechnik

Anlagenaufwandszahl e_p [   ]   ☐   Berechnungsblätter sind beigefügt

☐ Die Wärmeabgabe der Wärme- und Warmwasserverteilungsleitungen wurde nach Anhang 5 EnEV begrenzt.

Berücksichtigung von Wärmebrücken

☐ pauschal mit 0,10 W/(m²·K)   ☐ pauschal mit 0,05 W/(m²·K) bei Ver-   ☐ mit differenziertem Nachweis
                               wendung von Planungsbeispielen nach
                               DIN 4108 : 1998-08 Beibl. 2   ☐ Berechnungen sind beigefügt

Dichtheit und Lüftung

☐   ohne Nachweis   ☐   mit Nachweis nach Anhang 4 Nr. 2 EnEV

                                     ☐   Messprotokoll ist beigefügt

Mindestluftwechsel erfolgt durch

☐   Fensterlüftung   ☐   mechanische Lüftung   ☐ andere Lüftungsart:
                                                          [   ]

Sommerlicher Wärmeschutz

☐ Nachweis nicht erforderlich, weil   ☐ Nachweis der Begrenzung des   ☐ das Nichtwohngebäude ist mit
der Fensterflächenanteil 30 %   Sonneneintragskennwertes wurde   Anlagen nach Anhang 1 Nr. 2.9.2
nicht überschreitet   geführt   ausgestattet. Die innere Kühllast
                                                            wird minimiert.

                                   ☐ Berechnungen sind beigefügt

Einzelnachweise, Ausnahmen und Befreiungen

☐ Einzelnachweise nach § 15 (3)   ☐ eine Ausnahme nach § 16 EnEV   ☐ eine Befreiung nach § 17 EnEV
EnEV wurden geführt für   wurde zugelassen. Sie betrifft   wurde erteilt. Sie umfasst

    ☐ Nachweise sind beigefügt   ☐ Bescheide sind beigefügt

Verantwortlich für die Angaben

Name		Datum	
Funktion/Firma		Unterschrift	
Anschrift			
		ggf. Stempel / Firmenzeichen	

Muster B

Wärmebedarfsausweis nach § 13 Energieeinsparverordnung

I. Objektbeschreibung

Gebäude / -teil   Nutzungsart

PLZ, Ort   Straße, Haus-Nr.

Baujahr   Jahr der baulichen Änderung

Geometrische Angaben

Wärmeübertragende Umfassungsfläche A   m²

Beheiztes Gebäudevolumen V_e m³

Verhältnis A/V_e m⁻¹

II. Transmissionswärmeverlust

Zulässiger Höchstwert $W/(m^2 \cdot K)$ $\Leftrightarrow$ **Berechneter Wert** $W/(m^2 \cdot K)$

Hinweis:

Die Angaben des Transmissionswärmeverlusts sind vornehmlich zur überschlägig vergleichenden Beurteilung von Gebäuden und Gebäudeentwürfen vorgesehen. Sie wurden auf der Grundlage von Planunterlagen ermittelt. Sie erlauben nur bedingt Rückschlüsse auf den tatsächlichen Energieverbrauch, weil sich die Randbedingungen weitgehend auf normierte Werte stützen, das Klima und die Nutzung nicht einbezogen sind und die Einflüsse von Lüftung, solaren und internen Gewinnen sowie die gesamte Anlagentechnik nicht Gegenstand der Berechnungen sind.

III. Weitere energiebezogene Merkmale

Einzelnachweise, Ausnahmen und Befreiungen

☐ Einzelnachweise nach § 15 (3) EnEV wurden geführt für

☐ eine Ausnahme nach § 16 EnEV wurde zugelassen. Sie betrifft

☐ eine Befreiung nach § 17 EnEV wurde erteilt. Sie umfasst

☐ Nachweise sind beigefügt

☐ Bescheide sind beigefügt

Verantwortlich für die Angaben

Name   Datum

Funktion/Firma   Unterschrift

Anschrift

ggf. Stempel / Firmenzeichen

Muster einer Anlage gemäß § 3 Abs. 2 Nr. 6

Erläuterungen zu den im Energiebedarfsausweis angegebenen Kennwerten

Energiebedarf

Energiemenge, die unter genormten Bedingungen (z.B. mittlere Klimadaten, definiertes Nutzerverhalten, zu erreichende Innentemperatur, angenommene innere Wärmequellen) für Beheizung, Lüftung und Warmwasserbereitung (nur Wohngebäude) zu erwarten ist. Diese Größe dient der ingenieurmäßigen Auslegung des baulichen Wärmeschutzes von Gebäuden und ihrer technischen Anlagen für Heizung, Lüftung, Warmwasserbereitung und Kühlung sowie dem Vergleich der energetischen Qualität von Gebäuden. Der tatsächliche Verbrauch weicht in der Regel wegen der realen Bedingungen vor Ort (z.B. örtliche Klimabedingungen, abweichendes Nutzerverhalten) vom berechneten Bedarf ab.

Jahres-Primärenergiebedarf

Jährliche Energiemenge, die zusätzlich zum Energieinhalt des Brennstoffes und der Hilfsenergien für die Anlagentechnik mit Hilfe der für die jeweiligen Energieträger geltenden Primärenergiefaktoren auch die Energiemenge einbezieht, die für Gewinnung, Umwandlung und Verteilung der jeweils eingesetzten Brennstoffe (vorgelagerte Prozessketten außerhalb des Gebäudes) erforderlich ist.

Die Primärenergie kann auch als Beurteilungsgröße für ökologische Kriterien, wie z.B. CO_2-Emission, herangezogen werden, weil damit der gesamte Energieaufwand für die Gebäudebeheizung einbezogen wird. Der Jahres-Primärenergiebedarf ist die Hauptanforderung der Energieeinsparverordnung.

Endenergiebedarf

Energiemenge, die den Anlagen für Heizung, Lüftung, Warmwasserbereitung und Kühlung zur Verfügung gestellt werden muss, um die normierte Rauminnentemperatur und die Erwärmung des Warmwassers über das ganze Jahr sicherzustellen. Diese Energiemenge bezieht die für den Betrieb der Anlagentechnik (Pumpen, Regelung, usw.) benötigte Hilfsenergie ein.

Die Endenergie wird an der „Schnittstelle" Gebäudehülle übergeben und stellt somit die Energiemenge dar, die dem Verbraucher (im allgemeinen dem Eigentümer) geliefert und mit ihm abgerechnet wird. Der Endenergiebedarf ist deshalb eine für den Verbraucher besonders interessante Angabe. Er muss vor diesem Hintergrund im Energiebedarfsausweis getrennt nach verwendeten Energieträgern angegeben werden; bei Wohngebäuden kann er neben der auf die Gebäudenutzfläche bezoge-

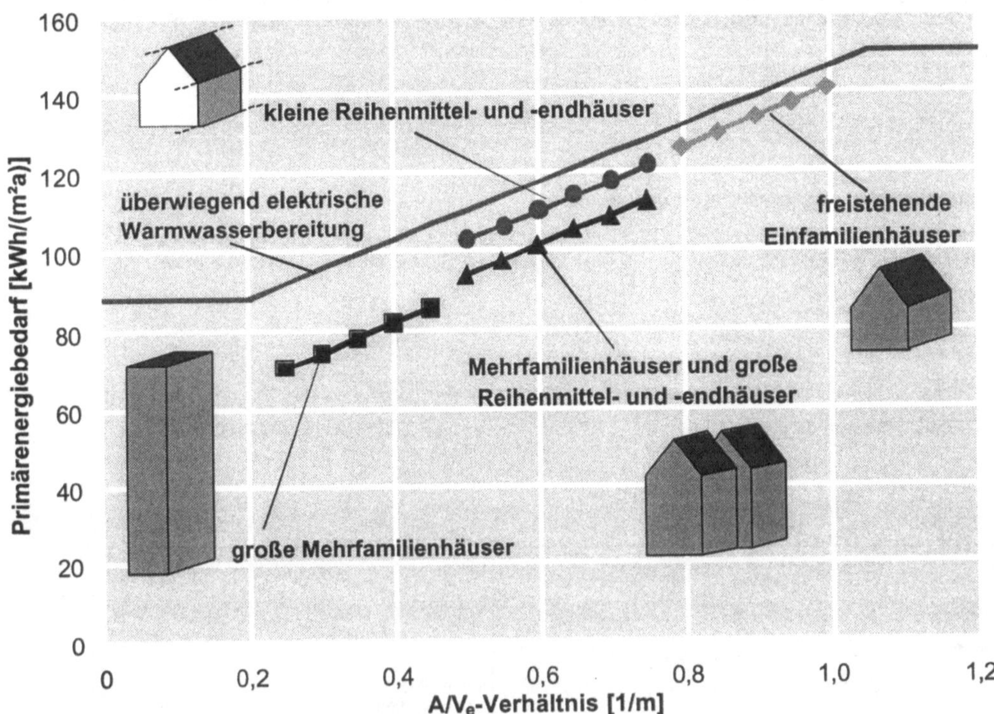

Die Anforderungsgröße „Primärenergiebedarf" für Wohngebäude mit unterschiedlicher Warmwasserbereitung in Abhängigkeit vom A/V$_e$-Verhältnis.

nen Angabe und dem absoluten Wert (Gesamtbedarf für das Gebäude) auch auf die Wohnfläche bezogen angegeben werden (freiwillige Angabe). Der auf die Wohnfläche bezogene Bedarfswert ist in der Regel höher als der entsprechende, auf die Gebäudenutzfläche bezogene Wert, weil die Wohnfläche in der Regel kleiner ist als die Gebäudenutzfläche.

Transmissionswärmeverlust

Wärmestrom durch die Außenbauteile je Grad Kelvin Temperaturdifferenz. Es gilt: je kleiner der Wert, um so besser ist die Dämmwirkung der Gebäudehülle. Durch zusätzlichen Bezug auf die wärmeübertragende Umfassungsfläche liefert der Wert einen wichtigen Hinweis auf die Qualität des Wärmeschutzes. Nach der Energieeinsparverordnung liegen die zulässigen Höchstwerte zwischen 1,55 (große Nichtwohngebäude mit Fensterflächenanteil über 30%) und 0,44 W/(m^2 · K) (kleine Gebäude).

Bezugsflächen und Rauminhalte (geometrische Angaben)

Die Gebäudenutzfläche (A_N) beschreibt die im beheiztem Gebäudevolumen zur VerFügung stehende nutzbare Fläche. Sie wird aus dem beheizten Gebäudevolumen unter Berücksichtigung einer üblichen Raumhöhe im Wohnungsbau abzüglich der von Innen- und Außenbauteilen beanspruchten Fläche aufgrund einer Vorgabe in der Energieeinsparverordnung ermittelt. Sie ist in der Regel größer als die Wohnfläche, da z.B. auch indirekt beheizte Flure und Treppenhäuser einbezogen werden.

Beheizte Wohnfläche

Die Wohnfläche kann nach § 44 Abs. 1 der für den preisgebundenen Wohnraum geltenden II. Berechnungsverordnung ermittelt werden. Sie bezieht nur die wirklich innerhalb der Wohnung genutzten Flächen ein und ist in der Regel kleiner als die nach physikalischen Gesichtspunkten ausgerechnete Gebäudenutzfläche im Sinne der Energieeinsparverordnung.

Beheiztes Gebäudevolumen (V_e)

Das beheizte Gebäudevolumen (V_e) ist das an Hand von Außenmaßen ermittelte, von der wärmeübertragenden Umfassungs- oder Hüllfläche eines Gebäudes umschlossene Volumen. Dieses Volumen schließt mindestens alle Räume eines Gebäudes ein, die direkt oder indirekt durch Raumverbund bestimmungsgemäß beheizt werden. Es kann deshalb das gesamte Gebäude oder aber nur die entsprechenden beheizten Bereiche einbeziehen.

Wärmeübertragende Umfassungsfläche (A)

Auch Hüllfläche genannt. Sie bildet die Grenze zwischen dem beheizten Innenraum und der Außenluft, nicht beheizten Räumen und dem Erdreich. Sie besteht übli-

cherweise aus Außenwänden einschließlich Fenster und Türen, Kellerdecke, oberster Geschossdecke oder Dach. Diese Gebäudeteile sollten möglichst gut gedämmt sein, weil über sie die Wärme aus dem Rauminneren nach Außen dringt.

Anlagenaufwandszahl

Sie beschreibt die energetische Effizienz des gesamten Anlagensystems über Aufwandszahlen. Die Aufwandszahl stellt das Verhältnis von Aufwand zu Nutzen (eingesetzter Brennstoff zu abgegebener Wärmeleistung) dar. Je kleiner die Zahl ist, um so effizienter ist die Anlage. Die Aufwandszahl schließt auch die anteilige Nutzung erneuerbarer Energien ein. Deshalb kann dieser Wert auch kleiner als 1,0 sein.

Bei der hier angegebenen „Anlagenaufwandszahl" ist die „Primärenergie" einbezogen. Die Zahl gibt also an, wie viele Einheiten (kWh) Energie aus der Energiequelle (z. B. einer Erdgasquelle) gewonnen werden müssen, um mit der beschriebenen Anlage eine Einheit Nutzwärme im Raum bereitzustellen.

Bei Wohngebäuden ist in der Anlagenaufwandszahl auch die Bereitstellung einer normierten Warmwassermenge berücksichtigt.

Die Anlagenaufwandszahl hat nur für die Gebäude-ausführung Gültigkeit, für die sie berechnet wurde.

Wärmebrücke

Wärmebrücken sind Zonen der Außenbauteile, bei denen gegenüber der sonstigen Fläche ein besonders hoher Wärmeverlust auftritt. Neben geometrischen gibt es insbesondere konstruktive Wärmebrücken, die an Bauteilanschlüssen auftreten. An diesen Stellen können sich im Übrigen die raumseitigen Oberflächentemperaturen abkühlen und so Grundlage für eine eventuelle Schimmelpilzbildung sein. Wärmebrücken müssen deshalb besonders konstruktiv behandelt und energetisch optimiert werden.

Dichtheit des Gebäudes

Gemeint ist die Dichtheit der wärmeübertragenden Umfassungsfläche. Sie soll sicherstellen, dass der Austausch der Raumluft nicht unkontrolliert aufgrund der Wind- und Luftdruckverhältnisse, sondern gezielt nach hygienischen Erfordernissen oder sonstigen Bedürfnissen (z. B. Behaglichkeit, gesundes Raumklima) erfolgen kann. Unerwünschte Luftwechsel über Bauteilfugen sind nicht nur zusätzliche Energieverluste, sie können auch zu Bauschäden führen, wenn sich durch warme, feuchtigkeitsgeladene Luft in kalten Bauteilschichten Tauwasser bildet. Die Lüftung eines Gebäudes wird durch eine nach dem Stand der Technik dichte Ausführung nicht beeinträchtigt; sie kann nur durch gezieltes, wohldosiertes Öffnen der Fenster oder durch Lüftungsanlagen sichergestellt werden.

Begründung

I. Allgemeiner Teil

§ 13 Abs. 1 Satz 3 i.V.m. Abs. 2 und 3 der Energieeinsparverordnung (EnEV) vom 16. November 2001(BGBl.I S. 3085) ermächtigt die Bundesregierung zum Erlass einer Allgemeinen Verwaltungsvorschrift über Einzelheiten der Energie- und Wärmebedarfsausweise. Die Allgemeine Verwaltungsvorschrift bedarf der Zustimmung des Bundesrates.

Der Entwurf folgt – soweit sinnvoll und möglich – dem Vorbild der Allgemeinen Verwaltungsvorschrift zu § 12 WärmeschutzV vom 20. Dezember 1994 (Bundesanzeiger vom 28. Dezember 1994).

Da die Allgemeine Verwaltungsvorschrift nur den Aufbau und inhaltliche Details von Ausweisen regelt, deren wesentliche materiellrechtliche Inhalte bereits in der Energieeinsparverordnung festgelegt sind, und im Wesentlichen an Daten anknüpft, die nach der Verordnung ohnehin zusammengestellt werden müssen, sind von ihr weder Auswirkungen auf die Einzelpreise und das allgemeine Preisniveau, insbesondere auf das Verbraucherpreisniveau, zu erwarten noch werden Bund, Länder und Gemeinden mit Kosten belastet. Zusätzlicher Vollzugsaufwand entsteht nicht. Der Wirtschaft, insbesondere kleinen und mittleren Unternehmen, entstehen durch diese Verwaltungsvorschrift keine Kosten.

II. Besonderer Teil

Zu § 1

Absatz 1 legt den Anwendungsbereich der Allgemeinen Verwaltungsvorschrift fest und stellt klar, dass nur Inhalt und Aufbau, nicht jedoch die grafische Gestaltung der Energieund Wärmebedarfsausweise geregelt werden. Der Anhang enthält Muster; es handelt sich nicht um Vordrucke oder gar Formblätter für Bauvorlagen.

Die Hinweise in Absatz 2 entsprechen § 13 Abs. 7 EnEV und dem bisherigen § 1 der Allgemeinen Verwaltungsvorschrift zur WärmeschutzV.

Die Verpflichtung zur Aufstellung von Energiebedarfsausweisen mit den in § 13 Abs. 1 Satz 1 EnEV geforderten Angaben gilt grundsätzlich für alle Neubauten. Bei Errichtung kleiner Gebäude im Sinne des § 7 EnEV ist indes keines der verlangten Ergebnisse Gegenstand von Nachweisen. Vor diesem Hintergrund stellt Absatz 3 klar, dass in den Fällen des § 7 EnEV ein Energie- oder ein Wärmebedarfsausweis nicht aufzustellen ist. Die Möglichkeit einer freiwilligen Aufstellung eines Ausweises bleibt in diesen wie auch in anderen Fällen unberührt (vgl. dazu § 5 Abs. 1 Nr. 2 und 3 sowie § 6 Abs. 5).

Zu § 2

§ 2 bezeichnet die zur Identifizierung des Gebäudes und des Ausstellers eines Energie- oder Wärmebedarfsausweises bei allen Ausweisen notwendigen Angaben. Der Adressat muss den Energieausweis auf Grund der Angaben zweifelsfrei einem bestimmten Gebäude oder Gebäudeteil zuschreiben können, insbesondere dann, wenn in den Fällen des § 14 EnEV ein Gebäude durch mehrere Energie- bzw. Wärmebedarfsausweise beschrieben wird.

Zu § 3

Absatz 1 legt einen dreiteiligen Aufbau der Energiebedarfsausweise fest. Im Interesse der Wiedererkennbarkeit durch den Verbraucher sollen vor allem die Energiebedarfsausweise für Neubauten mit normalen Innentemperaturen (§ 13 Abs. 1 EnEV) und jenefür bestehende Gebäude mit normalen Innentemperaturen (§ 13 Abs. 2 EnEV) in vergleichbarer Weise aufgebaut sein.

Um trotz der erforderlichen Vereinheitlichung Spielräume zugunsten vertiefender Angaben, insbesondere zur Dokumentation der wesentlichen Ergebnisse, zu lassen, eröffnet Absatz 2 die Möglichkeit, freiwillig entsprechende Anlagen beizufügen.

Wegen der besonderen Bedeutung der in den Ausweisen gemachten Angaben als überschlägige Information für die Energieverbraucher sowie Kauf- oder Mietinteressenten des Gebäudes – also im wesentlichen Gebäudeeigentümer und Mieter – kommt der unter Nummer 6 genannten Anlage eine besondere Bedeutung zu. Daher wurde mit dem Muster einer Anlage gemäß § 3 Abs. 2 Nr. 6 (im Anhang) eine Leitlinie für die Aussteller von Energiebedarfsausweisen, aber auch von Wärmebedarfsausweisen, bereit gestellt. Seine Verwendung ist freigestellt, eine Anlage nach Nummer 6 ist kein Pflichtbestandteil der Ausweise.

Zu § 4

Die Absätze 1 und 2 ordnen die allgemeinen Angaben zum Gebäude nach § 2 sowie die Pflichtangaben nach § 13 Abs. 1 Satz 1 EnEV den Abschnitten I und II zu. Die Vorgabe der Maßeinheit dient der Klarstellung.

Bei Wohngebäuden ist eine zusätzliche Angabe von Endenergiebedarfswerten. wünschenswert, die auf die beheizte Wohnfläche bezogen sind. Diese Fläche ist zwar im Allgemeinen im Planungsprozess zu ermitteln, zählt aber nicht zu den Ergebnissen der Nachweise nach der Energieeinsparverordnung und kann deshalb nicht als Pflichtangabe aufgenommen werden, ebenso nicht die auf diese Fläche bezogenen Kennwerte. Diese Angaben werden dem Aussteller aber freigestellt (Absatz 3).

Absatz 4 dient klarstellend dem besseren Verständnis in den Fällen des Anhangs 1 Nr. 2.1.2 EnEV, der eine Sonderregelung für bestimmte Anwendungsfälle von elektrischen Speicherheizsystemen enthält. Da sich die Sonderregelung nur auf die Verminderung des Primärenergiefaktors in der Berechnung bezieht, nicht jedoch auf die Angaben im Energiebedarfsausweis (Anhang 1 Nr. 2.1.2 Satz 3 EnEV), ist in den Ausweis das Ergebnis aufzunehmen, wie es sich ohne Verminderung des Primärenergiefaktors – also bei unveränderter Anwendung der Norm DIN V 4701-10- darstellen würde. Damit kann aber der Höchstwert im Ausweis angegebene berechnete Wert für das Gebäude im Einzelfall größer werden als der zulässige Höchstwert, ohne dass der für das Gebäude berechnete Wert unzulässig hoch wäre. Der Hinweis soll diesen Zusammenhang erklären.

Nach Anhang 1 Nr. 2.1.3 EnEV darf bei Gebäuden mit monolithischem Mauerwerk in Kombination mit dem Einsatz von Niedertemperaturkesseln beim Nachweis ein um 3 vom Hundert erhöhter Höchstwert zugrunde gelegt werden. Dieser Höchstwert ist im Energiebedarfsausweis anzugeben. Benutzt der Adressat den Energiebedarfsausweis zum Vergleich verschiedener Bauausführungen, so bedarf es einer Erklärung, warum bei ansonsten gleichartigen Gebäuden im Falle der hier einschlägigen Ausführungen ein anderer Höchstwert maßgeblich ist. Deshalb soll – auf diese Fälle begrenzt – der Hinweis nach Absatz 5 in den Ausweis aufgenommen werden.

Absatz 6 benennt weitere in § 13 Abs. 1 Satz 1 EnEV angelegte Pflichtangaben, die in Abschnitt III der Energiebedarfsausweise zu machen sind. Zahlenangaben zur Dichtheit, zur Berücksichtigung von Wärmebrücken und zum sommerlichen Wärmeschutz werden nicht verlangt; es genügt die Angabe über die Art des geführten Nachweises; Teilergebnisse der Nachweisrechnung dürfen nach § 3 Abs. 2 als Anlage beigefügt werden. Soweit für ein Gebäude Ausnahmen nach § 16 EnEV zugelassen, auf Grund von § 17 EnEV Befreiungen ausgesprochen oder Einzelnachweise für besondere Produkte nach § 15 Abs. 3 EnEV geführt werden, sind diesbezügliche Informationen ebenfalls als energiebezogene Merkmale des Gebäudes anzusehen und daher im Energiebedarfsausweis anzugeben.

Absatz 7 trägt dem Umstand Rechnung, dass einerseits auch für Gebäude nach §3 Abs. 3 EnEV ein Energiebedarfsausweis auszustellen ist, andererseits aber bestimmte Angaben (wie der Jahres-Primärenergiebedarf) für sie nicht verlangt werden dürfen, weil die EnEV für diese Gebäude keine entsprechenden Verpflichtungen enthält. Es wird aber klargestellt, dass insoweit freiwillige Angaben erlaubt sind. Der Hinweis soll verdeutlichen, um welche Angaben es sich dabei im Wesentlichen handelt.

Mit dem obligatorischen Hinweis auf die normierten Bedingungen wird der Verpflichtung nach § 13 Abs. 1 Satz 2 EnEV nachgekommen (Absatz 8). Er dient der Aufklärung des Verbrauchers. Es soll einer Fehlinterpretation der Angaben in den Ausweisen vorgebeugt werden, insbesondere zwangsläufig fehlerhaften Rückschlüssen auf den späteren tatsächlichen Energieverbrauch. Auch der .letzte Satz dient dem besseren Verständnis der Zahlenangaben in den Ausweisen.

Zu § 5

Energiebedarfsausweise für bestehende Gebäude sollen grundsätzlich wie jene für Neubauten gegliedert werden. § 5 Abs. 1 trägt aber einigen Besonderheiten Rechnung:

Bei wesentlichen Änderungen bestehender Gebäude sind Energiebedarfsausweise auszustellen, falls „im Zusammenhang mit den wesentlichen Änderungen die erforderlichen Berechnungen in entsprechender Anwendung des Absatzes 1 durchgeführt worden sind" (§ 13 Abs. 2 EnEV). Diesen Umstand soll der Hinweis nach Nummer 1 hervorheben. § 13 Abs. 2 EnEV setzt freiwillige Berechnungen voraus. Die Regelung soll dazu beitragen, dass in diesen Fällen vermehrt Energiebedarfsausweise erstellt werden, die in den wesentlichen Punkten denen für neue Gebäude entsprechen. Ein (fiktive Erfüllung der Anforderungen an geänderte Gebäudeteile) Gebrauch gemächt wird, bedarf es praktisch einer Berechnung bzw. eines Nachweises, wie er wie er für Neubauten zu führen ist.. Hier darf der berechnete

Wert für das geänderte Gebäude den zulässigen Höchstwert für ein vergleichbaren Neubau um bis zu 40 % übersteigen. Ein Höchstwert gilt hier allerdings nicht. Wird in den Fällen, in denen von § 8 Abs. 2 EnEV (fiktive Erfüllung der Anforderungen an geänderte Gebäudeteile) Gebrauch gemacht wird, bedarf es praktisch einer Berechnung oder eines Nachweises, wie er wie er für Neubauten zu führen ist. Hier darf der berechnete Wert für das geänderte Gebäude den zulässigen Höchstwert für ein vergleichbaren Neubau um bis zu 40 % übersteigen. Auf diesen Fall bezieht sich der Hinweis nach Nummer 3.

Nach den Nummern 2 und 3 soll für die Fälle der freiwilligen Aufstellung von Energiebedarfsausweisen der Anlass der Aufstellung hervorgehoben werden, damit der Adressat verstehen kann, warum keine oder veränderte Höchstwerte gelten.

Zur Verbesserung des Informationsgehaltes und der Vergleichbarkeit der aus unterschiedlichen Anlässen aufgestellten Energiebedarfsausweise soll generell der jeweilige, bei gleichartigen neu zu errichtenden Gebäuden einzuhaltende Höchstwert angegeben und durch Hinweise nach Nummer 3 nachvollziehbarer gemacht werden.

Der Hinweis nach Nummer 4 knüpft an § 13 Abs. 2 Satz 2 EnEV an und soll darauf auf merksam machen, dass die Angaben und Berechnungen auch auf erlaubten vereinfachenden Annahmen beruhen können.

Um eine möglichst breite Anwendung von Energiebedarfsausweisen zu ermöglichen, lässt Absatz 2 die Abschätzung der Eigenschaften nicht betroffener Bauund Anlagenbestandteile zu.

Zu § 6

Aufbau und Inhalt des Wärmebedarfsausweises für Gebäude mit niedrigen Innentemperaturen folgt im Grundsatz dem Aufbau und Inhalt der anderen Ausweise. Abweichungen beruhen im Wesentlichen darauf, dass für die Gebäude der Jahres-Primärenergiebedarf in diesen Fällen nicht begrenzt ist. Nach § 13 Abs. 3 Satz 1 EnEV ist im Wesentlichen der (spezifische, auf die wärmeübertragende Umfassungsfläche bezogene) Transmissionswärmeverlust als Pflichtbestandteil von Wärmebedarfsausweisen vorgegeben.

Absatz 4 regelt den Inhalt des Abschnitts III der Wärmebedarfsausweise.

Absatz 5 stellt die Aufstellung von Wärmebedarfsausweisen für bestehende Gebäude frei, zumal die Regelung nach § 8 Abs. 2 EnEV grundsätzlich auch für Gebäude mit niedrigen Innentemperaturen gilt.

§ 13 Abs. 3 EnEV schreibt auch für Wärmebedarfsausweise die Aufnahme eines Hinweises auf die normierten Randbedingungen vor, unter denen die Ergebnisse ermittelt wurden. Der Verbraucher soll mit dem Hinweis nach Absatz 6 auf die begrenzte Aussagekraft auch des Transmissionswärmeverlusts für Rückschlüsse auf den tatsächlichen Energieverbrauch aufmerksam gemacht werden.

Zu § 7

§ 7 regelt den Zeitpunkt des Inkrafttretens der Allgemeinen Verwaltungsvorschrift.

Zum Anhang (Muster)

Die Muster A und B im Anhang sind nur insoweit verbindlich, wie sie in der Allgemeinen Verwaltungsvorschrift ausdrücklich für verbindlich erklärt werden. Insbesondere hinsichtlich der Schriftart und -größe, des Seiten- und Zeilenumbruchs und der grafischen Gestaltung sollen sie nur empfehlenden Charakter haben.

Das Muster A gilt für zu errichtende und für bestehende Gebäude mit normalen Innentemperaturen, das Muster B. für zu errichtende Gebäude mit niedrigen Innentemperaturen. Nicht alle Pflichtangaben und -hinweise nach dieser Allgemeinen Verwaltungsvorschrift sind in den beiden Mustern enthalten. Nach Maßgabe der Vorgaben der §§ 1ff. sind sie ggf. um bestimmte Angaben zu ergänzen (vgl. z. B. § 4 Abs. 4 und 5 sowie § 5).

Die Muster-Anlage gemäß § 3 Abs. 2 Nr. 6 ist als Leitlinie für den Aussteller und zum besseren Verständnis für die Verbraucher gedacht, wenn er dem Energiebedarfsausweis freiwillig eine Anlage zur Erläuterung der enthalte-

**Organigramme zur Darstellung der
Anforderungen und Nachweise
nach Energieeinsparverordnung**

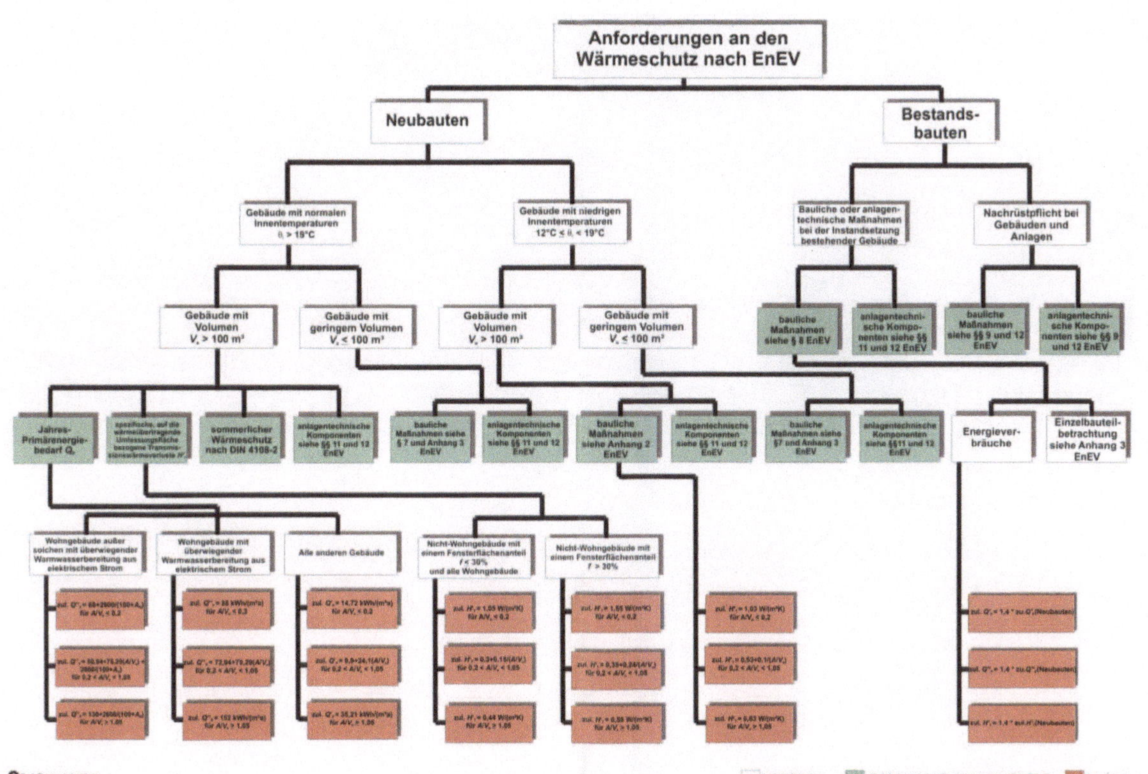

Anforderungen an den Wärmeschutz nach EnEV

Neubauten
Bestands-bauten

Gebäude mit normalen Innentemperaturen θ > 19°C
Gebäude mit niedrigen Innentemperaturen 12°C ≤ θ < 19°C
Bauliche oder anlagen-technische Maßnahmen bei der Instandsetzung bestehender Gebäude
Nachrüstpflicht bei Gebäuden und Anlagen

Gebäude mit Volumen V > 100 m³
Gebäude mit geringem Volumen V ≤ 100 m³
Gebäude mit Volumen V > 100 m³
Gebäude mit geringem Volumen V ≤ 100 m³
bauliche Maßnahmen siehe § 8 EnEV
anlagentechnische Komponenten siehe §§ 11 und 12 EnEV
bauliche Maßnahmen siehe §§ 9 und 12 EnEV
anlagentechnische Komponenten siehe §§ 9 und 12 EnEV

Jahres-Primärenergiebedarf Q_p
spezifische, auf die wärmeübertragende Umfassungsfläche bezogene Transmissionswärmeverluste H'_T
sommerlicher Wärmeschutz nach DIN 4108-2
anlagentechnische Komponenten siehe §§ 11 und 12 EnEV
bauliche Maßnahmen siehe § 7 und Anhang 3 EnEV
anlagentechnische Komponenten siehe §§ 11 und 12 EnEV
bauliche Maßnahmen siehe Anhang 2 EnEV
anlagentechnische Komponenten siehe §§ 11 und 12 EnEV
bauliche Maßnahmen siehe §7 und Anhang 3 EnEV
anlagentechnische Komponenten siehe §§11 und 12 EnEV
Energiever-bräuche
Einzelbauteil-betrachtung siehe Anhang 3 EnEV

Wohngebäude außer solchen mit überwiegender Warmwasserbereitung aus elektrischem Strom
Wohngebäude mit überwiegender Warmwasserbereitung aus elektrischem Strom
Alle anderen Gebäude
Nicht-Wohngebäude mit einem Fensterflächenanteil f ≤ 30% und alle Wohngebäude
Nicht-Wohngebäude mit einem Fensterflächenanteil f > 30%

zul. Q"_p = 66+2600/(100+A_N) für A/V_e ≤ 0,2
zul. Q"_p = 50,94+75,29(A/V_e) + 2600/(100+A_N) für 0,2 < A/V_e < 1,05
zul. Q"_p = 130+2600/(100+A_N) für A/V_e ≥ 1,05

zul. Q"_p = 88 kWh/(m²a) für A/V_e ≤ 0,3
zul. Q"_p = 72,94+75,29(A/V_e) für 0,2 < A/V_e < 1,05
zul. Q"_p = 153 kWh/(m²a) für A/V_e ≥ 1,05

zul. Q"_e = 14,72 kWh/(m²a) für A/V_e ≤ 0,2
zul. Q"_e = 9,9+24,1(A/V_e) für 0,2 < A/V_e < 1,05
zul. Q"_e = 35,21 kWh/(m²a) für A/V_e ≥ 1,05

zul. H'_T = 1,05 W/(m²K) für A/V_e ≤ 0,2
zul. H'_T = 0,3+0,15/(A/V_e) für 0,2 < A/V_e < 1,05
zul. H'_T = 0,44 W/(m²K) für A/V_e ≥ 1,05

zul. H'_T = 1,55 W/(m²K) für A/V_e ≤ 0,2
zul. H'_T = 0,35+0,24/(A/V_e) für 0,2 < A/V_e < 1,05
zul. H'_T = 0,55 W/(m²K) für A/V_e ≥ 1,05

zul. H'_T = 1,03 W/(m²K) für A/V_e ≤ 0,2
zul. H'_T = 0,53+0,1/(A/V_e) für 0,2 < A/V_e < 1,05
zul. H'_T = 0,63 W/(m²K) für A/V_e ≥ 1,05

zul. Q"_p = 1,4 * zul. Q"_p (Neubauten)
zul. Q"_e = 1,4 * Q"_e (Neubauten)
zul. H'_T = 1,4 * zul. H'_T (Neubauten)

Prof. Thomas Ackermann
Logische Alternative
Alle Anforderungen einer Verzweigung müssen parallel erfüllt sein
Anforderungen

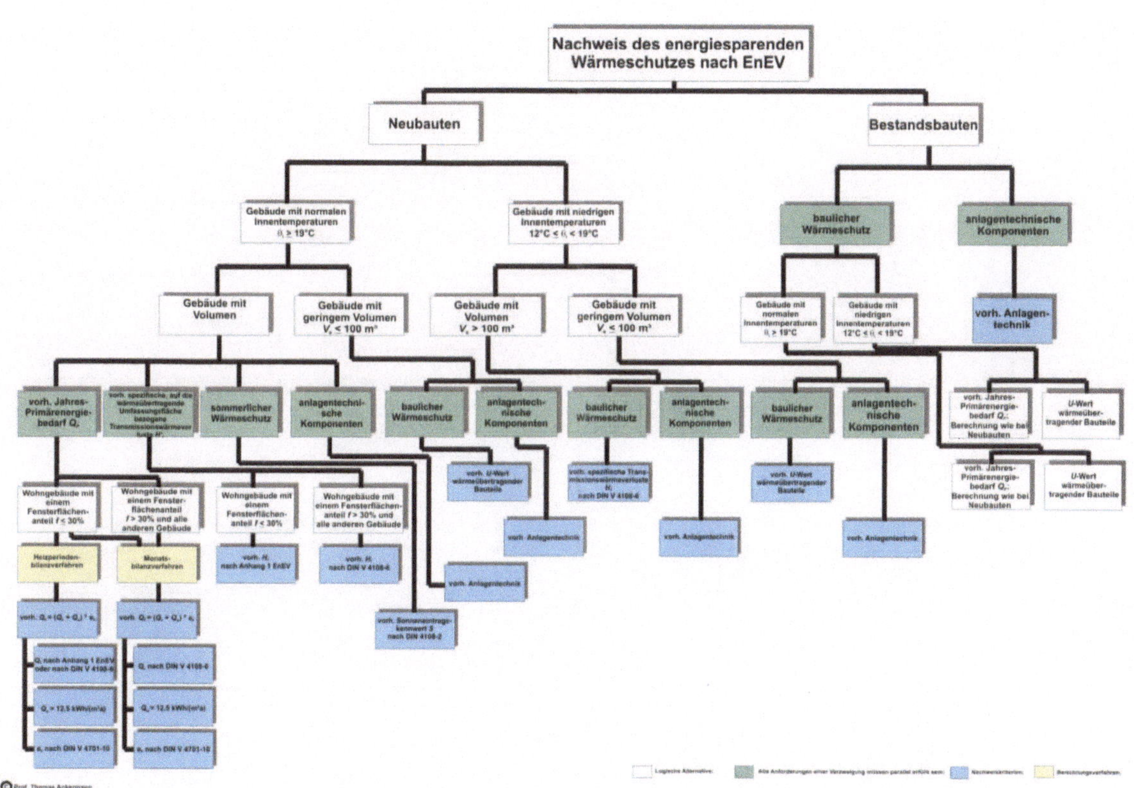

© Prof. Thomas Ackermann

Literaturverzeichnis

[1]   DIN V 4108-6:2000-11   Wärmeschutz und Energieeinsparung in Gebäuden - Teil 6: Berechnung des Jahres-Heizwärme- und des Jahres-Heizenergiebedarfs

[2]   DIN V 4108-6/A1:2001-08   Wärmeschutz und Energieeinsparung in Gebäuden; Teil 6: Berechnung des Jahres-Heizwärme- und des Jahres-Heizenergiebedarfs - Änderung A1

[3]   DIN V 4701-10:2001-02   Energetische Bewertung heiz- und raumlufttechnischer Anlagen - Teil 10: Heizung, Trinkwasser, Lüftung

[4]   Energieeinsparungsgesetz   (EnEG) vom 22. Juli 1976 (BGBl. I S. 1873), mit Änderungen durch Gesetz vom 20. Juni 1980 (BGBl. I S. 701)

[5]   DIN 4108-2:2001-03   Wärmeschutz und Energieeinsparung in Gebäuden - Teil 2: Mindestanforderungen an den Wärmeschutz

[6]   DIN EN ISO 6946:1996-1   Bauteile - Wärmedurchlasswiderstand und Wärmedurchgangskoeffizient - Berechnungsverfahren

[7]   DIN 4108-5:1981-08   Wärmeschutz im Hochbau - Berechnungsverfahren

[8]   DIN EN 8321998-12   Wärmetechnisches Verhalten von Gebäuden - Berechnung des Heizenergiebedarfs - Wohngebäude

[9]   DIN EN ISO 13789:1999-10   Wärmetechnisches Verhalten von Gebäuden - Spezifischer Transmissionswärmeverlustkoeffizient - Berechnungsverfahren

[10] DIN EN ISO 13370:1998-12   Wärmetechnisches Verhalten von Gebäuden - Wärmeübertragung über das Erdreich - Berechnungsverfahren

[11] Arbeitsstättenrichtlinien - Raumtemperatur; April 1976

[12] E DIN 4108-2/A1:2002-02   Wärmeschutz und Energieeinsparung in Gebäuden - Teil 2: Mindestanforderungen an den Wärmeschutz - Änderung A 1

[13] DIN 4108-7:2001-08   Wärmeschutz und Energieeinsparung in Gebäuden - Teil 7: Luftdichtheit von Gebäuden, Anforderungen, Planungs- und Ausführungsempfehlungen sowie -beispiele

[14] DIN 1946-6:1994:09   Raumlufttechnik - Lüftung von Wohnungen - Anforderungen, Ausführung, Abnahme

[15] OLG München, Urteil v. 17.04.1979 - 1 U 2298/78 -; Döbereiner BauR 1980, S. 296, S. 298; Molodowsky, Jahrbuch des Bauwesens 1966, S. 81, S. 84 ff

[16] DIN 18195-4:2000-08   Bauwerksabdichtungen - Abdichtungen gegen Bodenfeuchte (Kapillarwasser, Haftwasser) und nicht stauendes Sickerwasser an Bodenplatten und Wänden; Bemessung und Ausführung

[17] Verordnung über wohnungswirtschaftliche Berechnungen (Zweite Berechnungsverordnung - II. BV) in der Fassung der Bekanntmachung vom 12. Oktober 1990 (BGBl. S. 2178)

[18] DIN 277:1987:06   Grundflächen und Rauminhalte von Bauwerken im Hochbau

[19] Beiblatt 2 zu DIN 4108:1998-08 Wärmeschutz und Energieeinsparung in Gebäuden - Wärmebrücken - Planungs- und Ausführungsbeispiele

[20] DIN EN ISO 10211-1:1995-11 Wärmebrücken im Hochbau - Wärmeströme und Oberflächentemperaturen - Teil 1: Allgemeine Berechnungsverfahren

[21] DIN EN ISO 10211-2:2001-06 Wärmebrücken im Hochbau - Wärmeströme und Oberflächentemperaturen - Teil 2: Berechnungsverfahren für linienförmige Wärmebrücken

[22] DIN V 4108-4:2002-02   Wärmeschutz und Energieeinsparung in Gebäuden - Teil 4: Wärme- und feuchteschutztechnische Bemessungswerte

[23] DIN 4108-3:2001-07   Wärmeschutz und Energie-Einsparung in Gebäuden - Teil 3: Klimabedingter Feuchteschutz, Anforderungen, Berechnungsverfahren und Hinweise für Planung und Ausführung

[24] DIN 4095:1990-06   Baugrund; Drainung des Untergrundes zum Schutz baulicher Anlagen, Planung und Ausführung

[25] E DIN EN 13947:2001-01   Wärmetechnisches Verhalten von Vorhangfassaden - Berechnung des Wärmedurchgangskoeffizienten - Vereinfachtes Verfahren

[26] DIN EN 13829:2001-02   Wärmetechnisches Verhalten von Gebäuden - Bestimmung der Luftdurchlässigkeit von Gebäuden - Differenzdruckverfahren

[27] DIN EN ISO 10077:2000-11   Wärmetechnisches Verhalten von Fenstern, Türen und Abschlüssen - Berechnung des Wärmedurchgangskoeffizienten - Teil 1: Vereinfachtes Verfahren

[28] DIN EN 12524   Baustoffe und -produkte - Wärme- und feuchteschutztechnische Eigenschaften - Tabellierte Bemessungswerte

[29] Fachschriften des Dachdeckerhandwerks in ihrer jeweils letzten Fassung

[30] DIN 1053-1:1996-11   Mauerwerk - Berechnung und Ausführung

[31] DIN 18516-1:1990-01   Außenwandbekleidungen, hinterlüftet - Teil 1: Anforderungen, Prüfgrundsätze

Stahlbau bei Teubner

Wolfram Lohse

Stahlbau Teil 1

24., durchges. Aufl. 2002.
348 S. Geb. € 39,00
ISBN 3-519-25254-6

Inhalt:
Werkstoffe, Ausführung und Schutz der Stahlbauten - Berechnung der Stahlbauten - Verbindungstechnik - Zugstäbe - Hochfeste Zugglieder - Druckstäbe, Knicken von Stäben und Stabwerken - Stützen - Trägerbau - Literatur - Anhabg - Formeln und Begriffe nach DIN 18800-1 und -2

Albrecht Thiele,
Wolfram Lohse

Stahlbau Teil 2

19., überarb. Aufl. 2000.
378 S. mit 407 Abb. 65 Tab.
u. 43 Beisp. Geb. € 42,00
ISBN 3-519-15255-X

Inhalt:
Geschweißte Vollwandträger - Beultheorie ebener Rechteckplatten - Fachwerke, Fachwerkträger - Kranbahnen - Dauerfestigkeit und Betriebsfestigkeit - Rahmentragwerke - Tragelemente mit dünnwandigen Querschnittsteilen - Verbundkonstruktionen des Hochbaus nach EC 4

Rolf Kindmann,
Manuel Krahwinkel

**Stahl- und
Verbundkonstruktionen**

1999. 328 S. mit 362 Abb.
und 45 Tab. Geb. € 36,90
ISBN 3-519-05266-0

Inhalt:
Konstruktionsgrundlagen - Hallenbau - Geschoßbau - Brückenbau

Stand Oktober 2002.
Änderungen vorbehalten.
Erhältlich im Buchhandel
oder beim Verlag.

B. G. Teubner
Abraham-Lincoln-Straße 46
65189 Wiesbaden
Fax 0611.7878-400
www.teubner.de

Teubner